Titan setzt neue Maßstäbe

Große Solaranlagen

Einstieg in Planung und Praxis

Karl-Heinz Remmers

[redacted]

SOLARPRAXIS | Berlin 1999

Impressum

Herausgeber:	Die SOLARPRAXIS, Berlin
Vertriebspartner:	URANUS - Verlagsgesellschaft, Wien
Autor:	Karl-Heinz Remmers
Grafik:	Kay Neubert
Layout, Satz:	Holger Bedurke Dirk Allhoff Martina Bartelt Halina Muchow Kay Neubert
Lektorat:	Antje Großwendt
Druck:	Druckerei Paulick
kritische Leser:	Thomas Delzer, Herr Eggert (SWEP), Frank Rotter, Josef Jenni, Gebhard Bertsch, Tilmann Schibel (VIESSMANN), Simone Voigt Elke Cordes

Mit freundlicher Unterstützung

Berlin StadtUmwelt

Senatsverwaltung für Stadtentwicklung,
Umweltschutz und Technologie

Tel 030 – 283 875 31, Fax 030 – 283 875 40
http://www.solarpraxis.de Email info@solarpraxis.de
ISBN: 3-901626-16-60

Wichtiger Hinweis

Die Texte und Zeichnungen in „Große Solaranlagen" entstanden mit größtmöglicher Sorgfalt und nach bestem Wissen. Da Fehler jedoch nie auszuschließen sind, möchten wir auf folgendes hinweisen:
Grundlage Ihrer Projekte sollten ausschließlich eigene Berechnungen und Planungen an Hand der jeweiligen Fachregeln und den anerkannten Regeln der Baukunst sein. Wir schließen jegliche Gewähr für die Richtigkeit aller in „Große Solaranlagen" und auf der beiliegenden CD enthaltenen Zeichnungen und Texte aus, sie haben lediglich Beispielcharakter. Werden darin vermittelte Inhalte benutzt, oder angewendet, so geschieht dies ausdrücklich auf das eigene Risiko des jeweiligen Anwenders. Eine Haftung des Herausgebers oder des Autors für unsachgemäße, unvollständige oder falsche Angaben und alle daraus entstehenden Schäden wird grundsätzlich ausgeschlossen.

Vorwort

Senator Peter Strieder

In Berlin hat der Klimaschutz schon immer eine bedeutende Rolle in der Umweltpolitik gespielt. Weitsicht und Engagement sind auch in Zukunft gefragt, um einen sparsamen Energieeinsatz und die verstärkte Verwendung alternativer und regenerativer Energien voranzutreiben.

In dicht besiedelten Ländern und ganz besonders in den städtischen Ballungsräumen ist die Sonnenenergie der wichtigste nutzbare regenerative Energieträger. Der zukunftsorientierte Einsatz der Solartechnik senkt langfristig die CO_2– Emmission und setzt Akzente für Berlin als Standort innovativer Technologien.

Die größten Anwendungspotentiale der Solarenergie liegen im Gebäudebereich. Sowohl die aktive wie passive Nutzung der Solarenergie zur Bereitstellung von thermischer und elektrischer Energie kommen hier zum Einsatz. Schon jetzt sind in Berlin über 300 Photovoltaik-Anlagen mit einer Leistung von ca. 1,5 MW sowie 2500 Anlagen zur Trinkwassererwärmung in Betrieb.

Die zunehmende Bedeutung der Nutzung der Solarenergie läßt sich auch daran ablesen, daß in Berlin von den über 50 großen solarthermischen Anlagen im Wohnungs- und Gewerbebau fast die Hälfte in den letzten drei Jahren installiert wurde, darunter die größte Anlage mit einer Kollektorfläche von 136 m^2. Angesichts der erheblichen Kostenreduktionen in der Vergangenheit und des erwarteten Trends, wird sich der Ausbau großer solarthermischer Anlagen in der Stadt weiter fortsetzen.

Das vorliegende Buch bietet erstmals in dieser umfassenden Form schnell und genau praxisnahe Informationen, die Solarpraktiker, Fachplaner, Handwerker und Architekten in allen Phasen der Realisierung von thermischen Solaranlagen über 20 m^2 benötigen.

Diese Publikation wird helfen, die nötigen Kenntnisse für Planung, Installation und den Betrieb großer solartechnischer Anlagen zu vermitteln und zu vertiefen. Damit schafft es eine bedeutsame Grundlage für ein weiteres Wachstum des Solarenergiemarktes, und somit für eine zukunftsorientierte Umweltpolitik.

Peter Strieder
Senator für Stadtentwicklung,
Umweltschutz und Technologie
Berlin

Inhaltsverzeichnis

Hinweise zur Benutzung des Buches

Zum schnelleren Auffinden wichtiger Passagen des Buches wurden neben dem Text verschiedene Symbole eingefügt. Diese Symbole haben die folgenden Bedeutungen:

Beispiel
Rechenbeispiel aus der Praxis

Faustregel
grobe Regel für eine Überschlagsrechnung

Hintergrund
weiterführende Information. Diese Textabschnitte sind hierbei als eine Art Zusatztext verstehen.

Literaturverweis

Tip

DIN – Norm / Fachregelzitat

DIN – Norm / Fachregeln – Verweis

Vorsicht, unbedingt beachten

Danksagung

Die Informationen für dieses Buch konnten erst durch die Hilfe vieler Betriebe aus der Solarbranche gewonnen werden. Das Engagement der Anzeigenkunden sowie der Senatsverwaltung für Stadtentwicklung, Umweltschutz und Technologie des Landes Berlin ermöglichte schließlich die Realisierung des Buchs in dem vorliegenden Umfang und der vorzüglichen Ausstattung. Erstmalig konnte so ein hochwertiges Fachbuch in erstklassiger Ausführung zu einem niedrigen Verkaufspreis entstehen, für viele Interessenten ein preiswerter Zugang zu dieser Art von Fachliteratur.

Daher gilt mein ganz besonderer Dank unseren Anzeigenkunden sowie der Senatsverwaltung für Stadtentwicklung, Umweltschutz und Technologie des Landes Berlin.

Über eine Reihe von Jahren haben mir viele Kolleginnen und Kollegen in unzähligen Gesprächen, Diskussionen und Briefen geholfen, die Grundlagen für dieses Buch zusammenzutragen.

Ich möchte mich an dieser Stelle bei Herrn Josef Jenni (Jenni Energietechnik AG), Herrn Ralf Orths (Wagner&Co.) und Herrn Andreas Wagner (Wagner&Co) für die Begleitung meiner fachlichen Ausbildung in der Praxis bedanken.
Viele nützliche Informationen zu diesem Buch und während meines Studiums erhielt ich von Herrn Prof. Dr.-Ing. Bartsch (FB Energietechnik an der TU Berlin), der für mich zudem ein Leitbild für die Kombination von fachlicher Kompetenz mit wohltuenden menschlichen Umgangsformen darstellt.

Auf dem Gebiet des Vertriebs und in Fragen der zwischenmenschlichen Kommunikation konnte ich viel von Herrn Herbert Galsterer lernen. Meinen Blick für betriebswirtschaftliche Zusammenhänge schärfte Prof. Dr. Erdmann (TU Berlin) und besonders Herr Prof. Dr.-Ing. Seliger (TU Berlin).

Ohne einen Einstieg in die Materie der Fachtexte wäre dieses Buch nie entstanden. Für die Zusammenarbeit in diesem Bereich möchte ich mich bei Herrn Detlef Koenemann (Sonnenenergie &Wärmetechnik) und Herrn Jürgen Wendnagel (SBZ) vielmals bedanken.

Allen, die an diesem Buch mitgewirkt haben, vor allem meinem Geschäftspartner und Freund Kay Neubert, gebührt meine Hochachtung.

Auch den Fachbetrieben, welche durch ihre mit großem Aufwand betriebenen Zuarbeiten die Erstellung der Richtpreisdiagramme ermöglichten, an dieser Stelle nochmals ein großes Dankeschön.

1. Einleitung

1.1 Gute Argumente für den Einsatz von Solaranlagen

Betrachtungen zu den ökologischen und ökonomischen Randbedingungen

Die folgenden Betrachtungen zu einzelnen Punkten der heutigen Energieversorgung auf dem Gebiet der Wärmeversorgung sollen zum Nachdenken anregen und eine kontroverse sowie konstruktive Diskussion fördern.

- Durch Klimaveränderungen wächst die Zahl der Naturkatastrophen und der daraus resultierenden Schäden stetig. Die erste Katastrophe ereignete sich 1983 in Form eines Hurrikan mit einer Schadenshöhe von über 1 Mrd. US $. Seit 1987 erreichten noch 18 weitere Ereignisse ähnliche Schadenshöhen. Der Spitzenreiter, Hurrikane Andrew, richtete hierbei einen Schaden von rund 20 Mrd. US - an. Diese Schäden werden von den Versicherungen gedeckt. Diese verfügen wiederum über Rückversicherungen, die auch von Versicherungen in deutschsprachigen Ländern angeboten werden und von US Versicherungen in Anspruch genommen werden. Somit zahlt jeder Versicherte diese Schäden in der einen oder anderen Form schon jetzt mit.
- Die Auswirkungen von Kohlendioxid (CO_2) auf das Klima ist noch immer umstritten. Eines ist jedoch schon jetzt unbestreitbar: wenn das Wissen um die Auswirkungen endlich groß genug ist, wird ein vorbeugendes Handeln, eine Begrenzung des Schadens, nicht mehr möglich sein.
- Steigt innerhalb der kommenden 50 Jahre, wie in einigen Prognosen angeführt, die mittlere Temperatur der Erdatmosphäre durch den Treibhauseffekt um ca. 3 K, so sind die sich ergebenden Veränderungen nicht mehr abschätzbar. Die letzte Eiszeit, die auch das Gebiet des heutigen Deutschland mit einem dicken Eispanzer überzog, wurde durch eine Veränderung der globalen Temperatur von nur ca. 2,5 K ausgelöst.
- Die Entwicklung der Energiepreise ist sehr ungewiß, da in Ländern wie z.B. China der Energieverbrauch in gewaltigem Umfang steigt, während die Vorräte an fossilen Energieträgern weiter schrumpfen.
- In herkömmlichen Berechnungen von Kosten für die Energiebereitstellung werden keine Kosten für verursachte Umwelt- und Gesundheitsschäden berücksichtigt.
- Die Risiken der Energieerzeugung durch den Betrieb von Atomkraftwerken werden oft verharmlost oder nur in geringer Form zum Ausdruck gebracht. Auch Atomstrom ist keine regenerative Energiequelle. Die Weltvorräte an Uran sind endlich, der Abbau und die Verarbeitung des Materials umweltzerstörend und gesundheitsschädlich, und letztendlich führt der Einsatz zu vielfältigen Abhängigkeiten.
- Jedes Jahr entrichten die Steuerzahler Milliarden DM für die Subventio-

nierung der fossilen und atomaren Energieerzeugung.
- Im Angesicht der erforderlichen Veränderungen in den betroffenen Gebieten ist, kritisch die Frage zu stellen, wie lange ein Arbeitsplatz in der deutschen Kohleindustrie noch mit über 100.000 DM jährlich gefördert werden kann. Möglicherweise würde ein früher Übergang zu anderen Beschäftigungsstrukturen für die Menschen unkomplizierter sein, als in naher Zukunft die Verkündung des wirtschaftlichen Aus binnen weniger Monate.
- Kriege, Konflikte, Unterdrückung und Armut gehen oft mit der hemmungslosen Ausbeutung von Ressourcen in den betroffenen Ländern einher, zu groß sind die bestehenden Abhängigkeiten und die Gier nach Reichtum. Berechtigterweise darf in diesem Kontext die Frage gestellt werden, ob die verstärkte Nutzung der Solarenergie auch hier zu stabileren und gerechteren Verhältnissen führen wird, eine Entwicklung, die es auch von den deutschsprachigen Ländern zu unterstützen gilt.
- Die Kosten für die Beteiligung an politischen und millitärischen Konflikten zur weiteren Sicherung des billigen Zugangs zu Energiereserven trägt ebenfalls der Steuerzahler. So mußte 1991 jeder Deutsche (ob Baby oder Rentner) 200 DM für die Finanzierung des Golfkrieges entrichten, ein Betrag, der in keiner Öl-, Gas- oder Stromrechnung auftaucht.

Argumente für die Errichtung von Solaranlagen

- Solaranlagen können ein weithin sichtbares Zeichen für Verantwortungsbewußtsein setzen.
- Mit einer Solaranlage gewinnen die Betreiber ein Stück wirtschaftliche Unabhängigkeit.
- Das Baden in solar erwärmtem Wasser vermittelt ein bisher unbekanntes Komfortgefühl.
- Da Solaranlagen völlig abgasfreie Energieversorger sind, leisten ihre Betreiber somit einen aktiven Beitrag zum Klimaschutz.
- Solaranlagen stellen mit einer Lebenserwartung von über 20 Jahren eine ausgereifte und zuverlässige Technik dar.
- Solaranlagen sind extrem wartungsarm und ihre Energie ist dauerhaft verfügbar.
- Die verstärkte Nutzung der Solarenergie verschafft auch den jeweiligen Ländern immer größere wirtschaftliche und politische Unabhängigkeit.
- Der Erwerb und Betrieb von Solaranlagen sichert und erweitert das im deutschsprachigen Raum gebündelte Expertenwissen. Dies schafft eine solide Basis für eine positive wirtschaftliche Entwicklung und eröffnet neue Märkte im In- und Ausland.
- Die Betreiber von Solaranlagen vermeiden Mehrbelastungen durch Ökosteuern und Energiepreiserhöhungen.
- Betreiber von Solaranlagen kommen in den Genuß steuerlicher Vorteile und staatlicher Fördermittel (siehe Aufstellung auf der CD).
- Solaranlagen steigern sowohl den Wert von Immobilien als auch deren Image. „Solarhäuser“ lassen sich schnell vermieten.

- In Häusern mit Solaranlagen steigt die Warmmiete zunächst nur in geringem Umfang, bei Contracting–Modellen können die Kosten für die Warmmiete bei Sanierungen sogar sinken.
- Der größte Kostenblock bei der Nutzung thermischer Solaranlagen entsteht durch die Kapitalbindung, die nach der Anschaffung über viele Jahre exakt kalkulierbar ist. Brennstoffkosten für konventionelle Wärmeerzeuger unterliegen dagegen starken Schwankungen und sind über einen Zeitraum von 20 Jahren nicht kalkulierbar.

Eine Solaranlage ist eine krisensichere Geldanlage, die Kostensicherheit schafft.

1.2 Nutzungsarten der thermischen Solarenergie

1.2.1 Solare Schwimmbaderwärmung

Solaranlagen zur ausschließlichen Erwärmung des Schwimmbades

Eine sehr weit verbreitete und kostengünstige Nutzung der thermischen Solarenergie ist die Erwärmung von Schwimmbadwasser mittels einfacher Absorber, die beispielsweise auf Flachdächern angebracht werden. Die Absorber bestehen aus EPDM oder anderen Kunststoffen, die UV-beständig und für die Durchströmung mit Schwimmbadwasser geeignet sind.

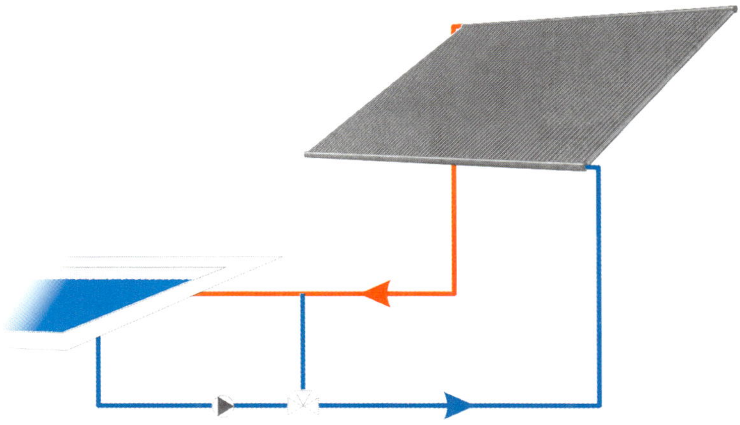

Bild 1.2.1: Solare Schwimmbaderwärmung (G1)

Nähere Informationen zur Nutzung der Solarenergie in Schwimmbädern finden sich in „So baue ich meine Solaranlage“ [9] und in „Erfahrungen mit Solaranlagen zur Schwimmbadwassererwärmung in öffentlichen Bädern“, ZFS, Hilden (ausgesuchte Literatur)

Solaranlagen zur Trinkwasser- und Schwimmbaderwärmung

Bei diesem Anlagentyp wird die thermische Solaranlage zur Erwärmung des Trinkwassers und des Schwimmbeckens genutzt. Vorrangig wird bei diesem Anlagentyp der Solarspeicher mit solarer Wärme beladen. Wird im Solarspeicher das gewünschte Temperaturniveau erreicht oder ist eine weitere Erhöhung der Temperatur im Solarspeicher durch die Solaranlage nicht möglich, belädt die Solaranlage das Schwimmbecken. Wird das Schwimmbad im Winter nicht genutzt, steht in diesen Monaten die gesamte Kollektorfläche der Solaranlage für die Erwärmung des Trinkwassers zur Verfügung.
Bei ganzjährig betriebenen Schwimmbecken (z.B.) Hallenbad wird das Beckenwasser zusätzlich durch den Heizkessel auf das gewünschte Temperaturniveau erwärmt.

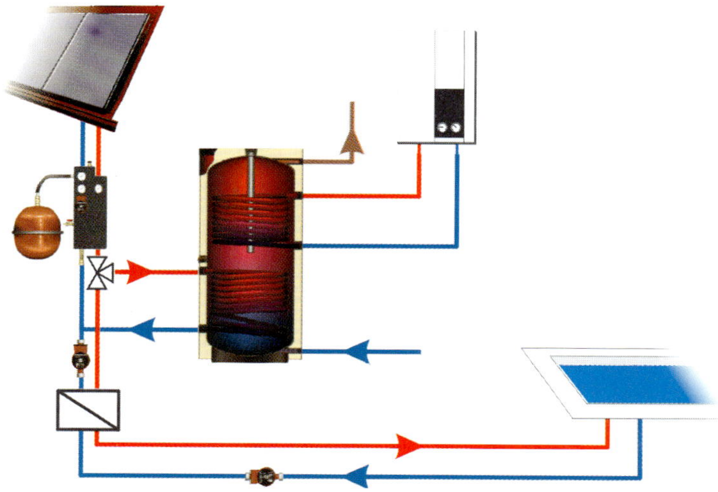

Bild 1.2.2: Kombination Trinkwassererwärmung und Schwimmbad (G1)

Bei den im weiteren betrachteten großen Solaranlagen wurde die Verbindung von Trinkwasser- und Schwimmbeckenerwärmung bislang nur in wenigen Projekten realisiert. Bei Solaranlagen mit niedrigem solaren Deckungsgrad (siehe Kapitel 2.7-2.9) ist eine Kombination sehr genau zu prüfen, da eventuell aufgrund der kleinen Dimensionierung der Solaranlage auch im Sommer dem Schwimmbecken keine Wärme zugeführt werden kann (die gesamte Energie wird für die Erwärmung des Trinkwassers benötigt).

1.2.2 Trinkwassererwärmung

Sommer wie Winter wird warmes Wasser für Dusche, Badewanne und Haushalt benötigt. Da im Sommer ein großes Angebot an solarer Energie besteht, lag es nahe diese Energie zur Erwärmung des Trinkwasser zu nutzen.

Nach einem Tief in den achtziger Jahren gewinnt die solare Warmwasserbereitung in rasantem Maß an Bedeutung. Wie aus Bild 1.2.1 ersichtlich, werden im Bereich der solaren Wärmeerzeugung beispielsweise jährlich Zuwachsraten von 30-50% bei der installierten Kollektorfläche erzielt:

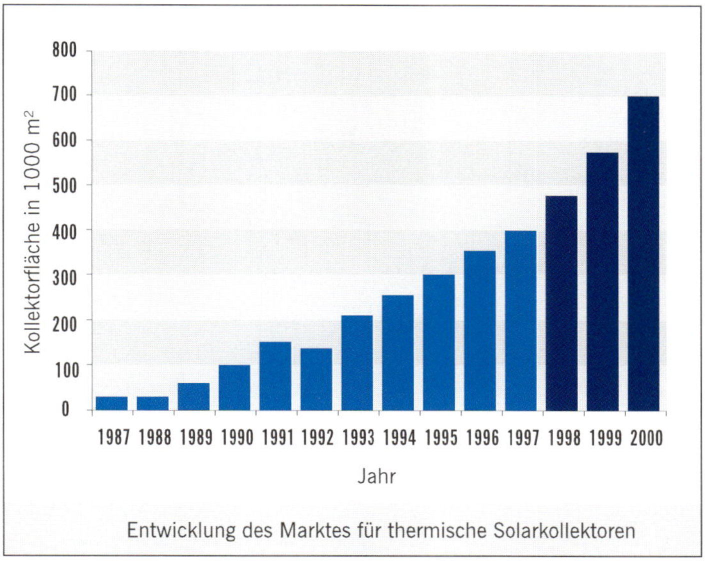

Diagramm 1.2.1: Entwicklung des Marktes für thermische Solarkollektoren (G2)

1997 wurden in der Bundesrepublik ca. 380.000 m^2 neue Kollektorfläche installiert, wobei ca. 80% der Kollektoren Flachkollektoren waren, 20% der Anlagen wurden mit Röhrenkollektoren errichtet.
Der Bereich der solaren Wärmeerzeugung auf niedrigem Temperaturniveau erschließt dabei Anwendungen im Bereich Haushalte, Industrie und Kleinverbraucher.

Diese Anwender benötigen ca. 73% der in der Bundesrepublik verbrauchten Endenergie. Im Bereich Haushalte werden beispielsweise 82% des Endenergieverbrauches für Heizung und Warmwasserbereitung verwendet.

Ein sehr großer Teil der Anlagen wird bislang in Ein- und Zweifamilienhäusern installiert, wobei viele Anlagen dem Anlagenschema Bild 1.2.3 entsprechen.

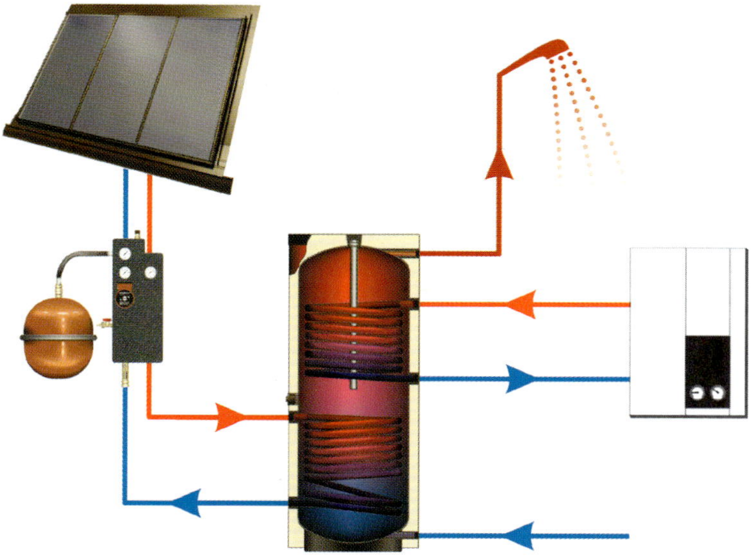

Bild 1.2.3: Aufbau einer Solaranlage zur Trinkwassererwärmung im Ein- und Zweifamilienhaus (G1)

In diesem Buch werden Solaranlagen zur Trinkwassererwärmung ab einer Anlagengröße von ca. 20 m² betrachtet.

Weiterführende Informationen zum Thema Trinkwassererwärmung allgmein können den Werken „Solaranlagen" von Heinz Ladener [67] und „So baue ich eine Solaranlage", Wagner&Co [9] entnommen werden.

1.2.3 Heizungsunterstützung

Grundlagen der Heizungsunterstützung

Auf das Gebiet der Bundesrepublik Deutschland werden von der Sonne pro Jahr und m² standortabhängig zwischen 980 und 1180 kWh Energie eingestrahlt. Diese Energie entspricht den Heizwerten von ca. 95–110 m² Erdgas bzw. 95–110 l Heizöl pro Jahr und m². In Österreich und der Schweiz werden diese Werte an vielen Standorten überschritten. Maximal erreicht die Sonneneinstrahlung dabei ca. 1000 W (1kW) Leistung pro m². Auf eine Fläche von 20 m² werden Jahr für Jahr im Mittel 22.000 kWh (ca. 2200 m² Erdgas) eingestrahlt, welche abzüglich der entsprechenden Umwandlungsverluste für die Warmwasserbereitung und die Heizung genutzt werden können.

Einfamilienhäuser (Altbau) benötigen im Mittel eine maximale Heizleistung von 12 – 17 kW, wobei sie im Jahr 130 – 180 kWh pro m^2 Wohnfläche an thermischer Heizenergie verbrauchen. Neubauten, die gemäß der Wärmeschutzverordnung errichtet wurden, benötigen pro Jahr und m^2 ca. 100 kWh, Niedrigenergiehäuser ca. 50 – 100 kWh pro Jahr und m^2. Passivhäuser stellen die Grenze des derzeit Machbaren mit ca. 15 kWh pro m^2 und Jahr dar [6].

Erfahrungen in der Umsetzung

Über viele Jahre galt nur die Erwärmung von Trinkwasser als sinnvolle thermische Nutzung der Sonnenenergie. Der Bedarf an warmem Wasser ist nahezu über das gesamte Jahr konstant, weshalb auch das große solare Angebot im Sommer effizient und ohne große Verluste genutzt werden kann.
Ein Blick auf die Diagramme 1.2.2 und 1.2.3 zeigt die Verschiebung zwischen solarem Angebot und Heizenergiebedarf: Im Winter wird die Heizung benötigt, denn in diesem Zeitraum scheint die Sonne selten und mit wenig Kraft.

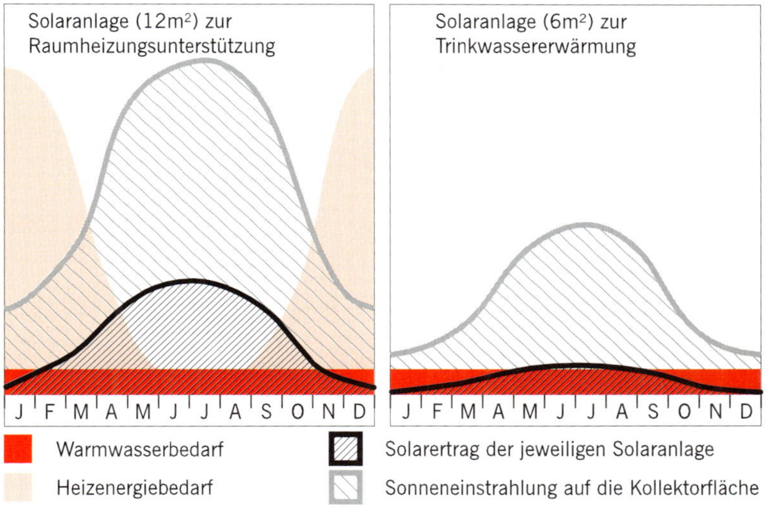

Diagramme 1.2.2 und 1.2.3: Vergleich Jahresgang TWW-Anlage/Raumheizung (G1)

Dennoch werden Solaranlagen mehr und mehr auch zur Deckung des Heizenergiebedarfs in den sogenannten Übergangszeiträumen wie Frühjahr und Herbst genutzt. Ende der achtziger bzw. Anfang der neunziger Jahre wurden dann in Freiburg im Breisgau und im schweizerischen Oberburg erstmalig energieautarke Häuser realisiert, die ihren Energiebedarf ausschließlich durch die Nutzung regenerativer Energien im eigenen Haus decken konnten.
Das schweizerische Beispiel wurde im Schweizer Mittelland trotz langanhaltender Nebelperioden realisiert und ist seit 1989 energieautark. Mit einer Kollektorfläche von 84 m^2 sowie drei Speichern mit insgesamt 118 m^3 wurde

bei einem „normalen“ Haus mit einer maximalen Heizleistung von 3 kW bei -10°C die völlige Unabhängigkeit von jedem anderen Brennstoff neben der Sonne erreicht. Die Daten dieses Hauses sind in Kapitel 7 aufgeführt.
Basierend auf den Erfahrungen dieses Objekts entwickelte sich eine große Zahl von Solaranlagen mit hohem solaren Deckungsgrad für Warmwasser und Heizung. Hoher solarer Deckungsgrad heißt in diesen Fällen, daß zwischen 50 und 100% des Energiebedarfs für die Trinkwassererwärmung und die Heizung von der Solaranlage gedeckt werden.
Die Anlagen wurden anhand und unter Nutzung der folgenden praktischen Überlegungen und Konzepte realisiert:

Solaranlagen mit hohem solarem Deckungsgrad für Warmwasser und Heizung

Die folgenden Hinweise entstammen unter anderem dem Buch „Sonnenenergieanlagen mit hohem solarem Deckungsgrad für Warmwasser und Heizung“, J. Jenni, Jenni Energietechnik AG, CH-3414 Oberburg bei Burgdorf, Tel. 0041-34-4229777. Das Buch enthält ein große Zahl praxisbezogener Hinweise für die Planung und Umsetzung dieser Art von Solaranlagen.

- Ein Sonnenhaus mit hohem Deckungsgrad sollte ein Niedrigenergie- oder Passivhaus sein.
- Ein einfaches, durchdachtes System, bei dem Details konsequent beachtet und Arbeiten sorgfältig ausgeführt werden, ist der Garant für die Realisierung eines Sonnenhauses mit hohem solaren Deckungsgrad.
- Die Kollektoren sollten in Anlagen mit hohem solaren Deckungsgrad für Warmwasser und Heizung nach Süden, Südosten oder Südwesten ausgerichtet und in einem Winkel zwischen 35° und 70° aufgestellt sein.
- Die Speicher müssen dem Charakter der Solaranlage angepaßt werden. In Solaranlagen mit hohem Deckungsgrad für Warmwasser und Heizung sollten die Speicher ein Mindestvolumen von 120–150 l Speichervolumen pro m^2 Kollektorfeld nicht unterschreiten. Die exakte Dimensionierung ist vom Energiebedarf des Hauses und der Größe der Anlage abhängig. Dabei muß berücksichtigt werden, daß ein Speicher keine Energie erzeugt, sondern diese lediglich verwalten („speichern“) kann.
- Zur Umsetzung dieser Konzepte werden in der Regel Solarspeicher >10 m^3 eingesetzt. Diese sollten zwecks optimaler Schichtung der einzelnen Temperaturniveaus im Speicher als Bedingung für dessen optimale Nutzung minimal 4 m hoch sein und sind entsprechend in das Gebäude zu integrieren.
- In der Regel sollte der Speicher in das Gebäude integriert werden, um dessen Abwärme sinnvoll zu nutzen. Die Wärmedämmung des Speichers wird dabei seiner Kapazität zur Deckung des Heizenergiebedarfs angepaßt. Ein Speicher, der innerhalb von 2 Wochen durch die Heizung entladen wird, sollte daher auch nur für den entsprechenden Zeitraum gedämmt werden.
- Der Wärmedehnung des Speichers und des Speichermediums (Wasser) muß

aufgrund der enormen Massen beim Aufheizen und Abkühlen große Aufmerksamkeit geschenkt werden. Die Vorschriften der Hersteller sind unbedingt zu beachten.

Prinzipieller Aufbau und Funktion einer Solaranlage mit hohem Deckungsgrad

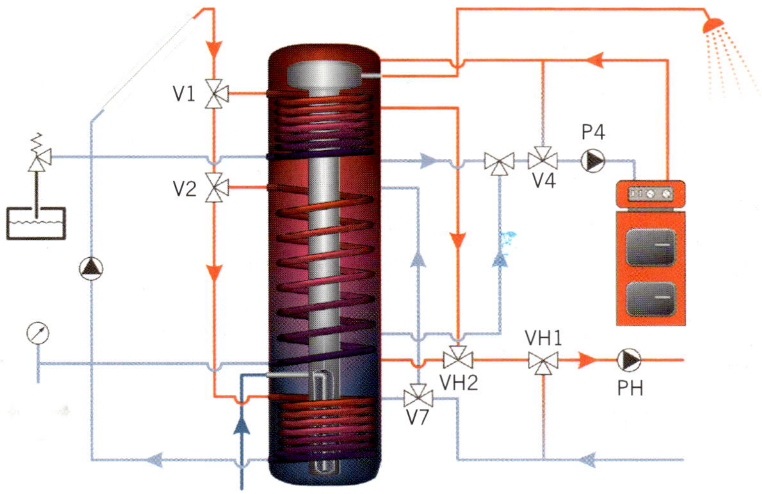

Bild 1.2.4: Aufbau einer Solaranlage zur Unterstützung der Raumheizung mit hohem Deckungsgrad (G3)

Funktionsprinzip der abgebildeten Anlage

Die Kollektorkreispumpe schaltet ein, sobald das Kollektorfeld ca. 5 K wärmer als die untere Speichertemperatur ist. Die Dreiwegeventile V1 und optional V2 öffnen zur Beladung des Speichers über die internen Wärmetauscher, wenn die Temperaturen im Kollektorkreis höher sind als die entsprechenden Temperaturen im jeweiligen Speicherbereich. So wird der Solarspeicher bis zu einer Temperatur von ca. 90°C beladen. Die Heizungspumpe PH und die beiden Dreiwegeventile / Mischer VH1und VH2 werden von der Heizkreisregelung (z.B. außentemperaturgeführt) angesteuert. Die beiden Ventile haben die Aufgabe, die Temperatur des Heizungsvorlaufs zu regulieren und dabei den Speicher zuerst im unteren Bereich zu entladen. Das Rücklaufventil V7 leitet den Heizungsrücklauf in den unteren Speicherbereich, wenn der Speicher unten ausgekühlt werden kann. Ist der Heizungsrücklauf wärmer, wird er in eine obere Speicherschicht geführt. Bei einem Heizungsrücklauf mit geringen Temperaturen, z.B. bei Flächenheizungen, ist das Ventil V7 nicht erforderlich.
Wird der Speicher im Laufe des Winters entladen, kann der obere Speicherbereich durch einen Heizkessel nachgeheizt werden. Dies geschieht mittels der

Pumpe P4, das Dreiwegeventil V4 dient hierbei zur Rücklaufhochhaltung des Heizkessels, um Korrosionsschäden in diesem zu vermeiden.
Die Regelung dieser Anlage kann wie gezeigt durch einzelne Regler oder durch eine Gesamtregelung erfolgen.

Bild 1.2.5: Solaranlage mit hohem Deckungsgrad bis zu 80 % für Warmwasser- und Raumheizung in einem Mehrfamilienhaus in der Schweiz (B14)

Solaranlagen zur Unterstützung der Raumheizung

Neben den Anlagen mit sehr hohen solaren Deckungsgraden der Raumheizung wird eine große Zahl von Solaranlagen mit solaren Deckungsgraden der Raumheizung von 10-20% realisiert. Beispielhafte Systeme und Komponenten sowie deren Nutzen werden im folgenden beschrieben.

Es ist zu beachten, daß sich die Prozentangaben des solaren Deckungsgrads auf den Wärmebedarf von Gebäuden des Altbaubestands bzw. von Gebäuden, die nach Wärmeschutzverordnung 95 errichtet worden sind, beziehen. Werden Gebäude in Niedrigenergie- oder Passivbauweise mit „kleinen" Solaranlagen zur Unterstützung der Raumheizung ausgestattet, können die solaren Deckungsgrade aufgrund des niedrigeren Wärmebedarfs der Häuser deutlich steigen.

Am Anfang der Entwicklung von Solaranlagen zur Unterstützung der Raumheizung im Bereich kleiner solarer Deckungsgrade stand die Vergrößerung der Kollketorfläche und eine Ergänzung der Solarspeicher zur Trinkwassererwärmung um einen zweiten Pufferspeicher.

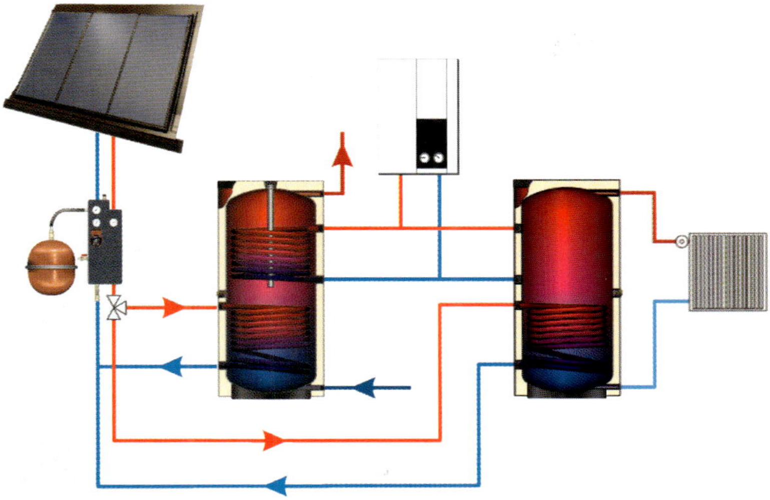

Bild 1.2.6: Solaranlage zur Unterstützung der Raumheizung mit zwei Speichern (G1)

Um den Aufbau und die Regelung einer solchen Anlage zu vereinfachen, sowie den benötigten Aufstellraum und die Kosten zu verringern, wurden die bereits beschriebenen Kombispeicher entwickelt. Neben dem Speicher in Speichersystemen entstanden Pufferspeicher mit Vorrichtungen zur Schichtladung und externen Wärmetauschern zur Trinkwassererwärmung. Durch die Schichtladung können diese Speicher im oberen Bereich schnell auf ein nutzbares Temperaturniveau erwärmt werden (Zielladung auf ein bestimmtes Temperaturniveau). Die Heizung wird so angeschlossen, daß auch sie den Speicher unter Wahrung der Schichtung be- und entladen kann.

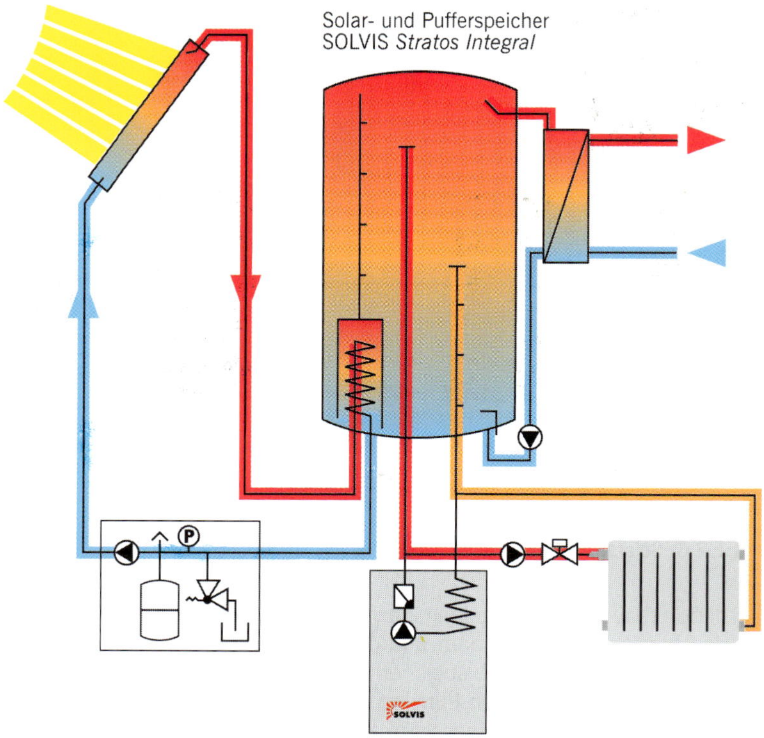

Bild 1.2.7: Solaranlage zur Trinkwassererwärmung und Unterstützung der Raumheizung mit einem Pufferspeicher und einem externen Wärmetauscher zur Trinkwassererwärmung (G4)

Einen weiteren Schritt zur Integration von Solaranlage, Heizkessel und Speicher wird von folgendem Beispiel vollzogen. Das Produkt SOLVIS MAX der Fa. SOLVIS stellt als vorgefertigte Einheit auf kleinstem Raum eine Brennwertheizzentrale mit einer integrierten Solaranlage zur Unterstützung der Raumheizung dar. Neben dem Vorteil des geringen Platzbedarfs stehen mit diesem oder ähnlichen Produkten einfache Systeme zur Nutzung in Anlagen zur Unterstützung der Raumheizung zur Verfügung.

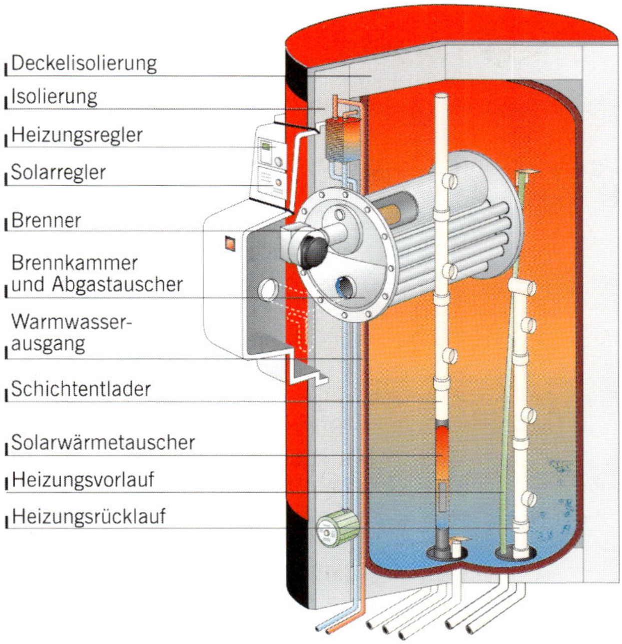

Bild 1.2.8: Heizzentrale SOLVIS MAX mit integriertem Brennwertkessel und Solaranlage zur Unterstützung der Raumheizung (G4)

Bei den gezeigten Verschaltungen kann die zur Verfügung stehende Energie der Solaranlage entweder zur Erwärmung des Trinkwassers oder zur Unterstützung der Raumheizung genutzt werden. In den vorgestellten Speichern wird dabei das jeweils vorhandene Temperaturniveau ohne weitere Regelung zur Trinkwassererwärmung oder zur Raumheizung genutzt.

Je einfacher das System, desto sicherer arbeitet die Anlage im Betrieb. Daher sollte auf Anlagen mit vielen Pumpen, Mischern und Stellventilen verzichtet werden.

Die folgenden Simulationsergebnisse für Solaranlagen zur Unterstüzung der Raumheizung in modellhaften Einfamilienhäusern am Standort Würzburg listen den erzielbaren Nutzen verschiedener Anlagen auf. Bei ihrer Umsetzung muß jedoch aufgrund der spezifischen Gebäudecharakteristika für jedes Objekt eine eigene Berechnung durchgeführt werden. Insbesondere Häuser in Passivbauweise und mit großen Glasflächen können mit einfachen Simulationsprogrammen nicht richtig abgebildet werden. Sind für solche Objekte exakte Ertragsprognosen erforderlich, müssen diese anhand dynamischer Gebäudesimulationen erstellt werden.

Solarer Deckungsgrad von verschiedenen Anlagengrößen im Einfamilienhaus

In einem Beispielhaus mit 12 kW maximaler Heizleistung werden Solaranlagen verschiedener Größe installiert. Mit den angegebenen Kollektorfeldgrößen werden folgende solare Deckungsgrade für Warmwasser und Raumheizung erreicht.

7 m^2 Kollektorfeld » 15%
11 m^2 Kollektorfeld » 20%
15 m^2 Kollektorfeld » 30%

Durch diese Anlagen können 1t – 3 t CO_2 pro Jahr eingespart werden.

Bei ansonsten gleichen Rahmenbedingungen kann eine Flächenheizung mit einem Vorlauf von 45°C und einem Rücklauf von 30°C gegenüber einer Heizung 70°C / 50°C einen bis zu 4% höheren Deckungsgrad und eine etwa gleich große Erhöhung des Systemnutzungsgrades erzielen. Am Standort Würzburg kann eine 11m^2 Solaranlage zur Warmwasserbereitung und Unterstützung der Raumheizung ca. 420–500 kWh/m^2a (500 kWh/m^2a bei einer Raumheizung mit einem Wärmebedarf von 1kW in Sommernutzung) liefern.

Argumente für Solaranlagen zur Unterstützung der Raumheizung

- „Heiß spürt man mehr als wirtschaftlich!“ (Zitat J. Jenni)
- Eine größere Solaranlage kann erheblich mehr CO_2 einsparen als eine kleine Solaranlage.
- Die Mehrkosten für eine Solaranlage zur Unterstützung der Raumheizung bei gleichzeitigem Einbau einer Solaranlage zur Warmwasserbereitung sind gering.
- Pro kWh solarer Wärme entstehen teilweise keine oder nur geringe Mehrkosten gegenüber dem Einbau einer Solaranlage zur Warmwasserbereitung.
- Die Systeme sind ausgereift und meist einfach zu integrieren.

Wie bei jeder Solaranlage ist zu prüfen, ob die Kollektoren auch im Winter schattenfrei sind.
Ein Speicher, und sei er noch so groß, kann keine Energie erzeugen, sondern sie nur verwalten. Das Speichervolumen sollte bei diesem Anlagentyp auf max. 70–100 l/m^2 Kollektorfeld dimensioniert werden (bei Solaranlagen zur Trinkwassererwärmung oder saisonaler Wärmespeicherung andere Werte beachten).
Da Kombispeicher erheblich größer sind als ein Trinkwasserspeicher, sind die Raumhöhe im Aufstellraum und der Weg in den Aufstellraum im Hinblick auf die Einbringung zu prüfen.
Der Kombispeicher muß klare Schichtungsmöglichkeiten (z.B. Ladeeinrichtung mit angepaßter Regelung) besitzen, ein innenliegender Trinkwasserspeicher muß bis in den kalten Bereich des Speichers reichen. Ein „Pott im Pott“ an beliebiger Stelle im Speicher reicht zum Erzielen annehmbarer Ergebnisse nicht aus.

Einen sehr guten Einstieg in die Planung und Umsetzung von Solaranlagen zur Unterstützung der Raumheizung bietet neben dem bereits erwähnten Buch von Josef Jenni [60] das Buch „Heizen mit der Sonne“ [59], Arbeitsgemeinschaft Erneuerbare Energien, A-8200 Gleisdorf, Tel. 0043-31125886, in Deutschland über den Ökobuchverlag, Staufen bei Freiburg, Tel. 07633-50613 erhältlich.

Bild 1.2.9: Solaranlage zur Unterstützung der Raumheizung, 52 m² Kollektorfläche (B4)

1.2.4 Solare Nahwärme

Entwicklung

Außer in einzelnen Objekten finden Solaranlagen zur Trinkwassererwärmung und zur Unterstützung der Raumheizung auch in Siedlungen ein breites Einsatzfeld. Solaranlagen, die mit lokalen Wärmenetzen kombiniert werden können (= solare Nahwärme), erzielen in Verbindung mit einer umfangreichen Wärmedämmung der Gebäude solare Deckungsgrade bis zu 50% für die Trinkwassererwärmung und die Raumheizung. Bei einzelnen Objekten sind solche Deckungsgrade mit enormen Aufwand verbunden, neben großen Kollektorfeldern werden hier sehr große Einzelspeicher benötigt. Dies ist kostenintensiv und stellt auch die Architekten vor eine schwierige Aufgabe.

Bei der Realisierung von solaren Nahwärmenetzen können die Speicher an einem zentralen Punkt zusammengefaßt werden. Die spezifischen Kosten für das einzelne Objekt sinken und ein sehr günstiger Wärmepreis ist das angenehme Resultat.

In nachfolgenden werden einzelne Aspekte solarer Nahwärmekonzepte zur Trinkwassererwärmung und Raumheizung beschrieben. Neben diesen Systemen kommt solare Nahwärme in Form von Rücklaufanhebungen in Fernwärmenetzen und in Systemen zur ausschließlichen Trinkwassererwärmung zum Einsatz.

Bild 1.2.10: Solare Nahwärme als Rücklaufanhebung des Wärmenetzes in Göttingen im Heizkraftwerk Göttingen (B22)

Eine umfassende Sammlung und Erläuterung der Vorteile und der erforderlichen Planungsschritte für die Praxis enthält das Buch „Solare Nahwärme – Ein Leitfaden für die Praxis", M. Brenner, D. Mangold, Prof. Dr.-Ing. E. Hahne, Hrsg. Fachinformationszentrum Karlsruhe, Gesellschaft für wissenschaftlich-technische Informationen mbH, TÜV Verlags GmbH, 1998, Köln, ISBN 3-8249-0470-5 [58]. Die folgenden Ausführungen über wichtige Aspekte der solaren Nahwärme entstammen u.a. diesem Werk.

Wärmeübergabe und Nahwärmenetz

Wärmeübergabe im Gebäude

Die Schnittstelle zwischen dem Nahwärmenetz und der hausseitigen Installation ist die Hausübergabestation. Die Anbindung des Heizungskreises und der Warmwasserbereitung kann jeweils auf zweierlei Weise realisiert werden.
Die Heizungsanbindung kann entweder direkt oder indirekt über einen Wärmetauscher erfolgen. Eine direkte Anbindung unterstützt die Solaranlage, da hier die Vor- und Rücklauftemperaturen im Netz niedriger liegen. Bedenken hinsichtlich der Betriebssicherheit (Leckagen) überwiegen allerdings meist diesen Vorteil. Außerdem darf im Nahwärmenetz kein zu hoher Druck vorhanden sein, wie es z.B. in Baugebieten mit großer Höhendifferenz bzw. mit stark unterschiedlichen Gebäudehöhen der Fall ist.
Die Trinkwassererwärmung kann, sofern kein 4+2-Leiter-Netz verwendet wird, über Speicherladesysteme oder im Durchlaufverfahren erfolgen. Letzteres ist in der Regel nur für Einzel- oder Reihenhäuser geeignet. Bei Hausübergabestationen mit Trinkwassererwärmung im Durchlaufverfahren muß die Netzvorlauftemperatur ganzjährig auf hohem Temperaturniveau (65–70 °C) gehalten werden. Bei Speicherladesystemen ist dagegen auch ein intermittierender Betrieb möglich, bei dem die Speicher im Sommer nur einmal pro Tag erwärmt werden und auch nur zu dieser Zeit die Netztemperatur steigt.

Bei allen Hausübergabestationen ist auf die Einhaltung des DVGW-Arbeitsblatts W 551 zu achten. Zur Vermeidung der Legionellenbildung ist hier die Einhaltung von bestimmten Mindesttemperaturen im Warmwasserkreis erforderlich.

Nur eine sorgfältige Dimensionierung bei der Planung von Hausübergabestationen kann eine niedrige Rücklauftemperatur im Nahwärmenetz gewährleisten. Zudem ist eine sorgfältige Bauausführung, insbesondere die korrekte Einregulierung der hausseitigen Installationen unabdingbar. Der netzseitige Einbau eines Rücklauftemperaturbegrenzers mit außentemperaturgeregelter Kennlinie schützt den Netzbetreiber vor Unwägbarkeiten der hausseitigen Installation. Die Rahmenbedingungen für die Haustechnik sind im allgemeinen schriftlich zu fixieren. Neben den technischen Anschlußbedingungen müssen hier die Abnahmebedingungen, insbesondere der technische Abgleich festgehalten werden.

Nahwärmenetze

Entscheidend für die Planung und die Kosten von Nahwärmenetzen ist die Wärmeverteilung. Nach Aufbau und Funktionsweise können drei Arten von Nahwärmenetzen unterschieden werden.

2+2-Leiter-Netz

Für größere Nahwärmesysteme wird meist eine dezentrale Trinkwassererwärmung gewählt. Diese erfolgt mit Speicherladestationen bzw. in Ein- oder Zweifamilienhäusern alternativ auch mit sogenannten Kompaktübergabestationen, in denen das Warmwasser im Durchlaufverfahren erwärmt wird.

Das Wärmenetz besteht hier aus einem sogenannten 2-Leiter-Netz. Ist eine Solaranlage mit einem oder mehreren Kollektorfeldern vorhanden, werden noch die Leitungen für den Solarvor- und rücklauf ergänzt (2+2-Leiter-Netz).

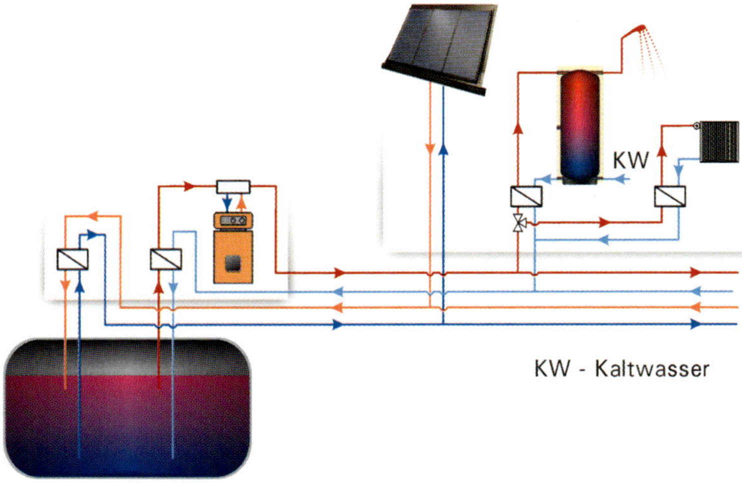

Bild 1.2.11: Solare Nahwärme im 2+2-Leiter-Netz [58], (G3)

4+2-Leiter-Netz

Systeme mit zentraler Trinkwassererwärmung (4-Leiter- bzw. mit Solarkreis 4+2-Leiter-Netz) weisen sehr hohe Zirkulationswärmeverluste in den trinkwasserführenden Leitungen auf. Dieser Anlagentyp ist daher nur für kleine Anlagen, wie z.B. Reihenhauszeilen mit 20-30 Einheiten, sinnvoll.

3-Leiter-Netz

Ein neues Anlagenkonzept bietet sich mit dem sogenannten 3-Leiter-Netz. Hier ist der Wärmevorlauf zu den Häusern und der Solarvorlauf mit einer gemeinsamen Rücklaufleitung gekoppelt. Die Trinkwassererwärmung erfolgt dezentral. Der durch Heizung oder Trinkwassererwärmung abgekühlte Rücklauf wird in den Häusern direkt der Solaranlage zur Verfügung gestellt und gegebenenfalls von dieser wieder erwärmt. Abhängig vom Massenstrom im Solar- bzw. Wärmeverteilerkreis (d.h. überwiegend Solarbetrieb oder Heizbetrieb) richtet sich die Durchströmung der gemeinsamen Rücklaufleitung aus. Dieses System ist z.B. dann von Vorteil, wenn ein Baugebiet in einem Wasserschutzgebiet liegt in dem keine frostschutzmittelführenden Leitungen verlegt werden können. Zudem läßt sich die Gesamtkollektorfläche leicht erweitern. Einer eingehenderen Untersuchung bedarf allerdings die Hydraulik, da sich im Wärme- bzw. Solarrücklauf im Betrieb die Strömungsrichtung umkehrt.

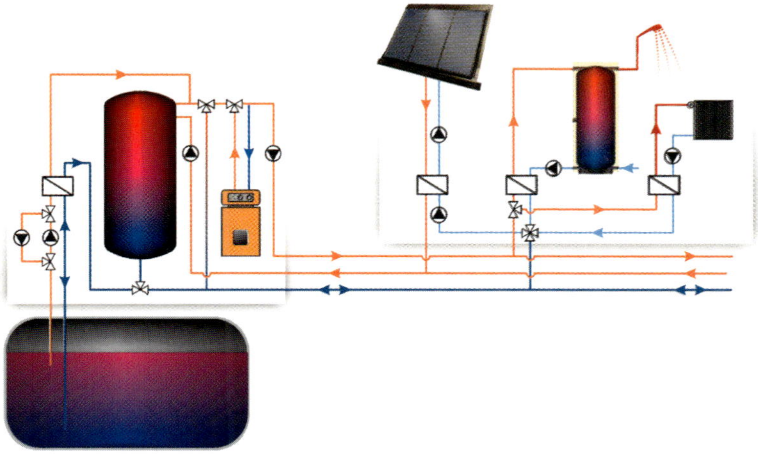

Bild 1.2.12: Solare Nahwärme im 3-Leiter-Netz [58], (G3)

Langzeitwärmespeicher

Auswahl der Speicher nach Systemgröße und geologischen Gegebenheiten

Zur saisonalen Wärmespeicherung können verschiedene Speicherkonzepte verwendet werden, deren Wichtigste im folgenden vorgestellt werden. Als Speichermedium kommt neben Wasser der natürliche Untergrund bzw. eine Kombination aus beidem in Frage. Die Entscheidung für einen bestimmten Speichertyp hängt vor allem von den örtlichen Gegebenheiten, insbesondere von den geologischen und hydrogeologischen Verhältnissen im Untergrund des jeweiligen Standortes ab.

Heißwasser-Wärmespeicher (Behälter und Erdbecken)

Reine Wasserspeicher benötigen eine Tragkonstruktion, die in der Regel aus Stahlbeton gefertigt und teilweise im Erdreich eingebaut ist. Wenn die Wasserdichtigkeit nicht durch spezielle Betonmischungen gewährleistet ist, muß eine zusätzliche Auskleidung des Speichers erfolgen. Da handelsübliche Kunststoffe für Temperaturen über 80°C in der Regel keine ausreichende Zeitstandfestigkeit auf- bzw. nachweisen konnten, wurden bisher die in Deutschland hergestellten Speicher mit einer Auskleidung aus 1,2 mm starkem Edelstahlblech ausgeführt. Die Wärmedämmung (15–30 cm) sollte im Bereich des Deckels und der senkrechten Speicherwände angebracht werden, bei hinreichender Druckfestigkeit des Dämmwerkstoffs auch unter dem Speicher. Anstelle einer Betonkonstruktion können auch Stahlspeicher (Technologie entsprechend dem Bau von Öltanks für Raffinerien) oder Behälter aus glasfaserverstärkten Kunststoffen eingesetzt werden.

Erdbecken-Wärmespeicher scheinen eine kostengünstige Alternative zu den Behälter-Speicherbauwerken zu sein. Hierfür wird eine Grube ausgehoben, in die eine wasserdichte Abdichtungsbahn eingebracht wird. Die Seitenwände der Grube werden je nach Bodenfestigkeit angeböscht, so daß sie von selbst standfest sind. Allerdings sind beim Erdbecken-Speicher sowohl die Ausführung der Speicherdecke inklusive der Wärmedämmung als auch die Volumenänderung des Wassers konstruktiv problematisch.

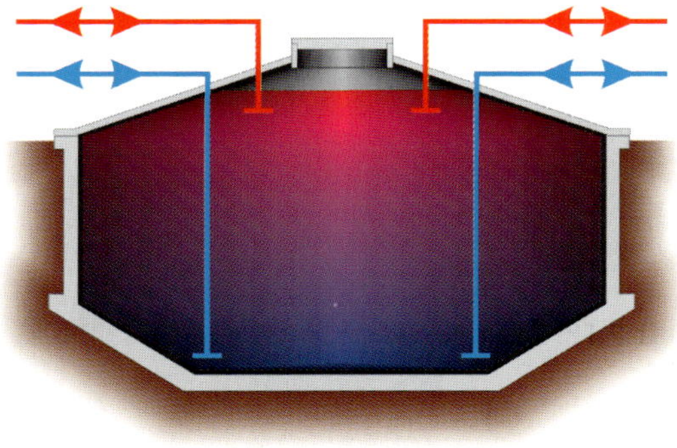

Bild 1.2.13: Heißwasser- Wärmespeicher [58], (G3)

Kies / Wasser- und Erdreich / Wasser-Wärmespeicher

Bei diesen Speichern wird der Untergrund nicht direkt zur Wärmespeicherung verwendet, sondern ein Gemisch aus Kies bzw. Erdreich und Wasser als Speichermedium eingesetzt. Die Speicher bestehen aus einer durch geeignete Maßnahmen abgedichteten Grube (oft auch als Erdbecken bezeichnet), die mit dem Speichermedium, z.B. Wasser und Kies, gefüllt werden. Zur Abdichtung werden bevorzugt Kautschuk- bzw. Kunststoffolien (EPDM oder PE) verwendet. Die maximale Speichertemperatur ist durch die Temperaturfestigkeit der Abdichtungsfolien auf ca. 80°C begrenzt. Da keine tragende Deckenkonstruktion erforderlich ist, fallen die Baukosten im Vergleich zu einem Wasserspeicher niedrig aus. Die Speicher werden in der Regel seitlich und oben wärmegedämmt (je nach Speichervolumen und -tiefe auch an der Unterseite),wobei hier eine ausreichende Druckfestigkeit des Dämmaterials gewährleistet sein muß. Die Be- und Entladung der Speicher erfolgt in der Regel indirekt über eingelegte Kunststoffrohrschlangen. Dieser Wärmetransport führt zu einem Sinken der zu gewinnenden Wärme. Beim Kies/Wasser-Wärmespeichern kann auch direkter Wasseraustausch erfolgen. Bedingt durch den Kiesanteil von etwas 60–70 Vol.% und dessen gegenüber Wasser geringen Wärmekapazität, muß ein Kies/Wasser-Wärmespeicher um etwa 50% größer konstruiert werden als ein reiner Wasserspeicher.

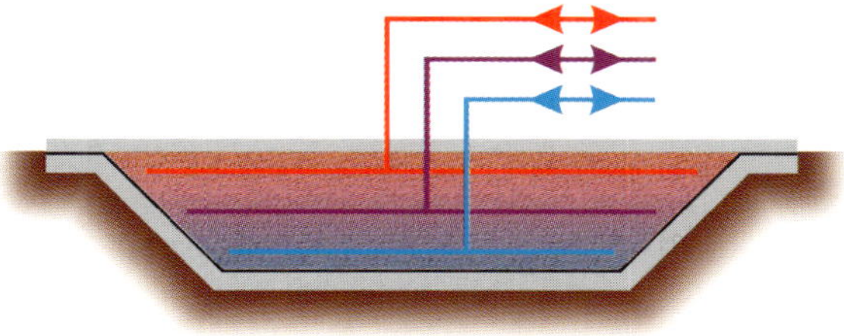

Bild 1.2.14: Kies/Wasserspeicher [58], (G3)

Ein Kies/Wasser-Wärmespeicher ist insbesondere dann kostengünstiger, wenn am Speicherstandort Kies im Untergrund vorliegt, der in gereinigtem Zustand als Speichermaterial eingebaut werden kann. Ist dies nicht der Fall, kann alternativ zum Kies auch gewöhnliches Erdreich als Wärmespeichermedium verwendet werden. Dieses wird mit Wasser gesättigt, um Wärmekapazität und Wärmeübergangskoeffizienten zu erhöhen. Der Erdreich/Wasser-Wärmespeicher kann von Aufbau und Funktionsweise mit einem Erdsonden-Wärmespeicher verglichen werden, dessen Wärmeübertragerohre horizontal in einem künstlich wassergesättigten Untergrund angeordnet sind.

Bild 1.2.15: Solare Nahwärme in Neckarsulm (B3)

Erdsonden-Wärmespeicher

Als Speichermedium dient hier das Erdreich bzw. die Gesteinsschichten im natürlichen Untergrund. Die Wärmeübertragung in den bzw. aus dem Untergrund erfolgt über U-förmige, koaxiale Wärmeüberträgerrohre aus Kunst-

stoff, die in senkrechte Bohrlöcher eingebracht werden. Typische Bohrtiefen liegen zwischen 20 m und 80 m, der Bohrlochabstand beträgt zwischen 1,5 m und 3m. Erdsonden-Wärmespeicher können nur zur Oberfläche hin wärmegedämmmt werden, weshalb die Wärmeverluste bei kleinen Speichervolumina (bis ca. 50.000 m^3) auch im sogenannten eingeschwungenen Zustand bis zu 50% betragen können. Bei der Planung sollte daher darauf geachtet werden, daß die Speicherberandungsflächen möglichst klein sind. Weiterhin ist zu berücksichtigen, daß sich der Speichernutzungsgrad aufgrund der starken Wechselwirkungen mit dem Untergrund erst allmählich erhöht: In den ersten 5 Betriebsjahren ist teilweise mit deutlich höheren Wärmeverlusten zu rechnen als später im eingeschwungenen Betriebszustand. Geeignete geologische Formationen für Erdsonden-Wärmespeicher sind aufgrund ihrer hohen Wärmekapazität wassergesättigte Tone bzw. Tonsteine, die zudem sehr dicht sind und daher mögliche Grundwasserbewegungen weitgehend unterbinden.
Die Vorteile des Erdsonden-Wärmespeichers liegen, besonders gegenüber Heißwasser-Wärmespeichern, im relativ geringen Bauaufwand und der einfachen Erweiterbarkeit des Speichers.

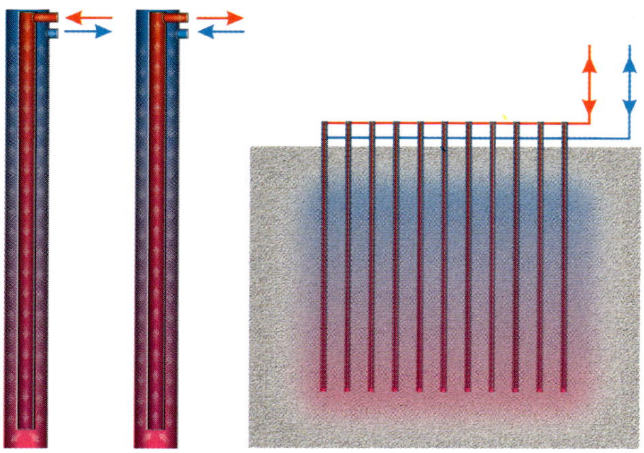

Bild 1.2.16: Erdsonden-Wärmespeicher [58], (G3)

Aquifer-Wärmespeicher

Bei einem sogenannten Aquifer-Wärmespeicher werden natürlich vorkommende, abgeschlossene Grundwasserschichten für die Wärmespeicherung nutzbar gemacht. Die Wärme wird über Brunnenbohrungen in den Speicher eingebracht bzw. wieder entnommen. Oberflächennahe Aquifere sind häufig der Trinkwassernutzung vorbehalten, so daß typische Aquifere vornehmlich unterhalb 100 m der Geländeoberkante zu finden sind. Da eine Wärmedämmung des Speichers nicht möglich ist, wird ein Aquifer-Wärmespeicher nur bei sehr großem Speichervolumen sinnvoll (minimal 100.000 m^3 erschlossenes Volumen). Auch hier gilt, daß die Wärmeverluste in den ersten Betriebsjahren deutlich höher ausfallen als im späteren quasistationären Betrieb. Von allen

Speichertypen stellt der Aquifer-Wärmespeicher hinsichtlich den notwendigen hydrogeologischen Voraussetzungen die höchsten Ansprüche, da er neben den abgrenzenden Bodenschichten eine hinreichende Durchlässigkeit im Inneren des Speichergebietes bieten muß. Allerdings muß das Wasser von geeigneter chemischer Qualität sein, damit der Temperaturwechsel keine negativen Auswirkungen (mineralische Ausfällungen, Korrosion an Anlagenteilen usw.) hat. Nur in ausreichender Entfernung zu Trinkwassergewinnungsanlagen ist aufgrund des direkten Austausches des Grundwassers auf hohem Temperaturniveau eine derartige Realisierung vorstellbar.

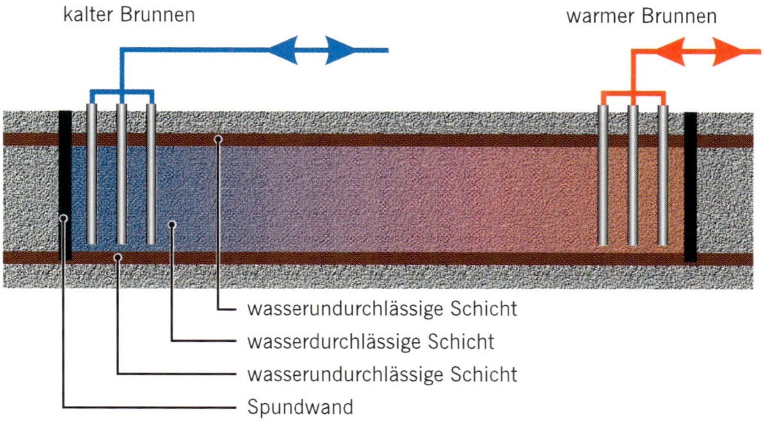

Bild 1.2.17: Aquifer-Wärmespeicher [58], (G3)

Planungsrichtlinien für Langzeit-Wärmespeicher

Bei allen Speichertypen, vor allem bei Aquifer- und Erdsonden-Wärmespeichern, ist eine hydrogeologische Voruntersuchung des Speicherstandortes unabdingbar. Außerdem müssen folgende Punkte geprüft werden:

- Schichtenabfolge
- Neigung und Lage des Grundwasserspiegels
- hydraulische Durchlässigkeit des Untergrundes
- Strömungsrichtung und -geschwindigkeit des Grundwassers

Befindet sich der Speicherstandort in der Nähe einer Trinkwasserfassung, muß frühzeitig ein wasserrechtliches Genehmigungsverfahren eingeleitet werden.

Das für saisonale Speicher benötigte Volumen ist nur schwer abzuschätzen, da sich abhängig von den Rahmenbedingungen (Speichertyp und -geometrie, Wärmebedarf, Deckungsanteil, thermische und hydraulische Bodenparameter, usw.) recht große Unterschiede ergeben. Die Auslegung sollte daher auf jeden Fall mit geeigneten Simulationsprogrammen erfolgen. Grobe Richtwerte für einen solaren Deckungsanteil von rund 50% für Warmwasser und Raumheizung können Tabelle 1.2.1 entnommen werden:

Heizwasser-Wärmespeicher	Ersonden-Wärmespeicher	Kies / Wasser-Wärmespeicher	Aquifer-Wärmespeicher
1,5 - 2,5 m^3/m^2_{FK}	8 -10 m^3/m^2_{FK}	2,5 - 4 m^3/m^2_{FK}	4 - 6 m^3/m^2_{FK}

Tabelle 1.2.1: Notwendiges Speichervolumen je m^2 Kollektorfläche für einen solaren Deckungsanteil von 50 % [58]

Realisierte Projekte

Im Rahmen von Forschungsvorhaben zur solar unterstützten Nahwärmeversorgung mit Kurz- und Langzeit-Wärmespeichern wurden am Institut für Thermodynamik und Wärmetechnik (ITW) der Universität Stuttgart die Projekte Ravensburg I, Schwäbisch Gmünd, Holzgerlingen und Neckarsulm I durchgeführt. Hierbei wurden Anlagen zur Trinkwassererwärmung (TWW) und zur Trinkwassererwärmung mit Unterstützung der Raumheizung (TWW+RW) mit Kurzzeitspeichern sowie Anlagen mit saisonaler Wärmespeicherung zur Trinkwassererwärmung und Raumheizung errichtet. Die Eckdaten werden in den folgenden Tabellen aufgeführt.

	Ravensburg	Schwäbisch Gmünd
Versorgungsgebiet	29 WE in RH	64 WE in 5 MFH
Intriebnahme	1992	1996
Beheizte Wohn- / Nutzfläche [m²]	3678	3830
Gesamtbedarf ab Heizzentrale [MWh/a]	113,6 (TWW)	110,8 (TWW)
Absorberfläche [m²] Speichervolumen [m²]	115 FK 5+ 2 (TWW)	97 VRK 2,7+ 2 (TWW)
Wärmelieferung der Solaranlage [MWh/a]	51 (Messung)	41 (Messung)
Solarer Deckungsanteil [%]	44,9 (TWW)	40 (TWW)
Gesamtkosten der Wärmeversorgung [DM]	624460	k.A.
Kosten der Solaranlage [DM] (ohne MwSt.)	108200	159100
Solare Wärmekosten [Pf/kWh] (ohne MwSt.)	21	39
	Holzgerlingen	Neckarsulm I
Versorgungsgebiet	56 WE in 3 MFH	120 WE in RH 210 WE in MFH
Intriebnahme	1997	1994
Beheizte Wohn-/ Nutzfläche [m²]	3920	30000
Gesamtwärmebedarf ab Heizzentrale [MWh/a]	388,1 (TWW+ RW)	3250 (TWW+ RW)
Absorberfläche [m²] Speichervolumen [m³]	120 FK 6+ 1,5 (TWW)	700 FK 20
Wärmelieferung der Solaranlage [MWh/a]	60 (Auslegung)	356 (Auslegung)
Solarer Deckungsanteil [%]	15,5 (TWW+ RW)	11,0 (TWW+ RW)
Gesamtkosten der Wärmeversorgung [DM]	220327	2015000
Kosten der Solaranlage [DM] (ohne MwSt.)	142400	419300
Solare Wärmekosten [Pf/kWh] (ohne MwSt.)	23	12

Tabelle 1.2.2: Technische Daten der Projekte mit Kurzzeit-Wärmespeicher nach [58], FK = Flachkollektor, VRK = Vakuumröhrenkollektor

Die ersten Großanlagen in Deutschland zur solar unterstützten Nahwärmeversorgung mit saisonaler Wärmespeicherung wurden im Herbst 1996 (Hamburg, Friedrichshafen) in Betrieb genommen, gefolgt von Neckarsulm II im Herbst 1998. Die Anlagen werden vom Institut für Thermodynamik und Wärmetechnik (ITW) der Universität Stuttgart detailliert vermessen. In Tabelle 1.2.3 sind die wichtigsten technischen Daten der drei Projekte zusammengestellt.

	Hamburg-Bramfeld	**Friedrichshafen-Wiggenhausen**	**Neckarsulm (Amorbach) II**
Versorgungsgebiet	124 Reihenhäuser	570 Wohneinheiten in 8 MFH	6 MFH, Schule, Altenwohnheim, Ladenzentrum
in Betrieb seit	1996	1996	1998
Beheizte Wohn-/ Nutzfläche in m^2	14.800	39.500	200.000
Gesamtwärmebedarf ab Heizzentrale in MWh / a	1610	4106	1663
Solaranlage: Absorberfläche in m^2 Speichervolumen in m^3 Speichertyp	 300 FK 4500 Heißwasser	 5600 FK 12.000 Heißwasser	 2700 FK 20.000 Erdsonden
Wärmelieferung der Solaranlage in MWh / a	789	1915	832
Solarer Deckungsanteil in %	49	47	50
Gesamtkosten Wärmeversorgung in Mio. DM	6,11	7,75	4,5
Kosten der Solaranlage in Mio. DM	4,33	6,3	2,9
Gesamtwärmekosten (ohne MwSt) in Pf / kWh	40,4	21,0	31,5
Solare Wärmekosten (ohne Wärmekosten) in Pf / kWh	50,2	31,1	33,7

Tabelle 1.2.3: Technische Daten der Großprojekte Hamburg, Friedrichshafen und Neckarsulm II nach [58]

Bild 1.2.18: Ansicht des Kollektorfeldes Umweltbundesamt Augsburg (B34)

Praxiserfahrungen

Die Erfahrungen während Planung und Bau der solaren Pilotanlagen mit Kurz- und Langzeit-Wärmespeichern haben gezeigt, daß die neue und noch ungewohnte Technik einen hohen Informationsbedarf sowie kleinere Probleme mit sich brachte. Alle Anlagen sind jedoch ohne größere Schwierigkeiten in Betrieb gegangen. Die Solaranlagen funktionieren gut und zuverlässig und die Langzeit-Wärmespeicher erfüllen die in sie gesetzten Erwartungen. Probleme bereitete vor allem die Kombination mit der konventionellen Anlagentechnik sowie deren Dimensionierung und Ausführung.

In Schwäbisch Gmünd war die Modulationsfähigkeit der Brennwertkesselleistung zu gering eingestellt, was zu häufigem Takten und dadurch zu einem schlechten Wirkungsgrad des Brennwertkessels führte. Die Regelung von Heizkesseln großer Leistungen ist aufgrund der Sicherheitskette und der großen Volumina stets träge. Währenddessen kam es in Verbindung mit den Laufzeiten von Ventilen (bis zu 3 Minuten) zu Unterbrechungen in der Warmwasserversorgung. Der Einsatz von Pufferspeichern und schnell laufender Ventile kann dies verhindern.

In Friedrichshafen wurden fälschlicherweise Wärmetauscher mit einer zu geringen Übertragungsleistung installiert. Durch einen Fehler in der Programmierung der Regelung war zusätzlich der Massenstrom zwischen dem Langzeit-Wärmespeicher und dem Wärmeübertrager zur Netzvorerwärmung zu gering, wodurch die Entladeleistung des Wärmespeichers reduziert wurde.

In fast allen Anlagen traten zu hohe Rücklauftemperaturen im Wärmeverteilernetz auf. Teilweise wurden schlichtweg zu kleine Heizkröper montiert und in Betrieb genommen, was niedrige Rücklauftemperaturen unmöglich machte. Diese lagen z.B. in Friedrichshafen durch eine fehlerhafte Einregulierung der hausinternen Heizungssysteme im Durchschnitt um 10–15 K höher als die anhand von Lastsimulationen ermittelten Werte. Die hohen Rück-

lauftemperaturen des Wärmeverteilernetzes (im Monatsmittel bis zu 55°C) führen einerseits zu hohen Speichertemperaturen und damit zu niedrigen Kollektorwirkungsgraden, andererseits kann der Wärmespeicher nicht auf die vorausberechneten niedrigen Temperaturen entladen werden. Dadurch wird ein Teil des Wärmeinhaltes im Speicher nicht genutzt. Mittlerweile wurden die Rücklauftemperaturen auf Werte bis maximal 45°C gesenkt. Häufig erzielt die Trinkwassererwärmung bei Solaranlagen im Speicherladeprinzip nur unbefriedigende Ergebnisse. In einzelnen Speichern wurden die Prallplatten am Eintritt des Kaltwassers vergessen, weshalb eine Temperaturschichtung im Speicher nicht stattfindet. Der Bereich der Nachheizung reicht bis in die unteren Teile der Speicher, so daß einerseits hohe Temperaturen entstehen, andererseits der Speicher bereits bei geringen Zapfungen erneut beladen wird. Durch die Einführung der Zirkulationsleitungen in den Kaltwasserbereich der Speicher werden diese mit mit deren Temperaturniveau (nach DVGW W551 mind. 55°C) bei Eintritt in den Speicher beladen. All dies sind Ursachen von zu hohen Rücklauftemperaturen im Nahwärmenetz.
Generell gilt bei diesen Anlagen, daß nur die wirklich benötigten Wärmeerzeuger und erforderlichen Komponenten eingesetzt werden sollten, um ein korrektes Funktionieren der Anlage zu gewährleisten.

Weiteres zu den Betriebserfahrungen ist „Betriebserfahrungen mit der solaren Nahwärmeversorgung in Friedrichshafen/Wiggenhausen-Süd" in [70] zu entnehmen.

Allgemein haben die ersten Betriebsergebnisse gezeigt, daß durch die Solaranlage und der mit ihr verbundenen ausführlichen meßtechnischen Überwachung der Gesamtanlage bisher unerkannte Betriebsprobleme der konventionellen Anlagentechnik offengelegt werden. Diese Schwierigkeiten sind deshalb nicht den Solaranlagen anzulasten, da sie auch in vielen Objekten ohne Solaranlage auftreten, dort allerdings oft nicht erkannt werden. Vielmehr führt der Einsatz einer Solaranlage mit entsprechender Meßtechnik zur Offenlegung und Beseitigung dieser Probleme. Eine Optimierung des Solaranlagenertrages bedarf daher immer auch einer Optimierung der konventionellen Anlagentechnik.

1.2.5 Weitere Anwendungen

Weitere Anwendungen der thermischen Solarenergie finden sich in der

- solaren Luftwärmung für Hallen, Wohngebäuden sowie in Landwirtschaft mittels Luftkollektoren
- solare Prozeßwärmeerzeugung
- solare Vorwärmung von Kraftwerken
- solare Stromerzeugung mittels solarthermischer Kraftwerke

Informationen zur solaren Lufterwärmung können u.a. bei der Fa. Grammer (Adresse im Kapitel Referenzen und im Anhang), Informationen zu den weiteren Anwendungen finden sich in [61] und [62] (siehe Anhang Literaturverzeichnis).

INNOVATIV EINFACH
EINFACH INNOVATIV
WOLF HEIZTECH
Holen Sie die
Sonne ins Haus.
Solartechnik von WOLF,
die Lösung für eine sonnige Zukunft.
Informationen unter Tel. 0 87 51 / 74 11 47
oder per Fax 0 87 51 / 74 16 83
oder www.wolf-heiztechnik.de
WOLF
HeizTech für Menschen
Ein Unternehmen
der Preussag

2. Auslegung der Solaranlagen

2.1 Erforderliche Leistungen und Energien zur Trinkwassererwärmung

Ein System zur Erwärmung von Trinkwasser benötigt folgende Energie:

Q_{ges} = ***Erwärmung des Trinkwassers + Speicherverluste + Zirkulationsverluste***

Die zur Erwärmung des Trinkwassers erforderliche Energie entspricht der Formel:

$$Q = mc\Delta T = v\rho c\Delta T$$

Q	= ***erforderliche Energie in kJ***
m	= ***Masse des zu erwärmenden Wassers in kg***
v	= ***Volumen des zu erwärmenden Wassers in m^3***
ρ	= ***Dichte des Wasser in kg/m^3***
c	= ***spezifische Wärmekapazität des Wassers (= 4,18 kJ / kg K)***
ΔT	= ***Temperaturdifferenz zwischen kaltem und erwärmten Wasser in K (Kelvin)***

Temperaturniveau

In vielen Anwendungen wird das kalte Wasser von 10°C auf eine Temperatur von 45°C oder 60°C erwärmt. Diese Wassertemperatur am Austritt des Trinkwassererwärmers wird dann an den Zapfstellen mit kaltem Wasser auf die gewünschte Temperatur gemischt.

Für die verschiedenen Temperaturniveaus in den unterschiedlichen Anwendungsbereichen werden zur Erwärmung von einem Liter Wasser von 10°C auf die gewünschte Temperatur gemäß obenstehender Formel die folgenden Energien benötigt:

25°C : 62,7 kJ	=	0,01742 kWh
45°C : 146,3 kJ	=	0,04064 kWh
60°C : 209,0 kJ	=	0,05806 kWh

Zur Erwärmung von 8000 Liter Wasser pro Tag auf 25°C werden jährlich 50 MWh, auf 45°C 118,6 MWh und auf 60°C 169,5 MWh Energie benötigt.

Wärmeverluste der Warmwasserspeicher

Die Grundbeziehung für die Speicherverluste lautet:

$$Q = kA\Delta Tt$$

k	=	***Wärmedurchgangskoeffizient des Gesamtspeichers in W/m² K***
A	=	***Oberfläche des Speichers in m²***
ΔT	=	***mittlere Temperaturdifferenz zwischen Wasser im Speicher und der Umgebung in K***
t	=	***betrachteter Zeitraum der Speicherverluste in s***

Zur Ermittlung der Speicherverluste werden von den Speicherherstellern produktspezifisch nach DIN 4753 T8 [13] ermittelte Werte angegeben. Neben den Eigenschaften der Wärmedämmung werden die Art der Speicheranschlüsse, die Schichtung im Speicher und die Einbaulage des Speichers (stehender/ liegender Speicher) berücksichtigt. Die Werte geben die spezifischen Wärmeverluste des Speichers an. Näheres kann [13], [16], [66] und den Herstellerangaben entnommen werden. Bei Herstellerangaben sollte die Prüfung nach DIN 4753 bzw. künftig nach PrEN 12977-3 durchgeführt worden sein.

Zirkulationsleitungen

Um auch in weitverzweigten Rohrnetzen an den Zapfstellen schnell warmes Wasser zu erhalten, wird die Warmwasserleitung meist um eine Zirkulationsleitung ergänzt, in der warmes Wasser in großen Teilen des Rohrnetzes warmes Wasser umgewälzt wird.
Durch die Umwälzung des Warmwassers im Zirkulationssystem entstehen Wärmeverluste, die durch die konventionelle Heizung bzw. durch die Solaranlage (vgl. auch Kapitel 3) gedeckt werden müssen.
Rohrleitungen sollten gemäß den Bestimmungen der Heizungsanlagenverordnung (HeizAnlV) gegen Wärmeverluste gedämmt werden. Die erforderlichen Dämmstärken sind Tabelle 2.1.1 zu entnehmen.

Nennweite DN der Rohrleitung	Mindeststärke der Dämmung (Wärmeleitfähigkeit: 0,035 W/mK)
bis DN 20	20 mm
DN 22 - DN 35	30 mm
DN 40 - DN 100	= DN in mm
>DN 100	100 mm

Tabelle 2.1.1: Erforderliche Dämmstärken für Warmwasserleitungen nach HeizAnlV[65]

Wird eine Wärmedämmung mit der Wärmeleitfähigkeit $l_{Dä}$= 0,05 W/mK eingesetzt oder erreicht die Wärmedämmung im Mittel diesen Wert (durch lückenhafte Ausführung der Wärmedämmung mit einer geringeren Wärmeleitfähigkeit), kann mittels der folgenden Formeln und der Tabelle 2.1.2 der Wärmeverlust pro Meter in Watt errechnet werden. Multipliziert mit der Laufzeit der Zirkulation wird hieraus die erforderliche Energie zur Deckung der Wärmeverluste errechnet.

Verlustleistung: $\dot{Q} = \dot{q}^{**} L \, \Delta T$

Erforderliche Energie (pro Tag): $Q = \dot{q}^{**} L \, \Delta T \, b$

Mit

$\dot{q}^{**}$	=	***tabellarischer Wert für die spezifischen Wärmeverluste in W/mK***
L	=	***Rohrlänge in m***
Δt	=	***Temperaturdifferenz zwischen Warmwasser und Umgebung in K***
b	=	***Betriebszeit der Zirkulationspumpe in h/d***

Spezifische Werte $\dot{q}^{**}$ für 1 m Rohrlänge und 1 K Temperaturdifferenz zwischen dem Warmwasser und der Umgebungstemperatur für gedämmte Rohre in Räumen und im Freien sind der Tabelle 2.1.2 zu entnehmen.

Das Zirkulationssystem eines Hauses besteht aus 20 m gedämmten Kupferrohr DN 15 und 20 m gedämmten Kupferrohr DN10. Die Dämmstärke beider Rohrdimensionen beträgt 30 mm. Die Zirkulationspumpe wird 16 Stunden am Tag betrieben. Die mittlere Temperatur der Zirkulationsleitung wird mit 55°C angenommen, die Umgebungstemperatur betrage 10°C. Die erforderliche Energie zur Deckung der Zirkulationsverluste errechnet sich wie folgt:

Aus Tabelle 2.1.2 werden die Werte für q^{**} abgelesen:

$$q^{**} \text{ (DN15/30mm Dämmung)} = 0{,}214 \text{ W/mK}$$
$$q^{**} \text{ (DN10/30mm Dämmung)} = 0{,}192 \text{ W/mK}$$

Die Temperaturdifferenz zwischen Rohrinnerem und der Umgebung beträgt:

$$55\,°C - 10\,°C = 45\,K$$

Für die Wärmeverluste folgt:

$$\dot{Q} = \left(\left(0{,}214 \frac{W}{mK} 20\,m\right) + \left(0{,}192 \frac{W}{mK} 20\,m\right)\right) 45\,K = 365{,}4\,W$$

Mit der Laufzeit der Zirkulationspumpe b=16 h/d folgt für den Energiebedarf pro Tag und Jahr:

$$Q = 365{,}4\,W \times 16\,\frac{h}{d} = 5846{,}4\,\frac{W}{d}\,365\,\frac{d}{a} = 2134\,\frac{kWh}{a}$$

Diese Zirkulationsleitung macht demnach ein Äquivalent von jährlich mehr als 200 l Öl zum Ausgleich der Wärmeverluste erforderlich.

Dämmdicke	Rohrnenndurchmesser																
mm	10	15	20	25	32	40	50	65	80	100	125	150	200	250	300	350	400
Kanalverlegung und Gebäudeinstallation																	
30	0,192	0,214	0,243	0,277	0,320	0,348	0,404	0,478	0,537	0,653	0,768	0,897	1,125	1,367	1,595	1,737	1,965
40	0,171	0,189	0,213	0,240	0,274	0,297	0,342	0,400	0,447	0,538	0,628	0,730	0,908	1,097	1,275	1,386	1,563
50			0,192	0,216	0,244	0,264	0,301	0,350	0,388	0,464	0,539	0,622	0,769	0,924	1,070	1,161	1,306
60				0,198	0,223	0,240	0,272	0,314	0,348	0,412	0,476	0,547	0,672	0,804	0,928	1,005	1,128
80						0,208	0,234	0,267	0,293	0,344	0,394	0,449	0,546	0,647	0,743	0,802	0,897
100							0,209	0,237	0,259	0,301	0,342	0,387	0,466	0,550	0,627	0,676	0,737
120								0,216	0,234	0,271	0,306	0,344	0,412	0,483	0,548	0,589	0,654
140									0,216	0,248	0,279	0,313	0,372	0,434	0,491	0,526	0,583
Freiverlegung																	
30	0,201	0,225	0,257	0,294	0,340	0,370	0,432	0,512	0,576	0,703	0,828	0,969	1,219	1,483	1,732	1,887	2,135
40	0,177	0,196	0,221	0,250	0,287	0,311	0,395	0,421	0,470	0,568	0,664	0,773	0,964	1,166	1,356	1,475	1,665
50			0,198	0,223	0,253	0,273	0,312	0,364	0,404	0,484	0,563	0,651	0,806	0,970	1,124	1,220	1,374
60				0,203	0,229	0,246	0,280	0,324	0,359	0,426	0,493	0,568	0,698	0,837	0,966	1,047	1,176
80						0,212	0,239	0,273	0,300	0,352	0,404	0,461	0,561	0,666	0,765	0,827	0,925
100							0,212	0,241	0,263	0,306	0,348	0,395	0,477	0,562	0,642	0,692	0,771
120								0,218	0,238	0,275	0,311	0,350	0,419	0,491	0,559	0,600	0,667
140									0,219	0,251	0,283	0,317	0,378	0,440	0,498	0,534	0,592

Tabelle 2.1.2: Spezifische Wärmeabgabe $\dot{q}^{**}$ in W/(mK) gedämmter Rohrleitungen nach DIN 2440, 2448, 2458 ($\lambda_{Dämmung}$ = 0,05 W/mK), nach Recknagel/ROM-Arbeitsmappe [16]

In Gebäuden des Bestands wurde die Wärmedämmung oft nicht ordnungsgemäß durchgeführt, weshalb die Verluste deutlich ansteigen. Die Verluste von ungedämmten Rohrleitungen können folgendermaßen berechnet werden:

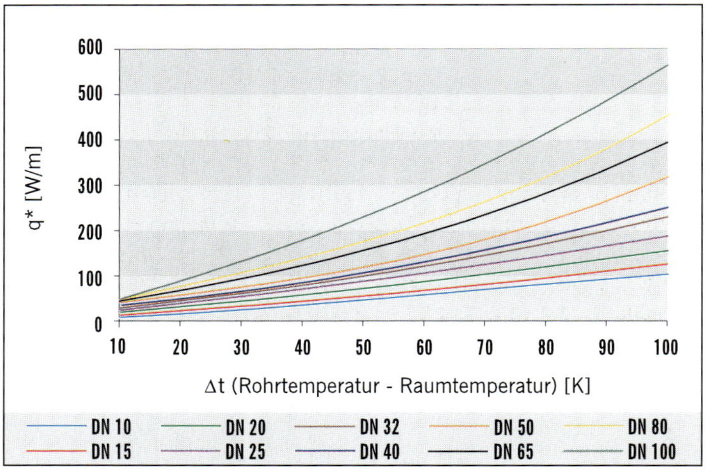

Diagramm 2.1.1: Wärmeverluste waagerechtes Rohr (Recknagel / ROM Arbeitsmappe) nach [16]

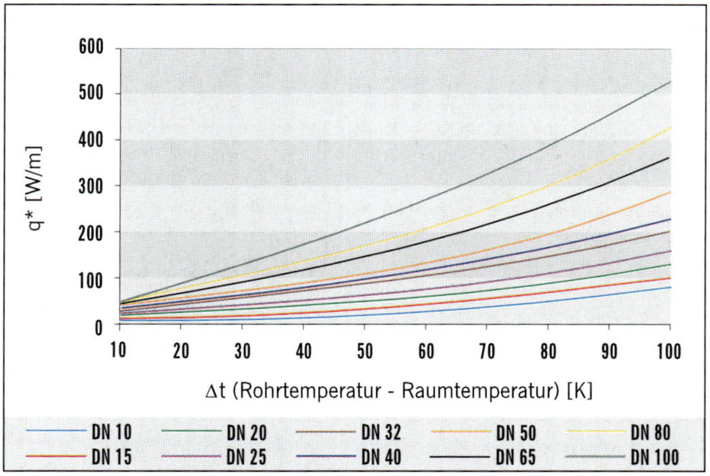

Diagramm 2.1.2: Wärmeverluste senkrechtes Rohr (Recknagel / ROMArbeitsmappe) nach [16]

Verlustleistung: $\dot{Q} = \dot{q}^* L$

Erforderliche Energie (pro Tag): $Q = \dot{q}^* L\, b$

Mit:

$\dot{q}^*$	=	***tabellarischer Wert für die spezifischen Wärmeverluste in W/mK***
L	=	***Rohrlänge in m***
b	=	***Betriebszeit der Zirkulationspumpe in h/d***

Das Zirkulationssystem aus dem vorherigen Beispiel bestehe nun aus 20 m ungedämmten Zinkrohr DN 15 und 20 m ungedämmten Zinkrohr DN 10. Die Rohre seien senkrecht verlegt. Die Zirkulationspumpe werde 16 Stunden am Tag betrieben. Die Zirkulationsleitung habe eine mittlere Temperatur von 55°C, die Umgebungstemperatur betrage 10°C. Die erforderliche Energie zur Dekkung der Zirkulationsverluste errechnet sich wie folgt:

Aus dem Diagramm 2.1.2 werden die Werte für q^* abgelesen:

$$q^*\ (DN\ 15) = 35\ W/m$$
$$q^*\ (DN\ 10) = 30\ W/m$$

Die Temperaturdifferenz zwischen Rohrinnerem und Umgebung beträgt:

$$55°C - 10°C = 45\ K$$

Für die Wärmeverluste folgt:

$$\dot{Q} = \left(\left(35\,\frac{W}{m}\,20\,m\right) + \left(30\,\frac{W}{m}\,20\,m\right)\right) = 1300\ W\ (!)$$

Mit einer Laufzeit der Zirkulationspumpe b=16h/d folgt für den Energiebedarf pro Tag und Jahr:

$$Q = 1300\ W \times 16\,\frac{h}{d} = 20800\,\frac{W}{d}\,365\,\frac{d}{a} = 7592\,\frac{kWh}{a}$$

Diese Zirkulationsleitung macht demnach ein Äquivalent von jährlich mehr als 750 l Öl zum Ausgleich der Wärmeverluste erforderlich. Dieses Energieäquivalent kann überschlägig gerechnet die Trinkwassererwärmung für zwei Vier-Personen-Haushalte gewährleisten.

Rohrleitungen sollten wenn möglich auch im Altbau gedämmt werden. Die Laufzeiten der Zirkulationspumpe sollten bei Anlagen in Ein- und Zweifamilienhäusern auf ein Minimum eingeschränkt werden (siehe Kapitel 3). Bei Großanlagen im Geltungsbereich der deutschen Normen und Fachregeln gemäß der Definition des DVGW Arbeitsblattes W551 sollte die maximale Laufzeit den Bestimmungen dieses Arbeitsblattes entsprechend ausgelegt werden.

Der Energieaufwand zur Deckung der Zirkulationsverluste erreicht wie gezeigt Werte, die denen der Trinkwassererwärmung entsprechen. Dies muß bei der Dimensionierung der Solaranlage berücksichtigt werden.

In Simulationsprogrammen können die Zirkulationsverluste sowie deren Auswirkungen auf die Dimensionierung und Funktion der Solaranlage bestimmt werden.

Zur überschlägigen Berechnung der Zirkulationsverluste wird in der Praxis oft ein Wert von 10 W/m Zirkulationsleitung mit der Betriebszeit der Zirkulationspumpe multipliziert. Im Bereich der Mehrfamilienhäuser (ab 6 Wohnungen) beträgt der Wärmeverlust bei vollgedämmten Zirkulationsleitungen zwischen 50 W pro Wohnung minimal und 140 W pro Wohnung maximal. Im Mittel sollte auch bei Neubauten mit 100 W pro Wohnung gerechnet werden [10].

2.2 Dimensionierung konventioneller Trinkwassererwärmer

Die Berechnung der Wassererwärmungsanlage folgt dem Prinzip der Abdeckung des Spitzenbedarfs. Man unterscheidet zwei Berechnungsvarianten:

Berechnung mit dem Gleichzeitigkeitsfaktor

Zur Berechnung des kurzzeitigen Wärmebedarfs für die Trinkwassererwärmung muß die Anzahl der gleichzeitig genutzten Warmwasserzapfstellen (Zapfstellen) ermittelt werden. Sind beispielsweise in einem Haus 60 Bäder vorhanden, so werden diese nicht alle zur gleichen Zeit genutzt. Hierfür wurden beruhend auf Erfahrungswerten sogenannte Gleichzeitigkeitsfaktoren ermittelt und in Tabellen zusammengestellt. Zusätzlich muß neben dem Gleichzeitigkeitsfaktor die Art der Wassererwärmung berücksichtigt werden, wobei das Durchfluß- und das Speichersystem unterschieden werden. Die Berechnungsvarianten und die Details werden ausführlich in [16] beschrieben.

Durchflußsystem

Im Durchflußsystem wird ein Heizkessel oder Fernwärmeanschluß mit einem Wärmetauscher kombiniert bzw. wird ein Durchlauferhitzer eingesetzt.
Zur kontinuierlichen Erwärmung des Wassers wird die folgende Leistung benötigt:

$$\dot{Q} = \dot{m}\,c\Delta T = \dot{v}\rho c\Delta T$$

$\dot{Q}$	=	***Erforderlicher Leistung zur Erwärmung des Wassers in W***
$\dot{m}$	=	***Massenstrom des zu erwärmenden Wassers in kg/s***
$\dot{v}$	=	***Volumenstrom des zu erwärmenden Wasser in m³/s***
ρ	=	***Dichte des Wassers in kg/m³***
c	=	***spezifische Wärmekapazität des Wassers (4,18 kJ/kgK)***
ΔT	=	***Temperaturdifferenz zwischen kaltem und erwärmten Wasser in K (Kelvin)***

Die genannten Leistungen werden bei Warmwasserzapfung im Durchflußprinzip vom Wärmeerzeuger kontinuierlich abgefordert, weshalb große Kessel- bzw. Anschlußleistungen bei Fernwärmeanschlüssen sowie große Wärmetauscher erforderlich werden.

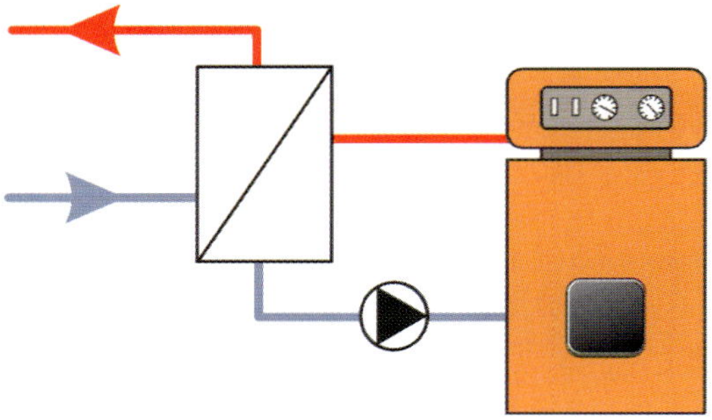

Bild 2.2.1: Trinkwassererwärmung im Durchflußprinzip (G3)

Speichersystem

Das Speichersystem umfaßt einen Heizkessel oder Fernwärmeanschluß und einen Trinkwasserspeicher.
Durch den Warmwasservorrat im Speicher wird die Leistungsabforderung am Wärmeerzeuger sowohl zeitlich als auch quantitativ verändert. Anlagen im Speicherprinzip können daher mit geringeren Maximalleistungen der Wärmeerzeuger arbeiten.

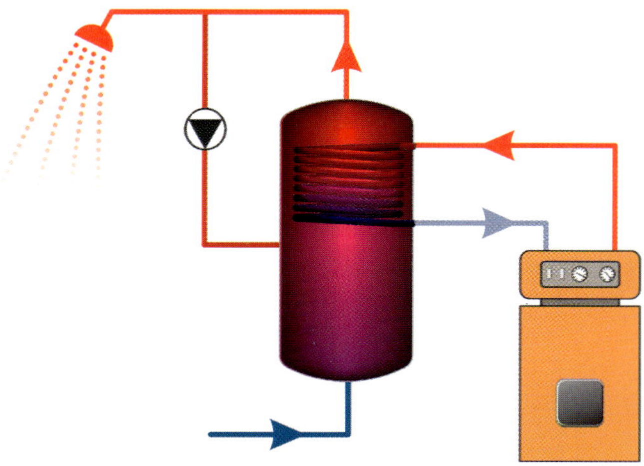

Bild 2.2.2: Speichersystem mit Heizkessel und Zirkulation (G3)

Berechnung nach der Leistungszahl

Dieses Verfahren beruht auf einer Berechnung des Warmwasserbedarfs eines Gebäudes durch eine Bedarfskennzahl N. Zur Berechnung von N werden zunächst die Bedingungen für $N=1$ definiert. Eine Einheitswohnung mit

3,5 Personen, 4 Räumen, einer Badewanne mit 150 l Füllvolumen und zwei Zapfstellen hat einen Wärmebedarf von 5,82 kWh. Über diese Daten für die Einheitswohnung, die Anzahl der Wohnungen und der Zapfstellen wird dann mittels eines Formblatts die Kennzahl N für das Objekt ermittelt. Zur Auswahl des richtigen Trinkwassererwärmers bzw. Warmwasserspeichers wird für diesen eine entsprechende N_L- Zahl ermittelt. Hierzu wird der Speicher einem Prüfverfahren nach DIN4708 T3 [67] unterzogen. Weitere Ausführungen zu diesem Verfahren finden sich in [16].

Bei Solarspeichern mit zwei Wärmetauschern wird von manchen Herstellern die N_L- Zahl für den Betrieb beider Wärmetauscher in Verbindung mit einem Heizkessel angegeben. Da die Solaranlage über den Wärmetauscher des Kollektorkreises in der Regel eine geringere Leistung abgibt, ist dieser Wert zu hoch und kann zu Fehldimensionierungen führen. Zur Vermeidung von Problemen ist bei Unsicherheiten daher die N_L- Zahl für den Speicher bei ausschließlicher Nutzung mit einem Heizkessel abzufragen.

Bei der Kombination von Solaranlagen mit der konventionellen Trinkwassererwärmung muß darauf geachtet werden, daß die Trinkwassererwärmung über die erforderlichen Reserven zur dauerhaften Versorgung mit warmen Wasser verfügt. Unter ungünstigen Bedingungen z.B. trüber Wintertag kann von der Solaranlage nur ein geringer oder gar kein Beitrag zur Wassererwärmung geleistet werden.

2.3 Legionellen und die Bestimmungen zur Wachstumsbegrenzung

Die folgenden Ausführungen sind unter anderem dem Buch „Sanitärinstallation, Manfred Jutte, Gentner Verlag Stuttgart 1998“ [64] entnommen. Für weitere nützliche Informationen in Taschenbuchform über die Sanitärinstallation kann auf dieses Werk zurückzugreifen werden.

Legionellen sind Bakterien, die Bestandteil aller Süßwasser sind. Sie gelangen in geringer, ungefährlicher Konzentration mit dem Kaltwasser in die Gebäude. Wenn sich Legionellen in erwärmtem Wasser vermehren und dieses Wasser in Form kleinster Tröpfchen in die Lunge gelangt, können grippeähnliche Erkrankungen bis zur schweren Lungenentzündung die Folge sein.
Beides sind schwere (teilweise tödliche) Lungenerkrankungen, die durch lang anhaltendes und hochdosiertes Inhalieren von mit Legionellen verunreinigtem Wassers verursacht werden.
In Trinkwassererwärmungs- und Leitungsanlagen sind Bedingungen einzuhalten, unter denen es nicht zu einer gesundheitsgefährdenden Vermehrung der Legionellen kommen kann. Dabei kommt der Temperatur des Wassers eine entscheidende Bedeutung zu. Bei Planung, Errichtung und Betrieb von Neuanlagen gilt das DVGW-Arbeitsblatt W 551 „Trinkwassererwärmungs- und Leitungsanlagen; technische Maßnahmen zur Verminderung des Legionellenwachstums“, für bestehende Anlagen gilt W 552 mit dem ergänzenden Titel „Sanierung und Betrieb“.
In der Norm DIN 1988 (TRWI) und den DVGW-Arbeitsblättern W 551 und W 552 werden in diesem Zusammenhang für die Planung und Errichtung von Trinkwasserinstallationen nach [64] im wesentlichen folgende Anforderungen gestellt:

Allgemeine Anforderungen

- Kurze Leitungswege einhalten.
- Stagnation in Leitungen und Apparaten vermeiden.
- Rohrdurchmesser nach DIN 1988 Teil 3 ermitteln. Für die Bemessung von Zirkulationsleitungen in zentralen Trinkwassererwärmungsanlagen ist das DVGW-Arbeitsblatt W 553 in Bearbeitung.
- Kalt- und Warmwasserleitungen gut voneinander isolieren und die technischen Regeln über Dämmung beachten.
- Nicht benutzte Leitungsteile entleeren und abtrennen.
- Warmwasserspeicher mit ausreichend großen Reinigungsöffnungen einbauen.
- Verbrauchsorientierte Auslegung der Warmwasserspeicher.
- Die verwendeten Materialien müssen den in der DIN 1988 genannten Anforderungen entsprechen.

Die im DVGW-Arbeitsblatt W 551 beschriebenen Anforderungen an Planung, Errichtung und Betrieb von Trinkwassererwärmungsanlagen sind abhängig von den Bauarten der Trinkwassererwärmer, deren Inhalt und dem Inhalt der Leitung zur entferntesten Entnahmestelle (Tabelle 1). Anlagen, die nicht die Anforderungen des Arbeitsblattes erfüllen, müssen durch regelmäßige mikrobiologische Untersuchungen in eigener Verantwortung überwacht werden.

Es werden unterschieden:

1. Kleinanlagen

Hierunter fallen alle Ein- und Zweifamilienhäuser sowie Anlagen mit Trinkwassererwärmern mit einem Inhalt ≤400 l und einem Inhalt ≤3 l in jeder Rohrleitung zwischen dem Abgang des Trinkwassererwärmers und jeder Entnahmestelle. Zirkulationsleitungen werden nicht berücksichtigt. Aufgrund des geringen Infektionsrisikos gelten für Kleinanlagen reduzierte Anforderungen hinsichtlich der Maßnahmen zur Verminderung des Legionellenwachstums.

2. Großanlagen

Diese Bezeichnung umfaßt alle Anlagen außerhalb der Definition der Kleinanlagen.
Auch Anlagen mit ≤400 l Inhalt des Trinkwassererwärmers gelten als Großanlage, wenn die nachgeschaltete Warmwasserleitung zur entferntesten Entnahmestelle mehr als 3 l beinhaltet.
Bei allen Großanlagen muß am Warmwasseraustritt des Trinkwassererwärmers eine Temperatur von 60°C eingehalten werden.
Bei Anlagen mit Vorwärmstufe muß der gesamte Trinkwasserinhalt einmal am Tag auf 60°C erwärmt werden.

Zirkulationssysteme und Begleitheizungen

In Großanlagen sind Zirkulationssysteme oder Begleitheizungen einzubauen. Die Wassertemperatur im System darf die Austrittstemperatur am Warmwasserspeicher um nicht mehr als 5 K unterschreiten.

Mit dem Bemessungsverfahren für Zirkulationsleitungen nach DIN 1988 Teil 3, Abschnitt 14 kann in größeren Systemen diese Anforderung erfahrungsgemäß nicht erfüllt werden, weil hierfür in den pumpenfernen Zirkulationsteilstrecken wesentlich höhere Volumenströme fließen müssen als in der Norm vorgesehen. Ein Bemessungsverfahren auf thermodynamischer Grundlage wird das DVGW-Arbeitsblatt W 553 „Bemessung von Zirkulationssystemen in zentralen Trinkwassererwärmungsanlagen“ (z. Z. noch im Entwurf) enthalten. Näheres siehe DVGW W 553 und [64].

Stockwerks- und Einzelzuleitungen mit einem Wasservolumen ≤3 l können ohne Zirkulationsleitungen oder selbstregelnde Begleitheizungen gebaut werden. Zeitsteuerungen für Zirkulationspumpen und selbstregelnde Begleitheizungen sind so einzustellen, daß die Zirkulation für nicht länger als 8 Stunden täglich unterbrochen wird.

Wartung

Trinkwassererwärmungs- und Leitungsanlagen sind regelmäßig zu warten und zu reinigen (siehe DIN 1988 Teil 8). Insbesondere bei Warmwasserspeichern ist – je nach Wasserbeschaffenheit – die Reinigung von großer Bedeutung, um etwa durch die Beseitigung des sich absetzenden Schlamms die hygienebedingten Anforderungen zu erfüllen.

Bauart des Trinkwassererwärmers	**Inhalt**	**Anforderungen**	
dezentrale Durchflußtrinkwassererwärmer	TW-Erw. < 3 l WW-Ltg. ≤ 3 l[2]	keine Maßnahmen erforderlich	Kleinanlagen
zentrale Durchflußtrinkwassererwärmer	TW-Erw. ≤ 400 l WW-Ltg. ≤ 3 l[2]	WW-Austrittstemperatur am TW-Erwärmer 60° C[1] empfohlen	
und	TW-Erw. ≤ 400 l WW-Ltg. > 3 l[1]	WW-Austrittstemperatur am TW-Erwärmer 60° C[1] muß eingehalten werden	Großanlagen
Speichertrinkwassererwärmer	TW-Erw. > 400 l		
Vorwärmstufen		TW-Inhalt muß mind. 1x pro Tag auf 60° C[1] erwärmt werden	

Tabelle 2.3.1: Anforderungen an Trinkwassererwärmungsanlagen nach DVGW-Arbeitsblatt 551 [64]

Ein Hochheizen der Trinkwasserspeicher wirkt sich auf die Konfiguration der Solarsysteme in Verbindung mit Trinkwassererwärmern wie in Kapitel 3 beschrieben aus.

2.4 Mögliche Anwendungsbereiche

Thermische Solaranlagen zur Trinkwassererwärmung können bei einer großen Zahl von Objekten mit entsprechendem Warmwasserverbrauch zum Einsatz kommen. Tabelle 2.4.1 gibt einen (unvollständigen) Überblick möglicher Anwender:

Krankenhäuser	Friseure
Seniorenheime	Fitnesscenter
Ferienheime	Brauereien
Campingplätze	Wäschereien
Studentenwohnheime	Molkereien
Wohngebäude	Fleischereien
Schulen	Bäckereien
Kasernen	Großküchen
(Bürogebäude)	Gaststätten
Sportanlagen	Hotels
Hallenbäder	Duschanlagen in Freibädern
Fußbodenheizung in Ställen	Landwirtschaft (Viehtränken)
Autowaschanlage	**LKW-Waschanlage**

Tabelle 2.4.1: Anwender thermischer Solaranlagen

2.5 Erforderliche Ausgangsdaten zur Planung der Solaranlage

Wie schon beschrieben dienen die Verfahren zur Berechnung des Warmwasserbedarfs zur Dimensionierung der erforderlichen Trinkwassererwärmer meist nur der Bestimmung der Verbrauchsspitzen. Aufgrund der schwankenden Bereitstellung von Leistung und Energie wird bei der Dimensionierung einer Solaranlage ein anderer Weg eingeschlagen. Die herkömmlichen Verfahren werden bei der Kombination von Solaranlagen mit Systemen zur Trinkwassererwärmung nur für eine ausreichende Dimensionierung im Hinblick auf die Versorgungssicherheit des Systems eingesetzt. Kenntnisse über Verbrauchsmenge, Verbrauchsprofil und erwünschte Warmwassertemperatur fließen dann in die Rechnung ein.

Die in der Literatur angegebenen Werte über den Warmwasserverbrauch haben sich in der Praxis als zu hoch erwiesen [10,17], ihre Verwendung führt in der Planung von Solaranlagen zu Überdimensionierungen. Die Werte sind häufig veraltet und mit dem Ziel der Versorgungssicherheit ermittelt worden. Die Ermittlung der erforderlichen Daten für das Verbrauchsprofil sollte, wenn möglich, durch Langzeitmessungen des Warmwasserverbrauchs erfolgen. Ist dies nicht möglich oder zu aufwendig, kann der folgende Weg zur Erfassung der Verbrauchsdaten und deren Nutzung für Berechnungen in Simulationsprogrammen gegangen werden.

2.5.1 Verbrauchsprofil und Verbrauchsmenge

Für unterschiedliche potentielle Anwender sind in verschiedenem Umfang Daten aufzunehmen:

Gebäudeart	Tagesgang	Wochengang	Jahresgang	Belegungsrythmus saisonal	stark schwankender Tagesbedarf an WW	Betriebszeiten der Warmwasserzirkulation	Andere Verbraucher in Zeiten geringer Wasserabnahme
Mehrfamilienhaus, Wohnheime	x	x	x			x	
Verwaltungsgebäude	x	x				x	x
Hotels, Restaurants	x	x	x	x	x	x	x
Schulen, Turnhallen	x	x	x	x	x	x	x
Sportanlagen	x	x	x	x	x	x	x
Gewerbe Industrie	x	x		x	x	x	x
Freibad, Hallenbad Duschen	x			x	x	x	x
Freibad, Hallenbad Becken			x				x
Campingplätze	x	x	x	x	x	x	x

Tabelle 2.5.1: Sinnvolle Informationen zur Planung einer Solaranlage nach [17]
Die Kreuze in den Feldern der Tabelle kennzeichnen
für die jeweilige Anwendung abzufragenden Daten

Im nachfolgenden Fragebogen werden exemplarisch die erforderlichen Daten des Wasserverbrauchs berücksichtigt:

1. Beschreibung

Einfamilienhaus	☐	Mehrfamilienhaus	☐		
Mensa	☐	Stud. Wohnheim	☐	Altersheim	☐
Hotel	☐	Restaurant	☐	Campingplatz	☐
Kindergarten	☐	Sporthalle	☐	Schule	☐

sonstiges:______________________________

2. Warmwasser -Verbrauchsprofil

Spitzenverbrauch* : ________l/h oder ________Personen/h**

* Warmwasser mit 38°C **gilt für Duschen

	Mo	Di	Mi	Do	Fr	Sa	So	z.B.
Bedarf in l* (gesamt = 100%)								1000 l
davon____bis____Uhr %								20%
davon____bis____Uhr %								40%
davon____bis____Uhr %								25%
davon____bis____Uhr %								15%

	Jan.	Feb.	März	April	Mai	Juni	Juli	Aug.	Sept.	Okt.	Nov.	Dez.
Bedarf in %***												

*** volle Auslastung=normaler Verbrauch entspricht 100%, d.h. bei geringerer Auslastung z.B. 40% eintragen

Warmwasserzirkulation: ja ☐ nein ☐

Laufzeiten: von____Uhr bis____Uhr und von____Uhr bis____Uhr

und von____Uhr bis____Uhr und von____Uhr bis____Uhr

vorhandene Warmwasserverbrauchsabrechnung bzw. Messung: __________l/Jahr

Bild 2.5.1: Fragebogen zur Aufnahme des Warmwasserverbrauchs, Seite 1 (G3)

3. Besonderheiten

Grundbedarf (z.B. Hausmeisterwohnung o.ä.)_____Personen

Gesamtanzahl Duschen:_____ Gesamtanzahl Duschkabinen:_____
max. Wasserdurchsatz:_____l/h max. Wasserdurchsatz:_____l/h
Ausführung der Duschanlage Münzautomaten ☐ Zeitschaltung ☐
handbetätigt ☐

Spülmaschine/Waschmaschine Verbrauch:_____l/Tag
Nutzung im Rahmen des normalen Verbrauchsprofils: ja ☐
nein, sondern (bitte Tageszeiten angeben):_______________________________

Hotel

Übernachtungsmöglichkeiten

Einzelzimmer:_____ mit	Doppelzimmer:_____mit	___Bett-Zimmer:_____mit
Duschen:____ und	Duschen:____ und	Duschen:____ und
Waschbecken:____ und	Waschbecken:____ und	Waschbecken:____ und
Badewannen:____	Badewannen:____	Badewannen:____

Gastronomie

Kapazität:_____Personen Frühstück:_____/Woche Mittagessen:_____/Woche
Abendessen:_____/Woche ____Toiletten mit insgesamt _____WW-Waschbecken

Bild 2.5.2: Fragebogen zur Aufnahme des Warmwasserverbrauchs, Seite 2 (G3)

Die gewonnenen Daten des Verbrauchsprofils werden z.B. in Simulationsprogrammen zur Errechnung des Anlagenertrags und -verhaltens genutzt. Hierzu werden sie als Tabelle in das Auslegungsprogramm eingegeben.

Um eine Planung auch bei fehlenden Möglichkeiten zur Messung des Wasserbedarfs oder bei Unsicherheiten zu ermöglichen, kann auf die aktuellen Daten bereits gemessener Objekte zurückgegriffen werden. Für mehrgeschossige Wohngebäude ergaben sich folgende Werte:

30 bzw. 35 l (60°C) pro Tag und Person. Zudem muß die Belegung der Wohnungen (Einheitswohnung: durchschnittlich jeweils 3,5 Personen) eingehender untersucht werden. In einem Beispiel wurde mit einem Bedarf von 40 l/d und Person gerechnet und eine mittlere Belegung von drei Personen angenommen. Der tatsächliche Verbrauch betrug jedoch statt 120 l pro Tag und Wohnung nur 45 l pro Tag und Wohnung.
Bereits an Objekten durchgeführte Messungen ergeben hier einen durchschnittlichen Verbrauch von 70 l (60°C) pro Tag und Wohnung.

Soll der Verbrauch für Objekte im Mehrgeschoßwohnungsbau zunächst nur überschlagen werden, können Werte von 20-30 l (60°C) pro Tag und Person oder 70 l (60°C) pro Tag und Wohnung angesetzt werden. Zur Simulation einer solchen Anlage kann das auf der CD enthaltene Verbrauchsprofil für ein Mehrfamilienhaus genutzt werden.

Seit 1996 sammelt das ISFH im Auftrag des Fachauschusses Thermie der DGS (Anschriften im Anhang) systematisch Daten gemessener Warmwasserverbräuche. Verbrauchswerte für Objekte können mittelfristig dieser Datenbank und dem Faltblatt „Kollektoranlagen im Geschoßwohnungsbau – eine Zwischenbilanz" in [10] entnommen werden.

Im Rahmen des Förderprogramms Solarthermie 2000 hat die ZFS (Anschrift im Anhang) folgende Verbrauchsmengen für verschiedene Objekte ermittelt.

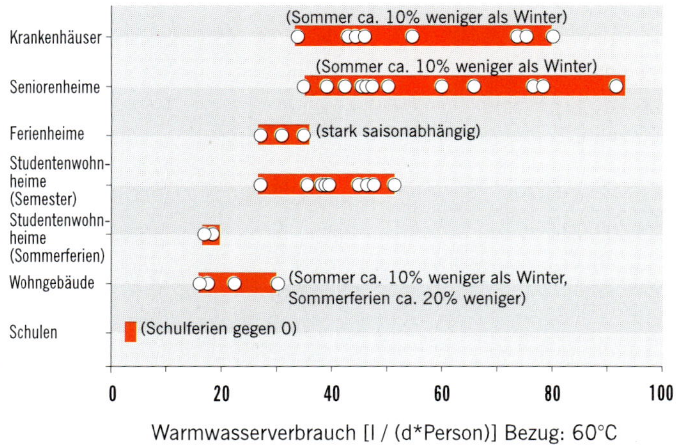

Warmwasserverbrauch pro Kopf (Bett) und Tag bei einer Speicherauslauftemperatur von 60°C in verschiedenen Gebäuden

Diagramm 2.5.1: Im Programm Solarthermie 2000 ermittelte Warmwasserverbräuche nach ZFS [46]

Zur Berechnung der Anlagen mittels einer Simulation werden die Verbrauchsmengen und die Verbrauchsprofile in ein entsprechendes Programm eingegeben.

Am Beispiel des Programms T*SOL werden zwei charakteristische Verbrauchsprofile betrachtet:

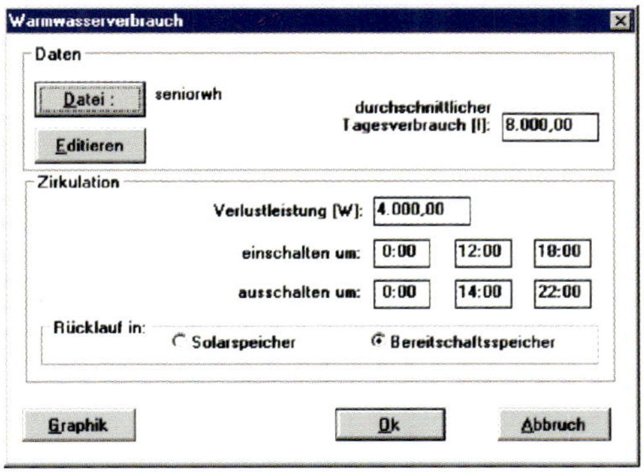

Bild 2.5.3: Eingabemaske des Verbrauchsprofils Seniorenheim Berlin – Mitte in T*SOL

In die Eingabemaske 2.5.3 werden zunächst die Gesamtverbrauchsmengen pro Tag sowie die Laufzeiten und Verlustleistungen der Zirkulationsleitung im Gebäude eingegeben.

Die folgende Eingabemaske zeigt ein Objekt mit kontinuierlichem Wasserverbrauch und einer „Wochenendnutzung".

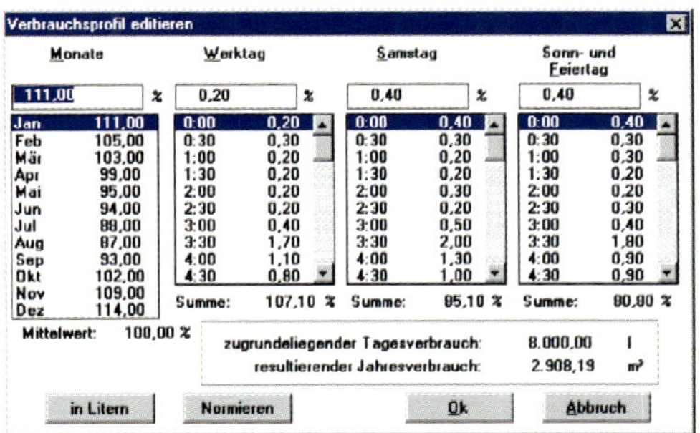

Bild 2.5.4: Eingabemaske für die Aufstellung des Verbrauchsprofils „Wochenendnutzung" in T*SOL

In die Maske Bild 2.5.4 wird dann der Verbrauch, verteilt auf Halbstundenangaben für die Wochentage und einzelnen Monate, eingegeben.
Zur weiteren Erläuterung bezieht sich die folgende Eingabemaske auf ein Objekt ohne Nutzung am Wochenende („Wochenendloch"). Wie deutlich zu erkennen ist, wird an den Samstagen sowie an Sonn- und Feiertagen in diesem Objekt kein Wasser verbraucht wie dies z.B. bei Betrieben der Fall ist.

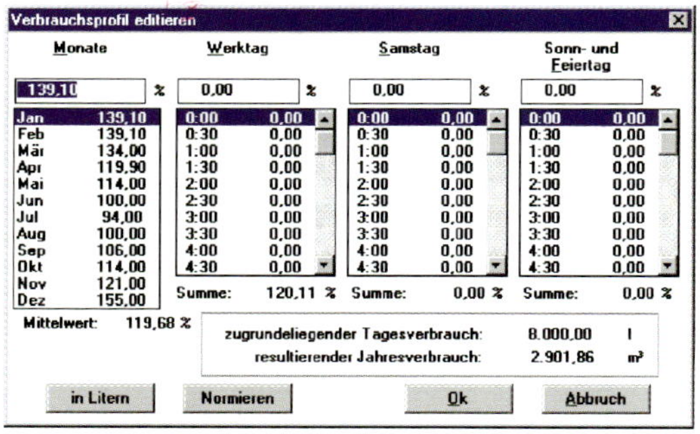

Bild 2.5.5: Eingabemaske der Aufstellung des Verbrauchsprofils „Wochenendloch“ in T*SOL

Auf der CD finden sich weitere Verbrauchsdateien aus den Datenbanken der Fa. Dr. Valentin, SOLVIS und der SOLARPRAXIS sowie Demoversionen von T*SOL und weiterer Simulationssoftware zur Berechnung thermischer Solaranlagen.

2.5.2 Erforderliche Warmwassertemperatur

Von sehr großer Bedeutung für den späteren Energieertrag der Solaranlage ist die erforderliche Warmwassertemperatur der Anwendung. Die Anwendung mit dem niedrigsten Temperaturniveau ist mit 25°C die Warmwassererwärmung für Viehtränken. In Ein- und Zweifamilienhäusern sowie in verschiedenen Anwendungen der Produktion sind 45°C erforderlich. Größere Objekte benötigen meist eine Temperatur von 60°C am Speicherausgang, um das Volumen des Warmwasserspeichers zu begrenzen oder den Anforderungen von Normen oder Fachregeln (z.B. DVGW W551) gerecht zu werden. Wo immer es in diesem Kontext vertretbar ist, sollte die Trinkwassererwärmung im Hinblick auf Energieeinsparung auf das wirklich erforderliche Temperaturniveau begrenzt werden.
Wie auch im Kapitel 2.8 erläutert wird, erzielen Solaranlagen aufgrund der deutlich geringeren Wärmeverluste des Systems mit sinkender Temperatur des warmen Wassers höhere Energieerträge:

Beispielhaft werden die jährlichen Bruttowärmeerträge eines Flachkollektors vorgestellt. Der Bruttowärmeertrag (BWE) ist eine Berechnungsmethode des Technikums Rapperswil (CH), mit der vom restlichen System losgelöst der jährliche Kollektorertrag in Abhängigkeit der Aufstellbedingungen und der Kollektormitteltemperatur bestimmt werden kann. Diese Methode wird in Kapitel 4.1 und in [18] beschrieben.

Das Diagramm auf der folgenden Seite zeigt den BWE eines Kollektors am Aufstellort Kloten (CH) in Südausrichtung, Azimutwinkel = 0°, Aufstellwinkel 45°:

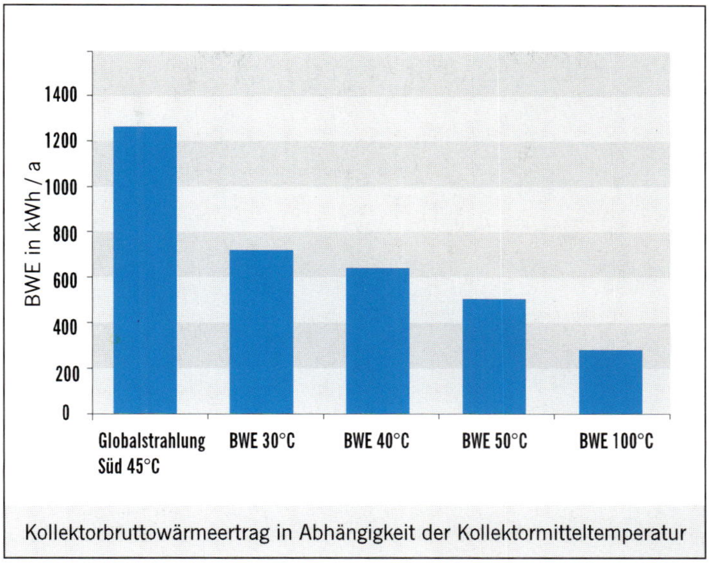

Bild 2.5.6: BWE des Testkollektors Nr. 101 nach den Daten aus [18]

Es ist offensichtlich, daß der Bruttowärmeertrag des Solarkollektors mit Verringerung der erforderlichen Temperatur im Kollektorkreis deutlich ansteigt. Im Gesamtsystem bewirkt die Verringerung der solar erzeugten Wassertemperatur eine deutliche Steigerung der Energieerträge pro m² Kollektor und Jahr.

Sonnenzeitung 3/99

2.6 Solarer Deckungsgrad und Systemnutzungsgrad

Da Solaranlagen in vielen Anwendungsfällen die erforderliche Trinkwassererwärmungsanlage ergänzen, werden zur Beschreibung und Dimensionierung der Solaranlage folgende Begriffspaare eingeführt:
Der solare Deckungsgrad ist wie folgt definiert:

$$\textit{Solarer Deckungsgrad} = \frac{\textit{dem Bereitschaftsspeicher vom Solarsystem zugeführte Energie}}{\textit{Summe der dem Bereitschaftsspeicher zugeführten Energien}}$$

Der Bereitschaftsspeicher kann sowohl ein Trinkwasserspeicher als auch ein Wärmetauscher des konventionellen Teils der Warmwasserbereitungsanlage sein.

Das Solarsystem besteht aus dem Kollektorkreis und den Pufferspeichern der Solaranlage.
Unter der Nachheizung ist ein Heizkessel, eine Fernwärmeübergabestation oder eine elektrische Erwärmung des Trinkwassers zu verstehen.

Der Systemnutzungsgrad ist wie folgt definiert:

$$\textit{Systemnutzungsgrad} = \frac{\textit{vom Solarsystem in den Bereitschaftsspeicher abgegebene Energie}}{\textit{auf die Kollektorfläche eingestrahlte Energie}}$$

Beide Begriffe sind deutlich vom Kollektorkreisnutzungsgrad zu unterscheiden, der folgenden Zusammenhang widerspiegelt:

$$\textit{Kollektorkreisnutzungsgrad} = \frac{\textit{vom Kollektorkreis über den Wärmeüberträger abgegebene Energie}}{\textit{auf die Kollektorfläche eingestrahlte Energie}}$$

Die Werte für den Deckungsgrad und den Systemnutzungsgrad verhalten sich zueinander konträr: Steigt der Deckungsgrad, sinkt der Systemnutzungsgrad und umgekehrt [9].
Bei der Beschreibung von Solaranlagen hat sich eingebürgert, die verfeinerte Auslegung der Anlage und die Beschreibung der Kosten in spezifischen Größen pro m^2 Kollektor anzugeben. In exakten Betrachtungen wird neben dieser Größe auch eine Beschreibung in Bezug auf die Speichergröße (pro Liter Inhalt) vorgenommen.

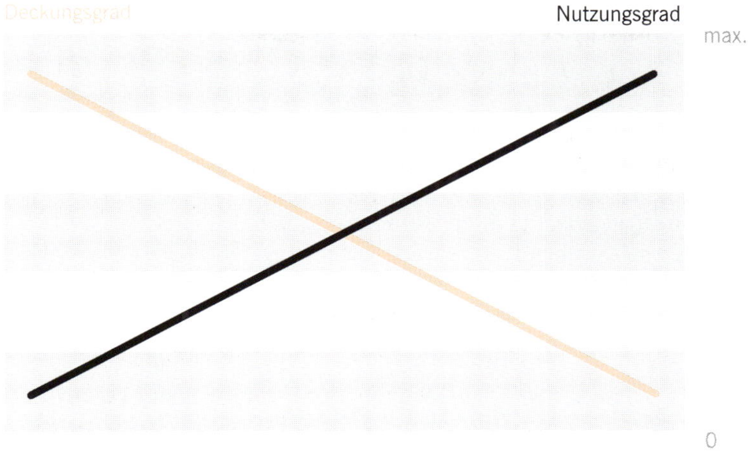

Diagramm 2.6.1: Solarer Deckungsgrad und Systemnutzungsgrad (G1)

Auf das Winterhalbjahr entfallen lediglich 20% des Strahlungsangebotes. Alle Überlegungen zur Nutzung der Solarenergie im Winter sollten dies berücksichtigen. Näheres ist der Veröffentlichung „Das Sonnenenergieangebot und dessen Nutzung in Berlin" [29] zu entnehmen.

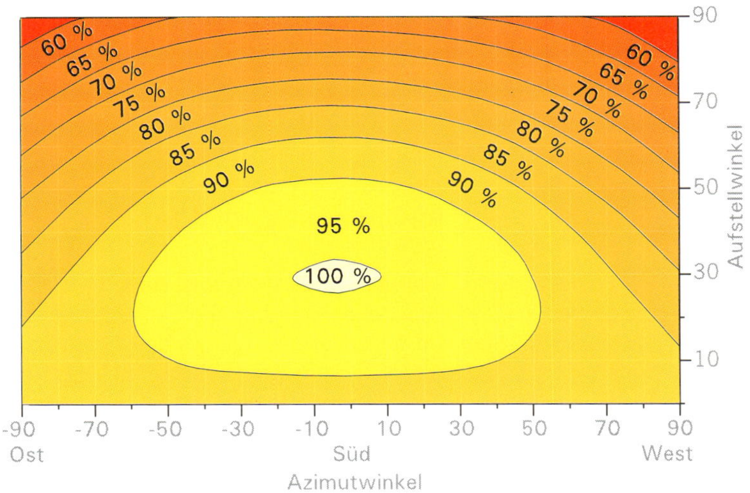

Bild 2.6.1: Die solare Einstrahlung nach [29], [30], (G3)

2.7 Grundlagen zur Auslegung der Anlagengröße

Zu Beginn der Anlagenplanung werden für die Vorplanung und die Kostenschätzung zunächst grobe Angaben über die Dimensionierung der wichtigsten Anlagenkomponenten, d.h. Kollektorfeld und Speicher, benötigt.
Bei der Dimensionierung gibt es verschiedene Zielgrößen. Die Anlagen werden auf einen bestimmten solaren Deckungsgrad hin, anhand vorhandener baulicher Bedingungen (z.B. Größe des Daches oder Wunschgröße des Kunden) oder auf möglichst hohe Energieerträge pro m^2 Kollektorfeld ausgelegt.

2.7.1 Auslegungsziel: hohe Primärenergiesubstitution

Um in dem betrachteten Projekt eine möglichst große Einsparung an konventionellen Brennstoffen zu erzielen (=hohe Primärenergiesubstitution), muß der solare Deckungsgrad in der Gesamtanlage möglichst hoch werden. Vor allem bei kleineren Solaranlagen im Ein- und Zweifamilienhausbereich oder bei Solaranlagen zur Unterstützung der Raumheizung findet eine solche Auslegung häufig Verwendung. Bei solaren Deckungsgraden für die Trinkwassererwärmung über 60% kann im Sommer die konventionelle Heizung außer Betrieb genommen werden, was sehr zur Zufriedenheit der Betreiber und zur Vermeidung von Stillstandsverlusten bei Heizkesseln beiträgt. Zu dieser Auslegung gibt es eine sehr treffende Aussage des Solarpioniers Josef Jenni (CH): „Heiß spürt der Kunde mehr als wirtschaftlich."
In größeren Solaranlagen soll zum Erreichen dieses Auslegungsziels ein solarer Deckungsgrad von 50% angestrebt werden.

2.7.2 Auslegungsziel: niedriger solarer Wärmepreis

Entscheidend für die Wirtschaftlichkeit des Solarsystems ist ein möglichst hoher Systemnutzungsgrad, der zu einem hohen kWh Ertrag pro m^2 und Jahr führt. Wie bereits beschrieben und im folgenden gezeigt, werden hohe Systemnutzungsgrade bei niedrigen solaren Deckungsgraden erreicht. Diese Art der Anlagenauslegung wird auch als Vorwärmanlage bezeichnet. Da dieser Anlagentyp auch im Sommer meist nur eine Vorwärmung des Trinkwassers erzielt bleibt die konventionelle Heizung ganzjährig in Betrieb. Der solare Deckungsgrad für dieses Auslegungsziel liegt zwischen 10% und 45%, für die weiteren Betrachtungen wird er mit 25% bzw. 35% angesetzt.

Ein Einfamilienhausbesitzer wird gern eine Solaranlage mit einem hohen solaren Deckungsgrad erwerben, um im Sommer in den Genuß solar erwärmten Wassers bei abgeschaltetem Heizkessel zu kommen. Eine Wohnungsverwaltung, welche die warmen Betriebskosten niedrig halten möchte, wird einen niedrigen solaren Wärmepreis und damit geringe Kosten pro m^2 Mietraum vom

Planer abfordern. Ein anderer Investor verfügt über einen begrenzten Etat und möchte eine hohe Primärenergiesubsitution erzielen. Aufgrund höherer Systemnutzungsgrade erfüllen in seinem Fall zwei Vorwärmanlagen auf zwei Häusern seines Bestands diese Anforderungen besser als eine Solaranlage mit hohem Deckungsgrad auf einem der Häuser.
Entsprechende Auslegungen wurden durch das Berliner Planungsbüro Dr. Valentin und Parabel (Anschriften siehe Anhang) vorgenommen.

In der Diskussion werden Solaranlagen mit hohem Systemnutzungsgrad und daraus resultierenden hohen kWh - Erträgen pro m^2 Kollektorfeld oft als das anzustrebende Ziel benannt. Ungerechtfertigterweise werden im Gegenzug Solaranlagen mit hohem Deckungsgrad als überdimensioniert bezeichnet. Beide Varianten der Auslegung sind gleich gut oder gleich schlecht, wenn die bei der Planung vorgegebene Zielsetzung erreicht wird. Auch kann eine Veränderung der Ertragswerte aufgrund einer Änderung des Warmwasserbedarfs nicht der Solaranlage angelastet werden, falls deren Ertragswerte bei Nachrechnungen unter Nutzung von Simulationsprogrammen und den gültigen Verbrauchswerten des Objekts den errechneten Werten entsprechen.

2.7.3 Auslegungsziel: Wärmestandard des Objektes

Neben den Auslegungszielen hohe Primärenergiesubstitution und niedriger solarer Wärmepreis, welche sich ausschließlich auf die Solaranlage beziehen, existiert eine weitere Betrachtungsweise. Diese ist objektbezogen und zielt auf einen möglichst geringen Wärmebedarf für das Gesamtobjekt. Ein geringer Wärmebedarf kann durch verstärkte Dämmung des Hauses, besser isolierte Fenster, usw. oder durch den Einsatz einer Solaranlage erzielt werden. Betrachtet man ein Objekt unter dem Gesichtspunkt des Wärmestandards, dann werden für Investitionsentscheidungen, die auf Basis einer Wirtschaftlichkeitsbetrachtung getroffen werden, die unterschiedlichen Möglichkeiten zur Verringerung des Wärmebedarfs gegeneinander abgewogen. Zum Erreichen eines sehr niedrigen Wärmebedarfs des Objekts wird oft eine Solaranlage die kostengünstigste Variante sein. Näheres im Kapitel fünf sowie im Artikel "Solaranlagen auf dem Weg zur Wirtschaftlichkeit" in [12]. Bei der anlagenspezifischen Betrachtung wird im weiteren dieses Ziel nicht weiter berücksichtigt, es sollte jedoch bei Neubauten unbedingt in die Gesamtplanung miteinbezogen werden.

2.7.4 Ermittlung von Auslegungsempfehlungen

Durch örtliche Gegebenheiten wie Ausrichtung des Daches und geographische Lage werden die Eingangsbedingungen verändert. Auch die Verwendung verschiedener Kollektortypen und die Nutzung der Solaranlage auf unterschiedlichen Temperaturniveaus haben Einfluß auf die Dimensionierung.
Um für die Dimensionierung in der Vorplanung Angaben in Form von Faustregeln, Diagrammen und Tabellen bereitzustellen, wurden eine Reihe von Simulationsrechnungen durchgeführt und durch Variation der Parameter Kollektor

feld, Speichergröße und Wasserverbrauchsprofil Daten zur Erstellung der Angaben gewonnen. An exemplarischen Auslegungsgrößen werden zudem Kollektortyp, Standort und die Temperatur des Warmwassers variieren.
Für die Ermittlung dieser Daten wurde das Programm T*SOL verwendet. T*SOL ist ein Programm zur Auslegung und Simulation thermischer Solaranlagen im Bereich der Warmwasserbereitung und der Heizungsunterstützung [43]. Das Programm simuliert das Verhalten der Anlage indem es, ausgehend von einem aktuellen Zustand, durch Auswertung der äußeren Einflüsse den Zustand der Anlage einige Minuten später berechnet. Dieser Iterations- oder Simulationsintervall kann dabei variiert werden. Dadurch kann der Zustand der Anlage über beliebig lange Zeiträume berechnet werden.
Für die Diagramme wurde, soweit nicht anders vermerkt, der Wetterdatensatz für den Standort Berlin verwendet. Für Standorte mit besseren klimatischen Bedingungen können Solaranlagen, um vergleichbare Werte zu erzielen, kleiner ausgelegt werden. Umgekehrt kann eine nach den Berliner Datensätzen ausgelegte Anlage z.B. in Österreich höhere solare Erträge und solare Deckungsgrade erreichen. Details zur Umsetzung der Simulation in finden sich in [54].
Die verwendeten Verbrauchsprofile entsprechen den Werten eines Seniorenheims. Soweit nicht anders vermerkt, besteht an den einzelnen Wochentagen ein kontinuierlicher Verbrauch. Für einen Vergleich mit Anlagen, bei einen ein Verbrauchsloch am Wochenende vorliegt, wurden zudem Berechnungen mit einem entsprechend veränderten Verbrauchsprofil durchgeführt (vgl.Kapitel 2.5).

Folgende weitere Einzelpunkte liegen den Auslegungen zugrunde:

Nachheizung

Zur Abbildung der Nachheizung des Trinkwassers werden für die konventionelle Wassererwärmungsanlage Angaben über die Art des Trinkwassererwärmers und dessen Wirkungsgrade vorgegeben.
Die verschiedenen Energieträger werden dabei für die zur Berechnung der Emissionen genutzt. Für die einzelnen Energieträger werden die folgenden Emissionswerte angesetzt:

Energieträger	**Emissionen in kg CO_2 / kWh**
Gas	0,19
Öl	0,26
Strom	0,8
Fernwärme	0,24
Holz	CO_2 - neutral

Tabelle 2.7.1: CO_2 Emissionen verschiedener Energieträger nach T*SOL

Zur Beschreibung der Emissionsminderung in den Simulationsergebnissen wird bei den Berechnungen Gas als Brennstoff gewählt.

Wird anstelle des verwendeten Erdgas beispielsweise Strom als Energieträger der Nachheizung verwendet, so steigen die durch die Nachheizung verursachten Emissionen erheblich an. Die Einsparungen durch die Solaranlage sind dann entsprechend höher.

Den Auslegungsdiagrammen liegen die folgenden Variationen des Kollektorfeldes und des Pufferspeichervolumens zugrunde:

Kollektorfeld

Den Beschreibungen diverser Auslegungsrichtlinien in Literatur und Firmenunterlagen folgend, wird für das Kollektorfeld eine Größenvariation der Kollektorfläche in Abhängigkeit des Wasserverbrauchs durchgeführt.

Pro 50 Liter Wasserverbrauch (60°C) werden 0.3, 0.5, 0.8, 1.0, 1.25, 1.5 m^2 eingesetzt. Mit dem gegebenen Wasserverbrauch ermitteln sich so 48 m^2, 80 m^2, 128 m^2, 160 m^2, 200 m^2, 240 m^2 Kollektorfeld als Eingangsdaten zur Berechnung der einzelnen Anlagenauslegungen.

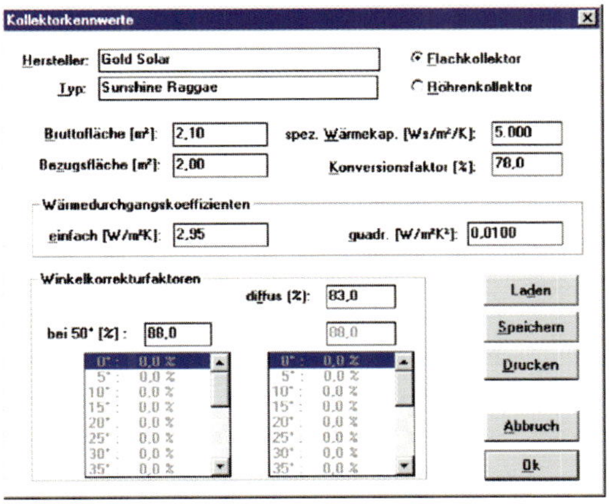

Bild 2.7.1: Menü Kollektor des betrachteten Kollektors in T*SOL

Variation der Speichergröße

Die Variation der Speichergröße baut auf der Größenvariation des Kollektorfeldes auf. Pro m² Kollektorfeld werden 10, 30, 40, 50, 60, 70, 80, 100 Liter Pufferspeicher simuliert. Es ergeben sich Solarspeichergrößen von:

Puffergröße [l/m²]	Kollektorfeld [m²]					
	48	80	128	160	200	240
10	480	800	1280	1600	2000	2400
30	1440	2400	3840	4800	6000	7200
40	1920	3200	5120	6400	8000	9600
50	2400	4000	6400	8000	10000	12000
60	2880	4800	7680	9600	12000	14400
70	3360	5600	8960	11200	14000	16800
80	3840	6400	10240	12800	16000	19200
100	4800	8000	12800	16000	20000	24000

Tabelle 2.7.2: Variation der Speichergröße in Abhängigkeit der Variation des Kollektorfeldes

Darstellung der Ergebnisse

Aus den Simulationsergebnissen werden der solare Deckungsgrad, der Systemnutzungsgrad, der vom Solarsystem erbrachte kWh - Ertrag sowie die CO_2 Ersparnis abgelesen und in die Diagramme des folgenden Abschnitts übertragen.

2.8 Auslegungsempfehlungen

2.8.1 Vorplanung anhand einfacher Faustregeln

Im folgenden werden einfache Werte zur Dimensionierung der Kollektorfeld- und Speichergröße für die Warmwasserbereitung gegeben. Die Werte beziehen sich auf eine Warmwassertemperatur von 60°C, eine kontinuierliche Abnahme, Standorte mittlerer Solarstrahlung (ca. 1000 kWh/m²a) und einer Südausrichtung des Kollektorfeldes in einem Aufstellwinkel von 40°. Die Werte verstehen sich zudem für Flachkollektoren mit guter Leistungsfähigkeit. Genauere Daten sind den Auslegungsdiagrammen in Kapitel 2.8.2 sowie objektbezogenen Simulationen zu entnehmen.

Kollektorfeldgröße

Solaranlage mit:

25% Deckungsgrad:	0,5 m² Kollektorfeld für 50 l TWW (60°) pro Tag
50% Deckungsgrad:	1,25 m² Kollektorfeld für 50 l TWW (60°) pro Tag

Speichergröße

Solaranlage mit:

25% Deckungsgrad:	30 - 50 l Speichervolumen pro m² Kollektorfeld
50% Deckungsgrad:	50 - 70 l Speichervolumen pro m² Kollektorfeld

Für die Dimensionierung von kleinen Solaranlagen werden oft 1 m² Kollektorfeld für 50 l Warmwasser genannt. Dieser Dimensionierungsvorschlag bezieht sich jedoch auf eine Warmwassertemperatur von 45°C. Umrechnungen für die verschiedenen Temperaturniveaus sind den Auslegungsempfehlungen im Kapitel 2.8.2 zu entnehmen, besser jedoch mittels Simulation zu ermitteln. Die Speichervolumina sind im Rahmen der ökonomischen Möglichkeiten und des Raumangebotes mit Tendenz auf die oberen Werte zu dimensionieren, da sich in vielen Objekten die Nutzung mit einer Senkung des Warmwasserbedarfs ändert. Ein größerer Speicher ist mit sinkendem Verbrauch von Nutzen.

2.8.2 Vorplanung anhand von Auslegungsdiagrammen

Solarer Deckungsgrad

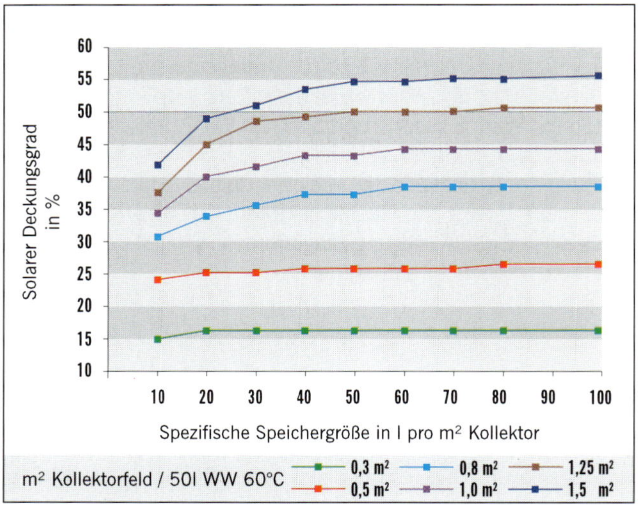

Diagramm 2.8.1: Solarer Deckungsgrad in Abhängigkeit der Kollektor- und Speichergröße

Je größer das Kollektorfeld und der Pufferspeicher, desto größer der solare Deckungsgrad. Im Zuwachs des Deckungsgrads tritt jedoch ein Sättigungsverhalten auf. So bewirkt eine Vergrößerung der spezifischen Kollektorgröße von 0,8 m^2 auf 1,5 m^2 bei einem Speichervolumen von 60 l/m^2 Kollektor (plus 88%) lediglich eine Steigerung von 48% im solaren Deckungsgrad. Deutlich zu sehen ist, daß eine Vergrößerung des spezifischen Speichervolumens ab etwa 40 l/m^2 Kollektor den solaren Deckungsgrad nur um wenige Prozent erhöht. Bei Anlagen mit kleineren spezifischen Kollektorfeldern ist dieses Verhalten noch ausgeprägter. Eine Vergrößerung des Speichervolumens um Faktor 10 bei einer Kollektorauslegung von 0,3 m^2/50 l Wasser auf 60°C bewirkt in der solaren Deckung lediglich eine Erhöhung des Deckungsgrades von 12% auf 18% .

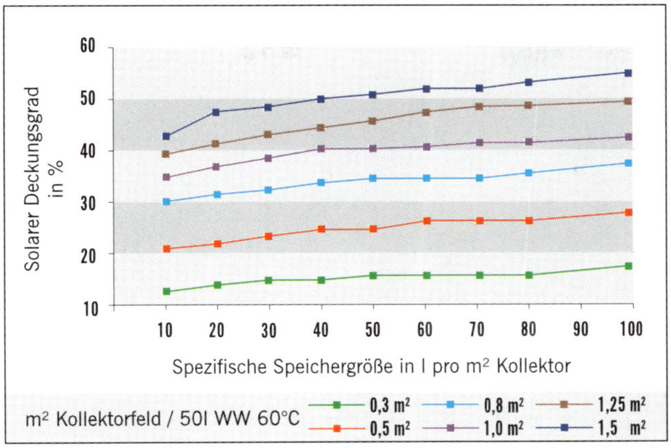

Diagramm 2.8.2: Solarer Deckungsgrad in Abhängigkeit der Kollektor- und Speichergröße bei einer Anlage mit „Wochenendloch"

Der maximale solare Deckungsgrad einer Anlage mit einem Wochenendloch im Wasserverbrauch ist trotz gleichen Gesamtverbrauchs und ansonsten gleichen Rahmenbedingungen kleiner als der einer Anlage ohne Wochenendloch. So wird ein solarer Deckungsgrad von 50% bei der Anlage ohne Wochenendloch bereits mit einer spezifischen Kollektorfläche von 1,25 m² erreicht, während hierfür bei der Anlage mit Wochenendloch 1,5 m² erforderlich sind. Bei einer gleichen Dimensionierung der spezifischen Kollektorfeldgröße wird zum Erreichen des gleichen solaren Deckungsgrades ein größerer Speicher erforderlich. Für einen Deckungsgrad von 25% wird bei der Dimensionierung des Kollektorfeldes auf 0,5 m² spezifisch eine Vergrößerung des spezifischen Speichervolumens von 20 l/m² auf 60 l/m² erforderlich.

CO_2 Reduktion/Umweltentlastung

Eng verbunden mit der Höhe des solaren Deckungsgrades ist die Frage nach der Umweltentlastung, respektive der möglichen CO_2 Reduktion durch die Solaranlagen gekoppelt.

Ein hoher solarer Deckungsgrad ermöglicht bei der Betrachtung des Einzelsystems eine sehr deutliche Verringerung der Gesamtemission. Steht jedoch die spezifische Verringerung der CO_2 Emissionen pro m² Kollektorfeld im Mittelpunkt des Interesses, um z.B. eine Entscheidung zwischen der Errichtung einer Solaranlage mit mittlerem oder hohem Deckungsgrad oder zweier Anlagen mit niedrigem Deckungsgrad zu fällen, sollten die folgenden Ergebnisse Berücksichtigung finden:

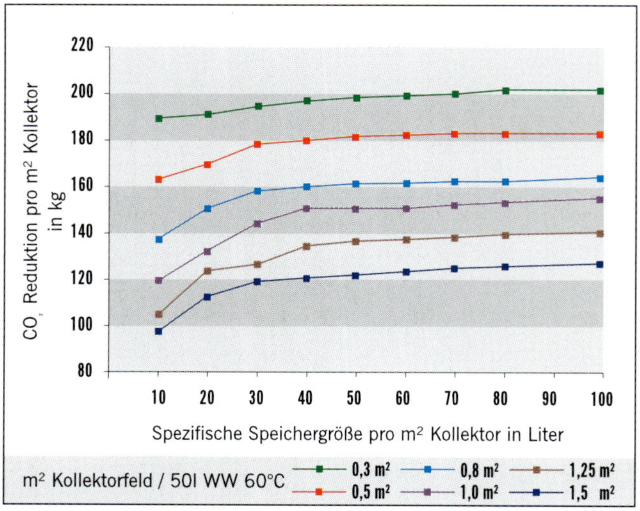

Diagramm 2.8.3: Spezifische CO_2 Reduktion in Abhängigkeit der spezifischen Kollektor- und Speichergröße am Standort Berlin

Mit wachsendem Deckungsgrad sinkt der Systemnutzungsgrad und der spezifische Ertrag pro m² Kollektorfeld. Mit sinkendem Ertrag pro m² verkleinert sich so auch das Potential zur CO_2 Reduktion pro m² Kollektor.

Systemnutzungsgrad

Der Systemnutzungsgrad verhält sich umgekehrt zum solaren Deckungsgrad. Steigt der Deckungsgrad, fällt der Systemnutzungsgrad. Diese Erfahrung spiegelt sich in den Simulationsergebnissen wieder. Dies wird von den Simulationsergebnissen bestätigt.

Wie im folgenden Diagramm zu erkennen ist, erreichen Anlagen mit sehr klein gewählten spezifischen Dimensionierungen des Kollektorfeldes die höchsten Systemnutzungsgrade.
Klein dimensionierte Anlagen (Vorwärmanlagen) können Ihre Energie ganzjährig auf niedrigem Temperaturniveau an das Trinkwassersystem abgeben, die Wärmeverluste der Solaranlage bleiben gering.

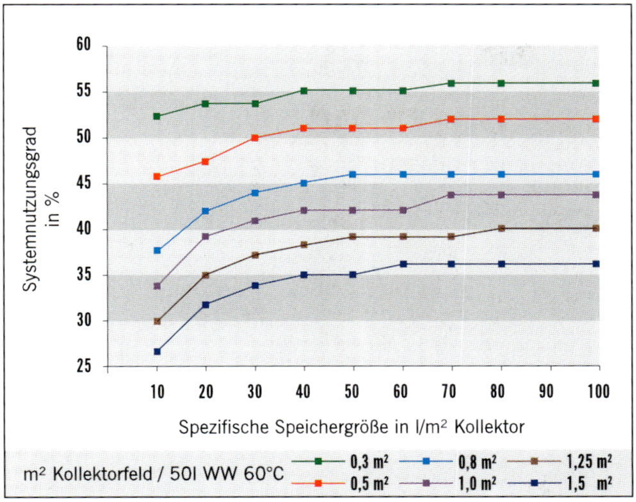

Diagramm 2.8.4: Systemnutzungsgrad in Abhängigkeit der spez. Kollektor- und Speichergröße (Wochenendnutzung)

Energieertrag der Solaranlage

Der Systemnutzungsgrad entspricht dem Wirkungsgrad aus eingestrahlter Solarenergie und der nutzbaren Energie in einem bestimmten Betrachtungszeitraum. Der spezifische Ertrag einer Solaranlage verhält sich zum Systemnutzungsgrad proportional.

Anlage mit Wochenendnutzung

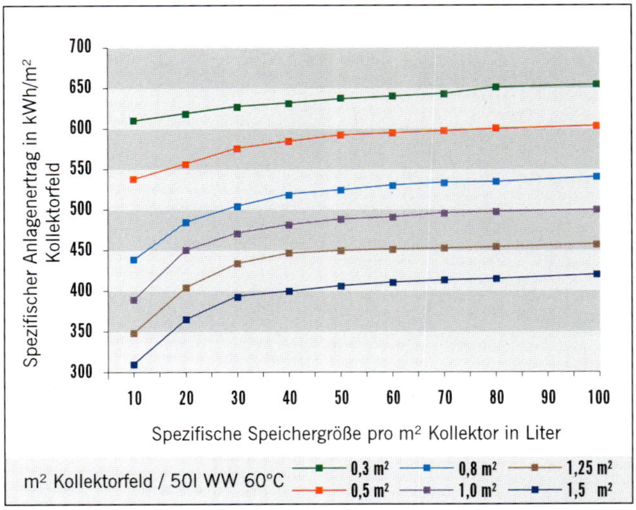

Diagramm 2.8.5: Energieertrag pro m² Kollektorfeld (Wochenendnutzung)

Anlage ohne Wochenendnutzung

Ebenso wie der solare Deckungsgrad sinkt bei Anlagen mit einem Wochenendloch, aber ansonsten gleicher Dimensionierung, der spezifische Anlagenertrag.

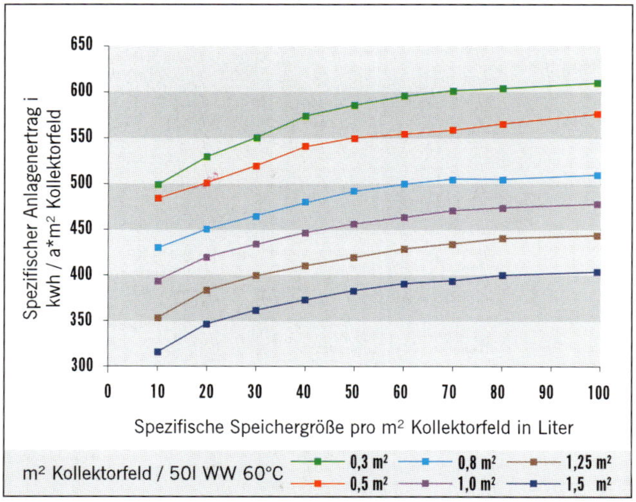

Diagramm 2.8.6: Anlagenertrag pro Jahr pro m² Kollektorfeld bei einer Verbrauchsdatei mit Wochenendloch

Das folgende Diagramm illustriert anschaulich den Zusammenhang zwischen Verringerung des spezifischen Ertrags und Vergrößerung des Kollektorfeldes:

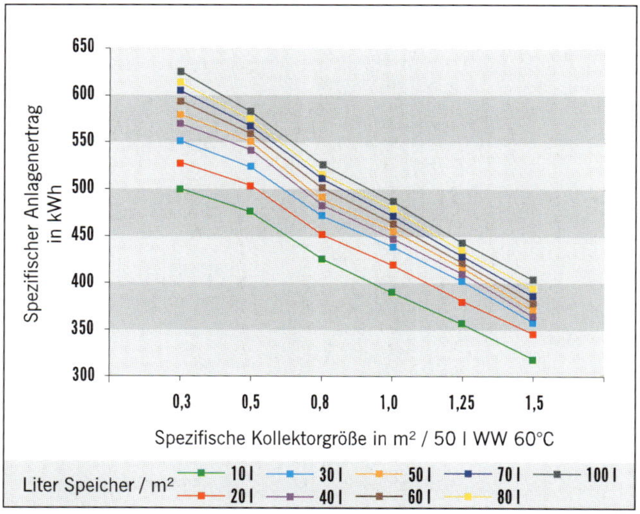

Diagramm 2.8.7: Spezifischer Ertrag in Abhängigkeit der spezifischen Kollektorfeldgröße

Die Betrachtung einzelner Punkte ermöglicht eine Aussage über den Minderertrag einer Anlage mit einem Wochenendloch im Verbrauchsprofil. Bei einer spezifischen Kollektorfläche von 0,5 m^2 und verschiedenen Speichergrößen verhalten sich die spezifischen Erträge wie folgt (Standort Berlin):

spez. Speichergröße	spez. Ertrag der Anlage mit		Prozentualer Minderertrag
	Wochenend-nutzung	Wochenendloch	
30 l/m^2	573 kWh/a	522 kWh/a	9%
50 l/m^2	589 kWh/a	548 kWh/a	7%
70 l/m^2	596 kWh/a	563 kWh/a	5,5%

Tabelle 2.8.1: Vergleich des Ertrages einer Solaranlage mit und ohne Wochenendnutzung im Wasserverbrauchsprofil

Um bei gleicher spezifischer Kollektorfläche von 0,5 m^2 bei beiden Anlagen einen spezifischen Ertrag über 570 kWh/m^2a zu erreichen sind bei der Anlage mit Wochenendnutzung 30 l/m^2 und bei der Anlage mit Wochenendloch 80 l/m^2 Speichervolumen erforderlich.

Variation der Kollektorbauart

Um die Unterschiede in der Leistungsfähigkeit zwischen Flachkollektor und Vakuumröhren zu quantifizieren, wird die zuvor mit Flachkollektoren ausgestattete Anlage nun mit hochwertigen Vakuumröhren berechnet. Zur Verringerung des Rechenaufwands werden Anlagen mit 25% und 50% solarem Deckungsgrad und einer Wochenendnutzung am Standort Berlin betrachtet.

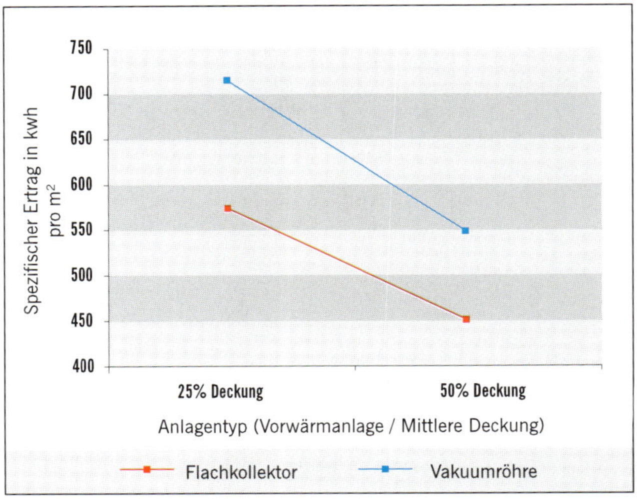

Diagramm 2.8.8: Spezifischer Ertrag von Flachkollektor und Vakuumröhre für solare Deckungsgrade 25% und 50% bei gleich großen Absorberflächen

Diese Anlage liefert aufgrund der besseren Isolation der Vakuumröhren einen höheren spezifischen Ertrag pro m² und Jahr als der Flachkollektor. Der Mehrertrag der Vakuumröhren liegt bei etwa 20%.
Um einen vorgegebenen solaren Deckungsgrad von 25% bzw. 50% zu erreichen, werden die folgenden Dimensionierungen für die Flachkollektoren und die Vakuumröhren benötigt:

Solarer Deckungsgrad	Fläche Vakuumröhre	Fläche Flachkollektor	Quotient Fläche Vakuumröhre / Flachkollektor
25%	58 m²	80 m²	0,725
50%	131m²	200 m²	0,655

Tabelle 2.8.2: Erforderliche Flächen von Flachkollektoren und direktdurchströmten Vakuumröhren zum Erreichen vorgegebener Deckungsgrade (Standort Berlin)

Entsprechend den Simulationsergebnissen soll eine Anlage mit täglichem Wasserverbrauch von 8000 l bei 60°C und einem gewünschten solaren Deckungsgrad von 50% mit 200 m² Flachkollektor oder 131 m² Vakuumröhre realisiert werden.

Variation des Anlagenstandorts

Auch innerhalb Deutschlands hat der Standort einen entscheidenden Einfluß auf die zu erwartenden Leistungsdaten der Solaranlage. Die ansonsten unveränderte Anlage mit einer Wochenendnutzung und einem Standardflachkollektorfeld wird für solare Deckungsgrade von 25% und 50% an verschiedenen Standorten in Deutschland betrachtet:

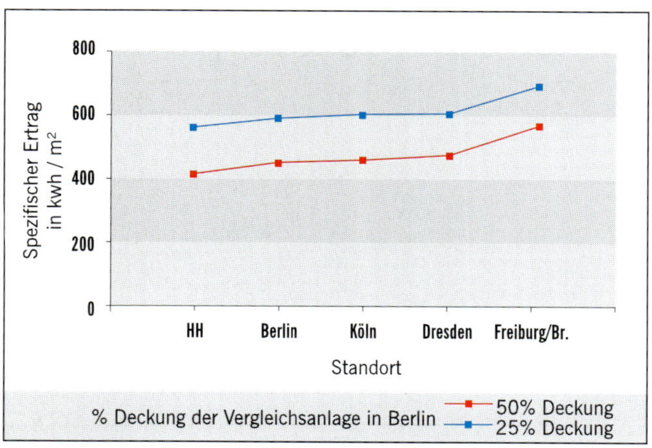

Diagramm 2.8.9: Spezifischer Ertrag pro m² Kollektorfeld an verschiedenen Standorten in Deutschland

Wie zu sehen ist, verändert sich der Ertrag mit einer Standortänderung deutlich.

Standort	Spez. Ertrag bei % solarer Deckung		max. Prozentuale Abweichung
	25	50	
Hamburg	545	420	95%
Berlin	573	451	100%
Köln	589	461	103%
Dresden	593	471	103%
Freiburg /Breisgau	705	545	123%

Tabelle 2.8.3: Vergleich der spezifischen Erträge an verschiedenen Standorten

Eine Anlage mit ansonsten gleichen Randbedingungen kann in Freiburg im Breisgau einen spez. Ertrag in Höhe von bis zu 123% des Berliner Wertes erbringen.

Variation der Dachausrichtung

Neben der Ausrichtung nach Süden kann eine Solaranlage auch auf nach Osten oder Westen orientierten Dächern montiert werden. Durch die geringeren Einstrahlungswerte auf diese Dächer (vgl. Bild 2.6.1) wird hier eine Solaranlage im Vergleich zu einer Südausrichtung geringere Erträge aufweisen. Überschlägig kann die Minderleistung zunächst mit den Abweichungen entsprechend dieses Diagramms berechnet werden. Zur Ermittlung der exakten Ertragswerte für von der Südausrichtung abweichende Dachflächen, sind die lokalen Strahlungsverhältnisse und das lokale Wetter zu betrachten. Eine qualifizierte Aussage kann nur unter Nutzung der entsprechenden Wettersätze für den jeweiligen Standort unter Einsatz eines Simulationsprogramms gemacht werden. Im Zweifelsfall sind die Wetterdatensätze zu überprüfen.

Variation der erforderlichen Trinkwassertemperatur

Weicht man aufgrund planerischer Vorgaben oder für spezielle Anwendungsfälle (z.B. Schweinetränke mit Warmwasser) von einer Warmwassertemperatur von 60°C im Speicher ab, so ergeben sich die nachfolgend beschriebenen Zusammenhänge.

Zum Aufbau der Simulation für die folgenden Diagramme wurde die gesamte Anlage beibehalten. Lediglich die Trinkwassertemperatur wurde von 60°C auf 45°C bzw. 25°C gesenkt. Alle Varianten haben einen täglichen Wasserverbrauch von 8000 l.

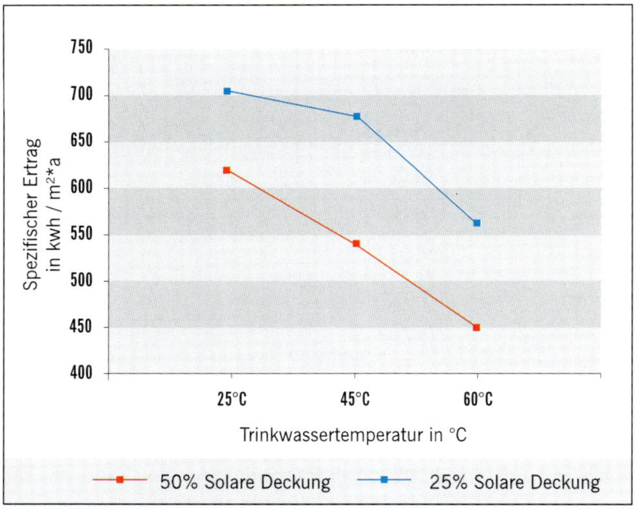

Diagramm 2.8.10: Spez. Kollektorertrag in Abhängigkeit der gewünschten Trinkwassertemperatur und dem solaren Deckungsgrad

Wie deutlich zu erkennen ist, steigt der spezifische Kollektorertrag mit Verringerung des solaren Deckungsgrades und der gewünschten Trinkwassertemperatur deutlich an. Ursache sind die niedrigen Systemtemperaturen und die damit verbundenen geringen Wärmeverluste.
Um einen bestimmten solaren Deckungsgrad zu erreichen, sind für die verschiedenen Temperaturniveaus die folgenden Kollektorflächen erforderlich:

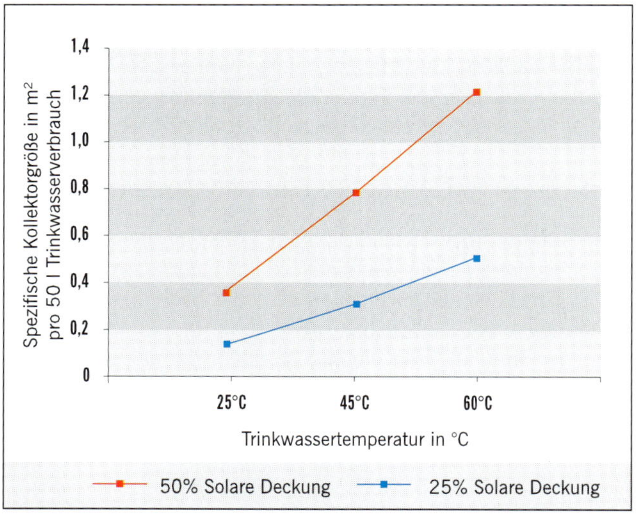

Diagramm 2.8.11: Spez. Kollektorfläche zum Erreichen verschiedener solarer Deckungsraten bei unterschiedlichen Trinkwassertemperaturen (Standort Berlin)

3. Systemkonfiguration

3.1 Zweikreissysteme

Die als Zweikreissystem beschriebenen Anlagen besitzen einen Kollektorkreis und einen Trinkwasserkreis. Die Bezeichnung wird üblicherweise auch für in gleicher Weise aufgebaute kleine Solaranlagen gewählt.

3.1.1 Anlagen mit einem Trinkwasserspeicher

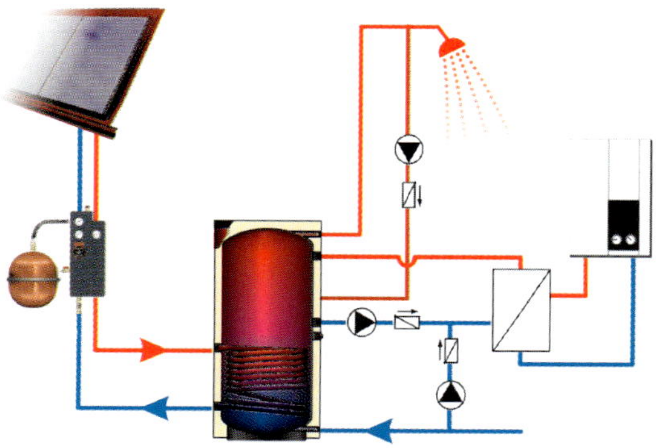

Bild 3.1.1: Zweikreisanlage mit einem Trinkwasserspeicher

Entsprechend der Erfahrungen aus dem Betrieb kleiner Solaranlagen, empfiehlt es sich, für Solaranlagen bis 30 m^2 Kollektorfeld einfach aufgebaute und betriebssichere Ein-Speicher-Systeme zu errichten und den Speicher mit der Möglichkeit einer thermischen Desinfektion zu versehen.
Der Aufbau des Speichers sollte dem eines „kleinen" Solarspeichers entsprechen. Alternativ kann für die Nachheizung des Speichers eine externe Speicherladeeinrichtung verwendet werden (siehe Abbildung). Zunächst erwärmen bei diesem System die Kollektoren den Kollektorkreis, um nach Erreichen einer nutzbaren Temperaturdifferenz über den unteren Wärmetauscher den Solar- / Trinkwasserspeicher zu beheizen. Eine sogenannte Bypaßschaltung im Kollektorkreis verhindert dabei ein Auskühlen des Speichers beim morgendlichen Anlaufen der Solaranlage (vgl. Kap. 4.8). Erreicht der Trinkwasserspeicher nicht die gewünschte Solltemperatur im oberen Bereich, schaltet sich die Nachheizung ein. Diese Nachheizung ermöglicht auch die thermische Desinfektion des gesamten Trinkwasserspeichers.

Vorteile:
- einfacher Anlagenaufbau, bekannte Systemkomponenten
- günstiger Preis

Nachteil:
- unter Umständen niedrige Erträge durch die thermische Desinfektion

Die thermische Desinfektion bringt den gesamten Speicher auf ein hohes Temperaturniveau. Um den Solarertrag nur minimal zu verringern, sollte sie am späten Nachmittag vor einer großen Wasserzapfung erfolgen. Der Speicher wird dadurch am darauffolgenden Tag im unteren Bereich auf ein möglichst niedriges Temperaturniveau gebracht und so ein frühes Einschalten der Anlage ermöglicht.

3.1.2 Anlagen mit mehreren Trinkwasserspeichern

Solaranlage mit parallel/seriell verschalteten Trinkwasserspeichern und internen Wärmetauschern

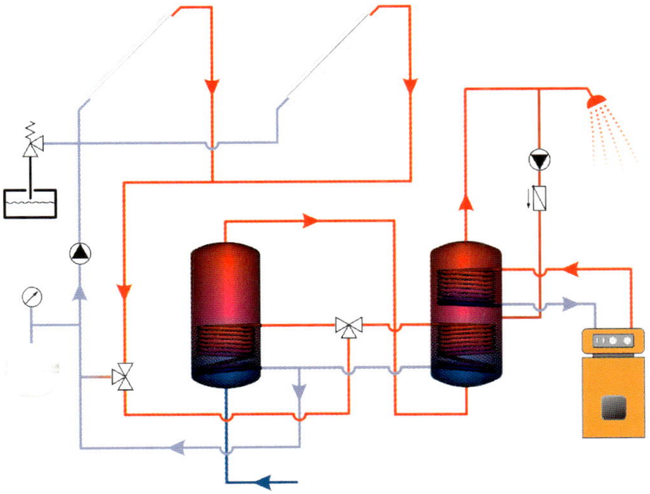

Bild 3.1.2: Zweiskreisanlage mit Trinkwasserspeichern

Zunächst erwärmt sich über eine Bypaßstrecke der Kollektorkreis, ohne die internen Wärmetauscher zu durchströmen. Diese werden nach Erreichen einer nutzbaren Temperaturdifferenz freigegeben und die Speicher erwärmen sich. Um bereits von geringen Temperaturen im Kollektor zu profitieren, wird zuerst der kalte Speicher und dann der wärmere beladen. Die Speicher sind von der Beladeseite durch den Kollektorkreis parallel geschaltet.

Beide Speichereinheiten sind entladeseitig in Reihe geschaltet. Im Betrieb werden auch zwei parallele Speicher die gleiche Temperatur annehmen. Durch Reihenschaltung auf der Entladeseite entstehen zudem unterschiedliche Temperaturniveaus in den Speichereinheiten. Es bilden sich Schichten unterschiedlich warmen Wassers, die Nachheizung erfolgt in den oberen Teil der wärmeren Speicher.

Vorteile der internen Wärmetauscher:
- einfacher Aufbau der Anlage mit wenigen Bauteilen
- ohne Trinkwasserzapfung in den einzelnen Speichern nur Durchmischung durch Konvektion

Nachteile der internen Wärmetauscher:
- für jeden Speicherteil wird ein für die gesamte Leistung des Kollektorfeldes dimensionierter Wärmetauscher benötigt; dies führt zu hohen Kosten
- Schichtladesysteme können nur mit speziellen Wärmetauschern zum Einsatz kommen

Die Wärmetauscher dieser Systeme wurden in der Vergangenheit aufgrund der irrtümlichen Annahme, man könne die Leistungen aller Einzelwärmetauscher addieren, zu klein dimensioniert. Dies führte oftmals zu enttäuschenden Ergebnissen im Betrieb der Solaranlage. Die korrekte Dimensionierung der Wärmetauscher wird in Kapitel 4.5 beschrieben.

Solaranlage mit parallel/seriell verschalteten Trinkwasserspeichern und externen Wärmetauschern

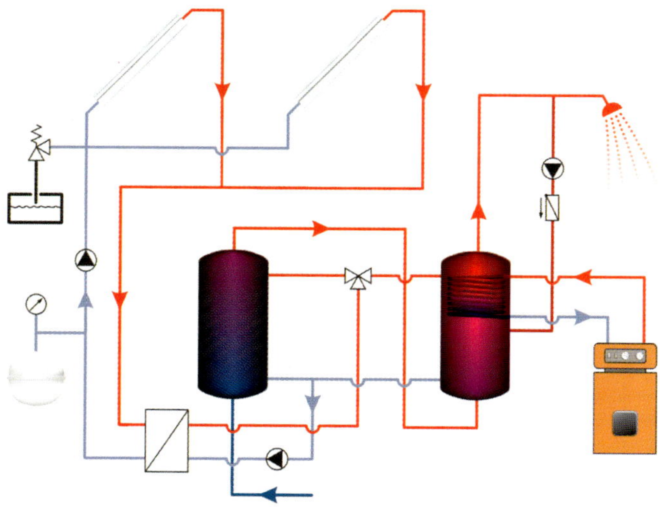

Bild 3.1.3: Solaranlage mit externen WT und Trinkwasserspeichern

Diese weit verbreitete Systemkonfiguration besitzt einen externen Wärmetauscher zwischen Kollektor- und Trinkwasserkreis. Im Betrieb erwärmt sich zunächst der Kollektorkreis, nach Erreichen einer sinnvoll nutzbaren Temperaturdifferenz zwischen Kollektorkreis und dem Speicherkreis belädt die Trinkwasserkreisladepume die beiden Speicherebenen. Wie beim System mit internen Wärmetauschern erfolgt die Entladung seriell, und ermöglicht so den Aufbau von Temperaturschichten in den Speichergruppen. Als Ergänzung zum Aufbau in Bild 3.1.3 kann die Einführung der Warmwasserzirkulation wahlweise in dem unteren oder oberen Teil der Speicher erfolgen. Mittels einer Umschaltung können so bei ausreichender Solarwärme im Speicher die Zirkulationsverluste solar gedeckt werden (diese Variante ist auch bei internen WT realisierbar, siehe auch Kapitel 3.5.

Vorteile der externen Wärmetauscher:
- geringere Kosten als interne WT
- Schichtladesysteme sind einfacher realisierbar

Nachteile der externen Wärmetauscher:
- weitere Bauteile, kompliziertere Montage auf der Baustelle
- bei ungünstiger Anordnung der Einströmung auf der Beladeseite Störung der Temperaturschichtung in den Speichern

In beiden Systemen müssen zur Vermeidung unterschiedlicher Temperaturen in parallel geschalteten Speichern diese so verrohrt werden, daß sie gleichmäßig durchströmt werden. Die Temperaturmessung für den Betrieb des Kollektorkreises kann ansonsten verfälscht werden. Eine gleichmäßige Be- und Entladung der Speicher kann durch gleiche Rohrlängen der Speicheranschlüsse oder durch eine Verschaltung nach dem Tichelmannprinzip erreicht werden. Das Volumen der einzelnen Parallelschaltungen darf dabei nicht zu groß werden, um eine Schichtladung auf unterschiedlichen Temperaturniveaus zu ermöglichen. Der Aufbau von mehr als zwei Schichtbereichen mittels Speichern und Ventilen hat sich dabei als nur wenig effizient und mit Fehlern behaftet erwiesen. Die Anlagen werden unter Einsatz von Ventilen oder Pumpen mit max. zwei Schicht- /Speicherebenen ausgeführt.

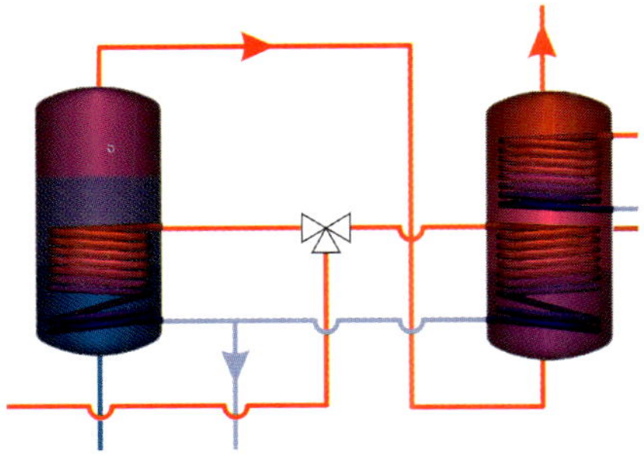

Bild 3.1.4: Speicher parallel/seriell (Schichten)

Der Vorteil der Systeme mit direkter Trinkwassererwärmung liegt in der Einsparung des Pufferspeichers und der durch ihn verursachten höheren Temperaturen im Kollektorkreis.
Im unteren Speicherteil stellt sich die minimal erreichbare Temperatur des kalten Wassers aus dem Trinkwassernetz ein. Die Solaranlage kann so bereits

auf niedrigem Temperaturniveau ihre Leistung abgeben und erreicht hohe Erträge.

Seit Einführung der Richtlinien entsprechend DVGW W551 ist die Verwendung dieser Systemkonfiguration in Deutschland stark zurückgegangen.

Die im Arbeitsblatt geforderte tägliche Aufheizung auf 60°C im gesamten Speicher inklusive der Vorwärmstufen läßt den Solarertrag stark sinken.
Da für die Speicherung der solaren Wärme große Trinkwasservolumina erforderlich sind, kann zudem der Energiebedarf der Nachheizung steigen [10], [26].

Die Systeme können bei Überwachung des Trinkwassers durch den Betreiber oder bei Nutzung einer anderen effektiven Desinfektion des Warmwassers (z.B. UV-Bestrahlung) sowie in allen Ländern außerhalb des Geltungsbereichs der DVGW-Richtlinie errichtet werden.

Vorteile:
- beste Nutzung auch niedriger Kollektortemperaturen
- einfache Anlagentechnik
- bei geschickter Materialwahl geringe Kosten
- Wegfall von Entladeregelungen und Wärmetauschern

Nachteile:
- durch die Trinkwasserspeicher unter Umständen höhere Kosten als bei Puffersystemen
- schlechte Solarerträge bei Durchführung der Aufheizung gemäß DVGW W551

3.2 Systeme mit Pufferspeichern

Eine Erhöhung des Temperaturniveaus im gesamten Trinkwasserspeicher durch Beachtung der Richtlinie DVGW 551 führt zwangsläufig zu höheren Energieverlusten im betrachteten System. Bei großen Trinkwasserspeichern, die dem Solarsystem als Energiespeicher dienen, werden die Verluste größer sein als bei konventionellen Systemen zur Warmwasserbereitung mit entsprechend kleineren Speichern. Zudem führt eine Aufheizung des Energiespeichers aufgrund der mit den höheren Temperaturen verbundenen Wärmeverluste zu einer Senkung des Kollektorkreisnutzungsgrades. Der Energieertrag kann bei sonst gleichen Randbedingungen um ca. 15% sinken [26].

Den nun folgenden Systemen ist gemeinsam, daß die im Kollektorkreis gewonnene Wärme zunächst in Pufferspeichern gespeichert und erst danach der Anlage zur Trinkwassererwärmung übergeben wird.
Zunächst werden die einzelnen Systeme unter Abwägung der jeweiligen Vor- und Nachteile betrachtet. In Kapitel 4.8 folgt die Beschreibung der Systemregelung.
Um einen ähnlich hohen Anlagenertrag wie bei Systemen mit reiner Energiespeicherung in Trinkwasserspeichern zu erzielen, werden die nachfolgenden Systemvarianten verwendet.

Den Systemen ist der Einsatz von externen Wärmetauschern und, mit Ausnahme der Schichtladespeicher (und deren interner Beladung), auch die Art der Beladung gemeinsam.

Bei Erreichen einer Mindesteinstrahlung oder einer nutzbaren Temperaturdifferenz zwischen Kollektorfeld und Pufferspeicher startet zunächst die Kollektorkreispumpe und erwärmt den Kollektorkreis. Liegt dann am Eintritt des Kollektorkreiswärmetauschers eine nutzbare Temperaturdifferenz vor, wird die Pufferkreisladepumpe zugeschaltet, und die Pufferspeicher werden über die Umschaltung z.B. eines Dreiwegeventils oder mittels einer Schichtladeeinrichtung im Pufferspeicher beladen.

3.2.1 Puffersysteme im Speicherladeprinzip

Nachheizung in den Bereitschaftsspeicher

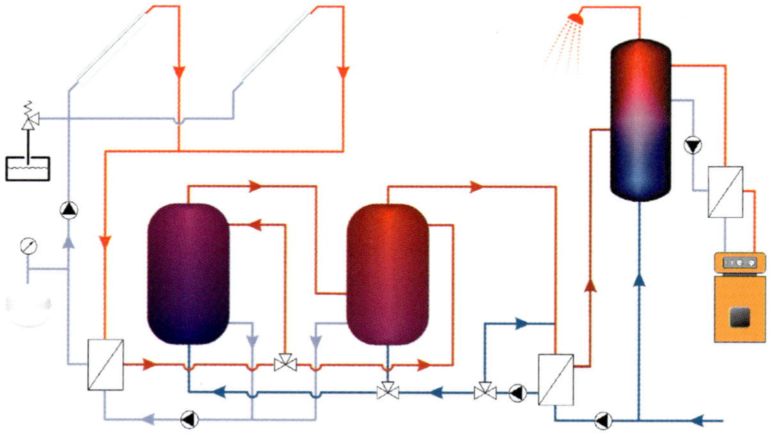

Bild 3.2.1: Puffer mit Speicherladeprinzip und Nachheizung in den Bereitschaftsspeicher

Erreicht die Temperatur im wärmeren Pufferspeicherbereich (in der Grafik der rechte Pufferspeicher) ein für die Erwärmung des Trinkwassers im Bereitschaftsspeicher nutzbares Temperaturniveau, laufen die Pufferkreisentladepumpe und die Speicherladepumpe des Trinkwasserspeichers an. Der Bereitschaftsspeicher wird solar beladen. Wenn möglich, sollte der Bereitschaftsspeicher in einen Bereich für die Nachheizung und einen (unteren) Bereich für die Beladung durch die Solaranlage unterteilt sein.

Der obere Teil des Bereitschaftsspeichers wird kontinuierlich durch die konventionelle Nachheizung auf dem für die Versorgungssicherheit erforderlichen Temperaturniveau gehalten. Bei Beachtung der Bestimmungen gemäß DVGW W551 wird der gesamte Bereitschaftsspeicher einmal täglich auf 60°C erwärmt.

Somit wird die Nacherwärmung des Trinkwassers durch konventionelle Heiztechnik ausschließlich im Bereitschaftsspeicher vorgenommen. Dies hat sich im Vergleich verschiedener Konzepte zur Nacherwärmung des Trinkwassers auf die erforderlichen Zapftemperaturen in Hinblick auf maximale Systemnutzungsgrade der Solaranlage als am zweckmäßigsten erwiesen [26].

Vorteile:
- Die Entladung der Pufferspeicher ist unabhängig vom momentanen Wasserverbrauch möglich.
- Durch Nachheizung nur in den Bereitschaftsspeicher werden hohe

Systemnutzungsgrade des Gesamtsystems erzielt (der Solarteil erhält keine Wärme aus der Nachheizung und ist immer voll für die Aufnahme der Solarwärme bereit).
- Der Entladewärmetauscher kann relativ klein und preisgünstig gehalten werden (vgl. auch Kapitel 4.5).

Nachteile:
- Der Bereitschaftsspeicher benötigt einen Solarteil im unteren Bereich, oder die Temperatur der Nachheizung muß gesenkt werden, um eine Beladung durch die Solaranlage auch auf niedrigem Temperaturniveau zu ermöglichen.
- Die Regelung der Pufferentladung ist kompliziert, eine zu hohe Temperatur im Pufferentladekreisrücklauf mindert den Solarertrag (da hohe Temperaturen auch im kälteren Pufferspeicherbereich auftreten).
- Bei Neuanlagen wird durch die zwei Wärmetauscher in der Pufferentladung und in der Nachheizung des Trinkwasserspeichers der Aufbau der Gesamtanlage komplizierter als bei einer Nachheizung durch den Heizkessel in den Pufferspeicher (ein Wärmetauscher mehr erforderlich).

Nachheizung in den Pufferspeicher

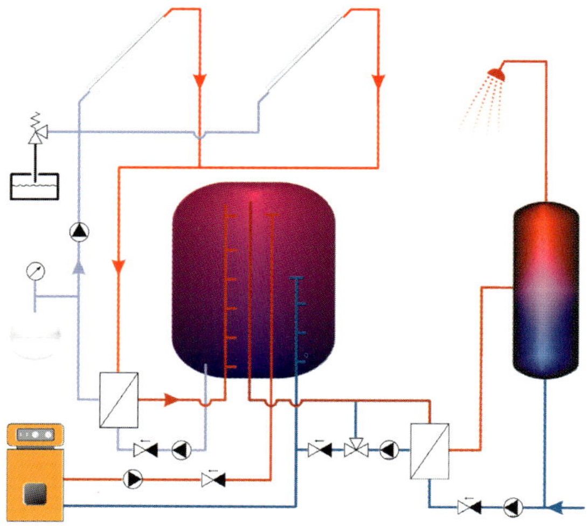

Bild 3.2.2: Puffer mit Speicherladeprinzip und Nachheizung in den oberen Teil des Pufferspeichers

Bei diesem Anlagenkonzept erfolgt die Nachheizung in den wärmeren Pufferspeicher und von dort die Beladung des Bereitschaftsspeichers. Im Pufferspeicher werden hier Solar- und konventionelle Energie kombiniert. Der Nachheizungsteil des Pufferspeichers wird mit konventioneller Nachheizung auf 70°C erwärmt, um im Bereitschaftsspeicher eine Temperatur von z.B. 60°C zu erzeugen. Der Entladewärmetauscher wird gemäß den Erfordernissen der Versorgungssicherheit des Trinkwassersystems dimensioniert. Der Bereitschaftsspeicher und der Nachheizungsteil im Pufferspeicher werden ebenfalls in Hinblick auf die Versorgungssicherheit ausgelegt.

Vorteile:
- Durch die Nachheizung in den Pufferspeicher entfällt ein weiterer Wärmetauscher, die Anlage wird einfacher und damit betriebssicherer.
- Der Bereitschaftsspeicher muß keinen Solarteil enthalten, ein vorhandener Speicher kann problemlos weiter genutzt werden.

Nachteile:
- Durch die Aufheizung des wärmeren Pufferspeichers auf Temperaturen oberhalb der erforderlichen Trinkwassertemperatur entstehen höhere Wärmeverluste.
- Der Pufferentladekreiswärmetauscher muß sehr groß dimensioniert werden, um die erforderlichen Leistungen zu übertragen.
- Im Entladekreiswärmetauscher entsteht durch die hohen Temperaturen eine erhöhte Verkalkungsgefahr.

3.2.2 Puffersysteme im Durchlaufprinzip

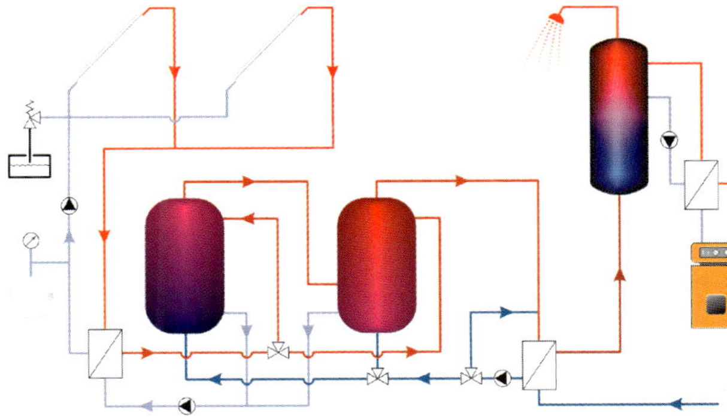

Bild 3.2.3: Puffer mit Durchlaufprinzip

Bei diesem Anlagentyp erfolgt die Entladung der Pufferspeicher im Durchlaufprinzip. Wird Trinkwasser gezapft und ist gleichzeitig ein nutzbares Temperaturniveau im wärmeren Pufferspeicher vorhanden, startet die Pufferentladekreispumpe. Die Solarwärme wird auf das Trinkwasser übertragen. Durch eine Steuerung des Volumenstroms im Entladekreis kann dabei das Pufferwasser beispielsweise bis auf 5 K oberhalb der kalten Trinkwassereintrittstemperatur abgekühlt werden.

Diese Abkühlung ist sowohl bei kleinen als auch großen Zapfungen möglich, und der kältere Pufferspeicherbereich nimmt so die niedrigst möglichen Temperaturen an. Durch die Wärmeabgabe auf niedrigem Temperaturniveau steigt der Solarertrag.

Vorteile:
- Vorhandene Bereitschaftsspeicher können nach Einbau der Solaranlage unverändert weiter betrieben werden; auch reine Durchlaufsysteme können durch die Solaranlage ergänzt werden.
- Die Solaranlage wird durch den Einbau des Entladekreiswärmetauschers sehr einfach in das bestehende Trinkwassernetz eingebunden.
- Durch einen sehr kalten Rücklauf in den Pufferspeicher wird ein hoher Solarertrag erzielt.

Nachteile:
- Die Regelung der Entladung muß sehr exakt arbeiten
- Bei starken Schwankungen der Zapfraten und sehr großen Puffervolumina ist das Durchlaufsystem evtl. zu träge und kann die Wärme des Pufferspeichers nicht ausreichend abgeben
- Der Entladekreiswärmetauscher muß auf mittlere oder maximale Zapfspitzen ausgelegt werden und wird somit groß und teuer

3.3 Puffersystem mit integriertem Trinkwasserspeicher

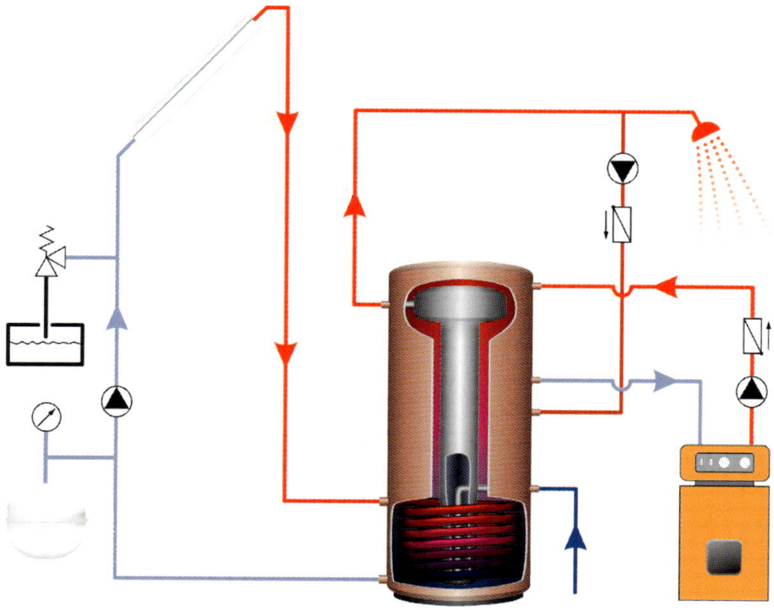

Bild 3.3.1: Puffer mit integriertem Tanksystem Jenni

Das aus der Schweiz stammende Puffersystem mit im Pufferspeicher integriertem Trinkwassererwärmer wird meist für Solaranlagen zur Trinkwassererwärmung und Heizungsunterstützung oder für sogenannte Nullenergiehäuser (solarer Deckungsgrad 100%) eingesetzt. Die von der Anlagentechnik sehr einfachen und gegen Störungen unempfindlichen Systeme arbeiten nach dem Funktionsprinzip eines Puffersystems mit Speicherbeladung und im Pufferspeicher integrierter Nachheizung. Der Bereitschaftsspeicher befindet sich im Pufferspeicher, externe Wärmetauscher entfallen in der Regel. Zuerst erwärmt sich der Kollektorkreis, um dann die Wärme über interne Wärmetauscher an den Pufferspeicher abzugeben. Im Pufferspeicher entsteht durch die Wärmeabnahme der Trinkwasserzapfung eine Temperaturschichtung. Der bis in den unteren Pufferbereich gezogene innere Trinkwasserspeicher kühlt so zunächst den unteren Bereich des Speichers aus und ermöglicht eine Wärmeabgabe des Kollektorkreises an den Pufferspeicher auch auf niedrigem Temperaturniveau.

Der innenliegende Trinkwasserspeicher muß so dimensioniert werden, daß sein im Bereich der Nachheizung befindlicher Bereitschaftsteil die Versorgungssicherheit des Gebäudes mit warmem Trinkwasser gewährleisten kann. Die ses System kommt bei großen solarthermischen Anlagen zur Warmwasserbereitung in Deutschland selten zum Einsatz, da für die thermische Desinfektion (gemäß DVGW W551) der gesamte Pufferbereich einmal am Tag auf 60°C aufgeheizt werden muß und dies zu erheblichen Einbußen beim Solarertrag und sehr hohen Wärmeverlusten führen würde. In Anlagen zur Wassererwärmung mit einer Unterstützung der Raumheizung konnten sich dagegen dieses und verwandte Systeme durchsetzen. In der Schweiz und in Österreich wird dieses sehr betriebssichere System auch in Anlagen zur ausschließlichen Wassererwärmung erfolgreich eingesetzt, die Anlagen erzielen dort sehr gute Betriebsergebnisse.

Vorteile:
- sehr einfach und klar aufgebautes System (sehr wenige Störquellen)
- gute solare Erträge

Nachteile:
- hohe Wärmeverluste durch thermische Desinfektion und die hohen Temperaturen im oberen Pufferspeicher (Nachheizungsteil)
- meist sehr große, sperrige Speichereinheiten erforderlich (Platzprobleme)
- eine manuelle Reinigung des inneren Speichers ist häufig nicht möglich, da Hand- /Mannlöcher in der Regel fehlen

3.4 Drain-Back-Systeme

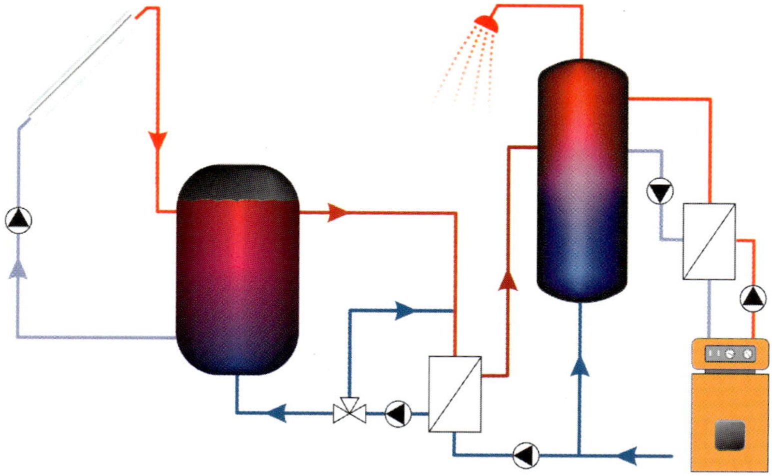

Bild 3.4.1: Drain-Back-Pufferkreisanlage

Eine weitere, in den Niederlanden und den USA stark verbreitete Systemvariante findet im deutschsprachigen Raum bislang nur ansatzweise Anwendung.

Im Kollektorkreis befindet sich bei dem Drain-Back-System kein Frostschutzmittel, sondern ausschließlich Wasser. Bei zur Wärmeabgabe ausreichenden Temperaturen im Kollektorfeld startet die Kollektorkreisregelung die Umwälzpumpe und fördert Wasser in das Kollektorfeld. Dieses erwärmt sich und fließt zum Pufferspeicher. Gibt das Kollektorfeld keine Wärme ab, schaltet sich die Pumpe aus, und das gesamte Wasser fließt in den Pufferspeicher oder den Auffangbehälter. Genauso arbeitet die Anlage auch im Winter. Die Entladung der Pufferspeicher erfolgt wie in den Puffersystemen beschrieben.

Bei Erreichen hoher Temperaturen im Kollektorfeld schaltet die Kollektorkreispumpe ab, bevor es zu einer Dampfbildung im Kollektorfeld kommen kann und entleert so den Kollektorkreis. Solange die Temperaturen im Kollektor eine Dampfbildung ermöglichen, bleibt der Kollektorkreis außer Betrieb. Das gesamte System arbeitet drucklos; somit können Sicherheitseinrichtungen entfallen. Werden Pufferspeicher aus Kunststoff verwendet (wegen evtl. Korrosionsprobleme), müssen diese mittels Kollektorkreisregelung oder STB verriegelt werden, um eine Beschädigung sicher auszuschließen .

Der Kollektorkreiswärmetauscher wird eingespart, wodurch sich ein Temperatursprung erübrigt und die Energieverluste verringert werden. Durch den Wegfall des Frostschutzes, des Wärmetauschers und die Verwendung von Pufferspeichern aus Kunststoff können zudem erhebliche Kosten eingespart werden.
Alles in allem eine Systemvariante, deren weitere Verbreitung erwägenswert ist.

Vorteile:
- durch offenes, druckloses System keine Sicherheitstechnik im Kollektorkreis erforderlich
- kein Kollektorkreiswärmetauscher erforderlich; eine Temperaturstufe kann so entfallen und der Solarertrag steigt
- kein Frostschutzmittel erforderlich
- keine Entlüftung erforderlich
- geringe Kosten durch Einsparung der genannten Bauteile

Nachteile:
- Kollektoren und Leitungen im Frostbereich müssen restlos entleerbar sein (hoher Verlegeaufwand)
- höherer Stromverbrauch der Kollektorkreispumpe
- Korrosionsgefahr bei ungeeigneten Werkstoffen (z.B. Stahlrohr)

3.5 Die Einbindung von Zirkulationssystemen

Um die solare Wärme auch zur Deckung entstehender Zirkulationsverluste zu verwenden, sind die folgenden Rahmenbedingungen zu beachten:
Zirkulationssysteme erreichen im Rücklauf in der Regel minimale Temperaturen >35°C, bei einer Auslegung nach den Richtlinien des DVGW >55°C. Dieses Temperaturniveau wird an einer Stelle in den Warmwasserspeicher zurückgeführt.
Je nach Laufzeit der Zirkulation wird somit eine mehr oder weniger starke Temperaturerhöhung auch im kälteren Bereich eines Speichers stattfinden.

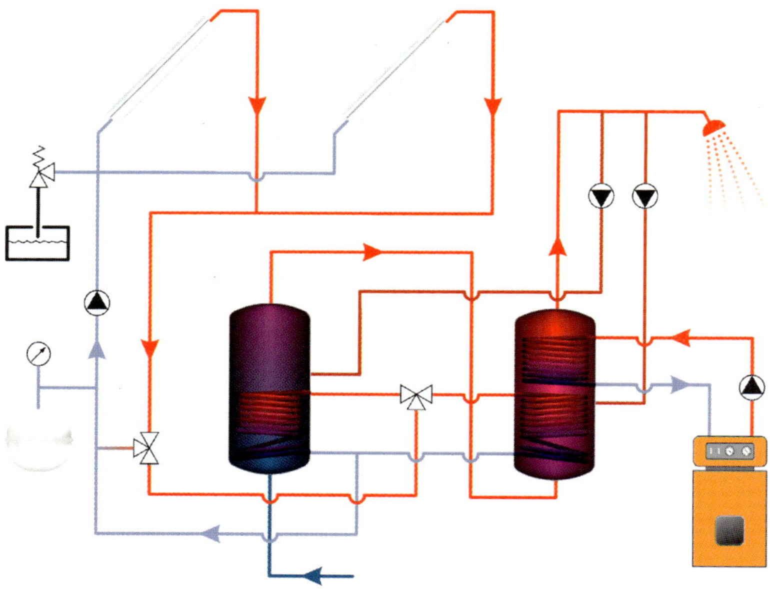

Bild 3.5.1 Solaranlage mit Trinkwasserspeichern und einer Einbindung der Zirkulation in den mittleren Teil

Die Aufheizung des Solarteils der Speicher durch die Zirkulationsleitung ist zu vermeiden. Das gegenüber der Kaltwassertemperatur wesentlich höhere Temperaturniveau führt ansonsten zu einer Senkung des Kollektorkreisnutzungsgrades. Lediglich bei einer starken Verringerung der Laufzeit der Zirkulationspumpe, durch eine thermostastische Regelung oder bei einer Umschaltung zwischen einem Zirkulationsrücklauf in den unteren oder mittleren Speicherteil, kann auch der Solarteil einer Solaranlage mit mittlerem oder hohen Deckungsgrad sinnvoll an die Zirkulation angeschlossen werden. Die folgenden Schaltungen stehen zur Verfügung:

Zirkulationsrücklauf in den unteren Speicherteil mit einer thermostatischen Schaltung der Zirkulationspumpe

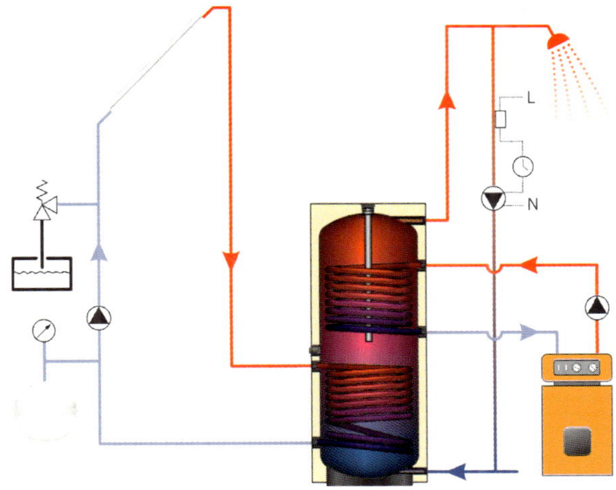

Bild 3.5.2: Zirkulationsrücklauf in den unteren Speicherbereich mit einem der Zirkulationspumpe stromseitig in Reihe geschalteten Anlegethermostat

In dieser Schaltungsvariante wird der Zirkulationspumpe nach der letzten Stichleitung oder wenige Meter vor dem Eintritt des Zirkulationsrücklaufs in den Speicher ein Anlegethermostat elektrisch in Reihe geschaltet. Dieser Thermostat schaltet die Zirkulationspumpe auch während ihrer an der Schaltuhr eingestellten Laufzeit nach Erreichen einer bestimmten Temperatur im Zirkulationsrücklauf ab. Mit Einstellung einer Temperatur von z.B. 55°C an den genannten Stellen des Zirkulationsrücklaufs wird die gesamte Zirkulationsleitung mindestens diese Temperatur aufweisen. Bei einer Zapfung an einer der Zapfstellen wird dann umgehend warmes Wasser zur Verfügung stehen.

Durch eine Schalthysterese des Anlegethermostats wird dieser erst bei Unterschreitung einer Temperatur von z.B. 50°C im Zirkulationsrücklauf die Zirkulationspumpe wieder freigeben. Diese An- und Abschaltung der Zirkulationspumpe neben der reinen Zeitschaltung führt zu einer deutlichen Reduktion der Laufzeiten und einer drastischen Verringerung der Zirkulationsverluste. Auch die Temperaturen im unteren Speicherbereich bleiben bei kontinuierlichen Wasserzapfungen auf einem niedrigen Niveau.

Der Aufbau einer solchen Schaltung entspricht nicht den in Deutschland gültigen Bestimmungen des Arbeitsblatts W551 des DVGW, da die erforderlichen Mindestlaufzeiten der Zirkulationspumpe nicht eingehalten werden.

Zirkulationsrücklauf zwischen dem (unteren) solaren Bereich des Speichers und einem Anschluß in mittlerer Höhe des Speichers

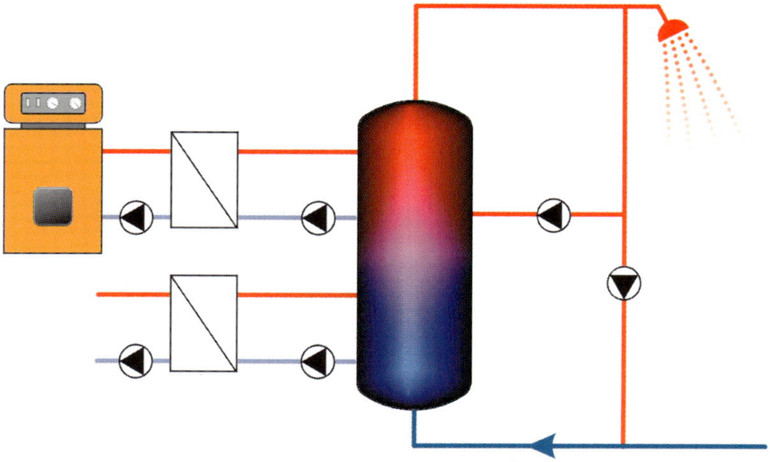

Bild 3.5.3: Solarspeicher mit zwei Zirkulationspumpen unten/mitte

Bei dieser Variante vergleicht eine Temperaturdifferenzsteuerung die solare Ladetemperatur des unteren Speicherteils mit der Temperatur des Zirkulationsrücklaufs. Ist die Temperatur der Speicherladung durch die Solaranlage höher als die des Zirkulationsrücklaufs, läuft die Zirkulationspumpe zur Führung des Zirkulationsrücklaufs in den (unteren) solaren Speicherteil. Liegt im umgekehrten Fall die Temperatur des Zirkulationsrücklaufs über der der Speicherladung durch die Solaranlage, läuft die Zirkulationspumpe zur Führung des Zirkulationsrücklaufs in die mittlere Speicherebene.

Bei Vorwärmanlagen bzw. Anlagen mit niedrigem Deckungsgrad in Verbindung mit einem Zirkulationssystem und einem Rücklauf >55°C macht die Einbindung einer Zirkulationsleitung wenig Sinn. In einer Solaranlage mit niedrigem Deckungsgrad wird nur an wenigen Tagen im Sommer ein Temperaturniveau >55°C erreicht, weshalb eine Deckung der Zirkulationsverluste auf diesem Temperaturniveau praktisch entfällt.

3.6 Normen und Richtlinien

In Deutschland gibt es zur Beschreibung der thermischen Solaranlagen die derzeit gültige DIN Norm 4757 T1 – T4. Für den Aufbau der hier betrachteten Anlagen und deren Ausführung ist dabei DIN 4757 T1 maßgebend. DIN 4757 T3 und T4 beziehen sich auf die Kollektorprüfung und werden im Abschnitt „Kollektoren" kurz umrissen. In den normativen Verweisen der DIN 4757 T1 finden sich u.a. die sogenannte Dampfkesselverordnung und die Arbeitsblätter Druckbehälter (AD-Merkblätter). Aufgrund fehlender Normen für große Solaranlagen wird bei deren Beschreibung häufig auf die Dampfkesselverordnung zurückgegriffen.

Bislang wurden Solaranlagen mit einem Inhalt des Kollektorfeldes >10 Liter als Dampfkesselanlage betrachtet. Die Dampfkesselverordnung gilt dabei für alle in den Verkehr gebrachten Arbeitsmittel (= Dampfkessel = Solaranlage). Um den Aufwand für eine Genehmigung der Anlage und die Kosten für wiederkehrende Prüfungen sowie Kesselwärter einzusparen, wurden die Solaranlagen bislang als Dampfkessel der Gruppe III mit einem maximalen Volumen von 50 Litern gesehen und entsprechend abgesichert (vgl. Kapitel 4.7).

Auf einer Sitzung des Deutschen Dampfkesselausschusses (DDA) wurden im November 1998 die folgende DDA-Auslegungen formuliert:
Sonnenheizungsanlagen, deren gesamte technische Konzeption sicherstellt, daß Warmwasser zu Heizzwecken erzeugt wird und eine hinreichende Wärmeabnahme gewährleistet ist, erfüllen nicht die Voraussetzungen des §2 (2) DampfkV. Sie unterliegen in diesem Fall nicht der Dampfkesselverordnung und somit auch nicht dem technischen Regelwerk.

Diese Einstufung beinhaltet alle Anlagen niedriger und mittlerer Deckung sowie die Anlagen mit saisonalen Wärmespeichern. Anlagen zur Unterstützung der Raumheizung mit Pufferspeichern, die bis zu einer Temperatur von 95°C aufgeheizt werden können, fallen bei einer Auslegung auf mind. 50 Liter Speichervolumen pro Quadratmeter Kollektor sicher auch in diese Einstufung. Soll die Solaranlage dennoch als Dampfkessel klassifiziert werden, besteht neben der Ausrüstung als Anlage der Gruppe III (vgl. oben und Kapitel 4.3) folgende Möglichkeit:

Eine Einstufung als Dampfkessel der Gruppe II unabhängig von der Höhe der Stillstandstemperatur ist möglich, wenn die Heißwasservorlauftemperatur nicht mehr als 120°C beträgt und die Sonnenkollektoren bzw. die Sonnenkollektorgruppen eigensicher ausgeführt sind.

Die eigensichere Ausführung einer Solaranlage wird in DIN 4757 T1 und in den Kapiteln zur Dimensionierung des Ausdehnungsgefäß und den Sicherheitseinrichtungen vertieft (vgl.Kapitel 4.4.3 und 4.7).
Die Errichtung einer Dampfkesselanlage ist bei den zuständigen Landesäm-

tern für Arbeitsschutz je nach Ausführung anzumelden bzw. genehmigen zu lassen (Adressen siehe Anhang).

In den bislang gültigen und erforderlichen Bauartzulassungen der Sonnenkollektoren werden von den exakten Auslegungen der Dampfkesselverordnung abweichende Bestimmungen beschrieben, da eine Solaranlage als Dampfkessel mit geringem Gefährdungspotential verstanden wird. Details können den Beschreibungen der Einzelkomponenten und den Bestimmungen der Bauartzulassungen der einzelnen Kollektoren entnommen werden.

Künftig werden die Solaranlagen durch die im Anhang aufgeführten Euronormen beschrieben. Die DVGW-Arbeitsblätter und die Dampfkesselverordnung bleiben als nationale Besonderheiten bestehen, wobei die Dampfkesselverordnung ebenfalls durch europäische Regelwerke ergänzt wird.

Da das Thema Normen auch weiter diskutiert wird und Interpretationsspielraum offenbleibt, können neue Meldungen und Meinungen z.B. im Internet unter http://www.solarpraxis.de abgerufen werden.

4. System-komponenten

4.1 Kollektoren

4.1.1 Grundlagen

Im folgenden werden die grundlegenden Daten und der Normhintergrund der zur Erwärmung von Trinkwasser eingesetzten Kollektortypen dargelegt.

Absorber

Sogenannte Solarabsorber oder Absorbermatten werden seit Jahren mit großem Erfolg zur Erwärmung des Wassers in Schwimmbecken eingesetzt. Im Prinzip wird dabei lediglich die Erwärmung der schwarzen, meist aus EPDM bestehenden, Matten oder Rohrschlangen genutzt. Da diese Schwimmbadanlagen nur Temperaturen bis ca. 25°C und das auch nur im Sommerhalbjahr, erzeugen müssen, wird auf weitere Maßnahmen zur Isolation verzichtet. Die Anlagen werden mit dem Schwimmbadwasser betrieben, das im Winter abgelassen wird.
In einzelnen Projekten wurden EPDM-Absorber auch in geschlossenen Kollektorkreisen ohne Frostschutzmittel ganzjährig als Vorwärmanlage für die Warmwasserbereitung konzipiert.
Absorber aus beschichtetem Edelstahl werden als Absorberdach mit einem Wärmeträgermedium aus Wasser/Glykol betrieben und für die Vorwärmung des Trinkwassers genutzt. Die Edelstahlabsorber und der Kollektorkreis werden mit dem Wärmeträgermedium betrieben, weshalb die Anlage ganzjährig eingeschaltet bleiben kann.
Durch die fehlende Wärmedämmung ist der Kollektorkreisnutzungsgrad gering, dies wird jedoch mit Hinweis auf die niedrigen Kosten und dem Edelstahlabsorber als Dachersatz toleriert. Derartige Projekte wurden in der Schweiz realisiert.

Näheres zu den erwähnten Projekten finden Sie in „Projekt Solaranlage“ [17].

Bild 4.1.1: Absorberanlage auf einem Wohnpark in Genf (B9)

Kollektoren mit Abdeckung und Wärmedämmung

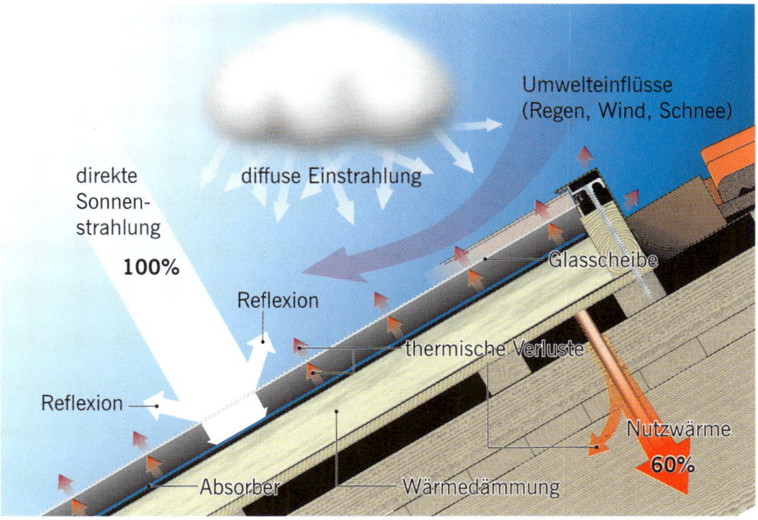

Bild 4.1.2: Gewinne und Verluste am Kollektor (G1)

Kollektorgewinne

Die Solarstrahlung tritt durch ein vorgespanntes Sicherheitsglas (Verglasung) in den Kollektor ein. Nicht beschichtete Gläser ermöglichen hierbei einen Lichtdurchgang von bis zu 91%. Im Kollektor trifft das Licht auf den Solarabsorber. Dieser ist üblicherweise aus Kupfer und mit einer selektiven Beschichtung versehen. Die selektive Beschichtung verfügt über ein großes Aufnahmevermögen (Absorption α) für energiereiche, kurzwellige Lichtstrahlung mit Wellenlängen (l) kleiner 2,5 µm. In der Regel werden so 95% - 96% der Lichtenergie in diesem Wellenlängenbereich aufgenommen (α = 0,95 - 0,96).

Durch die aufgenommene Energie erwärmt sich der Solarabsorber. Gemäß dem Stefan-Boltzmann-Gesetz erfolgt eine Wärmestrahlung mit der Leistung:

$$E = \varepsilon\sigma T^4$$

Die selektive Beschichtung minimiert die Energieverluste durch Wärmestrahlung (Emission e), nur 5% - 12% der temperaturbedingten Wärmestrahlung werden vom Solarabsorber abgestrahlt (e = 0,05 – 0,12).
Als Beschichtungsmaterial wurde in der Vergangenheit häufig Schwarzchrom auf Nickelsubstrat verwendet. Diese Schichten werden in einem galvanischen Verfahren aufgetragen. Bei der neuen Generation von Solarabsorbern besteht die Beschichtung z.B. aus TiNOX, das in einem PVD-Verfahren aufgetragen wird.

Näheres zu den Beschichtungstechnologien finden Sie in „Kollektorbeschichtungen für die neue Hochleistungsklasse“ [31] und im nachfolgenden Artikel Kapitel 4.1.5 .

Durch die Glasabdeckung wird zudem eine weitere Sperre gegen Wärmeverluste durch Strahlung und Konvektion erzielt. Glas ist für Wärmestrahlung nahezu undurchlässig. Der Solarabsorber ist so nicht dem direkten Luftstrom der Außenluft ausgesetzt, wodurch Konvektionsverluste gemindert werden.
Die Gehäuse werden mit einer Wärmedämmung aus Materialien wie Stein- oder Glaswolle oder einer Vakuumisolation versehen, um die Verluste durch Wärmeleitung und Konvektion weiter zu minimieren.
Zur Abführung der gewonnenen Wärmeenergie wird der Solarabsorber von einem Wärmeträgermedium durchströmt. Verschiedene Varianten der internen Kollektorverrohrung werden in der Beschreibung des Kollektorfeldes vorgestellt.
Bei sogenannten Heat-Pipe Vakuumkollektoren befindet sich im Solarabsorber Ethanol oder Wasser, welches verdampft und über einen im Kollektor integrierten Kondensator die Wärme an den mit einem Wärmeträgermedium gefüllten Kollektorkreis abgibt.

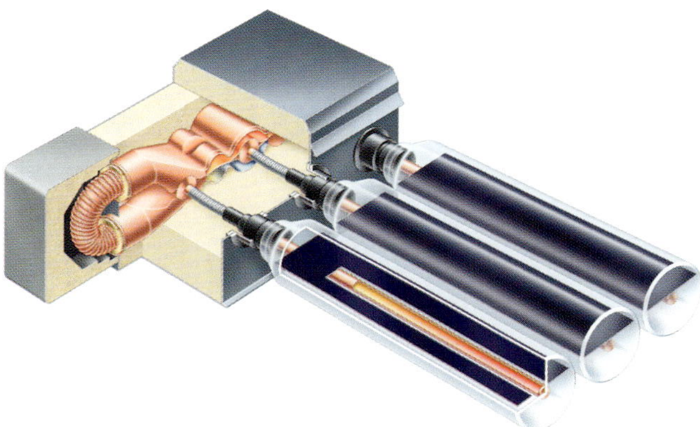

Bild 4.1.3: Heat-Pipe Kollektor Typ VIESSMANN VITO 300 (B33)

4.1.2 Wirkungsgrad und Prüfung

Kollektoren werden in der Bundesrepublik nach DIN 4757 T4 geprüft.

Der Kollektorwirkungsgrad wird dabei wie folgt angegeben:

$$\eta = \eta_0 - \frac{k_1 (T_{KOL} - T_U)}{E_e} - \frac{k_2 (T_{KOL} - T_U)^2}{E_e} \quad mit\ \eta_0 = \alpha\ \tau\ F''$$

η	=	***Wirkungsgrad***
η_0	=	***Konversionsfaktor bei Einstrahlwinkel ϕ (0°)*** ***„optischer Wirkungsgrad $\alpha\tau$"***
k_1	=	***Wärmeverlustkoeffizient (einfach)***
k_2	=	***Wärmeverlustkoeffizient (quadratisch)***
T_{Kol}	=	***mittlere Absorbertemperatur***
T_U	=	***mittlere Umgebungstemperatur***
E_e	=	***einfallende Strahlungsleistung***
F''	=	***„Absorberwirkungsgrad"***
τ	=	***Transmission der Abdeckung***

und in einem Wirkungsgrad/Temperaturdifferenz-Diagramm dargestellt. Anhand des Diagramms ist deutlich zu erkennen, daß bei sinkender solarer Einstrahlung und größerer steigender Temperaturdifferenz zwischen mittlerer Kollektor- und Umgebungstemperatur der Kollektorwirkungsgrad sinkt.

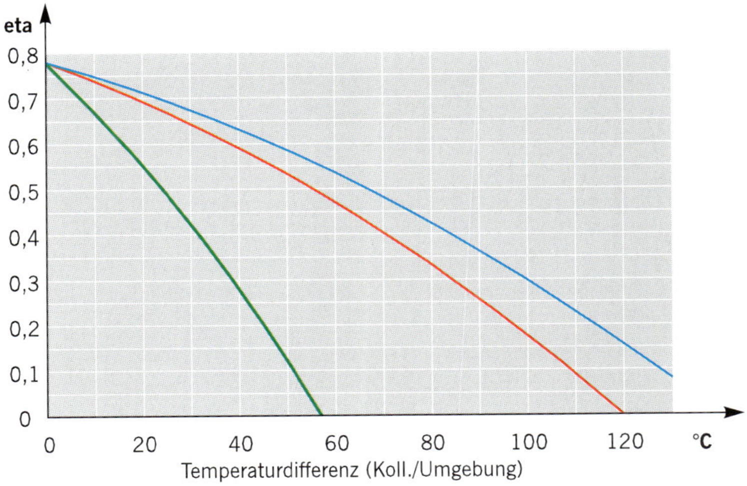

Diagramm 4.1.1: Kollektorwirkungsgradlinien nach DIN 4757 T4 (G3)

In den Prüfprotokollen nach DIN 4757 T4 für Sonnenkollektoren beziehen sich die Angaben für η_0, k_1 und k_2 auf die Aperturfläche, in Prospekten dagegen häufig auf die Absorberfläche. Die Auswirkungen auf die Werte werden im folgenden diskutiert. Je höher der effektive k-Wert des Kollektors, desto geringer der Wirkungsgrad bei steigenden Temperaturen.

Bruttofläche

Die Bruttofläche des Kollektors ist das maximale Außenmaß des Kollektors, sie dient dem Anwender zur Bestimmung des Flächenbedarfs auf dem Dach. Wirkungsgradangaben werden nicht auf die Bruttofläche bezogen. Beim Vergleich von Preisen ist jedoch zu prüfen, ob sich die Preisangabe pro m^2 auf die Brutto-, Apertur- oder Absorberfläche bezieht. Vor allem bei Vakuumkollektoren ergeben sich erhebliche Unterschiede durch das Verhältnis der Bezugsflächen.

Aperturfläche

Der Begriff Aperturfläche kann mit solarer Eintrittsfläche übersetzt werden und wird bei Flachkollektoren von der durchsichtigen Glasfläche gebildet (die Glasauflage auf dem Rahmen wird nicht mitgezählt, da hier keine Strahlung in den Kollektor eintritt).
Werden z.B. Spiegel eingesetzt, um die Solarstrahlung auf einen Kollektor oder auf einen Punkt zu konzentrieren, ist die Spiegelfläche die Aperturfläche.
Liegt der Spiegel als Reflektor jedoch hinter einer Glasscheibe, ist wiederum diese die Aperturfläche.

Absorberfläche

Die (effektive) Absorberfläche ist die Fläche, auf der im Absorber die Strahlungsleistung der Sonne in Wärme umgewandelt wird. Sie ist in der Regel kleiner als die Aperturfläche.
Bei Kollektoren mit Stegen zur Befestigung von Glasscheiben, die die Absorberfläche überqueren, kann sie allerdings auch größer sein. Auch bei stark gewellten oder profilierten Absorbern kann die Absorberfläche größer sein als die Aperturfläche.
Unabhängig von der Größe der Absorberfläche kann jedoch nur die durch die Aperturfläche einfallende Leistung der Sonne in Wärmeleistung des Absorbers umgewandelt werden. Vergrößerungen der Absorberfläche bewirken daher keine Steigerung der möglichen Leistungsfähigkeit des Kollektors, da durch die Scheibe nicht mehr Licht einfallen kann als die Aperturfläche zuläßt.
Auf die Aperturfläche bezogene Wirkungsgradangaben beinhalten niedrige Werte für η_0 und niedrige k -Werte für die Verlustbrüche der Wirkungsgradformel. η_0 ist niedrig, da nur ein Teil der durch die Aperturfläche eintretenden Leistung der Sonne in der kleineren Absorberfläche in nutzbare Leistung umgewandelt wird. Da die Verluste des Kollektors durch Wärmedurchgang unverändert bleiben, erscheint der gesamte Wärmeverlust auf die größere Aperturfläche bezogen kleiner (kleinerer k -Wert), auf die kleinere Absorberfläche bezogen größer (hö-

herer k -Wert). Die Angaben für η_0 und die k -Werte steigen oder sinken demnach durch die Änderung der Bezugsflächen entsprechend dem Verhältnis der Größe der Flächen.

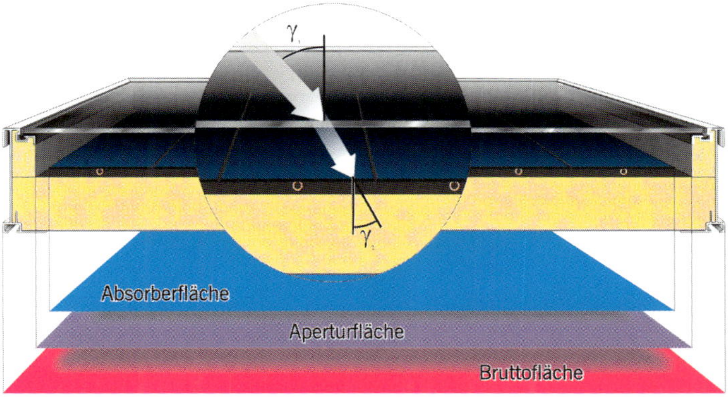

Bild 4.1.4: Flächen am Kollektor (G3)

Reflexion und ihr Einfluß auf den Sonnenkollektor

Neben den Verlusten durch Wärmeleitung, Konvektion und Wärmestrahlung ist die Leistung der Kollektoren vom Einfallswinkel der Sonnenstrahlen abhängig. Die Leistungskurven für die Sonnenkollektoren gelten dabei für den senkrechten Einfall der Sonnenstrahlen in die Absorberebene.
Im Tages- und Jahreslauf verändert sich durch die Erdbewegung ständig der Einfallswinkel des Sonnenlichts. Da die Mehrzahl der Sonnenkollektoren nicht der Sonne nachgeführt werden, ändert sich die in den Sonnenkollektor eintretende Leistung der Sonne aufgrund von Reflexionsverlusten stetig.
Wie in der Grafik Flächen am Kollektor (Bild 4.1.4) ersichtlich, wird ein Sonnenstrahl, der in den Kollektor eintritt, an der Glasoberfläche gebrochen, ebensowie (ein zweites Mal) beim Austritt aus dem Glas in den Kollektorin-nenraum. Bei beiden Brechungen wird zudem ein Teil des Strahls reflektiert. Tritt der Sonnenstrahl senkrecht zur Glasoberfläche ein, wird nur ein Teil der Energie vom Glas absorbiert (Einstrahlung in der Normalen).
Die max. Lichtdurchlässigkeit der Kollektorabdeckung ist von der Durchlässigkeit des Glases vorgegeben. Durch die Veränderung des Einstrahlungswinkels der Sonnenstrahlen, wird die Lichtdurchlässigkeit durch zunehmende Reflexion jedoch geringer und erreicht bei einem Winkel von 90° eine Lichtdurchlässigkeit von Null (das Glas wirkt zunehmend als Spiegel).
Das Diagramm für die Durchlässigkeit des Glases (Transmission τ) in Abhängigkeit des Strahlwinkels gegenüber der Normalen veranschaulicht diesen Zusammenhang.

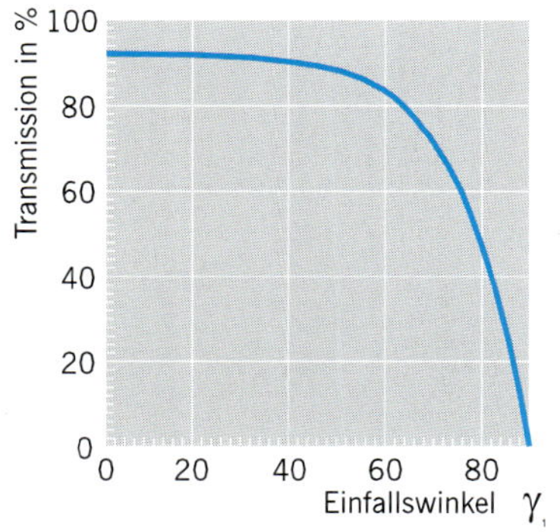

Diagramm 4.1.2: Transmission Glas in Abhängigkeit vom Einfallswinkel (G3)

In der DIN-Prüfung nach DIN 4757 T4 wird diesem Sachverhalt durch Ermittlung des sog. Winkelkorrekturfaktors Rechnung getragen:

$$K(\phi) = \frac{\eta_0(\phi)}{\eta_0(0^o)}$$

K(φ)	**= *Winkelkorrekturfaktor beim Winkel φ***
φ	**= *Einstrahlwinkel der Sonnenstrahlung***

In Prüfberichten wird der Winkelkorrekturfaktor bei einem Einstrahlungswinkel von 50° in der Längs- und der Querrichtung der Kollektorebene festgelegt.
Diese Werte sind bei Flachkollektoren in beiden möglichen Richtungen der Winkelabweichung gleich. Bei Vakuumröhren differieren die Werte aufgrund der Kreisgeometrie des Röhrenglases in der einen und der des „flachen" Glases in der anderen Richtung.
Die Überlegungen zu den Reflexionsverlusten zeigen deutlich, daß alle Maßnahmen zur Leistungssteigerung von Kollektoren wie Reflektoren oder im Winkel veränderliche Absorber hinter einer Glasabdeckung nur einen geringen Effekt haben können.

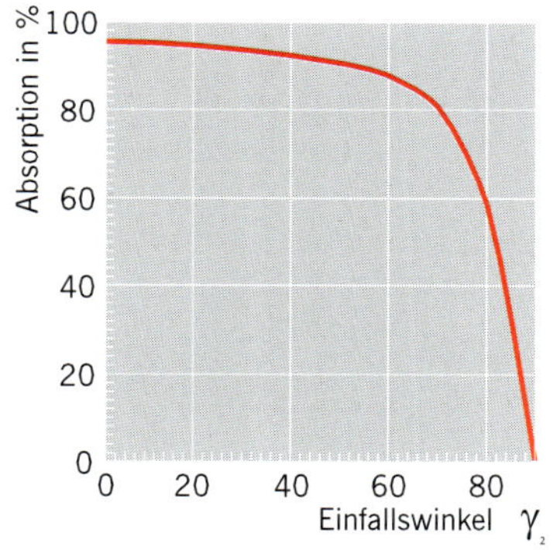

Diagramm 4.1.3: Absorption in Abhängigkeit des Einfallswinkel (G3)

Die Winkelabhängigkeit der Lichtaufnahme im Absorber ist im Diagramm für die Absorption (*a*) in Abhängigkeit zum Einfallswinkel aufgetragen. Ein Vergleich mit dem Diagramm über die Durchlässigkeit des Glases zeigt, daß die Lichtaufnahme im Absorber nur geringfügig vom Einfallswinkel der Sonnenstrahlen abhängt.
Ein Reflektor hinter der Glasscheibe im Kollektorinneren kann demnach lediglich die auf die Aperturfläche auftreffende Strahlung nutzen. Zudem hängt seine Leistungsfähigkeit vom Einfallswinkel der Strahlung ab. Der Nutzen eines Reflektors im Kollektor kann also nur bei einer möglichen, geringen Verkleinerung der Absorberfläche gesehen werden, einen Mehrertrag gegenüber einem ansonsten gleichwertigen Flachkollektor mit gleicher Aperturfläche wird er nicht erbringen (siehe div. Leistungstests nach DIN 4757 T4). Ähnliches gilt für Kollektoren mit verstellbaren Absorbern im Inneren des Kollektors.
Eine einachsige Nachführung eines flachen Absorbers, welche in der Regel nicht kontinuierlich mit dem Stand der Sonne über das Jahr betrieben wird, erzielt z.B. bei monatlicher Nachstellung lediglich einen Mehrertrag von 4% [29]. Diesen Effekt hebt jedoch die Glasscheibe des Kollektors, die nicht nachgeführt wird, wieder auf. Eine Ertragssteigerung ist daher gering oder gleich null.

Zur Berechnung der Kollektoren in der zu planenden Anlage werden die Kollektorkennwerte in eine entsprechende Maske des Simulationsprogramms eingegeben:

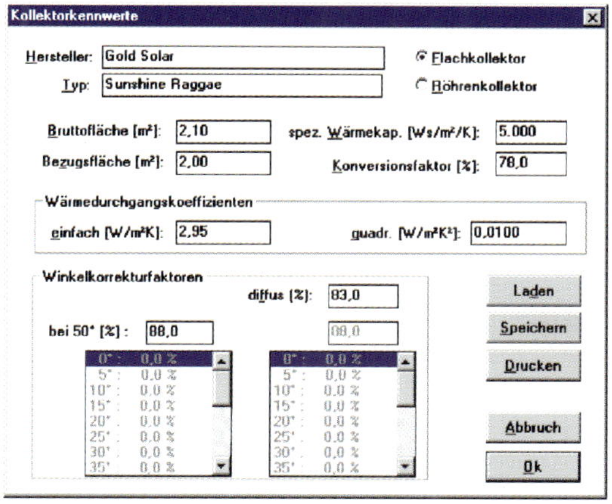

Bild 4.1.5: Eingabemaske Kollektorwerte in T*SOL

In diese Maske werden die Werte für die Winkelkorrektur den Messungen entsprechend eingegeben, bzw. aus der Datenbank des Simulationsprogrammes eingelesen. Der einfache Wärmedurchgangskoeffizient entspricht k_1, der quadratische k_2 aus der Wirkungsgradformel und dem DIN Prüfbericht nach 4757 T4. Der Konversionsfaktor entspricht η_0, die Bezugsfläche ist die Fläche, auf die sich die Werte der DIN Prüfung beziehen. Die Wärmekapazität dient zur Bestimmung der Trägheit des Kollektors und ist ebenfalls dem DIN Prüfbericht zu entnehmen. Die verschiedenen Winkelkorrekturfaktoren werden zur Berechnung von gebogenen Absorbern als Korrektur im Programm benötigt. Sie sind den

Kenndaten der Prüfungen von z.B. Vakuumkollektoren zu entnehmen.
Die Flächen des Kollektors können Bild 4.1.4 entnommen werden.

Prüfung nach DIN 4757 T4

In den Prüfungen nach DIN 4757 T4 werden auf Kollektorprüfständen in Gebäuden (Indoor-Prüfung) oder auf Prüfdächern (Outdoor-Prüfung) Kennwerte zur Beschreibung der Leistungsfähigkeit der Kollektoren ermittelt.
Dazu werden die Kollektoren bei der Indoor- Prüfung einer sehr exakt simulierten, bei der Outdoor-Prüfung der natürlichen Sonnenstrahlung ausgesetzt. Beide Bestrahlungen werden gemessen und protokolliert. Der zu prüfende Kollektor wird dann mit einem festgelegten Durchfluß durchströmt. Die Eintrittstemperatur des Mediums wird dabei zunächst konstant gehalten. Um nun Leistungsdaten für die verschiedenen Nutztemperaturen zu erhalten, wird im Testverlauf diese Temperatur geändert und der Kollektor in vielen verschiedenen Betriebszuständen vermessen. Man erhält dabei eine Reihe von Meßpunkten und Werten, die unter anderem in den bereits beschriebenen Kollektorwirkungsgradkennlinien ihren Niederschlag finden.

$$\eta = \eta_0 - \frac{k_1 (T_{KOL} - T_U)}{E_e} - \frac{k_2 (T_{KOL} - T_U)^2}{E_e} \quad \textit{mit}\ \eta_0 = \alpha \tau F''$$

η_0 = ***Konversionsfaktor bei Einstrahlwinkel ϕ / „optischer Wirkungsgrad $\alpha\tau$ "***
k_1 = ***Wärmeverlustkoeffizient (einfach)***
k_2 = ***Wärmeverlustkoeffizient (quadratisch)***

k_1 und k_2 sind dabei keine physikalischen Größen, sondern nur als Faktoren zur Darstellung der Meßpunkte innerhalb einer Kurve gedacht. Ihr direkter Vergleich zur alleinigen Beschreibung verschiedener Kollektoren ist daher meist irreführend. Für eine gewisse Zeit war es üblich, einen „mittleren ***k***-Wert" aus beiden Koeffizienten bei einer Temperatur von 50°C zu ermitteln, dies besitzt jedoch keinerlei normative Grundlage.
Der „optische Wirkungsgrad $\alpha\tau$" (die einfache Multiplikation der Absorption des Absorbers und der Transmission der Scheibe) wird oft fälschlicherweise als „Wirkungsgrad des Kollektors" angegeben. Auch diese Angabe entbehrt jeder Grundlage.
In Prüfberichten wird der Winkelkorrekturfaktor bei einem Einstrahlungswinkel von 50° in Längs- und Querrichtung der Kollektorebene angegeben.
Dieser Wert $K\ (\phi)$ wird im Abschnitt „Reflexion und ihre Auswirkung auf den Sonnenkollektor" beschrieben.
Neben diesen Werten wird in den Prüfungen nach DIN 4757 T4 auch die Wärmekapazität c des Kollektors ermittelt.
Die fünf Werte η_0, k_1, k_2, $K\ (\phi)$ und c beschreiben den Kollektor. Bei einem Vergleich verschiedener Kollektoren müßten demnach alle Werte einander gegenüber gestellt werden. Um dies zu ermöglichen, haben sich verschiedene Verfahren eingebürgert.

Kollektorertrag

Der Kollektorertrag und ein daraus resultierender Mindestertragsnachweis wird vielerorts für die Gewährung einer Förderung vorausgesetzt.
Die bei der Prüfung ermittelten Werte werden in einem Computerprogramm (meist TRNSYS) in ein Kollektormodell eingegeben. Der Modellkollektor gehört zu einer Modellsolaranlage im Computer. Die Modellsolaranlage steht in einem Modellhaus mit einem Modellwarmwasserbedarf meist am Standort Würzburg. Der Warmwasserbedarf ist konstant (z.B. 200 l) und wird an jedem Modelltag zu den gleichen Zeiten abgenommen. Um das Ganze vollständig zu beschreiben, wird zudem ein solarer Deckungsgrad von 40% zur Dimensionierung der Solaranlage vorgegeben. So kann jeder geprüfte Kollektor anhand des gleichen Modells mit anderen Kollektoren verglichen werden.
Allerdings können die ermittelten kWh-Erträge (aufgrund des Modellcharakters) nicht verallgemeinert werden und gelten nur für diese Modellanlage. Eine Veröffentlichung dieses kWh-Ertrages ohne weitere Angaben ist somit wertlos, bzw. stark irreführend. Reale Anlagen funktionieren anders und sind anders dimensioniert.

Bruttowärmeertrag (BWE)

Der BWE wird seit Jahren vom Technikum Rapperswil (Schweiz) zur ausführlichen Beschreibung der dort getesteten Kollektoren verwendet.
Die bei der ISO-Norm Prüfung der Kollektoren ermittelten Kennwerte (ähnlich DIN 4757 T4) werden bei dieser Methode ebenfalls in ein Computermodell eingegeben. Die hiesige Modellanlage befindet sich an verschiedenen Standorten in der Schweiz mit für deutsche Verhältnisse hohen solaren Einstrahlungen. Der Modellkollektor arbeitet hier in einer Anlage mit einer über das ganze Jahr konstanten Eintrittstemperatur (am Kollektor). Der Kollektor wird z.B. ganzjährig mit einer Eintrittstemperatur von 40°C gefahren, die Solaranlage arbeitet nur bei der Möglichkeit einer Temperaturerhöhung über 40°C hinaus.
Auch mit diesem Verfahren können Kollektoren miteinander verglichen werden, eine Aussage über das Verhalten in einer realen Anlage kann jedoch ebensowenig getroffen werden. Die Veröffentlichung der reinen kWh-Werte hat auch hier kaum Nutzen, dafür aber um so mehr Verwirrung und Verärgerung zur Folge.

DST – Dynamischer Systemtest

Beim DST wird eine reale Anlage mit Kollektor, Speicher, Regelung und Nachheizung geprüft. Anhand dieser Prüfung können Aussagen über das Verhalten der realen Anlage und deren Eigenschaften gemacht werden. Oft werden DST-Ergebnisse mit Kollektorertrag oder BWE gleichgesetzt oder Ergebnisse bei Vergleichen bunt durchmischt. Da eine DST (reale Anlage) nicht mit dem Kollektorertrag oder BWE (Modellanlagen im PC) verglichen werden kann, ist solch eine Gegenüberstellung wertlos.

Prüfung der Kollektoren nach DIN 4757 T3, DIN Zeichen und Bauartzulassung

In der Prüfung nach DIN 4757 T4 werden die Leistungswerte ermittelt, in T3 die Sicherheit des Kollektors geprüft und die maximale Stillstandstemperatur ermittelt. Thermische Schockprüfungen und die Prüfung auf das Eindringen von Wasser sowie die Überprüfung der Montagesätze (nur nach Montageanleitung) runden den Prüfumfang ab. Nach Bestehen dieser Prüfungen kann der Kollektor das DIN Prüfzeichen tragen. Beide Prüfungen nach T3 und T4 müssen zur Erlangung der Bauartzulassung gemäß dem Gerätesicherheitsgesetz und der Dampfkesselverordnung vorliegen und erfolgreich abgeschlossen sein. Die Bauartzulassung wird vom Kollektorhersteller bei den zuständigen Landesbehörden für Arbeitsschutz beantragt. Sie schließt neben der Kollektorprüfung auch eine Überprüfung der Fertigungsstätte des Kollektors ein.
Diese Überprüfung wird vor Ort durch den zuständigen TÜV vorgenommen.

Der „Blaue Engel" für Kollektoren

Neben den Prüfungen nach DIN 4757 T4 und T3 ist für die Auszeichnung mit einem „Blauen Engel" die Erklärung des Herstellers über eine FCKW-freie Kollektorproduktion Voraussetzung. Auch ist die Rücknahme des Kollektors nach seiner Nutzung verpflichtend. Neben den Umweltbedingungen wird ein aus der Wirkungsgradprüfung errechneter Mindestertrag verlangt, der gemäß den Beschreibungen des Abschnitts „Kollektorertrag" errechnet wird.

Die DIN Prüfungen, die Bauartzulassung und der „Blaue Engel" sind das Mindestqualitätsmaß für Kollektoren. Kollektoren, die diese Zertifikate nicht aufweisen, sind abzulehnen. Leider sind sämtliche Prüfungen ohne Aussage über die Liefertreue und Serienqualität des Herstellers.

4.1.3 Bauarten

Flachkollektoren

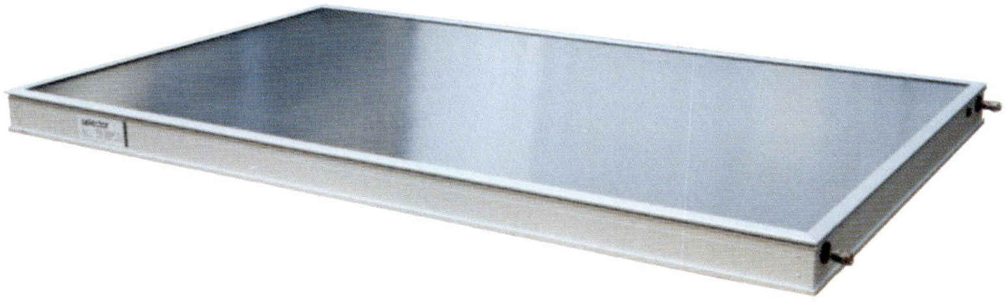

Bild 4.1.6: 2 m² Flachkollektor der Fa. KBB (B15)

Im Flachkollektor wird der Solarabsorber durch eine Wärmedämmung, meist aus Steinwolle und eine flache Glasscheibe gegen Wärmeverluste, isoliert. In der Bauform unterscheidet man kleine, komplett vorgefertigte Kollektoren (ca. 2 m²) und große Kollektoren (5 m² – 12 m²), die auf dem Dach verglast oder ansonsten per Kran angeliefert werden.

Der Flachkollektor hat in der solaren Trinkwassererwärmung einen Marktanteil von ca. 80% [7].

Die Vorteile des Flachkollektors sind:

- einfacher, robuster Aufbau
- technisch ausgereift
- sehr günstiges Preis-Leistungsverhältnis
- aufgrund glatter Flächen optisch ansprechend

Vakuumröhren

Zur Verringerung der Verluste durch Konvektion und Wärmeleitung werden Vakuumröhren ähnlich wie Thermoskannen evakuiert. Je nach Qualität des Vakuums findet in ihm nahezu keine Konvektion / Wärmeleitung statt. Aufgrund der Wärmedämmung durch das Vakuum erreichen Kollektorfelder mit Vakuumröhren, abhängig vom Temperaturniveau des Anlagenbetriebes, höhere Energieerträge als gleich große Flachkollektorfelder. Vakuumröhren sind jedoch erheblich teurer als Flachkollektoren, weshalb sie meist nur in kleinen Solaranlagen und Solaranlagen zur Heizungsunterstützung eingesetzt werden.
Bei großen Solaranlagen zur Warmwasserbereitung werden sie bislang meist nur auf Flachdächern als direkt durchströmte Röhren verwendet, da hier nur eine einfache Unterkonstruktion erforderlich ist und so die Mehrkosten gegenüber den Flachkollektoren verringert werden können.

Vakuumröhre „Sydney“ / CPC

Um mögliche Vakuumverluste durch die Metall / Glasverbindung anderer Röhrenkollektorkonstruktionen zu vermeiden, wurde die „Sydney“-Röhre als reine Glasröhre entwickelt. Im Gegensatz zu anderen Vakuumröhren befindet sich bei der „Sydney“-Röhre der Absorber direkt auf dem inneren Glasrohr. Durch den runden Absorber wird zur Nutzung der von der Sonne abgewandten Absorberfläche ein Reflektor notwendig, um auch die „Rückseite“ zu nutzen. Die erforderlichen Reflektoren werden häufig als Konzentratoren eingesetzt und die gesamte Kollektoreinheit als sogenannter CPC-Kollektor vertrieben. Die Wirkung der Reflektoren außerhalb einer Abdeckung kann im Laufe der Zeit durch die Witterungseinflüsse nachlassen, weshalb die Reflektoren bei den ohnehin erforderlichen Wartungsarbeiten überprüft und gereinigt werden sollten.
Durch das für eine Vakuumröhre geringe Preisniveau konnte dieser Röhrentyp, trotz einer geringeren Leistungsfähigkeit gegenüber den anderen Prinzipien der Röhrentechnik, im Bereich kleinerer Anlagen eine gute Position am Markt behaupten.

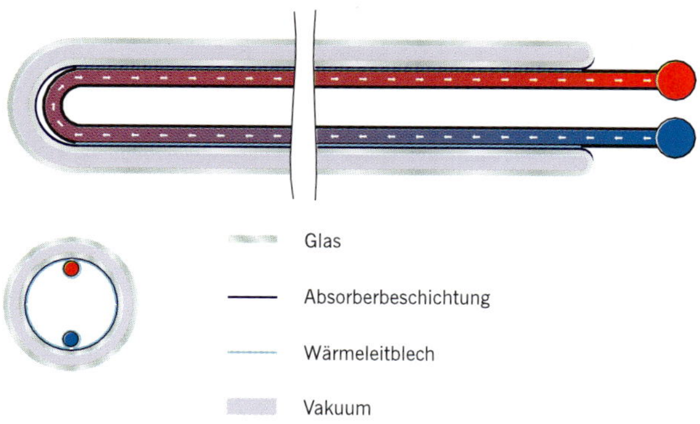

Bild 4.1.7: Röhre nach dem „Sydney“- Prinzip (G3)

Vakuumröhren nach dem Heat-Pipe Prinzip

Das Heat-Pipe Prinzip wurde von dem irischen Hersteller Thermomax über verschiedene Vertriebswege von verschiedenen namhaften Herstellern im deutschsprachigen Raum eingeführt.
Bei Vakuumröhren nach dem Heat-Pipe Prinzip wird im Absorberrohr eine sehr geringe Wassermenge bei Unterdruck verdampft und im Kondensator wieder kondensiert.
Der Kondensator gibt die Wärme an das Wärmeträgermedium des Kollektorkreises ab.

Direktdurchströmte Vakuumröhren

Im Unterschied zu den Vakuumröhren nach dem Heat-Pipe Prinzip wird hier der Absorber vom Wärmeträgermedium direkt durchströmt. Durch den direkten Wärmeübergang wird eine höhere Leistungsfähigkeit als bei Heat-Pipe Röhren erreicht. Der Absorber kann bei der Installation in der Röhre entsprechend der Ausrichtung des Kollektors eingestellt werden.

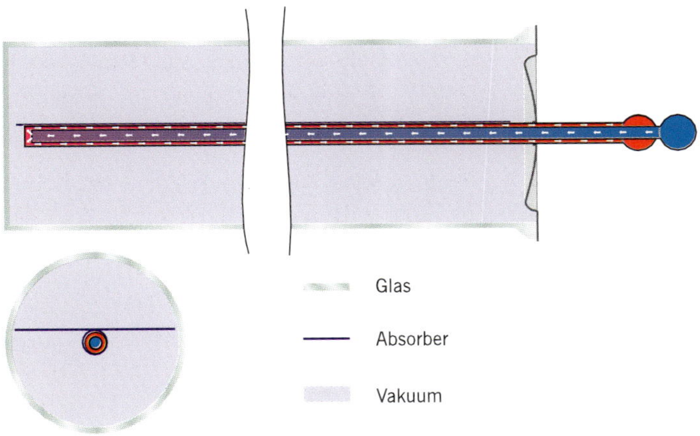

Bild 4.1.8: Direktdurchströmte Röhre (G3)

Die Vorteile der Vakuumröhren sind:
- höhere erreichbare Betriebstemperaturen als bei Flachkollektoren, was für die Erzeugung von Prozeßwärme von Nutzen sein kann
- höherer Energieertrag bei gleicher effektiver Absorberfläche, was bei kleinen Dachflächen Vorteile bietet

Zusätzlich besitzen direktdurchströmte Vakuumröhren folgende Vorteile:
- sie können flach auf Dachflächen montiert werden, wodurch die Kosten für Unterkonstruktionen auf Flachdächern minimiert werden
- bei der Montage auf Flachdächern sind sie optisch unauffällig (dies gilt auch für die Kollektoren nach dem Sydney-Prinzip)

Zum Vergleich von Flachkollektoren und direktdurchströmten Vakuumröhren wurden für Anlagensimulationen am Standort Berlin die folgenden Werte errechnet (siehe auch Kapitel 2 „Auslegung der Solaranlagen").

Solarer Deckungsgrad	Fläche Vakuumröhre	Fläche Flachkollektor	Quotient Fläche Vakuumröhre / Flachkollektor
25%	58 m²	80 m²	0,725
50%	131 m²	200 m²	0,655

Tabelle 4.1.1: Vergleich der spezifischen Erträge von Flachkollektoren und Vakuumröhren in simulierten Anlagen am Standort Berlin

Zur überschlägigen Bestimmung der Größenverhältnisse von Vakuumröhren und Flachkollektoren können die folgenden Anhaltswerte genutzt werden:

Bei 25% Deckung: 7,3 m² Vakuumröhre entsprechen 10 m² Flachkollektor

Bei 50% Deckung: 6,6 m² Vakuumröhre entsprechen 10 m² Flachkollektor

Bei Änderung des Standortes und der Anlagenkonfiguration können diese Werte deutlich abweichen, die Grundaussage bleibt jedoch ähnlich.

Niederdruckflachkollektoren / edelgasgefüllte Kollektoren

Um die Vorteile der Vakuumröhren und der Flachkollektoren zu kombinieren, wurden bereits in den siebziger Jahren Flachkollektoren zur Minimierung der Wärmeverluste durch Konvektion mit Edelgas gefüllt. Aufgrund unzureichender Materialeigenschaften, der hohen Kosten und des geschrumpften Solarmarktes in den achtziger Jahren wurde die Technik zunächst wieder verworfen. Es folgte ein Niederdruckflachkollektor, der am Markt auch als Vakuumflachkollektor bezeichnet wird. Bei diesem Typ wird im Kollektor auf eine Wärmedämmung zu Gunsten eines Niederdrucks im Gehäuse verzichtet. Wie in der Grafik zu sehen ist, benötigt der Niederdruckflachkollektor daher eine ganze Reihe von Abstützungen zwischen der Glascheibe und dem Gehäuse aus tiefgezogenem Aluminium, um ein Zusammenfallen beim Evakuieren zu verhindern.
Nach anfänglichen Markterfolgen verlor diese Technik aufgrund hoher Kosten und immer kleiner werdender Differenz zur Leistungsfähigkeit moderner Flachkollektoren (bei sinkenden Preisen) an Bedeutung. Der Marktanteil liegt ca. bei 1% [21].

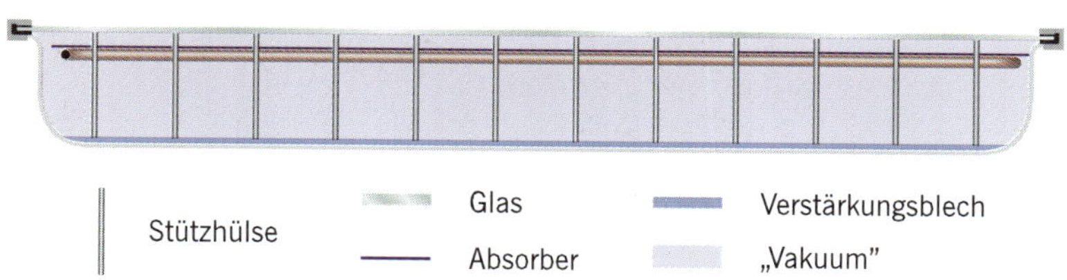

Bild 4.1.9: Niederdruckflachkollektor (G3)

1997 wurde die Technik der Edelgasfüllung des Raums zwischen Absorber und Glasscheibe wieder aufgegriffen. Entstanden ist eine Serie leistungsstarker Flachkollektoren, deren Leistungsniveau in etwa dem sehr guter Flachkollektoren herkömmlicher Bauart entspricht. Die weitere Entwicklung dieser Technologie wird von der Akzeptanz am Markt abhängen.

Angaben zur Orientierung, Aufstellwinkel und der Auswirkung möglicher Verschattung auf die Kollektoren entnehmen Sie Kapitel 4.2 und [30].

4.1.4 Auswirkungen von Verschmutzung

Durch Verschmutzung der Kollektorabdeckung verursachte Mindererträge von Kollektoren im Laufe des Betriebs betragen nach über 10 Betriebsjahren 0,5% – 1,5%. Lediglich an Standorten mit extrem hoher Luftverschmutzung (nahe einem Kraftwerk oder Diesellokbahnhof) wurde eine Ertragsminderung um 7% – 10% gemessen. Kollektoren mit außenliegenden Reflektoren (z.B. bei einigen Vakuumröhrenmodellen) sollten regelmäßig auf Verschmutzung oder Veralgung überprüft werden.

Von einigen Herstellern wird bewußt oder aus Unwissenheit die Fehlinformation gestreut, Absorber in herkömmlichen Flachkollektoren unterlägen einer erheblichen Leistungsminderung durch die sogenannte Degradation der Selektivschichten oder durch Verschmutzung.

Näheres zu diesem Thema wird sehr gut und ausführlich im Buch „Langzeiterfahrungen mit thermischen Solaranlagen“ beschrieben [11].

Zudem werden TiNOX-Absorber oder Absorber mit qualitativ hochwertigen Schwarzchrom-Schichten in einem künstlichen Alterungstest nach Empfehlungen der internationalen Energieagentur (Task10) unterschiedlichen Umwelteinflüssen ausgesetzt und dann vermessen. Wichtiges Kriterium für ein erfolgreiches Absolvieren dieses Testverfahrens ist eine Leistungsfähigkeit von noch mindestens 95% nach einer simulierten Betriebsdauer von 25 Jahren [31].

Weitere Details zum Aufbau und den Tests von Kollektoren können den Büchern „Solaranlagen“ [67] und „So baue ich meine Solaranlage“ [9] entnommen werden.

4.1.5 Fachaufsatz Absorberbeschichtungen

Weiterführende Informationen zum Thema finden sich u.a. im Tagungsband „Kollektorbeschichtungen für die neue Hochleistungsklasse“ [31]

Seit ca. 20 Jahren werden in Sonnenkollektoren selektive Beschichtungen zur Verminderung der Wärmeverluste in Form von Wärmestrahlung eingesetzt. Davor wurden Solarabsorber meist elektrochemisch geschwärzt oder mit

schwarzem Lack versehen, um in den Kollektoren die gewünschten Temperaturen zu erzeugen.
Zur Verminderung der Wärmeverluste wurden zudem oft Zweifach- oder Einfach-Verglasungen mit einer zweiten Abdeckung aus einer transparenten Folie verwendet.
In Deutschland begann die Ära der selektiven Absorberschichten in großem Umfang mit der Einführung des Sunstrip-Absorbers der schwedischen Fa. TeknoTerm. Neben dem Sunstrip Absorber traten die verschiedensten Schichten in den Markt ein. Einen sehr breiten Raum nimmt derzeit Schwarzchrom als Beschichtungsmaterial auf Kupferabsorbern ein. Im Zuge der technischen Weiterentwicklung verbreiten sich, seit dem Markteintritt der TiNOX-Beschichtung 1995, Sputter- und PVD-Schichten am Markt.
Wie sieht es mit den Punkten Leistungsfähigkeit, Alterungsbeständigkeit, Handling, Marktverfügbarkeit, Gesundheits- und Umweltschutz und dem wirtschaftlichen Potential bei den einzelnen Produkten aus?

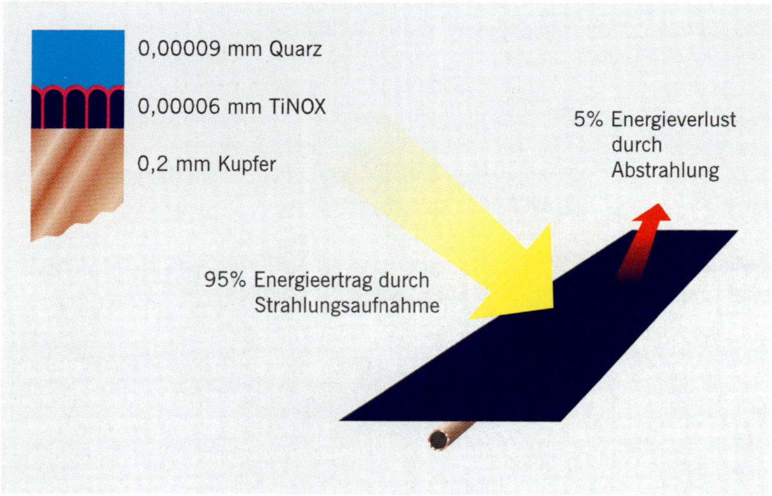

Bild 4.1.10: Aufbau und Funktionsweise einer selektiven Absorberbeschichtung am Beispiel eines TiNOX-Absorbers (G3)

Leistungsfähigkeit

In den optischen Wirkungsgrad eines Kollektors η_0 nach Definition der DIN 4757 T4 gehen die folgenden Werte ein. Der Absorberwirkungsgrad, die Werte für die Transmission der Kollektorabdeckung t (ca. 90% – 91%) und die Absorptionsrate des Absorbers a (90% – 96%). Da sich η_0 aus dem Produkt dieser Werte errechnet, ist ein hoher Absorptionsgrad die Voraussetzung für einen hohen Wirkungsgrad des Kollektors.
Am Markt werden derzeit meist Absorber mit einer Absorption von 94% – 96%

angeboten. Bei herausragenden Werten wie 97% – 98% sollte man genau hinschauen, nach der Meßmethode fragen und diesen Werten in der Serie mißtrauen. Häufig stimmen die Angaben nicht mit dem Lieferzustand überein. Zudem wird eine hohe Absorption in der Regel mit einer hohen Emission e des Absorbers gekauft.
Die Höhe der Emission bestimmt die Verluste durch Wärmestrahlung des erhitzten Absorbers.
Die Verluste durch Strahlung bezogen auf die gesamte Einstrahlung der Sonne G lassen sich als Wirkungsgrad beschreiben:

$$\frac{\varepsilon F \sigma (T_m^4 - T_a^4)}{G}$$

Neben der Emission des Absorbers ε, der Stefan Boltzmann Konstante σ und dem Wirkungsgrad des Absorbers F', geht die Differenz zwischen der Außentemperatur und der Temperatur des Kollektormediums ein. Ausgehend von der Fluidtemperatur ist die Rechnung rekursiv durchzuführen, da in der Formel die Wechselwirkung zwischen dem strahlenden Körper und dem bestrahlten Körper (z.B. durch Glasabdeckung) nicht berücksichtigt wird.
Geht man vereinfachend davon aus, daß der Absorber über seine gesamte Fläche eine einheitliche Temperatur aufweist, kann die Verlustleistung durch Strahlung mit

$$Q_{Str} = \varepsilon_{Abs} \sigma (T^4_{Abs} - T^4_U)$$

beschrieben werden.

Am Markt erhält man selektive Absorber mit Emissionswerten zwischen 5% und 12%, allerdings unterliegen die Fertigungstoleranzen der einzelnen Produkte erheblichen Schwankungen.
Allgemein gilt, daß eine hohe Absorption bei gleichzeitig geringer Emission einen leistungsfähigen Absorber charakterisiert. Beschichtungen, die eine weitere Schicht als Untergrund benötigen (z.B. Schwarzchrom auf Nickel), können dabei eine minimale Emission von ca. 8% erreichen, sehr dünne Beschichtungen wie z.B. die Interpane Sputterbeschichtung oder die TiNOX-Schicht können eine minimale Emission von ca. 3% erreichen. In der Praxis werden die Werte der Serie jedoch immer über den Optima liegen.
Bei den neuen CVD, PVD und Sputterbeschichtungen erscheint die Reproduzierbarkeit der Schichtqualität höher als bei einem Teil der bisherigen Produkte. Ein Kollektor mit einer der neuen Beschichtungen, die sehr geringe Emissionen (um 5%) bei einer Absorption um 95% aufweisen, ist also potentiell leistungsfähiger als ein Produkt mit einer Emission von 12% bei gleicher Absorptionsrate. Gerade bei einer hohen Differenz zwischen der Kollektorinnen- und der Kollektoraußentemperatur kann eine Absorberschicht mit einer geringen Emission eine signifikant höhere Leistung erzielen. Bei sehr niedrigen Kollektortemperaturen sind im Betrieb kaum Unterschiede meßbar.
Produkten mit einer nachgewiesen hohen Serienqualität sollte jedoch der Vorzug gegeben werden.

Bild 4.1.11: Beschichtungsanlage der Fa. TiNOX (B28)

Alterungsbeständigkeit und Qualität

Aufgrund der Erfahrungen mit älteren Solaranlagen und der Bestimmung der Leistungsfähigkeit älterer Absorber kann man die Behauptung, daß die Beschichtungen in Flachkollektoren nicht haltbar genug seien, mittlerweile als Unwissenheit oder klare Lüge identifizieren. Bedauerlicherweise wird diese Legende immer noch von einigen Herstellern besonders ausgefallener Produkte genährt.
Um bei den neuen Beschichtungen im Vorfeld eine Alterung zu simulieren, wurden von der Internationalen Energieagentur (IEA) in der sogenannten Task 10 Testkriterien für eine künstliche Alterung von Absorbern geschaffen. In, von Instituten wie dem Fraunhofer ISE und dem SPF in Rapperswil durchgeführten Tests, werden Absorber durch Einwirkung von Temperatur und Feuchtigkeit künstlich gealtert.
Kriterium ist, daß die Absorber nach einer simulierten Lebensdauer von 25 Jahren eine Leistungsfähigkeit von 95% der ursprünglichen Werte aufweisen müssen. Sowohl die bisherigen, als auch die neuen Schichten bestehen diese Prüfung. In Ergänzung zu dem bisherigen Prüfverfahren wird seit einiger Zeit nach der Durchführung des Tests eine Haftprobe der Beschichtung durchgeführt. Dabei wird ein Gewicht definierter Größe auf eine Fläche des Absorbers geklebt, dessen Beschichtung dieses Gewicht ohne Ablöseerscheinungen halten muß.

Neben der allgemeinen Aussage, alle Absorberbeschichtungen würden sehr schnell altern, gibt es im Zuge des wachsenden Wettbewerbs auf dem Absorbermarkt unterschiedliche Versuche der Hersteller, die Beschichtung der Konkurrenz abzu werten. Mal wird mit einem Radiergummi eine PVD- und eine Schwarzchromschicht bearbeitet, wobei die sehr dünne PVD-Schicht verschwindet und der Schwarzchorm aufgrund seines Nickeluntergrundes schwarz bleibt. Bei anderen Vorführungen werden die Sputter- und die Schwarzchormschicht mit Spülwasser abgewaschen und poliert, mit dem Ergebnis, daß die Sputterschicht sauber ist und der Schwarzchrom am Tuch haftet. Solche „Effekte" werden im Betriebszustand niemals auftreten, eine auf dieser Basis geführte Diskussion entbehrt jeder Sachlichkeit und behandelt in keiner Weise die relevanten Kriterien.

Auch die gegenseitige Diffamierung der alten und neuen Schichten, versehen mit dem Verweis auf eigene Versuche und die angebliche Erfahrung im Betrieb, entbehrt oft jeder Grundlage. Entweder werden nicht freigegebene PVD / Sputtermuster oder z.B. Schwarzchrom von qualitativ minderwertigen Herstellern verglichen.
Bei einem Messebesuch verbreitete ein Anbieter einer alten, im Kollektormarkt aber neuen Beschichtung, die Nachricht, PVD und die anderen Sputterschichten würden sich im Betrieb auflösen; außerdem habe seine Schicht ohnehin die besten Leistungsdaten. Bei Messungen von Absorptions- und Emissionsgrad entpuppten sich die angegebenen Werte als reine Wunschvorstellung, zumal man davon ausgehen darf, daß die zur Anwerbung mitgegebenen Muster eine gute Qualität haben.
Sachliche und wissenschaftlich fundierte Untersuchungen der Lieferzustände der einzelnen Beschichtungen laufen derzeit bei den Forschungsinstituten.

Es bleibt festzuhalten, daß sowohl die bisherigen Schichten, sofern sie nach Qualitätsstandards hergestellt und geprüft wurden, als auch die neuen Schichten sehr lange in den Kollektoren leben werden.

Im Zusammenhang mit den angegebenen Werten für die Absorption und Emission, ist die Kontrolle der Qualität in der Serie kritisch zu betrachten. Hier gibt es signifikante Unterschiede. Es ist eine Abstufung der Serienqualität von PVD/ Sputterbeschichtung und galvanischen Band- und Badverfahren zu erkennen. Die Qualitätsschwankungen in der Serie nehmen dabei in der Reihenfolge der Aufzählung zu.
Im PVD Prozeß ist über die Online-Kontrolle der Prozeßparameter eine lückenlose Überwachung der Schichtqualität möglich. Zusätzlich werden die fertigen Absorberschichten einer Prüfung von Absorption und Emission sowie Stücke aus jeder Charge einem Alterungstest unterzogen. Eine wie oben beschriebene Kontrolle der Festigkeit der Beschichtung wird ebenfalls durchgeführt.
Der Schwarzchromhersteller MTI unterzieht seine beschichteten Bänder im Durchlauf alle 10 Minuten einer Absorptionsmessung.

Handling

Die Verarbeitung der Absorberschichten schließt eine weitere Bearbeitung sowie Transporte ein. Sowohl bei galvanischen als auch bei PVD / Sputterverfahren

werden auf den Schichten Fingerabdrücke sichtbar. Bei PVD / Sputterbeschichtungen sind diese aufgrund von Interferenzeffekten des Materials deutlich sichtbar. Das Fett der Fingerabdrücke beeinflußt die Interferenzeffekte der Beschichtung und läßt sie an dieser Stelle in einer anderen Farbe erscheinen. Auf die Leistungsfähigkeit der Schicht haben die Fingerabdrücke nur einen verschwindend geringen Einfluß. Sie sind leicht mit Spülwasser zu entfernen.
Anders verhält es sich mit Lötspuren auf allen Schichten. Durch die direkte Lötung von Absorbern werden oft die Schichten nahe der Lötstelle verbrannt. Die Verfärbungen lassen sich nur teilweise abwaschen. Ist die Schicht verbrannt, ist auch der selektive Effekt verschwunden.

Marktverfügbarkeit

Über den Stand der Marktverfügbarkeit, der verwendeten Verfahren und Materialien gibt folgende Tabelle Auskunft (Beschreibung siehe Gesundheits- und Umweltschutz).

	Produkt	a %	e%	Beschichtung	Verfahren	Absorber	Verfügbar
Tekno Term	SunStrip	95± 2	15± 2	Ni auf oxidiertem Alu	elektrochemisch	Alu	ja
MTI	Black Chrome	95± 2	12± 2	SchwChr auf Ni	galv.Bandverf.	Cu	ja
Batec	Batec	95± 2	12± 2	SchwChr auf Ni	galv.Bandverf.	Cu	ja
GIBO	GIBO	95± 2	12± 2	SchwChr auf Ni	galv.Badverf.	Cu	ja
INCO Alloys	Maxorb	97± 1,5	10,5± 1,3	SchwNi	als Folie geklebt	Alu	ja
Energie Solaire [a]	Solar Absorber	94± 2	18± 4	SchwChr auf Ni	galv.Badverf.	Edelstahl	ja
Thermafin	Black Crystal	≥ 95	≤10	Ni [c]	Bandverf. mit Kristallisation	Cu	ja
TiNOx	TiNOx	95	5	TiNOx	PVD	Cu	ja
Interplane	Sunselect	95	5	Materialmix [d]	Sputter	Cu	ja
Tekno Term	SunStrip neu	95	10	Ni	Sputter	Alu	unklar
Ikarus Solar	Absorber 2000	95	10	a-c:H [e] / Metall	PECVD	Cu	unklar
Solel (Luz) [b]	Solel	98	8	k.A.	k.A.	Cu	unklar
Shiroki [a]	Sydney Absorber	96	3	k.A.	k.A.	Glas	ja
div. Anbieter		90± 2	20± 5	Selektiver Lack	diverse Lackierverf.	Alu / Cu	ja

(Alle Parameter laut Herstellerangabe. Bei vermessenen Proben ergaben sich auch unter Berücksichtigung verschiedener Meßverfahren deutliche Abweichungen zu den angegeben Leistungsdaten.)

* Shiroki und Energie Soleil bieten die Schicht nur in den eigenen Kollektoren an

** Bislang nur Beschichtung für Vakuumröhren in Solarkraftwerken, nach eigenen Angaben jetzt auch für Flachkollektoren verfügbar

Einige der bereits vor zwei Jahren als verfügbar offerierten Produkte wurden erst im Laufe dieses Jahres oder bis dato gar nicht zur Bemusterung zur Verfügung gestellt. Anfragen an die Hersteller sollten daher immer mit der Forderung nach exakten Lieferzusagen einhergehen.

Gesundheits- und Umweltschutz, Aufbau und Fertigung der einzelnen Schichten

Mit der Einführung der neuen PVD- und Sputterschichten fanden verstärkt die Aspekte der Gesundheits- und Umweltbelastung Eingang in die Diskussionen.

Zur Erläuterung der Vor- und Nachteile der einzelnen Verfahren, zunächst ein kurzer Überblick über die Fertigungsverfahren der derzeit lieferbaren Schichten.

Schwarzchrom- bzw. galvanische Verfahren:
Um die Kupferbänder mit einer stabilen Schwarzchormschicht auf Nickelgrundlage zu versehen, werden diese zunächst in mehreren Schritten gereinigt. Danach wird galvanisch die Nickelschicht aufgetragen, in einem weiteren Schritt der Schwarzchrom. An diesem Punkt befindet sich der potentiell gesundheitsgefährende Teil der Anlage. Das in saurer Lösung vorliegende Chrom ist krebserregend, der Hautkontakt sowie ein Einatmen der Dämpfe ist in jedem Fall zu vermeiden. Auch Nickel wird in der medizinischen Fachliteratur derzeit als krebserregend diskutiert. Ein umfassender Arbeitsschutz ist daher unumgänglich. Über den Produktionsanlagen sind Absaugeinrichtungen zu installieren. Strenge Maßgaben müssen vor allem dort eingehalten werden, wo ein Kontakt mit den Bädern möglich ist. Im aufgetragenen Zustand ist Schwarzchrom und Schwarznickel ungefährlich. Dies sollte zur Versachlichung der Diskussionen beachtet werden.
Die Reinigungslösungen und Schwarzchrom- / Nickelbäder werden chemisch aufgearbeitet und dem Abwasser zugeführt. In einzelnen Galvanikbetrieben gibt es geschlossene Kreisläufe, in denen Lösungen und Wasser ständig aufgearbeitet und wiederverwendet werden. Bei einem Besuch der Firma MTI in New Jersey vor den Toren New Yorks konnte ich mir ein Bild von dem dort herrschenden verantwortungsvollen Umgang mit dem Material machen.
Der Energieverbrauch zur Herstellung der Schwarzchromschichten beträgt nach Angaben der Fa. MTI ca. 2,7 kWh/m^2. In der Literatur werden für die galvanischen Beschichtungsverfahren teilweise deutlich höhere Energieverbräuche angegeben. Vor dem Recycling der Kupferbleche werden die Nickel und Chromschichten entfernt.

Black – Crystal Beschichtung:
Die Beschichtung der amerikanischen Firma Energy Laboratories wird in einem Bandverfahren aufgebracht. Nach der Reinigung des Kupferbleches wird wiederum eine Nickelschicht mit sogenannten Black Crystal Kristallen beschichtet (die Zusammensetzung wird nicht benannt) und anschließend mit einem aufgesprühten Flüssigglas überzogen. Es handelt sich also nicht um ein rein galvanisches Verfahren. Die Problemzone des Chrombades wird vermieden. Im Bereich des Aufsprühens des Flüssigglas (alkoholische Lösung) ist, wegen der Alkoholdämpfe ein Atemschutz erforderlich. Die Bäder der Produktion werden in einer chemischen Wasseraufbereitung gereinigt. Über den Energieverbrauch gibt es bislang keine Angaben.

CVD / PVD / Sputterverfahren:
(Shiroki, Solel, TiNOX, Interpane, TeknoTerm, Ikarus)
Die Materialien dieser Schichten werden aus verschiedenen Metallen oder organischen Verbindungen verdampft und in der Regel auf Kupferbleche abgeschieden (PVD - Verfahren) oder aufgeschossen (Sputterverfahren). Beide Prozesse erfolgen im Hochvakuum. In den Vakuumpumpen wird keine Ölschmierung eingesetzt, so daß kein Altöl entsorgt werden muß (Angabe Fa.TiNOX).
Bei beiden Verfahren gibt es keine potentiell gesundheitsgefährdenden Verfahrensschritte. Das TiNOX - Material ist zudem biokompatibel, sein Einsatz für die Beschichtung von Herzklappen wird zur Zeit erforscht.
Der Energieaufwand zur Beschichtung von einem Quadratmeter Absorberblech liegt für die Verfahren von TiNOX und Interpane bei ca. 1 kWh (vgl. MIT-Schwarzchrom: ca. 2,7 kWh).
Das Recycling der Kupferbleche kann aufgrund der geringen Materialstärken ohne das Entfernen der Beschichtungen erfolgen.

Weitere Informationen zur Produktion der einzelnen Schichten können Sie dem bereits erwähnten Artikel von M. Köhl entnehmen.

Wirtschaftliche Aussichten

Die bisherigen Verfahren gehen zum großen Teil mit einem erheblichen Aufwand zur Erfüllung der Anforderungen an Umwelt- und Arbeitsschutz einher. Dieser Aufwand verursacht hohe Betriebskosten. So entfallen nach Auskunft des Schwarzchrom Lieferanten MTI ca. 50% der Produktionskosten auf die Aufbereitung des Wassers. Diese Kosten lassen sich auch durch eine Erhöhung der Stückzahlen nicht senken.
Bei den PVD / Sputterverfahren stellen die hohen Kosten für die Anlagen einen großen Posten dar. Die Belastung entsteht hier durch die kapitalgebundenen Kosten. Mit der Erhöhung der Stückzahl in der Produktion auf diesen meist sehr leistungsfähigen Anlagen sinken daher die Stückkosten erheblich. Es erscheint nach Auskunft der Hersteller mittelfristig möglich, die Kosten für PVD / Sputterschichten unter die Kosten für galvanisch erstellte Absorberschichten zu senken. Sieht man sich ähnliche Beschichtungsanlagen für die Massenproduktion von Kunststoffolien an, erhält man einen Anhaltspunkt, wie stark die Preise für die Beschichtungen noch sinken können.

Die preiswerteste Variante zur Absorberbeschichtung ist derzeit die Lackierung, diese eignet sich jedoch nicht zur Herstellung von hochselektiven Schichten. Bei Kollektoren für den Einsatz in reinen Vorwärmsystemen, überdimensionierten Anlagen zur Heizungsunterstützung und Anlagen für sehr warme Regionen kann dies unter Umständen in Kauf genommen werden.

4.2 Dachmontage der Kollektoren

Ausführliche Beschreibungen und Konstruktionsdetails zur Dachmontage von thermischen Kollektoren und PV- Anlagen finden Sie in der SolarDachFibel, SOLARPRAXIS 1998

4.2.1 Grundlagen

Allgemeine physikalische Grundlagen

Die elektrochemische Spannungsreihe

Werden zwei verschiedene Metalle über einen Elektrolyten (z.B Regenwasser) galvanisch verbunden, entsteht Kontaktkorrosion. Geschwindigkeit und Stärke der Korrosion hängen davon ab, wie weit die Potentiale der Metalle in der elektrochemischen Spannungsreihe voneinander entfernt liegen.

Beispiele für Materialverträglichkeiten entsprechend der Spannungsreihe

Da stets das edlere Metall das unedlere löst, sind in Flußrichtung des Regenwassers am Dach folgende Materialkombinationen möglich:

- Einbau von Al-Kollektoren oberhalb Cu-Dachrinne
- Einbau von Al-Kollektoren in Cu-Dachdeckung: Ausfälle bekannt (Cu-Ionen werden auf die Al-Kollektoren gewaschen)
- Einbau von Al-Kollektoren eloxiert in Cu-Dachdeckung
- Einbau von Edelstahl-Kollektoren in Cu-Dachdeckung
- Einbau von Edelstahl-Kollektoren in Zinkdach

Zwischen verzinktem Stahl und Al-Bauteilen kann es zu einer Kontaktkorrosion kommen. Die oft anzutreffenden Kombinationen von Al-Kollektoren, Al-Untergestellen und verzinkten Dachhaken ist daher an den Kontaktstellen korrosionsgefährdet. In der Praxis sind allerdings keine Probleme mit Materialausfällen bekannt, für den Betriebszeitraum der Solaranlagen von 25 Jahren scheint die Materialstärke den äußeren Bedingungen zu widerstehen.

Position von Edelstahl in der elektrochemischen Spannungsreihe

Unter Edelstahl versteht man zumeist den Chrom-Nickelstahl mit der DIN-Bezeichnung 1.4301, landläufig als V2A bekannt. Aufgrund seines hohen Chromgehalts kann dieser Stahl elektrochemisch in dessen Nähe gestellt werden.

Wärmedehnung

Alle Bauteile eines Gebäudes, d.h. auch die Solaranlage, sind Temperaturschwankungen und damit verbundenen Wärmedehnungen ausgesetzt.

Besondere Vorsicht ist bei der Dachintegration von Kollektoren mit Eindeckblechen geboten. Müssen längere Strecken mit Blechen überbrückt werden, beispielsweise wenn mehrere Kollektoren nebeneinander liegen, dürfen die Eindeckbleche nicht ohne Dehnungsfugen montiert werden. Andernfalls können die Dehnungen nicht aufgenommen werden und es kommt zu Spannungen innerhalb der Bauteile und Befestigungen. Schlimmstenfalls können sich die Bleche völlig aus den Verankerungen lösen und vom Dach fallen.

Für die Wärmedehnung gilt:

$$\Delta l = l \frac{\alpha}{100} \Delta\vartheta$$

mit:

l	-	***Länge des Bauteils vor der Erwärmung; [m]***
Δl	-	***Dehnung des Bauteils; [mm]***
a	-	***Längenausdehnungskoeffizient [mm / (10 m x 10 K)]***
$\Delta\vartheta$	-	***Temperaturdifferenz zwischen Einbau und den Maximalwerten***

Längenausdehnungskoeffizient α für einige Materialien in [mm/(10mx10K)]:

Aluminium	2,4
Stahl	1,0
Kupfer	1,7
Edelstahl	1,6
Beton	1,2
Blei	2,9
Zinkblech längs zur Walzrichtung	2,2
Zinkblech quer zur Walzrichtung	1,7
(Zinkblechwerte von Rheinzink)	
PVC	8,0
Quarzglas	0,1

Vier Kollektoren mit den Abmessungen 1,2 x 2,2 m sollen senkrecht nebeneinander montiert werden. Es ergibt sich ein Kollektorfeld der Größe 4,8 x 2,2 m. Würde man die first- und traufseitigen Eindeckbleche aus einem Stück fertigen, hätten diese eine Gesamtlänge von ca. 5 m. In diesem Beispiel gehen wir davon aus, daß die Bleche im Frühjahr bei 10°C an das Kollektorfeld angepaßt montiert wurden.
Im Sommer können sich dunkle Bleche auf ca. 80°C erwärmen (Zink blank ca. 65°C). Im Winter verursachen Temperaturen bis -15°C ein Zusammenziehen des Blechs.

Längenausdehnung im Sommer:

$$9{,}6mm = 5m \frac{2{,}4}{10m\ 10K} 70K$$

Zusammenziehen im Winter:

$$3mm = 5m \, \frac{2{,}4}{10m \; 10K} \, 25K$$

mit:

l	= *5 m*
a Alu	= *2,4*
$\Delta\vartheta$	= ***70 K (für die Dehnung der Bleche im Sommer)***
$\Delta\vartheta$	= ***25 K (für das Zusammenziehen der Bleche im Winter)***

Das 5 m lange Blech dehnt sich im Sommer fast 10 mm aus. Im Winter zieht es sich um 3 mm zusammen. Wird diese Bewegung behindert, kann es zu den beschriebenen Folgen kommen.

Kapillarwirkung

Unter Kapillarität versteht man die Erscheinung, daß in einer engen Röhre (Kapillare) eine Flüssigkeit höher oder tiefer steht, als es nach dem Gesetz von den verbundenen Gefäßen (kommunizierende Röhren) sein dürfte.
Diese physikalische Erscheinung erlangt insbesondere bei der Integration von Kollektoren in die Dachhaut große Bedeutung.
Oft werden Bleche eingesetzt, die einander an bestimmten Stellen überlappen. Dabei können enge Spalten entstehen, die auf den ersten Blick wasserdicht erscheinen. Durch die Kapillarwirkung kann das Regenwasser aber in die Spalten eingesogen werden.

Die kapillare Steighöhe ist außer von bestimmten Stoffwerten wie Oberflächenspannung und Dichte des Mediums nur vom Spaltabstand abhängig und verhält sich zu diesem umgekehrt proportional. Das bedeutet: Je enger der Spalt zwischen zwei Bauteilen, desto höher kann das Wasser darin steigen und desto größer ist die Gefahr, daß das Dach undicht wird.

Beispiele zur Verhinderung von Kapillarität:

- enge Spalten möglichst vermeiden bzw. den Spaltabstand konstruktiv vergrößern (z.B. durch Einpressen von Stegen, die als Abstandhalter dienen)
- überlappende Bleche verlöten oder mit Butylband abdichten und verschrauben bzw. vernieten
- kein Silikon zwischen zwei Blechen verwenden, da Silikon in der Regel nur schlecht auf der Baustelle verarbeitet werden kann und die durch Wärmedehnung entstehenden Scherkräfte die dünne Silikonschicht zwischen den Blechen reißen läßt.

Einfluß und Berücksichtigung der Verschattung

Die prozentuale Größe der verschatteten Fläche und der Zeitraum der Verschattung senken den Energieertrag in gleicher prozentualer Höhe.
Zur Bestimmung der Verschattung durch Bauten, Bäume, etc. siehe Seite 15 ff. der SolarDachFibel oder Programme zur Berechnung der Verschattung.

Der erforderliche Abstand zwischen zwei Kollektorreihen kann vereinfacht wie folgt bestimmt werden:
Zunächst wird der Winkel des Sonnenstandes, bei dem eine Teilverschattung hintereinander liegender Kollektorreihen akzeptiert wird, festgelegt.
Aus der folgenden Grafik sind die ca.-Werte für den Winkel des Sonnenstandes in Abhängigkeit von Breitengrad und Datum zu entnehmen:

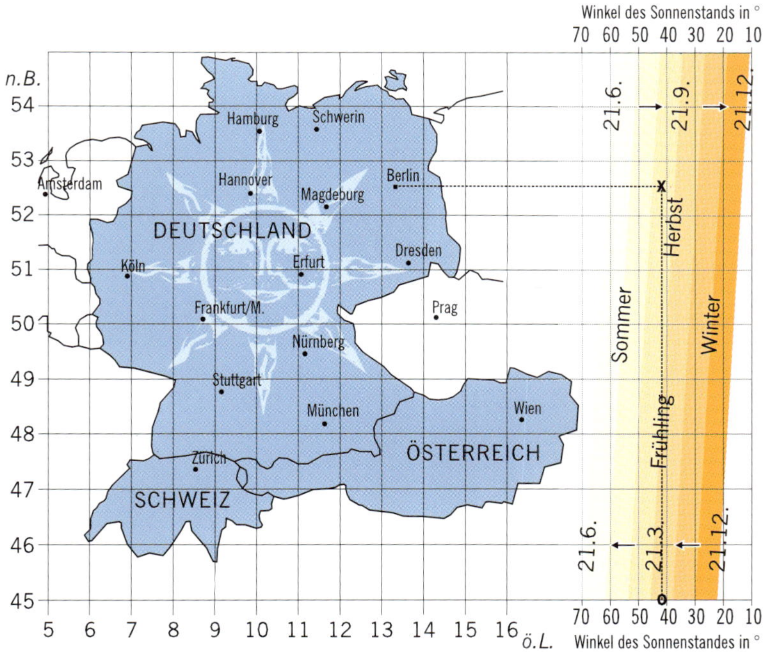

Bild 4.2.1: Karte zur Ermittlung des Winkels des Sonnenstandes (G3)

Ermittlung des Winkels des Sonnenstands für Berlin, Anfang September:

1. In der Horizontalen eine Linie auf Höhe des Breitengrades von Berlin nach rechts ziehen.
2. Die diagonalen farbigen Streifen am rechten Rand der Karte stehen jeweils für die einzelnen Monate (beginnend und endend jeweils am 21.Tag; dabei wird vom 21.12. bis 21.6. von rechts nach links und vom 21.6. bis 21.12. von links nach rechts gezählt). Dem Datum entsprechend innerhalb des betreffenden Streifens eine Markierung auf der Horizontalen vornehmen (**x**).

3. Von dieser Markierung eine Senkrechte nach unten zeichnen. Auf der Skala kann der entsprechende Winkel des Sonnenstandes abgelesen werden (***o***).

Ergebnis:
Der Winkel beträgt ca. 42° (wobei derselbe Winkel des Sonnenstands für Berlin auch Anfang April gilt). Für die Höhen der Aufstellung und die Abstände ergibt sich folgender Zusammenhang:

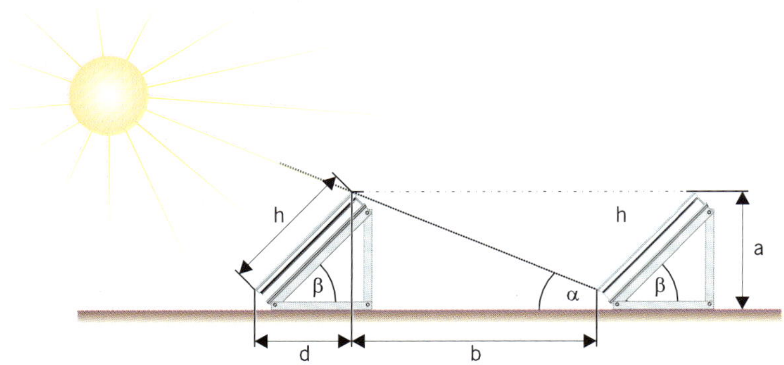

Bild 4.2.2: Ermittlung des korrekten Abstandes von Kollektorreihen in der Freiaufstellung (G3)

Der Abstand der Kollektor-/Modulreihen (b), kann wie folgt bestimmt werden:

Mit:

a - Aufstellhöhe
b - Reihenabstand
h - Kollektorbreite / höhe
a - Winkel für Verschattungsfreiheit bei niedrigstem Sonnenstand
b - Aufstellwinkel der Kollektoren

gilt:

$$\frac{a}{b} = tan\alpha,$$

woraus folgt:

$$b = \frac{a}{tan\alpha}$$

Für die Abmessungen der einzelnen Aufstellungen gilt:

$$\frac{a}{h} = sin\beta \ ,$$

woraus folgt:

$$a = sin\beta \ h$$

und:

$$\frac{d}{h} = cos\beta \ ,$$

woraus folgt:

$$d = cos\beta \ h$$

Bei niedrigstem Sonnenstand von a = 17° am 21.12. sollen die Kollektorreihen schattenfrei bleiben. Die Kollektorhöhe beträgt h = 1,20 m, die Kollektoren werden in einem Winkel von b = 40° aufgestellt.
Es ergibt sich für die Aufstellhöhe

$$a = 0{,}643 \ x \ 1{,}2 = 0{,}77m$$

und daraus für den Reihenabstand

$$b = \frac{0{,}77}{0{,}305} = 2{,}52 \ m$$

Statik

Bei der Dachintegration werden die Dachsteine durch die Kollektoren ersetzt. Da das spezifische Gewicht der Kollektoren meist geringer als 25 kg/m^2 ist, sinkt die Belastung des Daches.
Bei der Aufdachmontage wird die geringe Zusatzlast über verschiedene Syteme der Hersteller an den Dachsparren befestigt.
Zu beiden Montagearten werden von den Herstellern auf Anfrage statische Nachweise der Konstruktion geliefert.

Im folgenden soll die Freiaufstellung von Sonnenkollektoren ebenerdig bzw. auf Flachdächern betrachtet werden. Es soll gezeigt werden, welche Belastungen auf die Kollektoren durch Schnee- und Windlast auftreten. Aus den ermittelten Belastungen können die Lagerkräfte errechnet und damit die Unterkonstruktion ausgelegt werden.

Als Grundlage für die Berechnungen dient die DIN 1055 Teil 4 und 5.

Belastungen des Kollektors

Die Kollektoren und die Unterkonstruktion werden durch ihr Eigengewicht sowie durch Wind- und Schneelasten beansprucht.

Windlast

Die DIN 1055 T4 schreibt vor, daß die Windlast unabhängig von der Windrichtung mit dem vollen Rechenwert q anzusetzen ist. Von einer waagerechten Anströmung des Baukörpers kann ausgegangen werden.
Der Fall einer Anströmung der Kollektorrückseite muß nicht extra betrachtet werden, da der Staudruck q in diesem Fall genauso groß ist, wie bei einer Anströmung von der Vorderseite.
Die auf den Kollektor wirkende Windlast setzt sich aus Druck-, Sog- und Reibungswirkungen zusammen. Der Anteil der Reibung gewinnt allerdings nur dann an Bedeutung, wenn die Flächen parallel angeströmt werden, was nur der Fall sein würde wenn der Kollektor waagerecht liegt. Da dies bei Kollektoren nie der Fall sein wird, da diese Art des Einbaus ungeeignet ist, werden Reibungskräfte an dieser Stelle nicht berücksichtigt.

Die auf den Kollektor wirkende Windlast aus Druck- und Sogwirkung errechnet sich nach folgender Gleichung:

$$W = c_f\, q\, A$$

mit:

c_f	***aerodynamischer Kraftbeiwert; (abhängig von der Form des Baukörpers und der Anströmrichtung)***
q	***Staudruck (Geschwindigkeitsdruck) des Windes [kN/m²]***
A	***Bezugsfläche, auf die der Kraftbeiwert bezogen ist [m²]***

Der Staudruck q

Nach DIN 1055 T4 Abschnitt 5.2.3 berechnet sich der Staudruck q nach

$$q = \frac{1}{2} \rho\, v^2$$

mit:

ρ -	***Dichte der Luft [kg/m³]***
v -	***Windgeschwindigkeit [m/s]***

Die Dichte der Luft kann laut DIN hinreichend genau mit

$$p = 1{,}25 \frac{kg}{m^3} = \frac{1}{800} \frac{kN\,s^2}{m^4}$$

angenommen werden.

Daraus folgt für die Berechnung des Staudrucks:

$$q = \frac{1}{1600} v^2 \quad in \quad \frac{kN}{m^2}$$

Die Windgeschwindigkeit v und damit der Staudruck q sind von Gebäudehöhe bzw. von der Aufstellhöhe des Kollektors abhängig. Die jeweiligen Werte können der nachfolgenden Tabelle entnommen werden.

Höhe über Gelände	Windgeschwindigkeit v	Staudruck q
m	m/s	kn/m²
von 0 bis 8	28,3	0,5
über 8 bis 20	35,8	0,8
über 20 bis 100	42,0	1,1
über 100	45,6	1,3

Tabelle 4.2.1: Windgeschwindigkeit und Staudruck in Abhängigkeit von der Gebäudehöhe

Örtliche topographische Einflüsse können die Berücksichtigung höherer Staudrücke bei der Berechnung erforderlich machen. Bei Bauwerken, die dem Wind besonders stark ausgesetzt sind (exponierte Lage auf steilem Hügel o.ä.), ist der Staudruck mit mindestens 1,1 kN/m² anzusetzen.

Aerodynamischer Kraftbeiwert c_f und zugehörige Fläche A

In der DIN 1055 T4, Abschnitt 6.2.4, Tabelle 6 wird unter der laufenden Nummer 1 ein Bauteil beschrieben, das einem Kollektor entspricht.
Unter der Vorraussetzung, daß das Seitenverhältnis

$$\frac{b}{d} \leq 0{,}1 \quad \text{beträgt}$$

und der Neigungswinkel b des Kollektors $35° \leq \beta \leq 55°$ beträgt, gilt:

$$A = dl$$

$$W_y = c_{f_y}\, q\, A \qquad mit\ c_{f_y} = 1{,}3$$

$$W_z = c_{f_z}\, q\, A \qquad mit\ c_{f_z} = 1{,}3$$

wobei:

A	***Flächeninhalt der angeströmten Oberfläche***
Wy	***Horizontale resultierende Kraft der Windlast***
Wz	***Vertikale resultierende Kraft der Windlast***

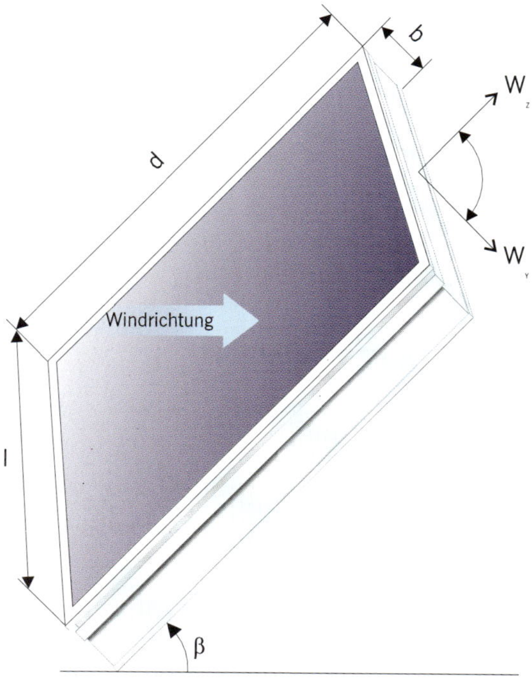

Bild 4.2.3: Windlasten auf den Kollektor (G3)

Sogspitzen im Randbereich

Bei Dachneigungen <35° können im Rand- und Eckbereich des Daches Verwirbelungen auftreten, sogenannte Sogspitzen. Da die DIN für das beschriebene Bauteil nicht hinreichend klärt, wie die Sogspitzen in die Belastung miteinzurechnen sind, sollte die Aufstellung von Kollektoren im Eck- und Randbereich des Flachdachs vermieden werden ansonsten sind die auftretenden Lasten zu berechnen.

Schneelast

Der Rechenwert der Schneelast wird aus der Regelschneelast S_0 ermittelt. Diese hängt von den geographischen und meteorologischen Verhältnissen des Standortes ab und kann nachfolgender Tabelle entnommen werden.

Höhe über NN in m	Schneelastzone aus Gebietskarte DIN 1055 T5			
	I	II	III	IV
≤ 200	0,75	0,75	0,75	1,00
≤ 300	0,75	0,75	0,75	1,15
≤ 400	0,75	0,75	1,00	1,55
≤ 500	0,75	0,90	1,25	2,10
≤ 600	0,85	1,15	1,60	2,60
≤ 700	1,05	1,50	2,00	3,25
≤ 800	1,25	1,85	2,55	3,90
≤ 900	1,25	2,30	3,10	4,65
≤ 1000	1,25	2,30	3,80	5,50
> 1000	wird im Einzelfall durch die zuständige Baubehörde im Einvernehmen mit dem Zentralamt des Deutschen Wetterdienstes festgelegt			

Tabelle 4.2.2: Regelschneelast S_0 in kN/m²

Die Schneelast S errechnet sich nach:

$$s = k_S S_0$$

mit
$$k_S = 1 - \frac{\beta - 30^o}{40^o}$$

und
$$0 \leq k_s \leq 1$$

wobei:

S_0 **Regelschneelast**
k_s **Neigungsbeiwert (aus Kollektorneigung)**
S **tatsächliche Schneelast (Rechenschneelast)**

Bei Dachneigungen bzw. Kollektoraufstellwinkeln <30° entspricht die Schneelast S der Regelschneelast S_0. Die Schneelast S darf laut DIN als gleichmäßig auf die Grundrißprojektion des Kollektors verteilt wirkend angenommen werden.

Gleichzeitige Berücksichtigung von Schnee- und Windlast

In der Regel werden Schnee- und Windlast gemeinsam auftreten. Dieser Fall wird laut DIN 1055 T5 durch folgende Ansätze berücksichtigt:

a)
$$Last_{w/s} = s + \frac{w}{2}$$

b) $$Last_{w/s} = w + \frac{s}{2}$$

hierbei ist der ungünstigere Fall anzunehmen.

In den folgenden Tabellen sind die kombinierten Wind- und Schneelasten ($W_{W/S}$) in Abhängigkeit von der Regelschneelast S_0, dem Kollektorwinkel β und dem Staudruck q aufgeführt. Die Werte beziehen sich auf 1 m² Kollektorfläche. Andere Anstellwinkel (außer 0° und 90°) sind in der DIN 1055 T4 nicht berücksichtigt. Es handelt sich um Flächenlasten [kN/m²], die senkrecht auf die Scheibe des Kollektors wirken. Es wurde nur der ungünstigste Fall angenommen: Schnee liegt auf der Scheibe bei gleichzeitiger Anströmung durch Wind. Wind- und Schneelast sowie das Eigengewicht des Kollektors addieren sich, wodurch der Kollektor (Scheibe) und die Unterkonstruktion so der größten Belastung ausgesetzt sind. Eine Anströmung des Kollektors von hinten würde zu einer kleineren Gesamtbelastung führen, da die Windlast dem Eigengewicht des Kollektors und der Schneelast entgegenwirken würde.

Die DIN 1055 T4 sieht weiterhin vor, bei der Ermittlung der Windlast einen Abminderungsfaktor Ψ miteinzubeziehen. Dieser ist abhängig vom Breite-Länge-Verhältnis sowie der Gesamtlänge des Kollektors. Er wurde an dieser Stelle nicht berücksichtigt, da dafür die exakten Abmessungen eines Kollektors nötig wären.

Die Werte des Abminderungsfaktors Ψ bewegen sich zwischen 0,6 und 1,0. Die nötige Sicherheit in der Berechnung ist gegeben, wenn man für ihn den maximalen Wert ($\Psi = 1$) annimmt.

Weiterhin besagt die DIN 1055 T5, daß bei Dachneigungen bzw. Kollektoranstellwinkeln >45° die Schneelast nur berücksichtigt werden muß, wenn Schneeansammlungen möglich sind. Da dies, je nach Aufstellung (Abstand Unterkante Kollektor zur Dachhaut zu klein), durchaus im Rahmen der Möglichkeiten ist, wurde auch hier der höchste Belastungsfall angenommen.
Im Einzelfall ist die genaue Aufstellung und Belastung der Kollektoren zu prüfen. Unter Umständen kann viel Material an der Unterkonstruktion eingespart werden, da die vorliegende Berechnung vom maximalen Belastungsfall ausgeht.

Folgende Seiten: Tabelle 4.2.3 – 4.2.6: Kombinierte Wind- und Schneelasten

Kombinierte Wind- und Schneelast in Abhängigkeit vom Kollektorwinkel und der Regelschneelast S_o bei einem **Staudruck q= 1,1 kN/m²** bezogen auf 1 m² Kollektorfläche.

Kollektorwinkel	q= 1,1kN/m²																			
	Regelschneelast S_o in kN/m²																			
[°]	0,75	0,85	0,9	1	1,05	1,15	1,25	1,5	1,6	1,85	2	2,1	2,5	2,6	3,1	3,25	3,8	3,9	4,65	5,5
35	1,70	1,73	1,75	1,79	1,81	1,84	1,88	1,97	2,00	2,09	2,15	2,22	2,51	2,58	2,94	3,04	3,44	3,51	4,05	4,66
40	1,65	1,67	1,69	1,72	1,73	1,76	1,79	1,86	1,89	1,96	2,00	2,03	2,15	2,21	2,50	2,58	2,90	2,96	3,39	3,87
45	1,60	1,62	1,63	1,65	1,66	1,68	1,71	1,76	1,78	1,84	1,87	1,89	1,98	2,00	2,12	2,15,	2,39	2,44	2,77	3,15
50	1,55	1,57	1,57	1,59	1,60	1,61	1,63	1,67	1,69	1,73	1,75	1,77	1,83	1,85	1,93	1,95	2,04	2,04	2,21	2,48
55	1,51	1,52	1,53	1,54	1,54	1,55	1,56	1,59	1,60	1,63	1,65	1,66	1,70	1,71	1,76	1,78	1,84	1,85	1,93	2,02

Kombinierte Wind- und Schneelast in Abhängigkeit vom Kollektorwinkel und der Regelschneelast S_o bei einem **Staudruck q= 1,3 kN/m²** bezogen auf 1 m² Kollektorfläche.

Kollektorwinkel	q= 1,3 kN/m²																			
	Regelschneelast S_o in kN/m²																			
[°]	0,75	0,85	0,9	1	1,05	1,15	1,25	1,5	1,6	1,85	2	2,1	2,5	2,6	3,1	3,25	3,8	3,9	4,65	5,5
35	1,96	1,99	2,01	2,05	2,07	2,10	2,14	2,23	2,26	2,35	2,41	2,44	2,64	2,71	3,07	3,17	3,57	3,64	4,18	4,79
40	1,91	1,93	1,95	1,98	1,99	2,02	2,05	2,12	2,15	2,22	2,26	2,29	2,41	2,44	2,63	2,71	3,03	3,09	3,52	4,00
45	1,86	1,88	1,89	1,91	1,92	1,94	1,97	2,02	2,04	2,10	2,13	2,15	2,24	2,26	2,38	2,41	2,53	2,57	2,90	3,28
50	1,81	1,83	1,83	1,85	1,86	1,87	1,89	1,93	1,95	1,99	2,01	2,03	2,09	2,11	2,19	2,21	2,30	2,32	2,44	2,61
55	1,77	1,78	1,79	1,80	1,80	1,81	1,82	1,85	1,86	1,89	1,91	1,92	1,96	1,97	2,02	2,04	2,10	2,11	2,19	2,28

Kombinierte Wind- und Schneelast in Abhängigkeit vom Kollektorwinkel und der Regelschneelast S_0 bei einem **Staudruck q= 1,1 kN/m²** bezogen auf 1 m² Kollektorfläche.

Kollektorwinkel	q= 1,1kN/m²																			
	Regelschneelast S_0 in kN/m²																			
[°]	0,75	0,85	0,9	1	1,05	1,15	1,25	1,5	1,6	1,85	2	2,1	2,5	2,6	3,1	3,25	3,8	3,9	4,65	5,5
35	1,70	1,73	1,75	1,79	1,81	1,84	1,88	1,97	2,00	2,09	2,15	2,22	2,51	2,58	2,94	3,04	3,44	3,51	4,05	4,66
40	1,65	1,67	1,69	1,72	1,73	1,76	1,79	1,86	1,89	1,96	2,00	2,03	2,15	2,21	2,50	2,58	2,90	2,96	3,39	3,87
45	1,60	1,62	1,63	1,65	1,66	1,68	1,71	1,76	1,78	1,84	1,87	1,89	1,98	2,00	2,12	2,15,	2,39	2,44	2,77	3,15
50	1,55	1,57	1,57	1,59	1,60	1,61	1,63	1,67	1,69	1,73	1,75	1,77	1,83	1,85	1,93	1,95	2,04	2,04	2,21	2,48
55	1,51	1,52	1,53	1,54	1,54	1,55	1,56	1,59	1,60	1,63	1,65	1,66	1,70	1,71	1,76	1,78	1,84	1,85	1,93	2,02

Kombinierte Wind- und Schneelast in Abhängigkeit vom Kollektorwinkel und der Regelschneelast S_0 bei einem **Staudruck q= 1,3 kN/m²** bezogen auf 1 m² Kollektorfläche.

Kollektorwinkel	q= 1,3 kN/m²																			
	Regelschneelast S_0 in kN/m²																			
[°]	0,75	0,85	0,9	1	1,05	1,15	1,25	1,5	1,6	1,85	2	2,1	2,5	2,6	3,1	3,25	3,8	3,9	4,65	5,5
35	1,96	1,99	2,01	2,05	2,07	2,10	2,14	2,23	2,26	2,35	2,41	2,44	2,64	2,71	3,07	3,17	3,57	3,64	4,18	4,79
40	1,91	1,93	1,95	1,98	1,99	2,02	2,05	2,12	2,15	2,22	2,26	2,29	2,41	2,44	2,63	2,71	3,03	3,09	3,52	4,00
45	1,86	1,88	1,89	1,91	1,92	1,94	1,97	2,02	2,04	2,10	2,13	2,15	2,24	2,26	2,38	2,41	2,53	2,57	2,90	3,28
50	1,81	1,83	1,83	1,85	1,86	1,87	1,89	1,93	1,95	1,99	2,01	2,03	2,09	2,11	2,19	2,21	2,30	2,32	2,44	2,61
55	1,77	1,78	1,79	1,80	1,80	1,81	1,82	1,85	1,86	1,89	1,91	1,92	1,96	1,97	2,02	2,04	2,10	2,11	2,19	2,28

Lagerkräfte

Wind- und Schneelasten sowie das Eigengewicht des Kollektors verursachen Kräfte, die auf die Unterkonstruktion und bei Aufstellung der Kollektoren auf einem Flachdach, auf die Dachkonstruktion wirken.
Durch einen Freischnitt am Kollektor, das Ersetzen der Unterkonstruktion durch die vorhandenen Kräftevektoren, werden die Auflagerkräfte visualisiert und berechenbar.

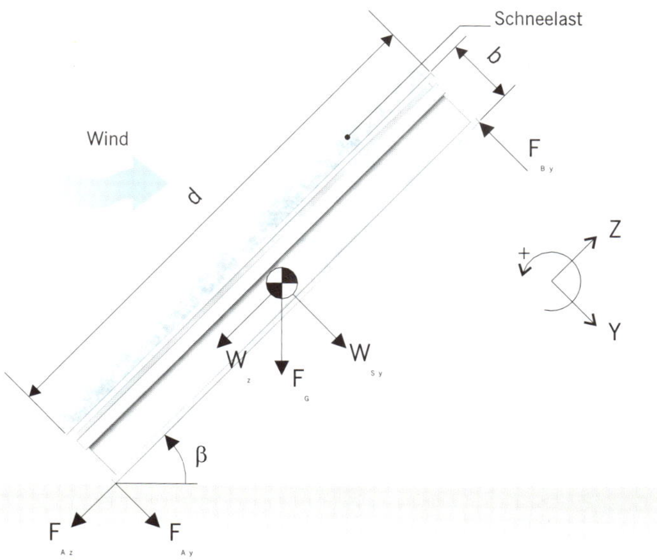

Bild 4.2.4: Kollektor im Kräftegleichgewicht (zweidimensional) (G3)

Legende

b	***Kollektorhöhe***
d	***Kollektorbreite***
ß	***Kollektoranstellwinkel***
A	***Fußlagerpunkt (Ausführung als Festlager)***
B	***oberer Lagerpunkt (Ausführung als Loslager)***
F_{Ay}	***Lagerkraft A in Y-Richtung***
F_{Az}	***Lagerkraft A in Z-Richtung***
F_{By}	***Lagerkraft B in Y-Richtung***
F_{G}	***Gewichtskraft des Kollektors***
W_{Sy}	***kombinierte Wind- und Schneelast in y-Richtung***
W_{z}	***Windlast in z-Richtung***

Im folgenden soll erläutert werden, wie sich die Auflagerkräfte zusammensetzen und wie diese ermittelt werden. Diese Berechnung dient nur der Veranschaulichung. In Wirklichkeit werden Kollektoren über ihre Länge gesehen mehrfach abgestützt, wodurch ein statisch unbestimmtes System entsteht, dessen Berechnung von Hand zu aufwendig ist.

Für die Berechnung wird vereinfachend folgendes vorausgesetzt:

- Der Schwerpunkt des Kollektors liegt in allen Dimensionen x, y und z in dessen Mittelpunkt
- Der Kraftangriffspunkt von Schneelast, Windlast und Eigengewicht ist der Schwerpunkt des Kollektors.

In einem statisch sicheren System herrscht das Gleichgewicht der Kräfte und Momente:

1. Die Summe aller Momente ist gleich 0.
2. Die Summe aller Kräfte in Y-Richtung ist gleich 0.
3. Die Summe aller Kräfte in Z-Richtung ist gleich 0.

Daraus folgt:

1.

$$\sum M_A = 0$$

Mit den resultierenden Momenten aus der Lagerkraft B: $F_{By}\, d$

der Wind-/Schneelast in y-Richtung: $W_{Sy} \frac{d}{2}$

der Gewichtskraft des Kollektors: $F_G \frac{d}{2} \cos\beta$

der Windlast in z-Richtung: $W_z \frac{b}{2}$

gilt:

$$F_{By}\, d - W_{Sy} \frac{d}{2} - F_G \frac{d}{2} \cos\beta + W_z \frac{b}{2} = 0$$

$$F_{By} = \frac{1}{2}\left(W_{Sy} + F_G \cos\beta - W_z \frac{b}{d} \right)$$

2.

$$\sum F_y = 0$$

$$W_{Sy} + F_G \cos\beta - F_{Ay} - F_{By} = 0$$

$$F_{Ay} = F_G \cos\beta + W_{Sy} - F_{By}$$

3.

$$\sum F_Z = 0$$

$$W_Z + F_G \sin\beta + F_{AZ} = 0$$

$$F_{AZ} = -W_Z - F_G \sin\beta$$

Die Lagerkräfte in Y- und Z-Richtung sind damit bestimmt. Sie entsprechen der Krafteinleitung in die Unter- bzw. Dachkonstruktion.

Berechnungsbeispiel:

Ein Kollektor mit einer Kollektorfläche von 3 m^2 und einem Eigengewicht von 75 kg wird mit einem Anstellwinkel von b=35° aufgestellt.

$$F_G = m_{Koll}\, g = 75kg * 9{,}81m/s^2 = 0{,}738kN$$

Mit einem angenommenen Staudruck q=0,5 kN/m^2 (Tabelle 4.2.6) ergibt sich:

$$W_y = 1{,}3 * 0{,}5kN/m^2 * 3m^2 = 1{,}95kN$$

$$W_z = 0{,}13 * 0{,}5kN/m^2 * 3m^2 = 0{,}195kN.$$

Mit einer angenommenen Schneelast S_0=0,75 kN/m^2 ergibt sich:

$$S = k_S S_0 = \left(1 - \frac{35^o - 30^o}{40^o}\right) 0{,}75kN/m^2 * 3m^2 = 1{,}968kN$$

und für die kombinierte Wind- und Schneelast:

$$W_{Sy} = S + \frac{W_y}{2} = 2{,}943kN.$$

Die Auflagerkräfte ergeben sich damit zu:

$$F_{By} = \frac{1}{2}\left(2{,}942kN + 0{,}783kN * cos(35^o) - 0{,}195kN\ \frac{0{,}1m}{1m}\right) = 1{,}78kN$$

$$F_{Ay} = 0{,}738kN * cos(35^o) + 2{,}943kN - 1{,}78kN = 1{,}767kN$$

Eine besondere Beachtung verlangt die richtige Ausrichtung der Kraftvektoren im verwandten Koordinatensystem. Die Lagerkraft F_{Az} ist in diesem Beispiel eine Druckkraft. Da sie im Diagramm aus Gründen der graphischen Vereinheitlichung aber als Zugkraft eingezeichnet wurde, trägt sie ein negatives Vorzeichen.

Arbeitsschutz und Sicherheit am Dach

Die Bedeutung des Arbeitsschutzes bei Dacharbeiten kann nicht stark genug betont werden, da es hier leicht zu schweren Unfälle kommen kann.
Zur leichteren Montage und eventuellen Wartung der Anlage auf dem Dach empfiehlt es sich, Stufen zur Begehbarkeit, Stufenziegel oder Dachhaken für das Anbringen von Dachleitern im Bereich des Kollektorfelds vorzusehen.
In schneereichen Gebieten sollten Schneefanggitter an den Dachkanten angebracht werden, um Passanten vor Dachlawinen zu schützen.

Die Informationsschriften „Regeln für den Einsatz von persönlichen Schutzausrüstungen gegen Absturz", „Regeln für die Sicherheit von Seitenschutz und Dachschutzwänden als Absturzsicherung bei Bauarbeiten" und „Dacharbeiten" können bei den zuständigen Bau-Berufsgenossenschaften oder bei der:

Zentralstelle für Unfallverhütung und Arbeitsmedizin des
Hauptverbandes der gewerblichen Berufsgenossenschaften e.V.
Alte Heerstr. 111
53757 Sankt Augustin

gratis bezogen werden.

Blitzschutz

Im Bereich der Anforderung an den Blitzschutz von Solaranlagen haben sich im Laufe der vergangenen Jahre verschiedene Auffassungen in Anlehnung an die bestehenden Normen herausgebildet. Nachfolgend sind die wichtigsten Normen und Ausführungen von Blitzschutzanlagen und deren Relevanz für Solaranlagen aufgeführt.

Die exakte Erfordernis eines Blitzschutzes wird in den Landesbauordnungen definiert. In der Regel wird ein Blitzschutz für Gebäude gefordert:

- welche die umgebenden Gebäude deutlich überragen
- die besonders brand- oder explosionsgefährdet sind
- die besonders wertvoll sind (Denkmäler)
- in denen bei einem Blitzeinschlag eine Panik entstehen könnte (Schulen, etc.)

Für private Wohngebäude unter 20 m Höhe ist ein Blitzschutz weder vorgeschrieben noch (außer bei exponierten Gebäuden) aufgrund der geringen Gefährdung erforderlich.
Da Solaranlagen den Dachfirst in der Regel nicht überragen, ist die Wahrscheinlichkeit eines direkten Blitzeinschlages für ein Wohnhaus gemäß DIN VDE0185 Teil 100 nach Installation der Solaranlage unverändert.

Normen

Grundlage für den Bau von Blitzschutzanlagen ist die VDE Richtlinie 0185 (DIN 57185).
Die folgenden Normen betreffen den Blitzschutz:

DIN 48803 Montagemaße für Blitzschutzanlagen
DIN 48806 Leitungen und Bauteile für Blitzschutzanlagen
DIN 48820 Sinnbilder für Blitzschutzbauteile in Zeichnungen
DIN 48830 Beschreibung einer Blitzschutzanlage
DIN 48831 Bericht über die Prüfung einer Blitzschutzanlage

Weitere Hinweise finden sich in:

DIN VDE 0100
DIN VDE 0298
DIN VDE 0855

Arten des Blitzschutzes

Äußerer Blitzschutz

Anlagenteile zum Auffangen und Ableiten des Blitzes:

- Fangeinrichtung als maschenförmiges Fangnetz oder Fangstange
- Ableitung alle 20 m am Umfang des Gebäudes
- Erdungsanlage zum Einleiten des Blitzstromes in das Erdreich als geschlossener Ringerder oder Staberder

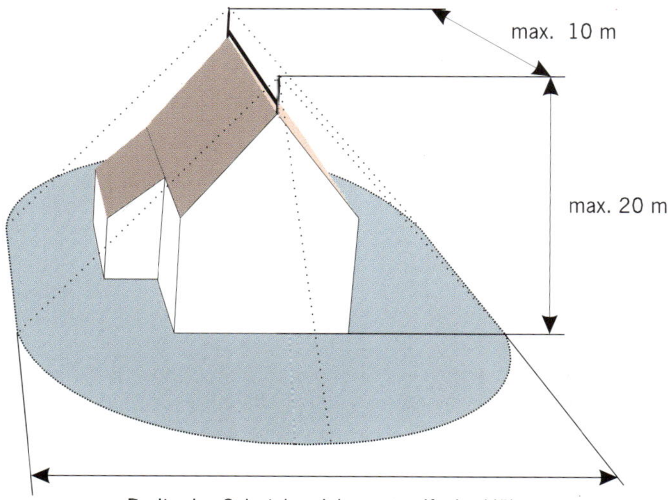

Bild 4.2.5: Fangeinrichtung bei Gebäuden mit Dachneigung >45° (G3)

Der Schutzbereich ergibt sich horizontal aus der Höhe der Auffangpunkte, d.h. die Breite des Schutzbereiches entspricht der zweifachen Höhe (das gesamte Gebäude muß innerhalb des Schutzbereichs liegen, auch die Ecken).

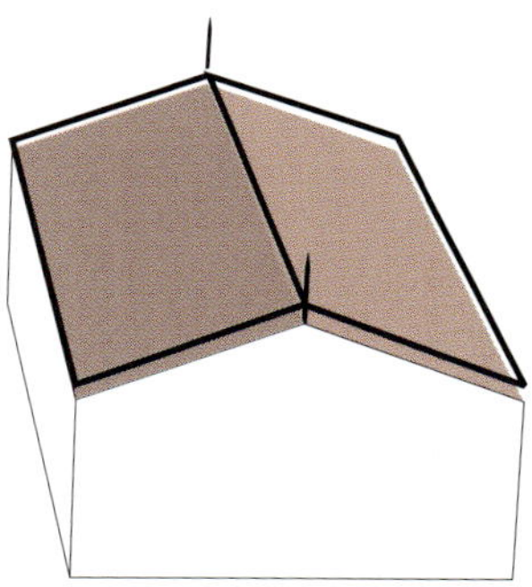

Gebäude mit geneigten Dächern <45°

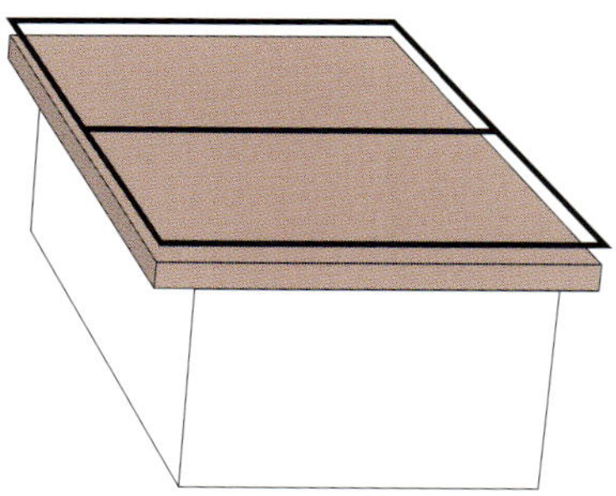

Anordnung für flache und große Gebäude max. "Maschengröße" 10 m x 20 m

Bild 4.2.6: Anordnung der Blitzschutz-Fangeinrichtung bei Gebäuden mit einer Dachneigung <45°
rechts: Anordnung einer maschenförmigen Fangeinrichtung bei flachen und größeren Gebäuden, maximale „Maschengröße" 10 m x 20 m (G3)

Innerer Blitzschutz

Anlagenteile zur Reduzierung von elektrischen und magnetischen Wirkungen im Gebäude (Potentialausgleich):

- alle bedeutenden metallischen Teile sind über einen Potentialausgleichsleiter miteinander verbunden
- alle in das Gebäude ein- und austretenden Leitungen werden an die Potentialausgleichsschiene angeschlossen
- spannungsführende Leiter werden mit Überspannungsableitern an den Potentialausgleich angeschlossen

Ausführung von Erdung und Blitzschutz

Gebäude mit äußerem Blitzschutz:
Die Gestellkonstruktionen müssen sich innerhalb des Schutzraumes einer Fangeinrichtung befinden (VDE 01805 Teil 100(1996-08)).
Ist dies nicht möglich, werden die Sonnenkollektoren auf dem kürzesten Weg mit den Fangeinrichtungen verbunden. Auch die Gestellkonstruktionen oder Blecheinfassungen bei der Indachmontage werden mit den Fangeinrichtungen gekoppelt. Zusätzliche Fangeinrichtungen sind im allgemeinen nicht vorgesehen.

Gebäude ohne äußeren Blitzschutz:
Bei thermischen Sonnenkollektoren werden die Rohrleitungen im Haus mit einer Manschette und mind. 6 mm² Cu-Kabel an die Potentialausgleichsschiene angeschlossen.
Nach der bisherigen Sichtweise werden die Kollektoren über eine 16 mm² Cu-Leitung direkt geerdet. Hierfür ist ein zusätzlicher Erder und der Anschluß an die Potentialausgleichsschiene erforderlich. Ein Verlegen der Erdungsleitung außerhalb des Gebäudes vermeidet Überschläge.

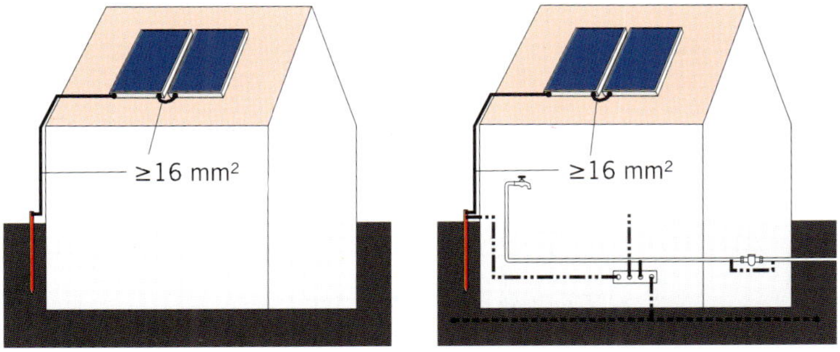

Bild 4.2.7: links: Separate Erdungsleitung mit Staberder als Dachgestellerder
rechts: Dachgestellerder in den Potentialausgleich einbezogen (G3)

4.2.2 Dachintegration

Allgemeines

Bei der Dachintegration werden die Kollektoren direkt auf die Dachlattung bzw. Schalung montiert und dort fest verschraubt. Die Dacheindeckung wird an der vorgesehenen Stelle entfernt, bzw. entfällt bei Neueindeckungen. Ob eine statische Nachrechnung der Tragwerkskonstruktion notwendig ist, muß von Fall zu Fall entschieden werden. Grundsätzlich ist davon auszugehen, daß Dachziegel schwerer sind als Kollektoren gleicher Fläche; das Dach wird durch die Montage also entlastet. Flachkollektoren haben ein spezifisches Gewicht von ca. 20 – 25 kg/m^2.

Während der Montage der Kollektoren muß das Dach begangen werden. Neben den Richtlinien zum Arbeitsschutz ist zu beachten, daß nicht jede Dacheindeckung begehbar ist. Faserzementwellplatten beispielsweise können nur über aufgelegte Laufbohlen oder Metallroste begangen werden.

Bei Ausschreibungen sind die Ausführungen der Dachintegration in Anlehnung an die Fachregeln des ZVDH anzugeben. Desweiteren sollte die Dachintegration von Fachbetrieben des Dachdecker- oder Bauklempnerhandwerks durchgeführt werden.

Verbindungs- und Befestigungstechniken

Die Kollektoren müssen fest mit der Dachlattung, der Schalung oder den Sparren verbunden werden. Hierzu dienen beispielsweise Klammern, die am Kollektor und an der Dachkonstruktion befestigt werden. Butylband oder Nieten verbinden die Eindeckbleche mit dem Kollektor. An der Dachkonstruktion können die Bleche mit Nägeln oder Holzschrauben befestigt werden.
Blechbauteile werden üblicherweise verlötet, wobei das Lot für das Blechmaterial geeignet sein muß. Ebenso ist ein Verbinden mittels Blindnieten denkbar, dabei werden die Blechzwischenräume abgdichtet. Bleche und Blechstreifen werden über Falze verbunden. Die Bleche der Eindeckrahmen können mit Liegehaften an der Dachkonstruktion befestigt werden oder am Kollektor verschraubt bzw. vernietet werden. Traufseitige Anschlußbleche werden über angelötete Blechstreifen an der Dachkonstruktion befestigt.

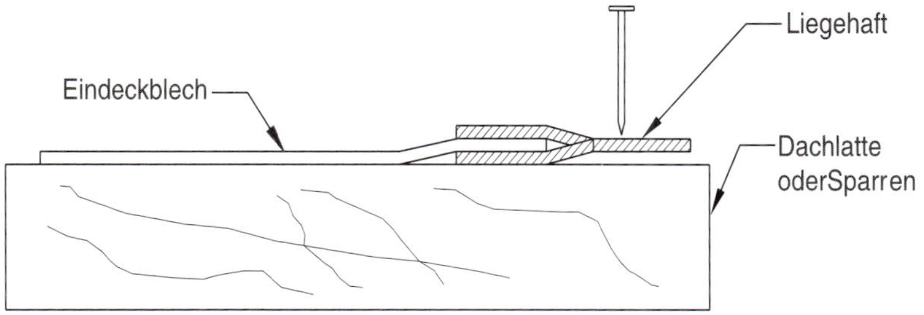

Bild 4.2.8: Liegehaften für Bleche ohne Wasserfalz (G3)

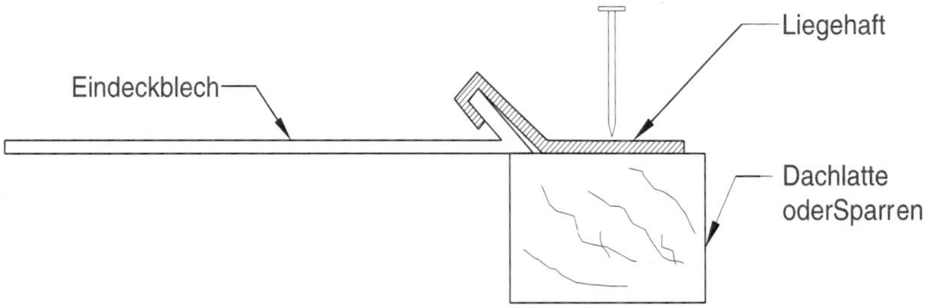

Bild 4.2.9: Liegehaften für Bleche mit Wasserfalz (G3)

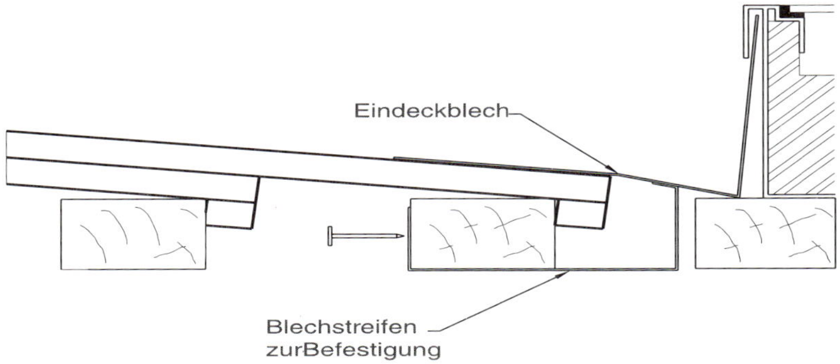

Bild 4.2.10: Befestigung des Eindeckblechs beim traufseitigen Anschluß (G3)

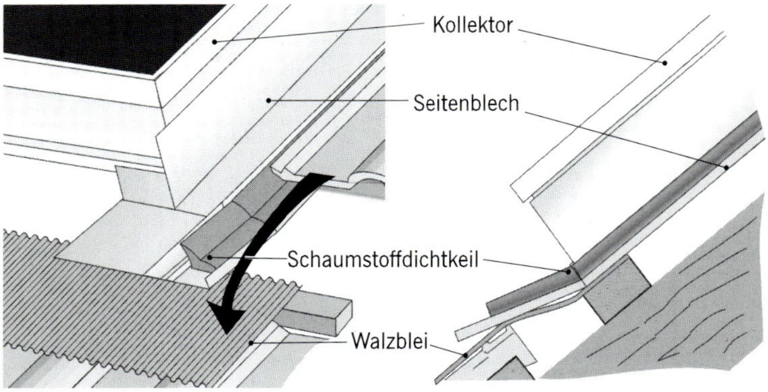

Bild 4.2.11: Details Eindeckrahmen unten. Das Blech wird über das Walzblei geführt und sollte mit diesem mittels eines Doppelfalzes verbunden werden. (G3)

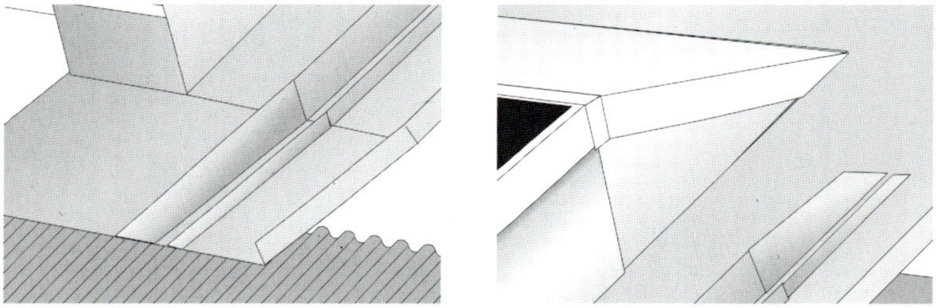

Bild 4.2.12: Die Windfeder an den Eindeckblechen wird oben und unten jeweils flach auf das Blech gebogen. (G3)

Aufnahme der Dacheindeckung

Bei der nachträglichen Montage einer Solaranlage muß die Dacheindeckung zumindest stellenweise entfernt werden, um Sparrenanker bzw. Kollektoren auf der Dachkonstruktion befestigen zu können.
Bei Dächern mit Ziegel- oder Wellprofileindeckung (Faserzement, Bitumen, Blech) stellt dies kein größeres Problem dar. Wellprofile sind von oben genagelt bzw. verschraubt und können daher ohne Schwierigkeiten entfernt werden.

Bitumenschindel dagegen können, da sie genagelt und zusätzlich verklebt werden, nicht zerstörungsfrei aufgenommen werden.

Für die Aufnahme von Schieferplatten und Faserzementplatten sollte ein Schieferschwert verwendet werden, das unter die zu entfernende Platte geschoben wird. Eine der Schwertausbuchtungen muß am Schieferstift einhaken. Das Schieferschwert darf dann nur nach unten gezogen werden. Keinesfalls dürfen die Platten nach oben herausgehebelt werden, da sie sonst zerbrechen.

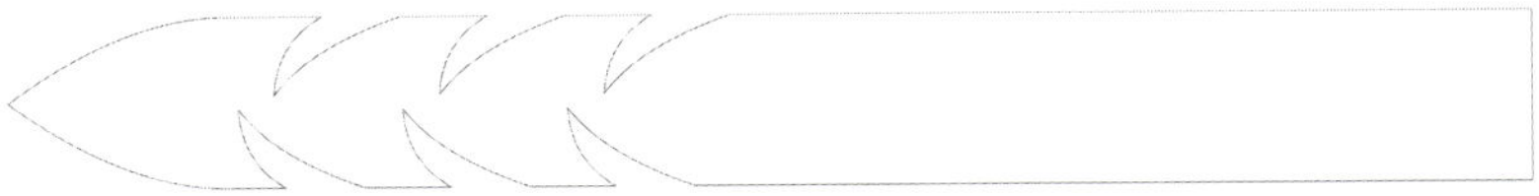

Bild 4.2.13: Schieferschwert (G3)

Grundsätzlich sollte man bei der Montage immer einige Ziegel, Steine, Schieferplatten etc. als Ersatz vorrätig haben, da eine Beschädigung von Teilen der Dacheindeckung in der Regel nicht zu verhindern ist.

Dachintegrationssets für thermische Solaranlagen

Bild 4.2.14 Dachintegrierter Kollektor nach Solvis (G4)

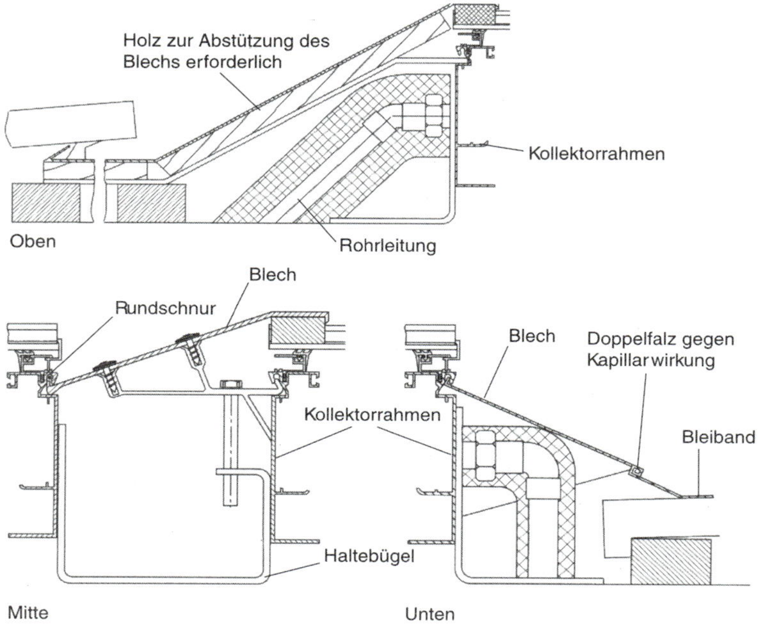

Bild 4.2.15: Details Indach-Übereinandermontage nach SOLVIS (G4)

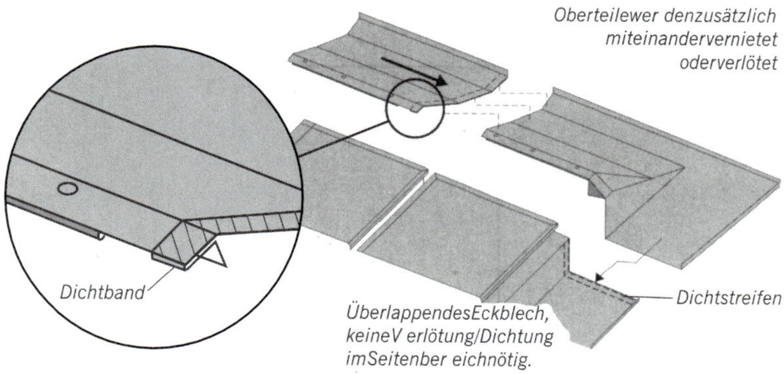

Bild 4.2.16: Detail der „In Ziegel-Montage" nach MÜLLER (B10)

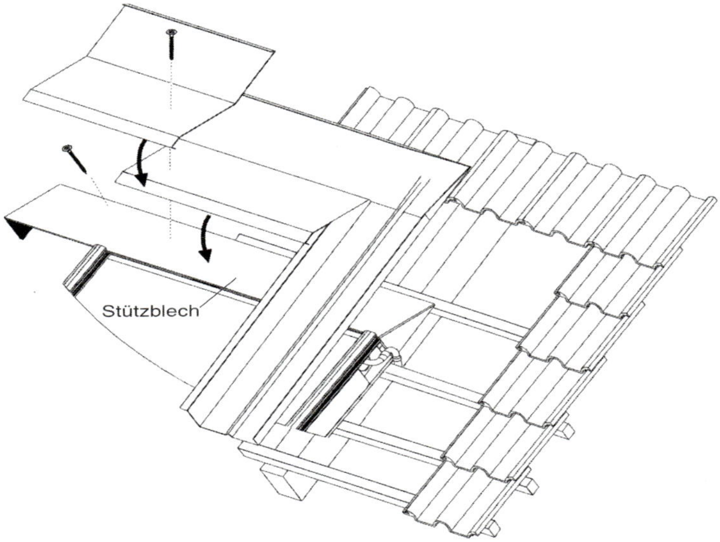

Bild 4.2.17: Eindeckrahmen nach SONNENKRAFT (B23)

Entwässerung unter dem Kollektor

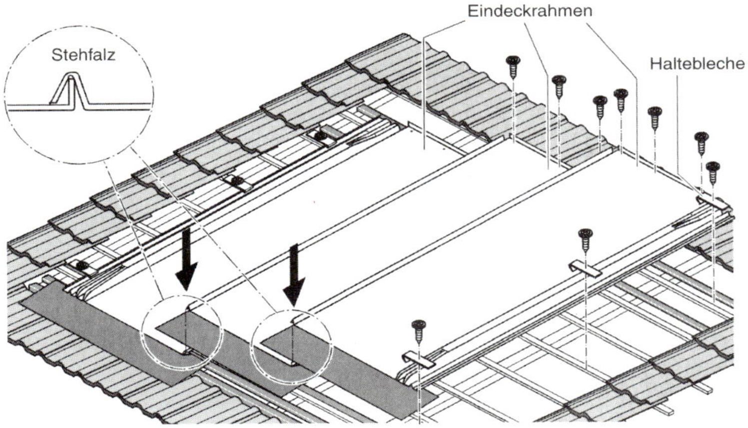

Bild 4.2.18: Indachmontagesystem für Flachkollektoren nach VIESSMANN (B33)

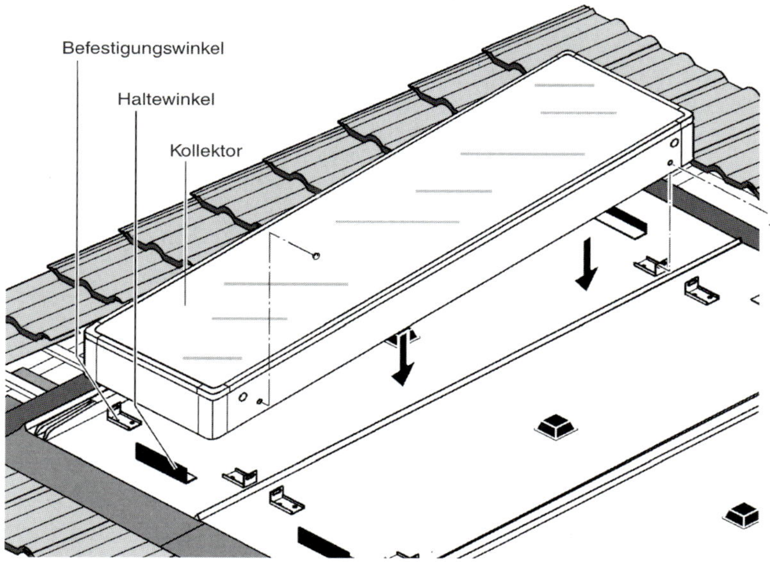

Bild 4.2.19: Montage des Kollektors Indachmontage-System nach VIESSMANN (B33)

Solar Roof

Der von den Firmen Wagner & Co sowie SOLVIS geprägte Begriff „Solar Roof" kann frei mit „Solar-Dachstuhl" übersetzt werden. Solar Roof-Module bestehen aus einer Kombination aus thermischem Sonnenkollektor, Sparren und Dachisolation.

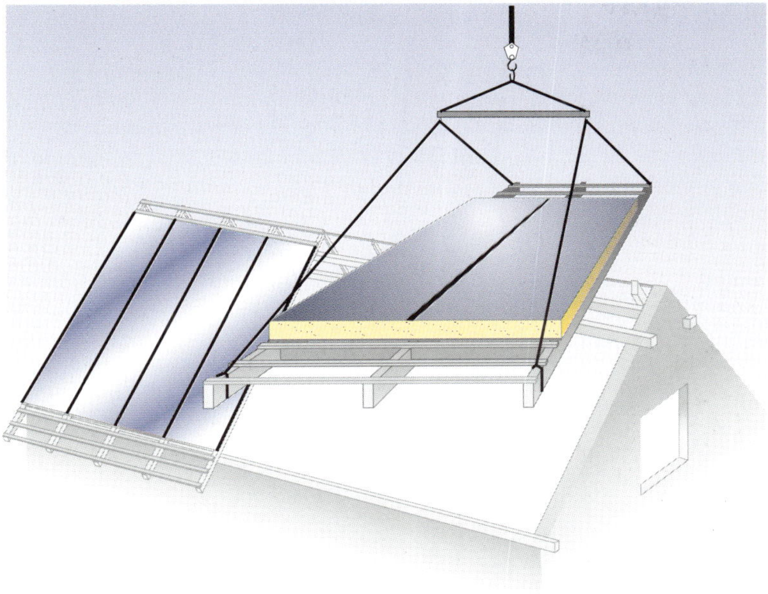

Bild 4.2.20: Montage eines Solar Roof-Moduls per Kran nach Wagner & Co (B34)

Das Modul wird komplett in der Fabrik hergestellt und dann per Kranwagen auf das Dach montiert. Dabei wird nicht in allen Fällen der gesamte Dachstuhl vom Solar Roof ersetzt. Da Sonnenkollektoren in der Planung meist erst später ergänzt werden, steht die Dachkonstruktion bereits fest oder wurde sogar schon montiert.
Bei Altbauten werden die vorhandenen Sparren in der Regel weiter genutzt, auch hier ist kein vollständiges Solar Roof-Modul erforderlich. In diesen Fällen werden von den Herstellern großflächige Kollektoren mit Holz-, Alu- oder Edelstahlrahmen geliefert und auf den Sparren bzw. dem Isolationsaufbau montiert.
Ein Solar Roof bietet gegenüber der herkömmlichen, getrennten Montage von Dach und Kollektoren ab einer Kollektor-/Dachgröße von 200 m^2 bzw. bei einer größeren Anzahl gleicher Dächer (z.B. 20 Stück mit Kollektorfeldern >50 m^2) erhebliche Kostenvorteile.
Der geringere Aufwand für die Planung, die Koordination der einzelnen Gewerke und die Bauüberwachung senken die Kosten.
Die Ausführungen der angebotenen Produkte unterscheiden sich deutlich in den verwendeten Werkstoffen, der Sicherheit der Dacheindichtung, den Details für die Aufnahme der Wärmedehnung und der Planungsunterstützung.

Für die Projektplanung sollte daher in Absprache mit dem Anbieter das geeignetste und sicherste Produkt gewählt werden. Vormontierte Großkollektoren zur Indachmontage bieten die Firmen Braas Dachsysteme und Sonnenkraft an.

Beispiel für Dachintegration bei Faserzementwellplatten

Die folgenden Ausführungen sind der SolarDachFibel [30] entnommen.
Zur Dacheindeckung mit Faserzementwellplatten werden 2 Typen verwendet: die Standardwellplatte und die Kurzwellplatte. Die Standardwellplatten sind in Längen von 1250 mm bis 2500 mm erhältlich. Die Kurzwellplatten besitzen eine einheitliche Länge von 625 mm. Bevorzugt werden die Profile 177/51 und 130/30.

Faserzementwellplatten sind nicht begehbar. Zur Montage von Kollektoren müssen Bohlen oder Laufroste auf die Deckung gelegt werden. Bei der spanenden Verarbeitung (Sägen, Bohren,...) von Faserzementwellplatten sollte Atemschutz getragen werden. Die Vorschriften der TRAS 519 Asbest sind zu beachten.

Die Befestigung der Platten auf der Lattung erfolgt mittels Sechskantholzschrauben mit Pilzdichtung.

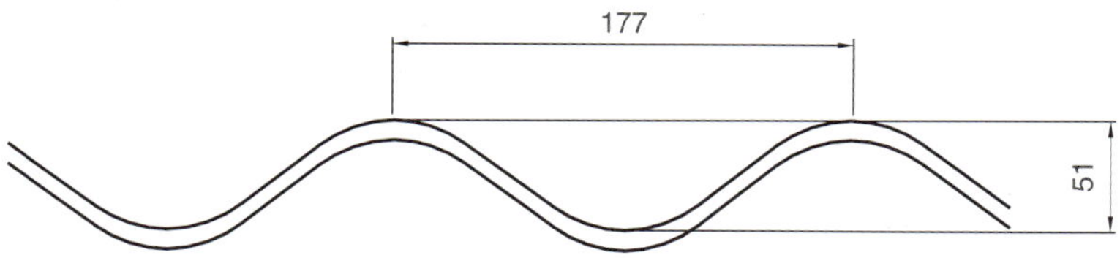

Bild 4.2.21: Faserzementwellplatte, Profil 177/51 (G3)

Die Regeldachneigung

Die Regeldachneigung oder Mindestdachneigung ist von der Entfernung Traufe zu First und von der Art der Wellplatte (Kurz oder Standard) abhängig. Weiteren Einfluß auf die Dachneigungsgrenze hat das Verwenden von dauerplastischer Kittschnur zum Abdichten der einzelnen Überdeckungen. Die Regeldachneigungen liegen zwischen 7° und 25°. Bei der Deckung mit Faserzementwellplatten bleibt die Dachneigung allerdings ohne Einfluß auf die Überdeckung.

Mindestüberdeckungen

Die Mindesthöhen- und Seitenüberdeckungen können der folgenden Tabelle entnommen werden.

Wellplatte	Profil	Höhenüberdeckung Y in mm	Seitenüberdeckung X in mm
Standard	177/51	200	47
Standard	130/30	200	90
Kurz	177/51	125	47

Tabelle 4.2.7: Mindestüberdeckungen von Faserzementwellplatten

Anschlüsse

Anschlüsse an aufgehenden oder zu integrierenden Bauteilen sind nach den Fachregeln des Dachdeckerhandwerks auszuführen. Bei der Auswahl der Materialien ist die elektrochemische Spannungsreihe zu beachten.

Firstseitige Anschlüsse

Firstseitige Anschlüsse sind als Metallkehle auszubilden. Der Abstand vom Kollektor zur nächsten Faserzementwellplatte muß bei Dachneigungen >15° mindestens 30 cm betragen. Das Anschlußblech soll, wegen der möglichen geringen Dachneigung (7°), 20 cm am Kollektor hochgeführt werden. Da die Dachneigungen für Ganzjahresbetrieb der Solaranlage sehr viel größer als 15° sind, kann ein Hochführen des Anschlußbleches bis zur Oberkante des Kollektors als ausreichend angesehen werden. Das Anschlußblech sollte einen Wasserfalz haben. Die Faserzementwellplatte überdeckt das Blech um die erforderliche Mindesthöhenüberdeckung aus Tabelle 3.3.3 und wird mittels Zahnleiste und plastischer Kittschnur auf dem Blech befestigt.

Seitliche Anschlüsse

Seitliche Anschlüsse können als unter- oder überdeckende Bleche oder Formteile ausgebildet werden. Überdeckende Formteile aus Faserzement (z.B. Giebelwinkel) müssen den ersten Wellenberg um mindestens 5 cm überlappen.
Das gleiche gilt für überdeckende Anschlußbleche. Unterdeckende Anschlußbleche sind entweder mit einer Stützkonstruktion zu stabilisieren oder aus Blech der Dicke 1 mm zu fertigen. An ihrer Längsseite ist ein Wasserfalz mit 2,5 cm Höhe anzubringen.

Traufseitige Anschlüsse

Traufseitige Anschlüsse können aus einem überdeckenden Formteil oder aus abgewinkelten Anschlußblechen bestehen. Dabei kann beispielsweise eine Wellpulthaube oder ein Wandanschlußstück zum Einsatz kommen. Die Überdeckung beträgt bei der Standardwellplatte 200 mm und bei der Kurzwellplatte 125 mm.

Nachfolgend einige Beispiele für Anschlüsse bei Eindeckung mit Faserzement–wellplatten.

Folgende Seiten: Bild 4.2.22 - 4.2.24: Anschlüsse bei der Eindeckung mit Faserzementwellplatten (G3)

Firstseitiger Anschluß bei Eindeckung mit Faserzementwellplatten

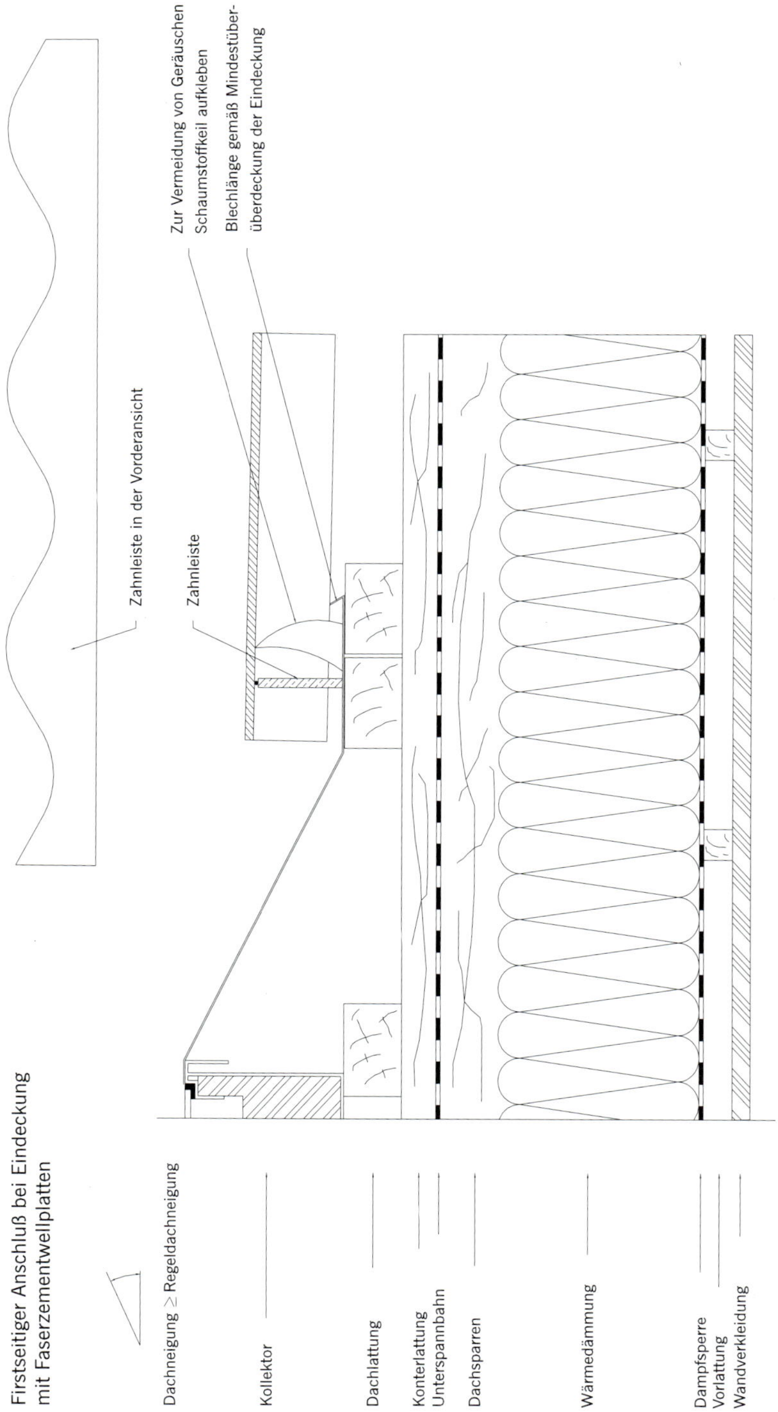

Seitlicher Anschluß bei Eindeckung mit Faserzementwellplatten

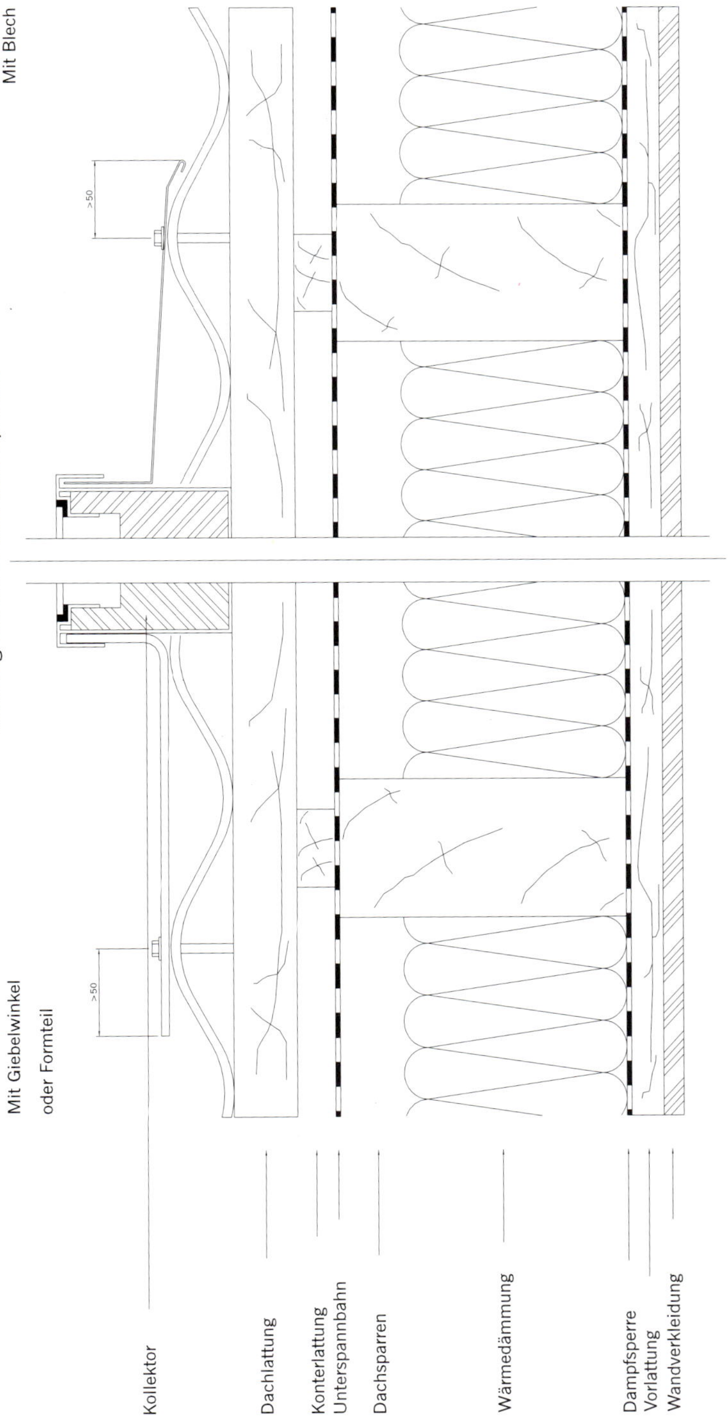

Traufseitiger Anschluß bei Eindeckung mit Faserzementwellplatten

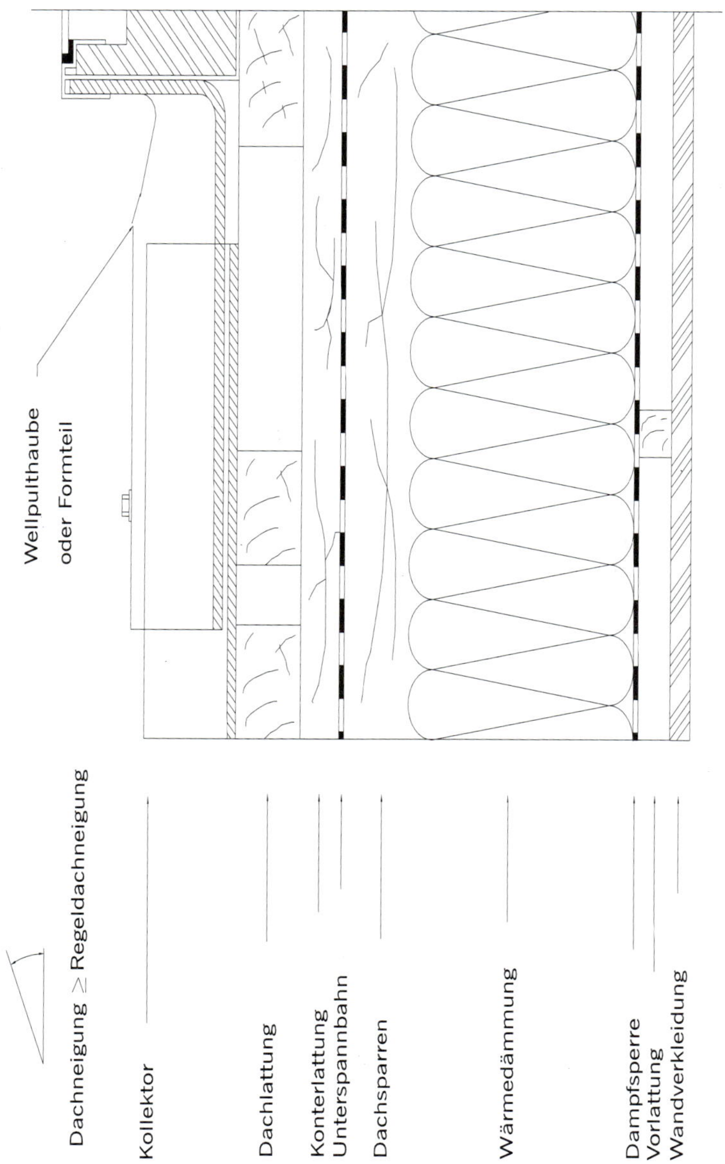

4.2.3 Aufdachmontage von Solarkollektoren

Allgemeines

Bei der Aufdachmontage werden die Kollektoren über der Dachhaut befestigt und über Schienen und Anker mit der Tragwerkkonstruktion verbunden, wo sie fest verschraubt werden müssen. Die Dachkonstruktion wird durch das Gewicht der Kollektoren zusätzlich belastet. Meist ist eine statische Nachrechnung des Daches nicht erforderlich. Flachkollektoren haben ein Gewicht von ca. 20-25 kg/m^2.
Zur Montage der Kollektoren muß das Dach begangen werden. Dabei ist neben dem Arbeitsschutz (siehe Kapitel 2.5, Arbeitsschutz) auch zu beachten, daß nicht jede Dacheindeckung begehbar ist. Faserzementwellplatten beispielsweise können nur über aufgelegte Laufbohlen oder Metallroste begangen werden.

Verbindungs- und Befestigungstechniken

Die Kollektoren müssen fest mit den Sparren oder Stahlträgern verschraubt werden. Zur Befestigung empfehlen sich Sparrenanker aus korrosionsbeständigen Materialen (Edelstahl, verzinkter Stahl, Aluminium,etc.). Die Fußplatten der Sparrenanker sollten mit Langlöchern versehen werden. Um Höhendifferenzen aufgrund verschiedener Ziegelarten ausgleichen zu können, ist unter Umständen der Einsatz von Ausgleichshölzern zwischen Dachsparren und Sparrenanker nötig. Ein Vorbohren der Sparren erleichtert die Montage. Die Festigkeit der Schraubverbindung hängt vom Zustand des Holzes ab. Eventuell kann es nötig werden, die Sparrenanker seitlich mit Gewindestangen, die durch den Sparren gebohrt werden, an selbigem zu befestigen.
In schneereichen Gegenden gibt es zusätzlich zwei Punkte zu beachten:
1. An der Dachkante sollten Schneefanggitter angebracht werden.
2. Durch die hohe Schneelast auf den Kollektoren können sich die Sparrenanker verbiegen und die Dacheindeckung beschädigen.

Folgende Maßnahmen können das verhindern:

- Einsatz stärkerer Sparrenanker
- mehrere Sparrenanker verwenden, damit sich die Last verteilt
- Raum zwischen Sparrenanker und Dacheindeckung mit lastverteilenden Unterlagen (Blechen, o.ä.) auffüllen

Aufdachmontage für verschiedene Deckungsarten

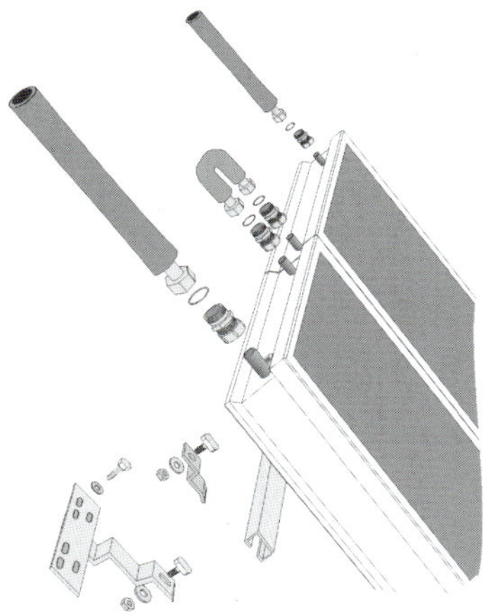

Bild 4.2.25: Explosionszeichnung eines Aufdachmontagesets (G3)

Aufdachmontage bei Dacheindeckung mit Biberschwanzziegeln

§

Die Aufdachmontage von Sonnenkollektoren sollte mit Sparrenankern und Schienen erfolgen. Die Bauteile müssen den Anforderungen der EN 516 bzw. EN 517 genügen. Die elektrochemische Spannungsreihe muß beachtet werden.

Für die Befestigung der Sparrenanker bestehen drei Möglichkeiten:

1. Die Sparrenanker können auf der Konterlattung befestigt werden. Diese muß dann eventuell verbreitert werden.
2. Die Sparrenanker so ausbilden, daß sie seitlich am Sparren befestigt werden können. Dafür muß allerdings die Unterspannbahn durchdrungen und nach der Montage wieder sorgfältig abgedichtet werden.
3. Vorteilhafter ist es, die Konterlattung an der Stelle, wo der Sparrenanker befestigt werden soll, zu entfernen. Der Sparrenanker kann dann auf den stabileren Dachsparren geschraubt werden.

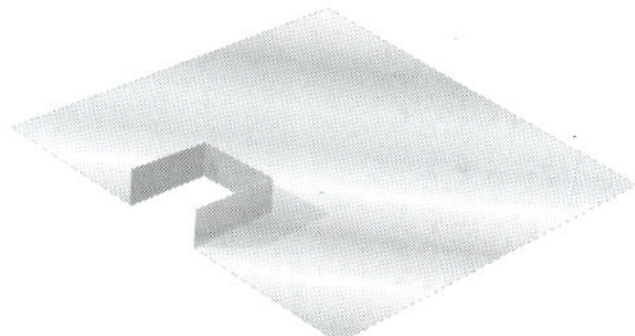

Bild 4.2.26: Blech zur zusätzlichen Abdichtung im Bereich des Sparrenankers (G3)

An der Stelle, wo der Sparrenanker die Dachhaut durchdringt, muß ein Biberschwanzziegel in der Breite verringert werden.

Die Durchführung der Kollektorkreisrohre kann mit Lüftersteinen erfolgen, die vom Fachhandel angeboten werden. Die Durchführung der Unterspannbahn wird mittels Klebeband abgedichtet.

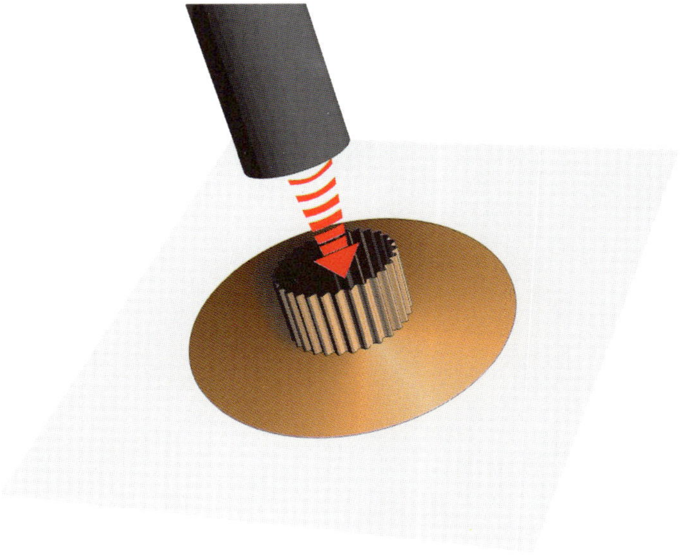

Bild 4.2.27: Klebeflansch zur Abdichtung der Unterspannbahn (G3)

Aufdachmontage bei Dacheindeckung mit Schieferplatten

Die Aufdachmontage von Sonnenkollektoren sollte mit Sparrenankern und Schienen erfolgen. Die Bauteile müssen den Anforderungen der EN 516 bzw. EN 517 genügen. Die elektrochemische Spannungsreihe muß beachtet werden.

Die Sparrenanker werden durch die Vordeckung auf die Dachsparren aufgeschraubt. Die Schrauben sollten im Sparrenanker versenkt werden, um ein zu weites Abheben der überdeckenden Schieferplatte zu vermeiden. Bei den Doppeldeckungsarten muß eine Schieferplatte in der Breite verringert werden (siehe auch Biberschwanzziegel).

Die Durchführung der Kollektorkreisrohre kann mit Lüfterplatten erfolgen, die vom Fachhandel angeboten werden. Die Durchführung der Unterspannbahn wird mittels Klebeband abgedichtet.

Folgende Seiten: Bild 4.2.28–4.2.29: Details der Aufachmontage

Aufdachmontage bei Eindeckung mit Biberschwanzziegeln

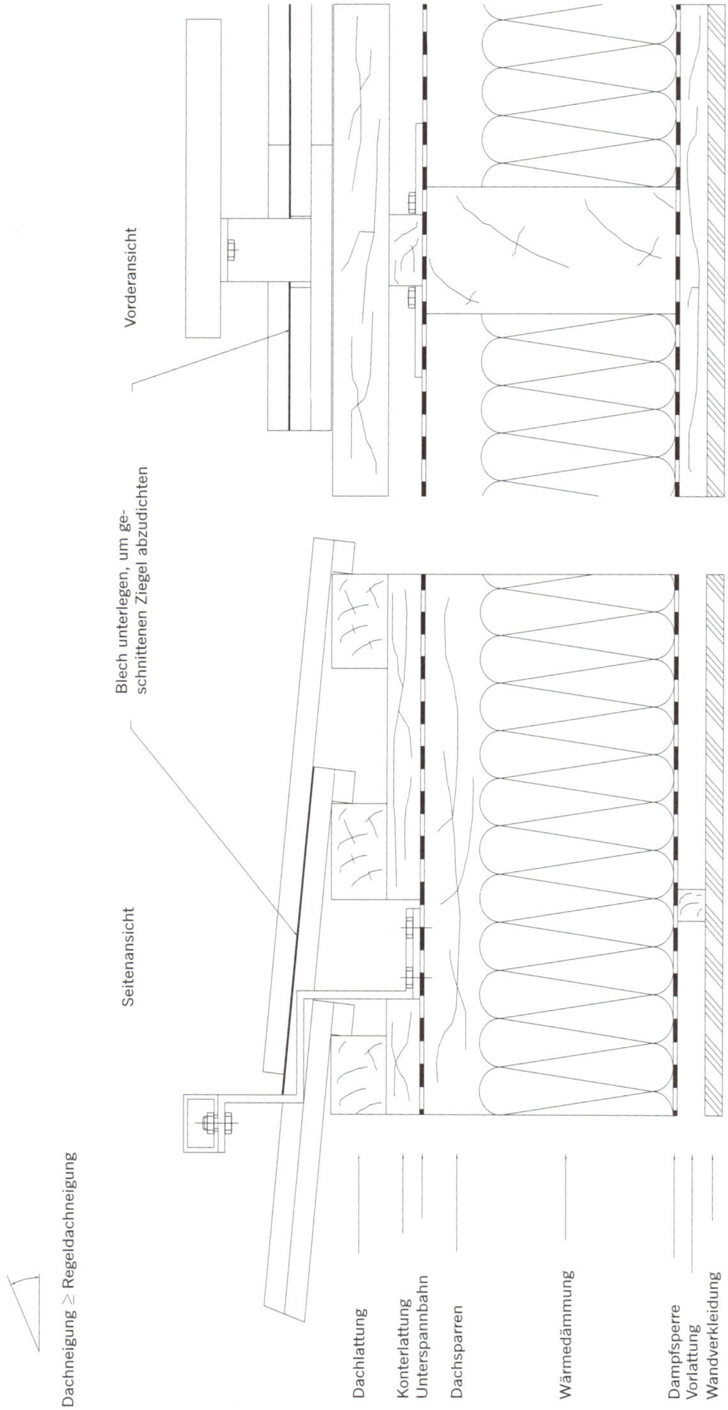

Aufdachmontage bei Eindeckung mit Schieferplatten

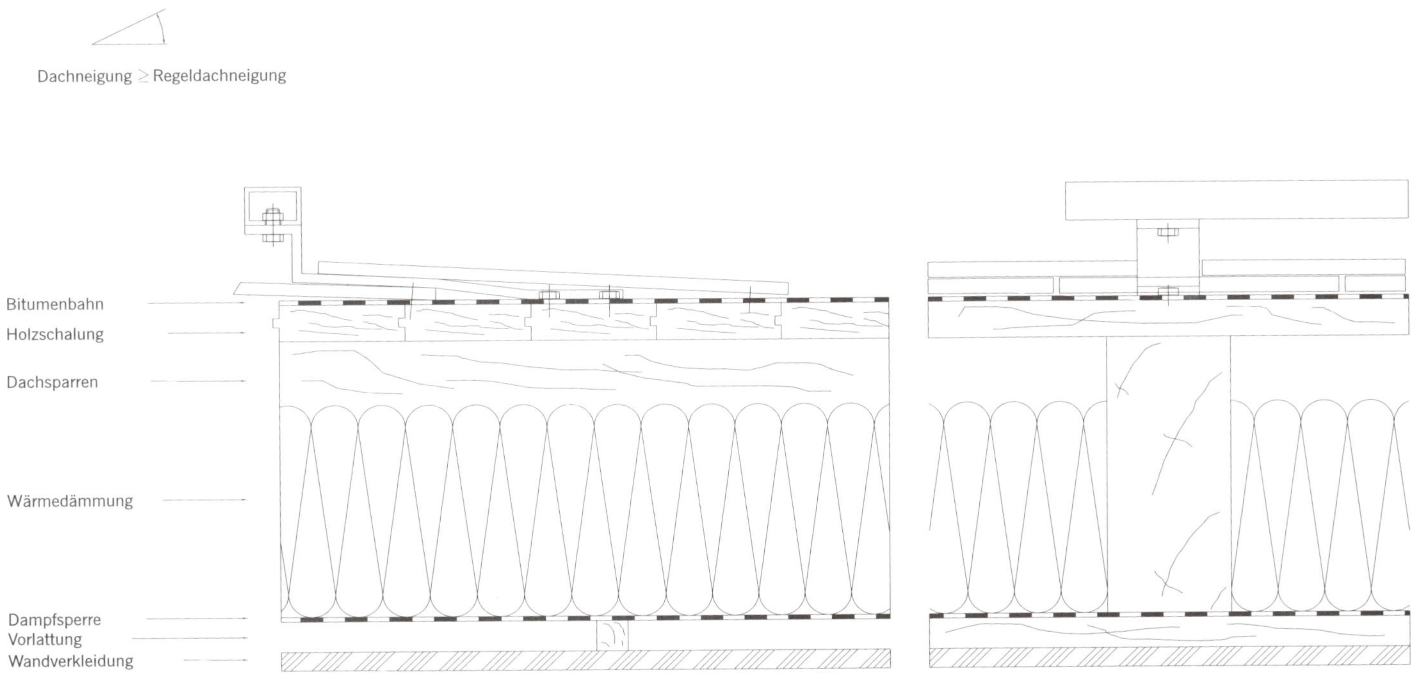

4.2.4 Freiaufstellung und Montage auf Flachdächern

An dieser Stelle sollen die drei folgenden Dachtypen betrachtet werden:

1. Flachdach aus Stahlbeton
2. Flachdach in Holzkonstruktion
3. Flachdach in Metallkonstruktion

Im Kapitel finden sich Beispiele für das Stahlbetondach.

Bei der Aufstellung von Solaranlagen muß das Tragwerk des Daches mit den zusätzlichen Belastungen statisch nachgerechnet werden. Zusätzliche Lasten entstehen aus dem Eigengewicht der Kollektoren und der Unterkonstruktion sowie den auftretenden Wind- und Schneelasten. Diese sind nach DIN 1055 T4 und T5 zu berücksichtigen. (Siehe dazu auch Kapitel „Freiaufstellung von Sonnenkollektoren")

Für die Montage der Solaranlage auf dem Flachdach gibt es zwei Möglichkeiten:

1. Befestigung der Kollektoren auf Betonkonsolen, die lose auf der Dachhaut aufliegen
2. Befestigung der Kollektoren über eine Unterkonstruktion am Tragwerk des Daches

Befestigung auf Betonkonsolen

Bild 4.2.30: Betonkonsole zur „losen" Montage der Kollektoren auf die Dachhaut (die Dachhaut ist zu schützen) (G3)

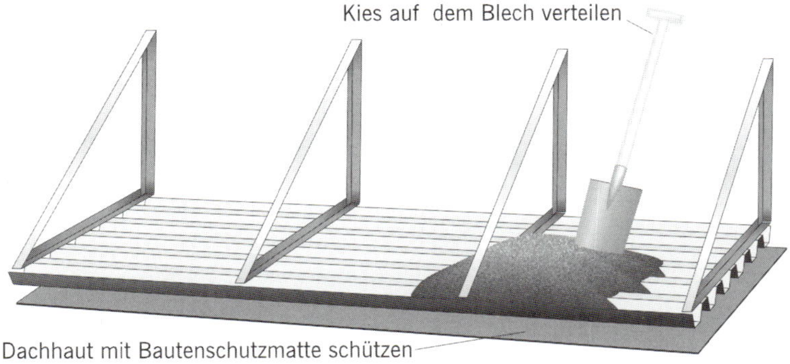

Bild 4.2.31: Trapezblech als Kieswanne (G3)

Diese Art der Befestigung ist nur möglich, wenn die Dachhaut durch eine druckverteilende Schutzauflage (z.B. Kiesschüttung) vor Beschädigung geschützt wird. Weiterhin muß die Wärmedämmung druckfest genug sein, um die auftretenden Flächenpressungen (resultierend aus Eigen-, Wind- und Schneelast) ohne Verformung aufnehmen zu können. Die Betonkonsolen müssen in Anzahl und Abmessungen so dimensioniert werden, daß ausreichend Sicherheit gegen Verschieben oder Kippen der Kollektoren gewährleistet ist.

Bild 4.2.32: Solaranlage Uni Magdeburg - Unterkonstruktion der Freiaufstellung (B32)

Bild 4.2.33: Kleines Feld der Solaranlage Uni-Magdeburg (B32)

Vermeidung von Wärmebrücken

Zur Vermeidung von Wärmebrücken bei der Montage von Stützrohren an die Dachkonstruktion kann folgende Konstruktion (siehe Zeichnung auf der Folgeseite) zum Einsatz kommen. Das Stahlrohr zur Aufnahme der Gestellkonstruktion wird auf eine Wärmedämmung aus Schaumglas und dann in den Beton geschraubt.

Folgende Seiten Bild 4.2.34 – 4.2.35: Details zur Befestigung und Rohrdurchführung bei Flachdächern (G3)

Befestigung von Stützrohren auf Flachdächern in Betonkonstruktion

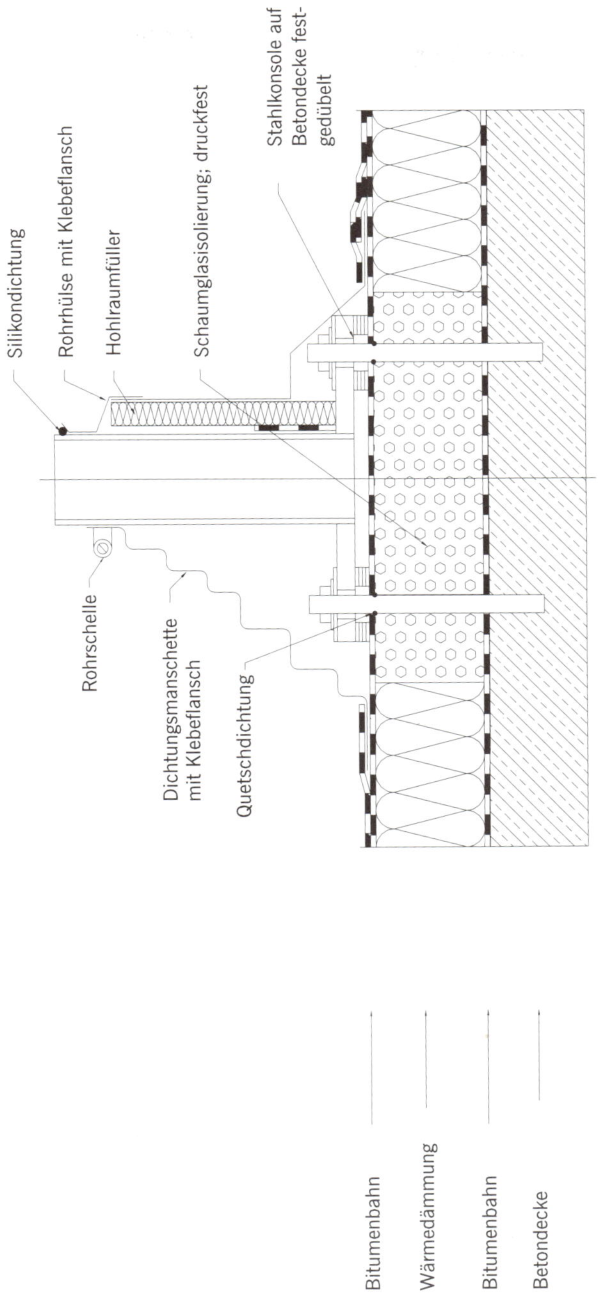

Rohrdurchdringung durch ein
Dach mit Bitumenbahnen

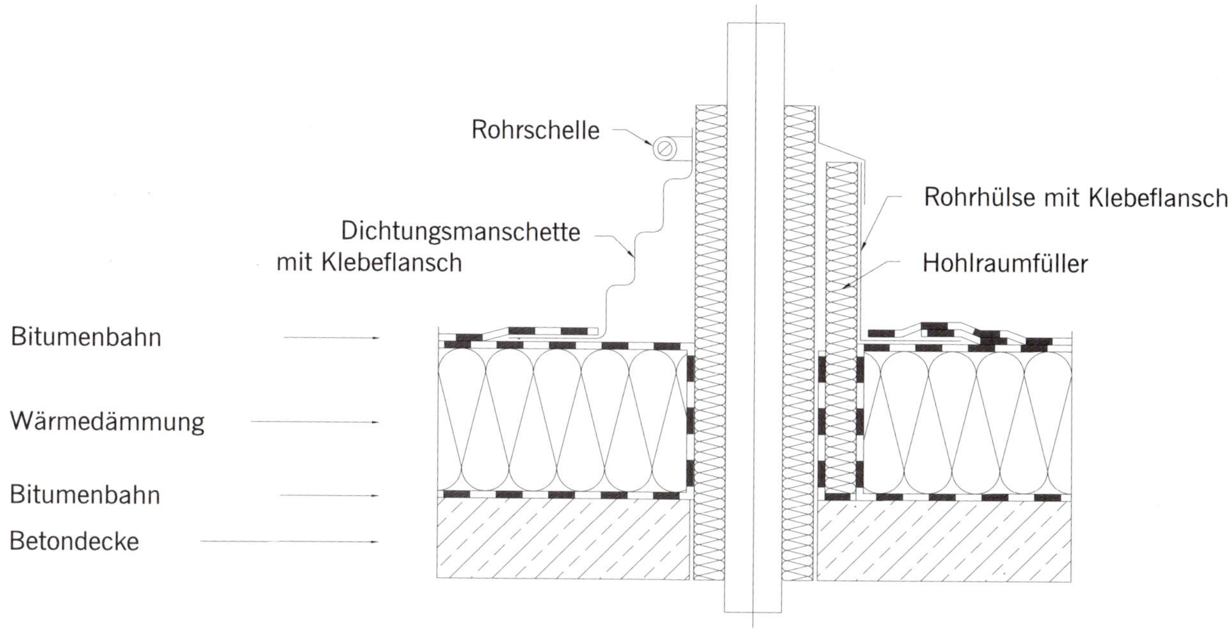

4.2.5. Fachaufsatz fassadenintegrierte Kollektoren

Dieser Artikel basiert auf Texten aus dem Artikel „Vorteile fassadenintegrierter Kollektoren“ von Gebhard Bertsch, DOMA Solartechnik /AEE [69] sowie verschiedene Fotos des gleichen Autors.

Solarenergie – ein Trend im Aufschwung

Die thermische Nutzung der Sonnenenergie hat in Österreich ein Ausmaß angenommen, welches man vor fünf Jahren noch für vollkommen unmöglich gehalten hätte, besonders in Hinblick auf die Entwicklung der Preise für andere Energieträger. Auch in Deutschland und in der Schweiz entwickelt sich der Markt für thermische Solaranlagen mit jährlichen Zuwachsraten von über 30%.

Bild 4.2.36: Anspruchsvolle Bauten brauchen maßgeschneiderte Lösungen (B7)

Zu dieser höchst erfreulichen Entwicklung haben viele Faktoren beigetragen. Zu nennen sind sicher an erster Stelle die engagierten Fachleute in den einschlägigen Organisationen, wie z.B. der ARGE Erneuerbare Energie in Österreich. Sie konnten viele engagierte Umweltschützer für die Montage von Kollektoren gewinnen, was letztlich der Grund für die Politik war, diese sinnvolle Nutzung der Solarenergie zu unterstützen. Dies wiederum hatte die eigentliche Breitenwirkung zur Folge. Waren es am Anfang engagierte Idealisten, welche die Solarenergie nutzten, so kamen dann Kalkulatoren aus der Wirtschaft dazu, die neben den ökologischen Vorteilen auch konkrete Energiekosteneinsparungen erwarteten.
Ein großer Teil der professionellen Planer hielt sich jedoch, was die Einbindung der thermischen Solarenergie betraf, in zahlreichen Fällen, vielfach aus rein gestalterischen Gründen, lange zurück. Ein Punkt, der für die Idealisten kaum nachvollziehbar war.

Bild 4.2.37: Niedrigenergiehäuser in Badschuus – Österreich (B7)

Ästhetik am Bau – Bremse und Antrieb

Über zahlreiche Kontakte mit Architekten und anspruchsvollen Planern und Bauherren wurde insbesondere bei modernen Pultdachbauten, bei der Sanierung von, für die Nutzung der Solarenergie nicht optimal ausgerichteten Altbauten oder bei Flachdächern, wie sie vor allem bei Gewerbebetrieben vielfach gewählt wurden, vergeblich nach ansprechenden Lösungen für die Nutzung der Solarenergie gesucht.
Die Montage der Kollektoren auf Gestellen am Flach- oder Pultdach, aufwendige Umplanungen für ungünstig ausgerichtete Giebeldächer im Sanierungsfall oder die externe Aufstellung, stellten in der Vergangenheit ein Hindernis zur Verbreitung der Nutzung der Solarenergie dar. Inzwischen ist die Solartechnik soweit gediehen, daß auch nicht optimal ausgerichtete Kollektoren gerade im Einfamilienhausbau genügend Energieausbeute bringen.
So können auch nicht optimal geneigte oder ausgerichtete Häuser durch den Einbau fassadenintegrierter Kollektoren die Sonnenenergie nutzen, während zugleich ein neues Gestaltungselement für die Fassade bereitgestellt wird.
Die technischen Fortschritte bringen neue Möglichkeiten mit sich. Die ausschließliche Verwendung der Sonnenenergie für die Trinkwassererwärmung ist angesichts der Leistungsfähigkeit moderner Kollektoren nicht mehr zeitgemäß. Wer heute eine Solaranlage plant, für den sollte der Einsatz der Solarenergie zur Unterstützung der Gebäudebeheizung selbstverständlich sein.

Bild 4.2.38: Wohnhaus in Zierl, Tirol – Österreich (B7)

Vorteile fassadenintegrierter Kollektoren für Mensch und Umwelt

- Fassadenintegrierte Kollektoren sind in der Regel maßgeschneidert.Eine „Fließbandproduktion" ist nicht möglich, hier ist der Handwerker vor Ort gefragt. Die Wertschöpfung bleibt in der Region.
- Die Mehrkosten der maßgeschneiderten Produktion, die bei 10% - 15% liegen, werden durch die zu erzielenden Einsparungen mehr als wettgemacht.
- Bei der herkömmlichen Dachintegration spart der Hausherr Dachsteine im Bereich der Kollektorfläche, wodurch eine Kostenreduktion von ca. 50 DM je Quadratmeter möglich ist. Noch größer ist der Einsparungseffekt bei fassadenintegrierten Kollektoren. Schon herkömmliche Fassadenaufbauten und -flächen kosten 150 DM je Quadratmeter. Bei aufwendigeren Fassaden, etwa Aluminiumverkleidungen von Gewerbebauten, sind die möglichen Einsparungen oft um ein Vielfaches höher. Die Dämmung des Kollektors kann die Funktion der Wärmedämmung für die Fassade übernehmen.
- Die Folgekosten bei regulären Fassadenerneuerungen sind entsprechend geringer, da Glas nicht verwittert und nach einer einfachen Reinigung wie neu aussieht.
- Die Kollektoren werden von verschiedenen Anbietern bereits im Werk nach Maß mit integrierten Verrohrungen angefertigt. Damit werden Fehlerquellen ausgeschaltet und ein großer Teil Handarbeit vor Ort eingespart. Vor allen Dingen jedoch wird eine optisch einwandfreie Ausführung erreicht.

Anforderungen an fassadenintegrierte Kollektoren

Bild 4.2.39: Klimahäuser in Koblach – Österreich (B7)

Viele Architekten unterstützen den Kunden in seinem Wunsch, die Sonnenenergie zu nutzen oder geben den entscheidenden Impuls zur Realisierung von Kollektoranlagen. Moderne Konzepte zur Integration der Kollektoren in das Gebäude machen aus einem „Anschlag auf die Ästhetik am Bau" eine zusätzliche gestalterische Möglichkeit. Hier müssen fassadenintegrierte Kollektoren natürlich besondere Anforderungen erfüllen.
Der Kollektor in der Fassade ist sichtbar. Verarbeitungsfehler, verbogene und unebene Absorberplatten oder -finnen sind bei dieser Art der Anwendung nicht erwünscht. Ebenso ist eine perfekte Verglasungstechnik bei der Fassadenintegration unabdingbar. Außerdem muß der Thematik der Verschattung bei dicht stehenden Objekten gerade bei Fassadenkollektoren genaue Beachtung geschenkt werden.
Den insgesamt deutlich gestiegenen Qualitätsansprüchen, nicht nur von Architekten und Bauherren, muß in der Solartechnik generell und konsequent entsprochen werden. So wird die Zukunftsvision Realität: die Selbstverständlichkeit der Installation einer Solaranlage beim Hausbau, wie der Einbau von Türen und Fenstern.
Einzelne Anbieter können mittlerweile Kollektoren in jeder Größe, in zahlreichen Formen und bei Inkaufnahme einer geringeren Leistungsfähigkeit sogar in verschiedenen Farben liefern.

Bild 4.2.40: Fassadenkollektor in Oberstdorf im Allgäu – Deutschland (B7)

Leistungsfähigkeit fassadenintegrierter Kollektoren

Auf eine nach Süden mit einem Aufstellwinkel von 90° ausgerichtete Fläche wird der Wert der eingestrahlten Sonnenenergie ca. 60% des Wertes einer ebenfalls nach Süden ausgerichteten Fläche mit einem Aufstellwinkel von 35° betragen. Im Winterhalbjahr reduziert sich der Verlust auf 15%, da die tiefstehende Sonne nur geringe Reflexionsverluste am Kollektor verursacht. Im Sommer entstehen an fassadenintegrierten Kollektoren höhere Reflexionsverluste. Da bei Solaranlagen zur Unterstützung der Raumheizung oder bei Anlagen mit hohen Deckungsgraden im Sommer oft nicht nutzbare Energieüberschüsse erzielt werden, kann die Minderung der solaren Erträge durch die Fassadenintegration im Sommerhalbjahr in den meisten Fällen akzeptiert werden, ohne das weitere Maßnahmen nötig sind. Eine Alternative ist, im Bedarfsfall die Kollektorfläche zu vergrößern. Durch die Einsparungen an konventioneller Fassadenkonstruktion zieht dies keine erhebliche Verteuerung der Anlage nach sich. Durch den Einbau in die Fassade wird sich aufgrund der Reflexionsverluste im Sommer zudem eine niedrigere Maximaltemperatur in den Kollektoren einstellen, als dies bei der Realisierung mit einem Aufstellwinkel von beispielsweise 40° der Fall wäre. Da fassadenintegrierte Kollektoren in vielen Fällen als Gestaltungselement dienen, wird sich die Größe des Kollektorfeldes an den Anforderungen des Gebäudes und weniger an der exakten Dimensionierung der Anlagen orientieren.

Bild 4.2.41: Wohn- und Geschäftshaus in Rottenburg der Firma ECONSULT (B8)

4.3 Kollektorfeld

4.3.1 Beispiele zur Dimensionierung des Kollektorfeldes

Den Berechnungen folgend, wird die Größe des Kollektorfeldes gemäß Kapitel 2.9 ausgelegt. Aus den einzelnen Kollektoren werden Kollektorreihen oder Kollektorstränge und aus diesen schließlich das Kollektorfeld (die Kollektorfelder) aufgebaut.
Neben den Aufstellbedingungen für die einzelnen Kollektoren spielt die Durchströmung der Kollektoren eine entscheidende Rolle. Im Kollektorkreis wird zwischen Low-Flow-, High-Flow- und Matched-Flow-Anlagen unterschieden. Diese Konzepte werden nach der Beschreibung der Kollektorverrohrung und deren Auswirkungen auf das Kollektorfeld vorgestellt.

Beispiele zur Vorauslegung

Vorwärmanlage in Mehrfamilienhäusern (***MFH***) (3 Personen pro Wohnung, Verbrauch pro Wohnung 30 l - 70 l/d (60°C)):

$$\frac{\textit{0,15 - 0,33 m}^2\textit{ Kollektorfeld}}{\textit{Person (in MFH)}}$$

oder

$$\frac{\textit{1m}^2\textit{ Kollektorfeld}}{\textit{70 Liter Warmwasserverbrauch 60 °C (d)}}$$

Bezug jeweils Flachkollektoren (Standort mit ca. 1050 kwh/m^{2}a Einstrahlung bei einem Aufstellwinkel von 40°, Südausrichtung), bei Vakuumröhren bzw. bei Abweichungen der Einstrahlung gemäß dem Planungskapitel umrechnen.

Mehrfamilienhaus mit 12 Wohnungen (***WE***), belegt mit durchschnittlich 3 Personen (= 36 Personen), gemessener Wasserverbrauch pro ***WE*** 70 l/d (60°C):

Warmwasserverbrauch pro Person:

70 l/d WE / 3 Personen = 16,67 l/d Person

Warmwasserverbrauch gesamt:

70 l/dWE x ***12 WE = 840 l/d***

Auslegung Vorwärmanlage:

$$0{,}33\ m^2\ \textit{Kollektor/Person}\ \times\ 36\ \textit{Personen} = 11{,}9\ m^2$$

$$1\ m^2\ \textit{Kollektor}\ /\ 70\ l/d\ \times\ 840\ l/d\ /\ 70\ l/d\ = 12\ m^2$$

Die Abweichung im Ergebnis ensteht durch Rundung.

Die daraus resultierende Anlage kann in diesem Zusammenhang sollte als Anlage mit einem Trinkwasserspeicher ausgeführt werden (vgl. Kapitel 3.1).

Anlage mit mittlerer Deckung (in Abhängigkeit der gewünschten Deckung und des tatsächlichen Verbrauchs):

$$\frac{0{,}5 - 1\ m^2\ \textit{Kollektorfeld}}{\textit{Person}}$$

oder

$$\frac{1 m^2\ \textit{Kollektorfeld}}{50\ \textit{Liter Warmwasserverbrauch}\ 60\ °C\ (d)}$$

Tagesverbrauch 8000 Liter Warmwasser (60°C), kontinuierlich.

$$\frac{8000\ \textit{Liter}}{50\ \textit{Liter}} = 160\,m^2\ \textit{Kollektorfeld}$$

Die Ergebnisse dieser Berechnungen sind Näherungswerte und dienen der Größenabschätzung, die exakten Zahlen für die Planung sind mit einem Simulationsprogramm zu errechnen.

4.3.2 Verschaltung von Kollektor und Kollektorfeld

Kollektorverrohrung

Bei der Verrohrung der einzelnen Kollektoren soll eine gleiche Durchströmung der einzelnen Kollektoren erreicht werden. So können alle Kollektoren ihre volle Leistung an die Sammelleitungen abgeben, sogenannte Totzonen (aufgrund fehlender Durchströmung ungenutzte Bereiche in den Kollektoren) werden vermieden.

Konventionelle Parallelverschaltung der Kollektoren:

In der Heizungstechnik wird eine gleichmäßige Durchströmung von Heizkörpern durch den Einsatz eines Tichelmannrings erreicht.

Bei Verwendung eines Tichelmannrings ergeben sich für alle Kollektoren gleiche Längen für Vor- und Rücklauf der Rohrleitungen. Die Zuleitungen aller Kollektoren unterliegen somit den gleichen Druckverlusten, und die Durchströmung erfolgt gleichmäßig.

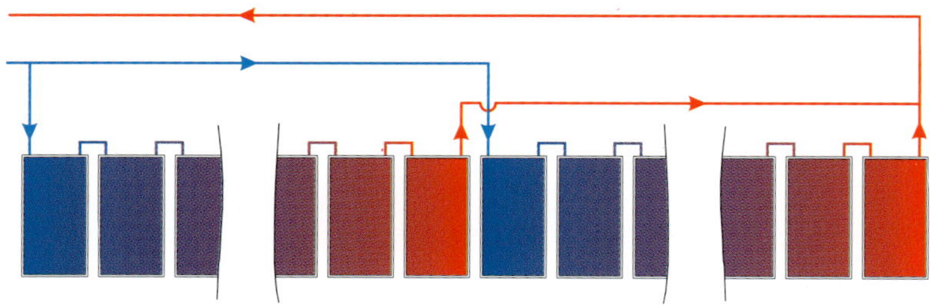

Bild 4.3.1: Kollektoren parallel in Reihe verschaltet (nach Tichelmann)

Um Kosten und unnötige Wärmeverluste zu vermeiden, können Kollektoren auch ohne Verwendung eines Tichelmannrings parallel oder seriell verrohrt werden:
Die folgenden Grafiken und Beschreibungen vermitteln einen Überblick über die verschiedenen Verrohrungen von Kollektorsträngen.

Variante A

Bild 4.3.2: „Große“ Kollektoren in Reihe verschaltet

„Große“ Kollektoren (6 –12 m² effekt. Absorberfläche) mit Harfenabsorbern in Reihe verschaltet. Die Durchströmung erfolgt in den einzelnen Kollektoren durch z.B. 10 parallele Rohre mit je 8 –10 mm Durchmesser. Durch jeden Kollektor fließt die gesamte Durchflußmenge des Kollektorstrangs.

In jedem Kollektor steigt die Temperatur diagonal von links nach rechts um einen Betrag entsprechend folgendem Verhältnis:

$$\textit{Temperaturanstieg pro Kollektor} = \frac{\textit{Temperaturanstieg im Kollektorstrang}}{\textit{Anzahl der Kollektoren im Strang}}$$

Die Druckverluste der einzelnen Kollektoren werden addiert. Der Druckverlust der internen Kollektorsammelleitung darf max. 30% des Druckverlustes in jedem Absorberrohr betragen.

Variante B

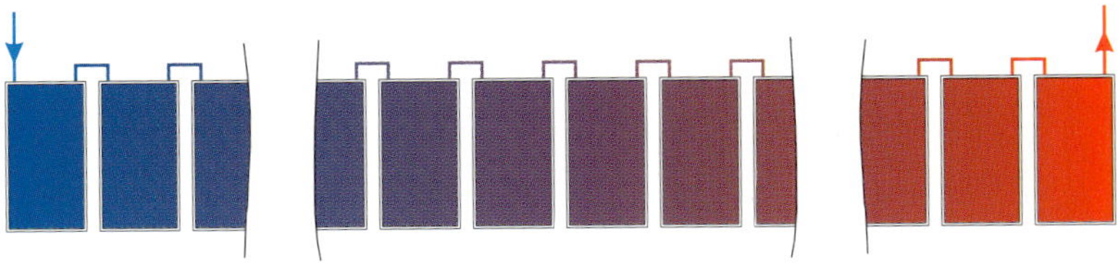

Bild 4.3.3: Kleine Kollektoren in Reihe verschaltet

Wie Variante A, jedoch mit „kleinen" Kollektoren. Die Absorberstreifen im Kollektor sind parallel und seriell verschaltet. Der Druckverlust in den einzelnen Kollektoren ist daher bei gleicher betrachteter Absorberstreifenlänge aufgrund der internen Verschaltung der Kollektoren erheblich höher.

Variante A im Beispiel

In einem Kollektor mit einer effektiven Absorberfläche von 6 m^2 werden 10 Absorberstreifen mit einem Rohrdurchmesser von 8 mm und einer Rohrlänge von 6 m parallel verschaltet. Durch den Kollektor fließt ein Volumenstrom von 180 l/h. Auf jeden Absorberstreifen entfallen so 18 l/h, auf 6 m Rohrlänge wird sich ein entsprechender Druckverlust einstellen.

Variante B im Beispiel

Um die gleiche effektive Absorberfläche wie im Beispiel zu Variante A zu erreichen, werden drei Kollektoren mit je 2 m^2 effektiver Absorberfläche in Reihe geschaltet. In jedem dieser Kollektoren werden 5 Absorberstreifen zunächst parallel und dann mit 5 weiteren, ebenfalls parallel verschalteten Absorberstreifen in Reihe geschaltet. Jeder Absorberstreifen besitzt einen Rohrdurchmesser von 8 mm und eine Rohrlänge von 2 m. Um einen Kollektor zu durchfließen, muß das Wärmeträgermedium demnach 4 m Rohrlänge überwinden, d.h. beim Durchfluß durch alle drei Kollektoren 12 m. Auch die drei kleinen Kollektoren werden von einem Volumenstrom von insgesamt 180 l/h durchflossen. In jedem Kollektor verteilen sich 180 l/h auf 5 Absorberstreifen, wodurch jeder Absorberstreifen von 36 l/h durchströmt wird.
Zur Berechnung des Gesamtdruckverlustes werden so 12 m Rohr mit 8 mm Durchmesser von einem Volumenstrom von 36 l/h je Rohr durchflossen. Der Gesamtdruckverlust ist entsprechend höher als im Beispiel der Variante A.

Variante C

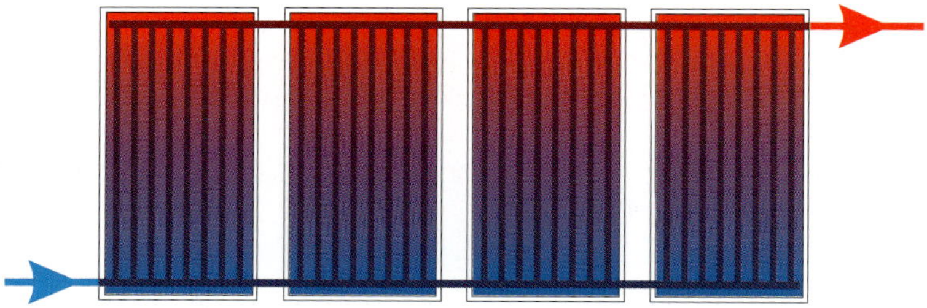

Bild 4.3.4: Parallel verschaltete Kollektoren mit Absorber in Harfenform

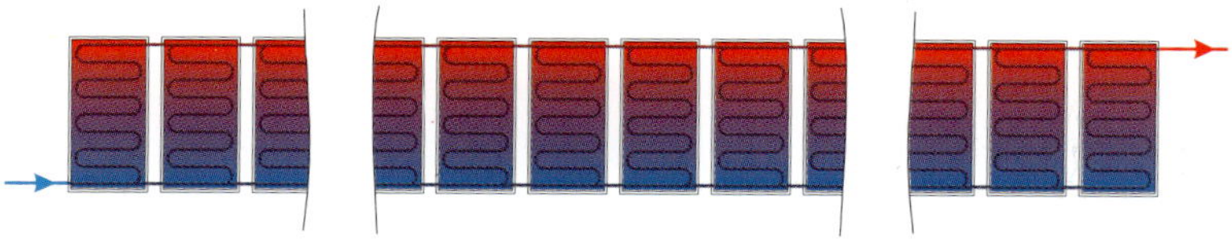

Bild 4.3.5: Parallel verschaltete Kollektoren mit Absorbern in Mäanderbauform

Hier werden mehrere Kollektoren mit mäanderförmigem Absorber oder parallelen Absorberfinnen parallel geschaltet. Die Durchströmung erfolgt in den einzelnen Kollektoren durch ein oder mehrere Rohre des Durchmessers 8 – 10 mm. Durch jeden Kollektor fließt ein gleich großer Teilstrom des Kollektorstrangs. In jedem Kollektor steigt die Temperatur von unten nach oben, von der Strangeintritts- zur Austrittstemperatur.

Die Druckverluste der einzelnen Kollektoren addieren sich nicht, die Druckverluste der Sammelleitungen dagegen schon. Der Druckverlust in den einzelnen 8 – 10 mm Rohren darf max. 30% des Druckverlustes der internen Sammelleitung in den Kollektoren betragen. Dabei muß der Druckverlust in den einzelnen Kollektoren mindestens um Faktor drei höher sein als in den Verteil-/Sammelleitungen von Beginn bis Ende des Kollektorstranges.

Bei der Auslegung als Low-Flow-Anlage ist aufgrund der geringen Durchflüsse im einzelnen Kollektor und der damit verbundenen verringerten Wärmeübertragung die Eignung der eingesetzten Kollektoren beim Hersteller zu erfragen. Die Beschreibung der Low-Flow-Varianten finden Sie in Kapitel 4.3.3.

Kollektorfeld

Die Kollektoren werden parallel oder in Reihe zu Kollektorsträngen und dann zu einem Kollektorfeld verschaltet.
Hierbei wird der Umfang der Reihenschaltungen durch die internen Verschaltungen der Kollektoren (Verhältnis der Druckverluste in den Absorberfinnen und Verteilern) und die Höhe des Gesamtdruckverlustes begrenzt.

Der Druckverlust des gesamten Kollektorfeldes sollte die in der Tabelle aufgelisteten Werte nicht überschreiten:

Kollektorfeld [m^2]	Druckverlust [kPa]	Druckverlust [mbar]	Druckverlust [mWs]
50	30	300	3
200	60	600	6
500	80	800	8
1000	100	1000	10

Tabelle 4.3.1: Kollektorfeldgröße und Druckverluste

Größere Reihenschaltungen sind aufgrund der höheren Druckverluste (und der daraus resultierenden hohen Pumpenleistung) sowie der Strömungsverteilung in den Kollektoren (interne Verschaltung der Kollektoren) nicht zu empfehlen.

Wird die Solaranlage als Dampfkessel betrachtet und entsprechend den Bedingungen für Dampfkessel der Gruppe III geplant, gelten folgende Bestimmungen: Dampfkessel der Gruppe III beinhalten im Kollektorfeld zwischen 10 und 50 Litern Flüssigkeit. Bei der Verwendung von Kollektoren mit zugelassener Bauart können diese Anlagen ohne die Abnahme durch einen Sachverständigen in Betrieb gehen. Die Errichtung einer Anlage der Gruppe III ist gemäß §12 Abs.4 Dampfkesselverordnung bei den für die Gewerbeaufsicht zuständigen Behörden anzuzeigen. Zuständig in den einzelnen Bundesländern sind die Arbeitsministerien oder Landesämter für Arbeitsschutz und technische Sicherheit (Adressen im Anhang).
Kollektorfelder mit einem Wärmeträgergesamtvolumen >50l benötigen ebenfalls keine Abnahme durch einen Sachverständigen. Für solch eine Anlage sind die Felder wie folgt zu verschalten:
In einem Kollektorfeld mit einem gesamten Wärmeträgerinhalt >50l dürfen einzelne Feldteile oder Kollektorstränge max. 50 Liter Wärmeträgerinhalt besitzen, sie sind absperrbar zu gestalten (wenn möglich Kappenventile verwenden) und jeweils mit einem Sicherheitsventil zu versehen.

Ein Kollektorfeld besteht aus 50 Kollektoren mit einem Wärmeträgerinhalt von je 1,2 Liter (= 60 Liter). Zusätzlich enthalten die Verbindungsleitungen des Kollektorfeldes 15 Liter Wärmeträgermedium. Das daraus resultierende Gesamtvolumen wird in zwei Sicherheitsgruppen zu je 25 Kollektoren aufgeteilt. Es sind zwei Sicherheitsventile und vier Absperreinrichtungen im Kollektorfeld erforderlich.

Wird die Solaranlage als Dampfkessel aufgefaßt und nicht gemäß Gruppe III oder Gruppe II (vergl. Kap. 3.5.) ausgeführt, so fällt sie bei einem Überdruck >1bar und einem Gesamtinhalt im Kollektorfeld >50 Liter in die Gruppe IV. Anlagen der Gruppe IV müssen in Gegenwart eines Sachverständigen in Betrieb genommen werden. Sie unterliegen zudem wiederkehrenden Prüfungen und benötigen einen Kesselwärter. Dies erhöht die betriebsgebundenen Kosten erheblich. Die Anlagen sollten daher möglichst gemäß Gruppe III ausgeführt werden.

Bitte beachten Sie die aktuellen Änderungen bezüglich der Einstufung von Solaranlagen als Dampfkessel in Kap 3.5.

Bei allen Verschaltungen mehrerer Kollektorreihen oder Kollektorsträngen zu Kollektorfeldern sollte der Einbau von Absperr- und Sicherheitseinrichtungen zu Wartungs- und Reparaturzwecken berücksichtigt werden. So ergeben sich Aufbauten für die Kollektorfelder wie in Bild 4.3.6.

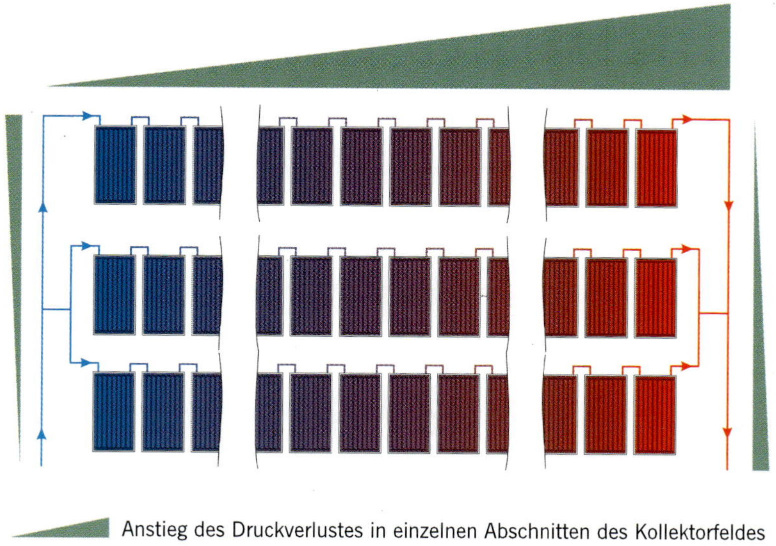

Bild 4.3.6: Kollektorfeld mit einzelnen Kollektorsträngen

In dem in Bild 4.3.6 gezeigten Feld wird sich in jedem Kollektorstrang eine gleiche Durchströmung einstellen, wenn der Gesamtdruckverlust in der Vorlaufverteilleitung und der Rücklaufsammelleitung nicht mehr als 30% der Druckverluste jedes einzelnen Kollektorstrangs beträgt.
Bei der Berechnung der Druckverluste in den Vorlauf- und Rücklaufleitungen sind die unterschiedlichen Durchflußmengen im Verlauf der Verteil-/Sammelleitungen des Gesamtfeldes zu beachten!

4.3.3 Durchflußvarianten im Kollektorfeld/-kreis

Low Flow steht für geringen Durchfluß, d.h. für eine spezifische Durchströmung der Kollektoren von 10–15 l/hm². Durch die entstehenden, höheren Temperaturen im Kollektorfeld kann aufgrund der höheren Wärmeverluste der Kollektorertrag sinken. Diese Variante wird zur schnellen Erzeugung hoher Temperaturen für Anlagen mit Schichtladespeichern und im Bereich kleinerer Anlagen zur Heizungsunterstützung eingesetzt.
Dort ist das Ziel über die Verringerung der Laufzeiten des Heizkessels den solaren Deckungsgrad zu erhöhen, sowie über die Verringerung der Kessellaufzeiten die höheren Wärmeverluste im Kollektorkreis auszugleichen und damit den Systemertrag zu steigern. Bei diesen Konzepten ist eine Abstimmung von Solar- und Heizkesselregelung unbedingt erforderlich.
In größeren Anlagen wird dieses Konzept aufgrund der möglichen Einsparungen bei den Rohrleitungen, Pumpen und Wärmetauschern eingesetzt. Durch die niedrigen Systemtemperaturen in den Vorwärmanlagen wirkt sich die erhöhte Kollektortemperatur nur gering auf die Erträge des Kollektorkreises aus.

Auslegung Low Flow:

$$\frac{10\text{ - }15\ \text{Liter}}{m^2_{\text{Kollektorfeld}}\ h}$$

Bei einer max. Leistung von 600 W/m² (Kollektorleistung inkl. Verluste, vergl. auch Kapitel 4.5), einer Wärmekapazität von 3,7 kJ /kgK (Beispiel eines Glykol/ Wassergemischs 40% / 60%) ergeben sich im Kollektorkreis Temperaturspreizungen von 39 K – 58 K zwischen Kollektorkreisvor- und rücklauf. Diese Auslegung als sog. Low-Flow-Anlage eignet sich für die Mehrzahl der größeren Anlagen.
In High-Flow- (hoher Durchfluß) Kollektorkreisen wird durch den höheren Durchfluß und den daraus resultierenden höheren Wärmekapazitätsstrom eine geringere Temperaturspreizung zwischen Kollektorkreisvor- und rücklauf erreicht. Der höhere Durchsatz macht eine größere Dimensionierung der Rohrleitungen erforderlich. Aufgrund der niedrigeren Anlagentemperatur können die solaren Erträge gegenüber einer Low-Flow-Auslegung vor allem bei Anlagen mittlerer Deckung leicht steigen. In Anlagen, in denen geringere Temperaturspreizungen und insgesamt niedrigere Temperaturen im Kollektor erwünscht sind, ergibt sich folgender Durchfluß:

$$\frac{25 - 40\ \text{Liter}}{m^2_{\text{Kollektorfeld}}\ h}$$

Hier ergibt sich eine Temperaturspreizung Vorlauf-Rücklauf von max. 15 K – 23 K.

Gesamtdurchsatz Kollektorkreis:

$$m^2_{\text{Kollektorfeld}}\ \frac{\text{Liter}}{m^2\ h} = \frac{\text{Liter}}{h}$$

Beispiel:
Größe des Kollektorfeldes = 100 m^2, der Durchsatz wird mit 15 l/h x m^2 gewählt:

$$100\ m^2\ \frac{15\ \text{Liter}}{m^2\ h} = 1500\ \frac{\text{Liter}}{h}$$

Bei Matched-Flow-Anlagen wird über die Regelung der Kollektorkreispumpe der Volumenstrom im Kollektor zwischen Low und High Flow variiert. Ziel ist dabei eine möglichst konstante Ladetemperatur für den Solarspeicher. Bei dieser Variante soll durch schnelles Erreichen hoher Temperaturen im Speicher ein Einschalten der Nachheizung vermieden werden. Die exakten Auswirkungen dieser Regelstrategie sind sehr stark systemabhängig. Die Regelung ist zudem komplexer als die einer High- oder Low-Flow Anlage. Der Einsatz einer Matched-Flow-Anlage sollte daher immer unter genauer Betrachtung der Auswirkungen dieses Regelungskonzeptes (z.B. durch TRNSYS / Smile Simulationen) im Einzelfall entschieden werden.

4.3.4 Dimensionierung der Verrohrung

Um einen energetisch sinnvollen Betrieb der Anlage zu ermöglichen, sollte der Druckverlust pro Meter Rohrleitung 1,5 mbar nicht übersteigen und die Strömungsgeschwindigkeit auf 0,5 m/s begrenzt werden.

Wird ein höherer Energieverbrauch für die Umwälzung des Kollektorkreises zugelassen und kann der Druckverlust im Kollektorkreis entsprechend größer werden, sollte die Strömungsgeschwindigkeit in den Rohrleitungen 1 m/s nicht übersteigen, um Geräuschbildung und Materialabtrag zu vermeiden.

Die erforderliche elektrische Pumpenleistung sollte 2% der Kollektorfeldleistung nicht überschreiten (bei 600 W / $m^2_{\text{Kollektor max.}}$ entspricht dies ca. 12 $W_{\text{elektrische Pumpenleistung}}$ / $m^2_{\text{Kollektorfeld}}$).
Als Werkstoffe für die Kollektorkreisverrohrung finden Cu-Rohr gemäß DIN EN 1057 (DIN 1786) oder nahtlose Stahlrohre gemäß DIN 2448 Verwendung.

Die Auslegung kann dem folgenden Nomogrammen (Nomogramme Wasserglykolgemisch) entnommen werden:

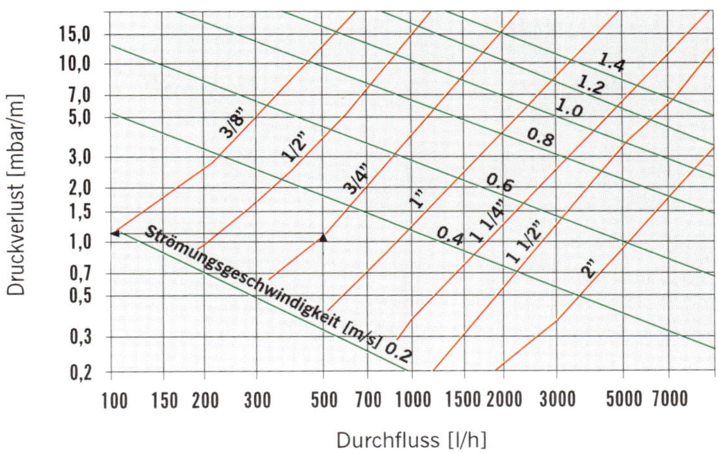

Druckverlust in Stahlrohr: 50% Wasser, 50% Glykol; 50°C

Diagramm 4.3.1: Druckverluste in Stahlrohr

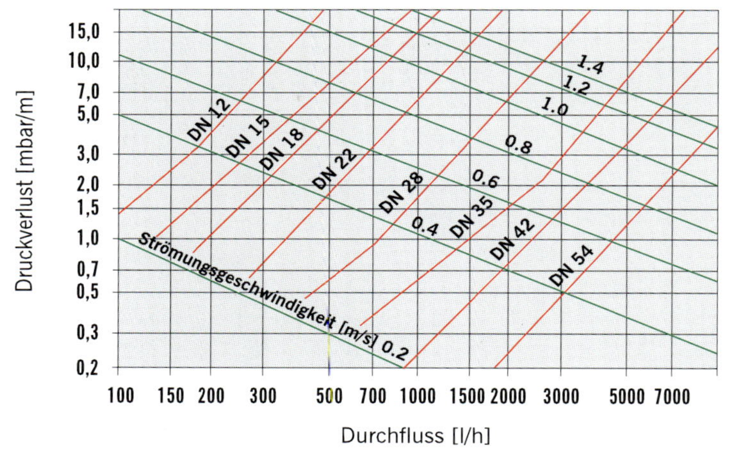

Druckverlust in Kupferrohr: 50% Wasser, 50% Glykol; 50°C

Diagramm 4.3.2: Druckverluste in Kupferrohr

Zur Vordimensionierung der Verteil-/Sammelleitung ist dieses grafische Verfahren sehr nützlich, bei der Berechnung der Hauptstränge kann auf die Rohrleitungsberechnungsfunktionen der Simulationsprogramme zugegriffen werden.

Zu den Druckverlusten in den Rohren müssen die entstehenden Druckverluste an Bogen, Formstücken und Armaturen addiert werden. Die typischen Druckverluste für Formstücke sind tabelliert, die Daten für Armaturen den Herstellerangaben zu entnehmen.

Werden neben den notwendigen Armaturen Schmutzfänger oder Volumenstromgeber in die Rohrleitungen eingebaut, ist unbedingt deren Druckverlust zu berücksichtigen. Schmutzfänger sollten vermieden oder nach einer Anlaufzeit aus der Anlage entfernt werden, da sie leicht verstopfen und zu Störungen führen können.

Kollektorfeld-größe [m^2]	Rohrdimension DN		
	High Flow 30 l / m^2h	Low Flow 15 l / m^2h	Low Flow 12 l / m^2h
20	25	15	15
30	32	20	20
50	40	25	25
80	50	32	32
130	65	40	32
160	65	50	40
200	80	50	50
250	80	65	50
300	100	65	65
400	100	80	65
500	125	80	80
750	150	100	100
1000	150	125	100

Tabelle 4.3.2: Rohrdimensionen für die Hauptstränge des Kollektorkreises DN (max. Strömungsgeschwindigkeit 0,5m/s)

Zur Berechnung der Druckverluste in den Kollektorsträngen werden die Druckverluste der einzelnen Kollektoren bei Reihenschaltungen addiert. In einem Kollektorstrang befinden sich 6 Kollektoren à 2 m^2 Absorberfläche (=12 m^2). Der Durchfluß im Kollektorfeld betrage 15 l / m^2h, weshalb der Durchfluß in diesem Strang bei 12 m^2x15 l / m^2h = 180 l / h liegt. Dieser Volumenstrom fließt durch jeden Kollektor. Aus dem Druckverlustdiagramm des Kollektors wird bei 180 l/h ein Druckverlust von 32mbar ermittelt. Da sich die Druckverluste bei der Reihenschaltung addieren, beträgt der Gesamtdruckverlust im Strang 6 x 32 mbar = 192 mbar.

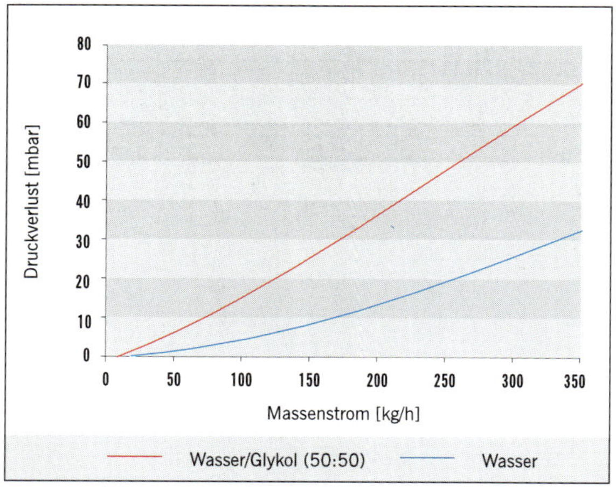

Diagramm 4.3.3: Druckverlustdiagramm eines Kollektors

Bei der Reihenschaltung von Kollektoren wird der Durchfluß jedes Kollektors erhöht. Unter Umständen erreicht der Durchfluß im einzelnen Kollektor turbulente Strömungsverhältnisse, wodurch die Wärmeübertragung verbessert und der Ertrag des Kollektors gesteigert werden kann. Parallel verschaltete Kollektoren sollten hingegen auf ihre Eignung für Low-Flow-Systeme geprüft werden, da der Durchfluß im Kollektor lediglich 15 l/m^{2}h beträgt (die Tests nach DIN 4757 T4 werden meist bei höheren Durchflüssen durchgeführt).

4.3.5 Dimensionierung der Pumpen

Die Pumpengrößen ergeben sich aus den Gesamtdruckverlusten der einzelnen Komponenten. Aus den entsprechenden Diagrammen der Pumpenhersteller werden Pumpen zur Überwindung der Druckverluste im Kollektorkreis bei einem gewünschten Volumenstrom ausgewählt.

Gesamtdruckverlust = Summe der Druckverluste der Kollektoren, Rohrleitungen, Wärmetauscher und Armaturen.

Für ein Kollektorfeld mit 100 m^2 Kollektorfläche in Low-Flow-Ausführung (Durchfluß 15l/m^{2}h) und einem Gesamtdurchfluß von 1500 l/m^{2}h wird eine Pumpe ausgewählt. Der Gesamtdruckverlust im Kollektorkreis betrage 30 kPa = 300 mbar = 3 mWs.

Aus der Kennlinie der Beispielpumpe ergibt sich unter Nutzung der Pumpenstufe I (höchster Wirkungsgrad der Pumpe) die erforderliche Pumpenleistung und die erforderliche elektrische Leistung der Pumpe.

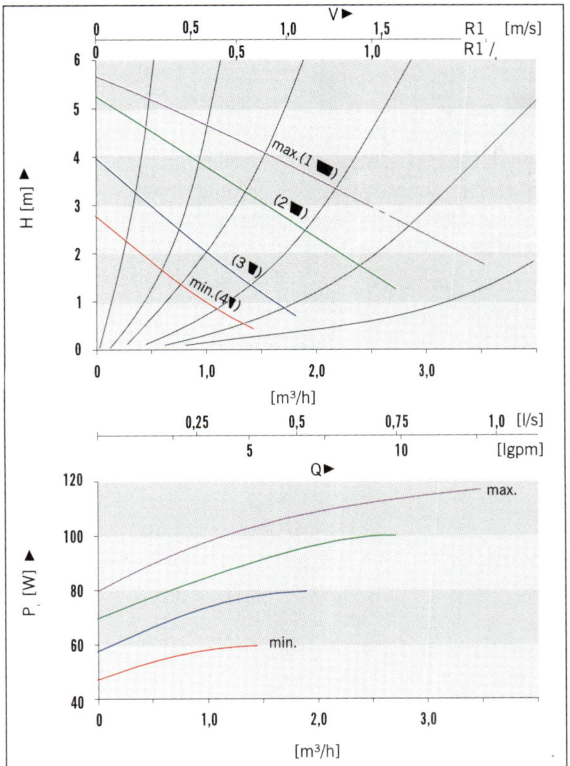

Kennlinien Wechselstrom Wilo-Spar-RS 25/70 r ;RS 30/70 r

Diagramm 4.3.4: Pumpenkennlinien nach WILO

Für die Verwendung von Pumpenberechnungsprogrammen sind bei einer Medientemperatur von 20°C folgende Werte für ein Tyfocor L (Frostschutz auf Propylenglykolbasis)/Wassergemisch anzunehmen:

Frostschutz [%]	**Dichte [g/cm³]**	**Viskosität [mm²/s]**	**Spez. Wärme [J/gk]**	**Dampfdruck [bar]**
35% Tyfocor	1,034	3,8	3,75	0,02
40% Tyfocor	1,038	4,1	3,68	0,02
45% Tyfocor	1,042	5,2	3,6	0,02

Tabelle 4.3.3: Daten von Wasser/Glykolgemischen. Weitere Frostschutzdaten und Berechnungsgrundlagen finden Sie im Anhang und auf der beiliegenden CD.

Die von Wasser deutlich abweichende Viskosität des Wärmeträgers ist bei der Dimensionierung der Pumpen zu berücksichtigen und mit den Angaben der Pumpenhersteller abzugleichen. Die errechneten Druckverluste werden in ausgeführten Anlagen aufgrund von Rohrleitungsanordnungen sowie Schweiß- oder Lötperlen in Rohrleitungen häufig überschritten. Auch in den Angaben der Kollektordruckverluste gibt es bedingt durch die Anschlußleitungen Ungenauigkeiten. Bei realisierten Anlagen wurden gegenüber genauen Berechnungen bis zu 20% höhere Druckverluste gemessen. Dies ist bei der Pumpendimensionierung unbedingt zu berücksichtigen.

Die Auslegungsdaten für die Berechnung der Pumpen des Speicherlade- und Entladekreises finden Sie in den Kapiteln 4.5 und 4.6.

4.4 Kollektorkreis

4.4.1 Anforderungen und Dampfbildung

In den heute üblichen Kollektoren werden Stillstandstemperaturen über 200°C erreicht, in Vakuumröhren bis zu 280°C. Die hohen Temperaturen entstehen bei Anlagenstillstand, d.h. bei Ausfall oder gewollter Abschaltung der Pumpe des Kollektorkreises.
Setzt sich die Anlage nach einer solchen Abschaltung bei hohen Temperaturen wieder in Betrieb, können im Kollektorkreis Temperaturen bis zu 130°C auftreten. Um die Anlage auch bei hohen Temperaturen sicher zu betreiben, wird im Kollektorkreislauf meist ein maximaler Druck von 6 bar zugelassen, bei Anlagen mit hohem statischen Vordruck auch 10 bar. Der Betriebsdruck liegt meist bei 0,5 - 0,8 bar oberhalb des statischen Vordrucks der Anlage, um ein Eindringen von Luft sicher auszuschließen. In einzelnen Planungen wurde der Betriebsdruck auf 4bar erhöht, um während des gesamten Anlagenbetriebs eine Verdampfung im Kollektorkreis zu vermeiden. Weitere Beschreibungen zum Anlagendruck finden Sie im Abschnitt „Ausdehnungsgefäße“.

Verdampfung im Kollektorfeld

Bei den hohen Stillstandstemperaturen der modernen Kollektoren ist eine Verdampfung nur bei einem Druck deutlich oberhalb von 10 bar auszuschließen. Da bei Solaranlagen mit marktüblichen Bauteilen bis PN10 gearbeitet wird, beschränken sich die Hersteller und Planer auf maximal 6 bar bzw. 10 bar Druck im Kollektorkreis. Bei 6 bar ist eine Verdampfung im Kollektorfeld daher möglich.

Wird die Solaranlage mit hohem solaren Deckungsgrad dimensioniert, so sollte wegen der langen Stagnationszeiten der Anlage folgendes beachtet werden: hohe maximale Betriebs- und Anlagenbetriebsdrücke führen zu einer Verdampfung des Wärmeträgermediums auf hohem Temperaturniveau. Dabei wird das gesamte Füllvolumen der Kollektoren einer hohen thermischen Belastung ausgesetzt. Konventionelle Glykolgemische können hierdurch beschleunigt altern. Daher sollten bei Anlagen mit langen Stillstandszeiten die maximalen Betriebsdrücke z.B. auf 4 bar festgelegt oder ein Wärmeträger mit einer hohen thermischen Belastbarkeit für Flach- und Vakkuumröhrenkollektoren gewählt werden.

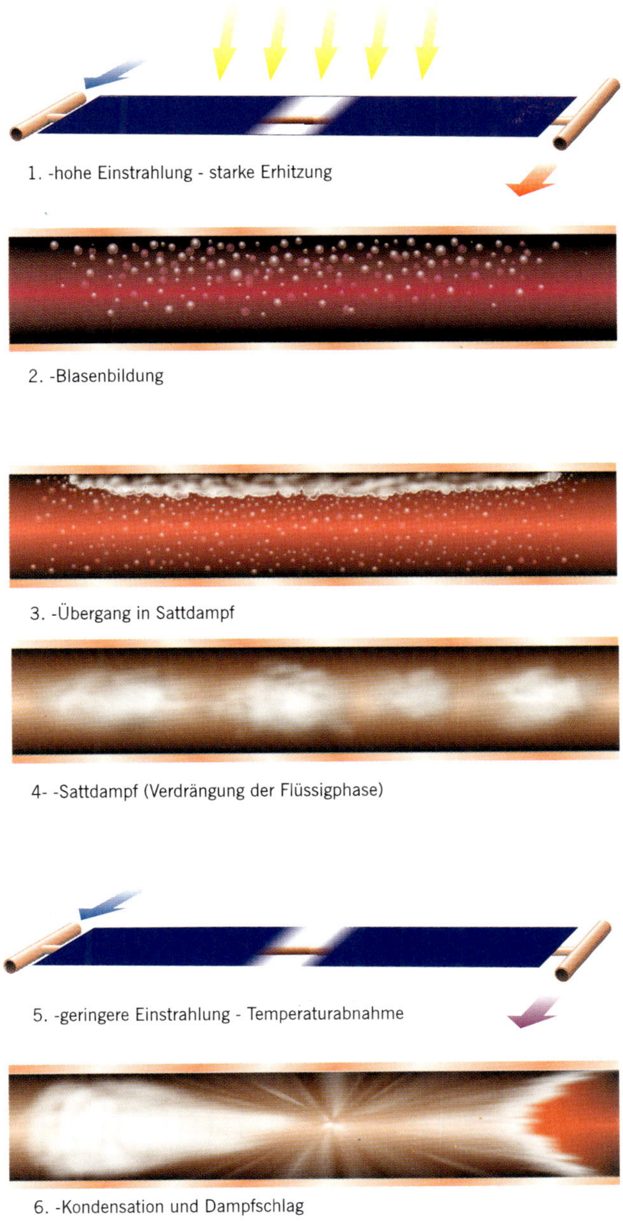

Bildfolge 4.4.1: Verdampfung und Kondensation im Absorber (G3)

Erläuterung zur Bildfolge Verdampfung:
In der Bildfolge ist ein Schnitt durch ein Absorberrohr eines Kollektors zu sehen. Nachdem sich zunächst im siedenden Wärmeträgermedium Blasen bilden, tritt bei einer weiteren Temperaturerhöhung das Medium an vielen einzelnen Stellen des Rohrs spontan in den Zustand des Sattdampfs über. Ein Teil des Wärmeträgermediums im Kollektor verdampft. Durch die Volumenvergrößerung des verdampften Anteils wird die gesamte Flüssigphase aus dem Kollektor und den Anschlußleitungen gedrängt. In diesem Zustand muß das Flüssigkeitsvolumen der Kollektoren und der Anschlußleitungen vom Kollektorkreis bzw. vom Ausdehnungsgefäß aufgenommen werden. Kühlt sich der Absorber am Abend oder aufgrund einer Verschattung der Kollektoren wieder ab, kondensiert der Dampf und verursacht dabei an vielen winzig kleinen Punkten in den Absorberrohren einen lokalen Unterdruck. Dieser Unterdruck beschleunigt die um ihn herum befindlichen Flüssigkeitstropfen, so daß diese auf die Rohrwandung prallen. Es entstehen Dampfschläge, die sich als Knacken im Rohr oder in einem Vibrieren der Rohrleitung bemerkbar machen.

Außerhalb der in der Dampfdruckkurve des Wärmeträgermediums beschriebenen Bedingung von Temperatur und Druck wird sich keine Dampfphase befinden.

Ein Glykol / Wassergemisch von 40% / 60% Volumenanteil wird z.B. bei einem Druck von 8 bar im Kollektorkreis ab einer Temperatur von ca. 170°C verdampfen. Unterhalb dieser Temperatur oder bei einem höheren Druck befindet sich das Wärmeträgermedium in der Flüssigphase.

Die Kollektoren sind auf diese Verdampfung und eine darauffolgende Kondensation des Wärmeträgermediums ausgelegt. Sie betrifft aufgrund der Temperaturverläufe im Kollektor und Kollektorkreis den gesamten Inhalt des Kollektors sowie eines Teilbereichs der Anschlußleitungen. Dieses Dampfvolumen muß bei der Berechnung von Ausdehnungsgefäßen berücksichtigt werden. Bei der Montage von Automatikentlüftern oder Sicherheitsventilen im Bereich der Dampfbildung muß die Gefahr durch Dampfaustritt unbedingt beachtet werden. Automatikentlüfter müssen daher geschlossen oder abgesperrt werden. Die Austrittsöffnungen von Sicherheitsventilen im Bereich einer möglichen Dampfbildung müssen so geführt werden, daß eine Gefährdung von Personen ausgeschlossen ist.

4.4.2 Rohrleitungen und Wärmedämmung

Im Kollektorkreis können Kupferrohre nach DIN EN 1057 (DIN 1786), Stahlrohre nach DIN 2448, Edelstahlrohre sowie Edelstahlwellrohre verwendet werden.

Kunststoffrohre sollten im Kollektorkreis nicht eingesetzt werden, da sie noch nicht mit einer Freigabe für Solaranlagen angeboten werden. Ebenso sprechen Wechselwirkungen zwischen Zink und dem Glykol des Wärmeträgermediums gegen die Verwendung von verzinktem Stahlrohr.

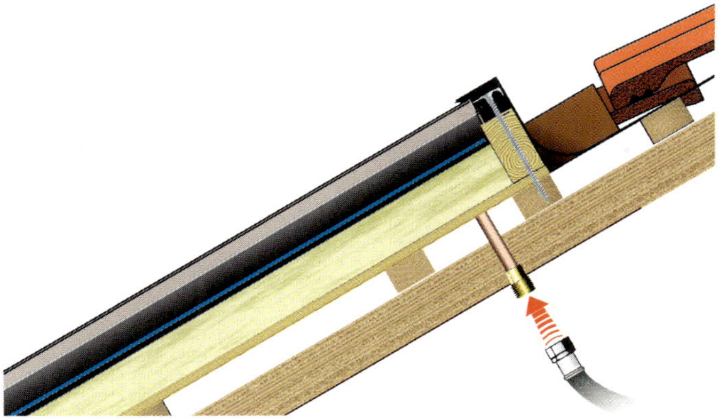

Bild 4.4.2: TK Kollektor: Anschluß Edelstahlwellschlauch an Verschraubung (G1)

Verbindungstechniken

Kapillarlötfittings, Preßfittings mit speziellem Dichtelement und Klemmringverschraubungen können auch im Kollektorkreis zum Verbinden von Kupferrohren eingesetzt werden. Dies gilt zum größten Teil auch für spezielle O-Ring-Dichtungen, flach- und konisch dichtende Verbindungen sowie weitere Verbindungstechniken und Rohrwerkstoffe. Alle Materialien müssen dabei temperatur-, druck- und glykolbeständig sein. Generell sind die Herstellerangaben bezüglich der Einsatzbereiche und -grenzen zu beachten.

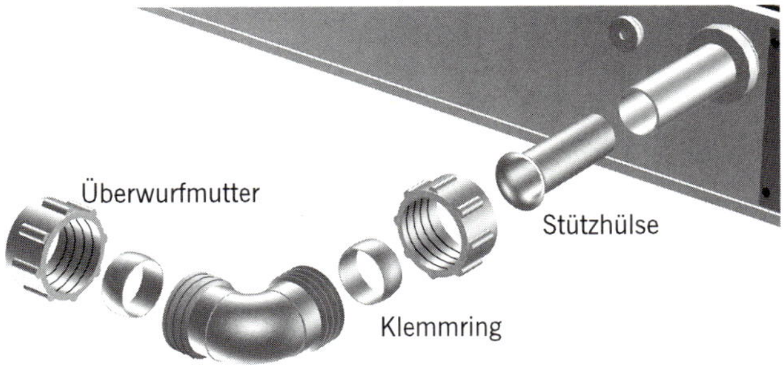

Bild 4.4.3: Klemmringverschraubung (B34)

Gewinde können mit Hanf eingedichtet werden, Teflonband ist für die Abdichtung nicht geeignet.

Löten und Schweißen

Vielfach werden in Solaranlagen sowohl die Kollektoren als auch der Kollektorkreis bei Verwendung von Kupferrohren weichgelötet. Nach DIN 4757 Teil 1 sind Verbindungen durch Schweißen oder Hartlöten jedoch zu bevorzugen. Geschweißte oder hart verlötete Verbindungen bieten auch bei den möglichen hohen Temperaturen ein hohes Maß an Sicherheit. Die Erfahrung in der Praxis und neue Untersuchungen bei Lotherstellern [34] zeigen allerdings, daß in Flachkollektoranlagen Weichlote durchaus Verwendung finden können.

Weitere Informationen zur Installation der Kupferrohre können dem DKI Informationsdruck i.158, „Die fachgerechte Kupferrohrinstallation" und i.160 „Die fachgerechte Installation von thermischen Solaranlagen" [24], [32] entnommen werden.

Wärmedehnung

Ein Meter Kupferrohr dehnt sich – unabhängig vom Rohrdurchmesser – bei einer Temperaturdifferenz von 100 K um ca. 1,7 mm. Da im Kollektorkreis durchaus mit Temperaturen zwischen winterlichen -25°C und über 170°C in Kollektornähe zu rechnen ist, muß die Wärmedehnung des verwendeten Rohrwerkstoffs unbedingt berücksichtigt werden. Berechnungsdaten für einige Werkstoffe können dem Anhang entnommen werden.

Befestigungen

Solaranlagen dürfen nicht an Gas- und Wasserleitungen befestigt werden und nicht als Träger für andere Leitungen oder Lasten dienen. In wasserführenden Leitungen muß die Befestigung außerdem den Schallschutz gewährleisten; in warmwasserführenden Leitungen muß die Wärmedehnung der Rohrleitungen berücksichtigt werden. Bei Auswahl und Anordnung der Rohrbefestigungen sind diese Anforderungen zu beachten.

Wärmedämmung des Kollektorkreises

Die Temperaturen >120°C im Kollektor und im Kollektorkreis erfordern abgestimmte Wärmedämmungen der Rohrinstallation. Im Außenbereich muß die Wärmedämmung zudem der UV-Strahlung, der Witterung und Vogelfraß widerstehen. In der Installation häufig verwendete Schaumwerkstoffe, die nur für Heizungsanlagen bis 90°C ausgelegt sind, versagen hier oft bereits nach wenigen Tagen. Es sind daher im Außenbereich UV-beständige und / oder verblechte Werkstoffe mit einer Temperaturbeständigkeit bis 175°C einzusetzen. Im Innenbereich muß die Wärmedämmung mindestens eine Temperaturbeständigkeit von 130°C aufweisen. Diese Anforderungen erfüllen im Schaumbereich Werkstoffe der Markennamen Armaflex HT oder Aeroflex SSH in Frage. Zudem besteht die Möglichkeit der Wärmedämmung durch Stein- oder Glaswolle (z.B. Rockwool oder G+H Isover) sowie Melaminharz. Um die Wärmeverluste so gering wie möglich zu halten, werden die Rohrleitungen

nach Heizungsanlagenverordnung mit Dämmstärken 100% gedämmt. Ein Ausnahme bilden hier sehr kleine Rohrdimensionen bei kleinen Solaranlagen oder sogenannten Low-Flow-Anlagen. Hier sollte die Wärmedämmung dem Außendurchmesser der Rohrleitung entsprechen.
Neben der klassischen Kombination Rohr, Wärmedämmung und Elektrokabel werden am Markt vorgefertigte Rohrleitungen aus Kupfer inklusive Wärmedämmung und Elektrokabel für die Installation des Kollektorfühlers (u.a. Osnasol und Twin Tube) angeboten.

4.4.3 Dimensionierung des Ausdehnungsgefäßes

Die folgenden Betrachtungen beziehen sich auf eigensichere Solaranlagen, die nach DIN 4757 T1 wie folgt definiert sind:

„Absicherung und Schaltung der Sonnenheizungsanlage sind so ausgeführt, daß anhaltende Wärmeaufnahme ohne Wärmeverbrauch nicht zu einem Störfall führt, dessen Behebung über den üblichen Bedienungsaufwand hinausgeht".

Eine eigensichere Solaranlage bläst auch bei Anlagenstillstand nicht über das Sicherheitsventil ab!
Das Mindestvolumen $V_{n\,min}$ des Kollektorkreisausdehnungsgefäßes in Liter bestimmt sich aus den folgenden Formeln.

Zur Berechnung des Anlagenvolumens (V_a) werden die Inhalte der Kollektoren, der Rohrleitungen, des Wärmetauschers und der Armaturen addiert. Die darin befindliche Flüssigkeit dehnt sich durch die Erwärmung im Kollektorkreis aus. Dies wird über den Ausdehnungskoeffizienten beschrieben.
Der Ausdehnungskoeffizient (n) ergibt sich aus der Subtraktion der prozentualen Ausdehnung des Glykol/ Wassergemisches bei 10°C (Einfülltemperatur) und 140°C (maximale Mischtemperatur im Kollektorkreis).

Für ein 40% / 60% Glykol/Wassergemisch werden die Koeffizienten aus einer Tabelle der Fa. Reflex entnommen.

$$n_1\,(10°C) = 0{,}489$$
$$n_2\,(140°C) = 8{,}979$$

Für den Ausdehnungskoeffizienten

$$n = n_2 - n_1 = 8{,}49\,.$$

Dieser Wert entspricht einer prozentualen Ausdehnung des Wärmeträgers um 8,5%.

Volumina verschiedener Rohrdimensionen (in l/m):

Nennweite	Stahlrohr DIN 2448	Cu-Rohr DIN 1786 / DIN EN 1057
10		0,079
13		0,133
16		0,201
20		0,314
25		0,491
32	0,84	0,804
39/40	1,21 (44,5 x 2,6 Rohr)	1,195
50	2,06 (57,0 x 2,9 Rohr)	1,963
65/60	3,88 (76,1 x 2,9 Rohr)	2,827
80/72	5,35	4,083

Tabelle 4.4.1: Rohrvolumen in l/m

Das Ausdehnungsvolumen = Wärmedehnung (V_e) errechnet sich nach

$$V_e = \frac{V_a n}{100}$$

V_a (l)	= *Anlagenvolumen*
n	= *Ausdehnungskoeffizient*
V_e (l)	= *Ausdehnungsvolumen*
V_v (l)	= *Wasservorlage*
V_D (l)	= *Dampfvolumen*
P_e (bar)	= *Anlagenenddruck*
P_0 (bar)	= *Fülldruck*
V_n (l)	= *Nennvolumen AD – Gefäß*
P_a (bar)	= *Anlagenbetriebsdruck*

Um einen Unterdruck in der Anlage zu vermeiden und zum Ausgleich möglicher Flüssigkeitsverluste, wird eine sogenannte Wasservorlage (V_V) im Ausdehnungsgefäß geschaffen. Zur Berechnung wird die folgende Formel genutzt:

$$V_v = \frac{V_a \, 0{,}5}{100}$$

Bei einem Ergebnis $V_V < 3$ l, wird $V_V = 3$ l gesetzt.

Das Dampfvolumen (V_D) entspricht dem gesamten Kollektorinhalt plus dem Inhalt des jeweils ersten Meters der Anschlußleitungen der einzelnen Kollektorfelder in Liter.

Der Anlagenenddruck (P_e) ergibt sich aus dem Ansprechdruck des Sicherheitsventils in bar abzüglich der Arbeitsdruckdifferenz (P_{da}) von 10% bzw. 0,5 bar bis 5 bar Ansprechdruck des Sicherheitsventils ($P_e = P_{sv} - P_{da}$).

Der Fülldruck (P_0) der Anlage entspricht der statischen Höhe der Anlage plus mindestens 0,5 bar – 0,8 bar, um auch am höchsten Punkt der Anlage einen Überdruck zur Vermeidung von Lufteintritt zu halten. Die statische Höhe ist der Höhenunterschied zwischen dem Aufstellort des Ausdehnungsgefäßes und den Sonnenkollektoren. Der Fülldruck wird ebenfalls in bar angegeben.

Das Mindestvolumen ergibt sich aus den errechneten Volumina und dem Druckfaktor (Verhältnis Endruck zur Differenz Enddruck / Anlagenbetriebsdruck).

$$V_{n\,min} = (V_e + V_v + V_d)\,\frac{P_e + 1}{P_e - P_o}$$

Entsprechend der Herstellerunterlagen wird ein Ausdehnungsgefäß mit einem Nennvolumen $V_h \geq V_n$ ausgewählt und daraus der Anlagenbetriebsdruck P_a errechnet.

$$P_{a\,min} = \frac{V_h\,(P_e + 1)}{V_h - V_v} - 1$$

Der Inhalt einer Solaranlage mit 100m² Kollektorfeld betrage 0,6 l pro m² Kollektorfeld (Inhalt = 100 x 0,6 Liter = 60 Liter). Der Inhalt der Rohrleitungen und des Wärmetauschers beträgt 150 Liter.

$$V_a = 60\,l + 150\,l = 210\,l$$

Daher ist

$$V_e = 210\,l \times 8{,}49/100 = 17{,}83\,l$$

$$V_v = 210\,l \times 0{,}50/100 = 1{,}05\,l$$

und somit

$V_v = 3\,l$ (nach Vorgabe gewählt)

Zusätzlich zum Inhalt des Kollektorfeldes (60 l) können 4 l (Annahme) in den Rohrleitungen verdampfen, daraus folgt V_d = 64 l.

Die Anlage ist mit einem Sicherheitsventil von 6 bar abgesichert und auf einem Miethaus mit einer Höhe von 20 m installiert.
Der statische Vordruck = 20 (m) / 10 beträgt 2 bar, zur Vermeidung von Lufteintritt wird der Fülldruck auf 2,5 bar erhöht.

Für P_e ergibt sich

$$5{,}4\ bar = 6\ bar\text{-}10\%\ ;\ P_0 = 2{,}5\ bar.$$

Es wird ein Ausdehnungsgefäß mit $V_h=200\ l$ gewählt und der erforderliche Anlagenbetriebsdruck errechnet.

Für die Größendimensionierung des Ausdehnungsgefäßes sind das Dampfvolumen des Kollektorfeldes und die Größe des Druckfaktors ausschlaggebend. Je kleiner die Differenz zwischen dem Fülldruck und dem Enddruck der Anlage desto größer wird das erforderliche Ausdehnungsgefäß.

Bei der Festlegung des Enddrucks der Anlage sollten die folgenden Punkte beachtet werden:

- Je höher Enddruck und Fülldruck, desto später verdampft das Glykol/Wassergemisch im Kollektorfeld; das Glykol ist in diesem Fall temperaturbeständig zu wählen.
- Je höher der Enddruck, desto teurer ist das Ausdehnungsgefäß.

Zu einem Überblick werden im folgenden Diagramm die Preise für Ausdehnungsgefäße mit den Randbedingungen $P_0=1{,}8\ bar$ und $P_e=5{,}4$ bar sowie festgelegte Rohrlängen und Dimensionen aufgelistet.

Diese Kosten gelten nur für die gegebenen Parameter und können stark abweichen.

Kollektorfeldgröße in m²	Preis für das / die Ausdehnungsgefäße inkl. Montage in DM zzgl. MwSt.
20	164
30	194
50	284
100	447
200	2077
300	2077
500	2400
1000	3490

Tabelle 4.4.2: Kosten für Ausdehnungsgefäße im Kollektorkreis

Bei größeren Volumina des Ausdehnungsgefäßes und bei hohen Werten des Druckfaktors empfiehlt es sich, den Einsatz einer Druckhaltung mit Fremddruckerzeugung zu prüfen. Diese Variante ist gegebenenfalls kostengünstiger. Auch sind mehrere kleine Ausdehnungsgefäße trotz des höheren Montageaufwands meist billiger als ein großes Gefäß.

Einbau des Ausdehnungsgefäßes

Das Ausdehnungsgefäß muß in der Regel so montiert werden, daß es vor Dauertemperaturen >70°C und Dampfschlägen geschützt ist. Vorzugsweise sollte es im Kollektorkreisrücklauf in Strömungsrichtung vor der Pumpe eingebaut werden.
Ein Einbau hinter der Pumpe sollte aufgrund der Druckverhältnisse im Kollektorkreis vor allem bei Pumpen, die einen hohen Druckverlust überwinden, unterbleiben.
Zum Kollektor hin darf das Ausdehnungsgefäß nicht absperrbar sein, alternativ sind Kappenventile einzusetzen. Wird das Ausdehnungsgefäß zur Umgehung von Absperrungen im Kollektorkreisvorlauf eingebaut, ist unbedingt auf die Temperaturen an der Membran zu achten.
Gemäß DIN 4807 bzw. den Bestimmungen in den Bauartzulassungen der Kollektoren kann die erforderliche Temperaturbegrenzung durch nicht wärmegedämmte Anschlußleitungen oder sogenannte Vorschaltgeräte erfolgen. Beim Einbau in den Kollektorkreisvorlauf muß zudem ein Sicherheitsabstand zum Kollektor eingehalten werden, um den Eintrag von Dampf in das Ausdehnungsgefäß zu vermeiden. Der Sicherheitsabstand ist von der Art der Kollektoren (Flachkollektor, Röhrenkollektor), der Verlegung der Rohre und deren Dämmung abhängig. Ein Abstand von ca. 10 m sollte allerdings nicht unterschritten werden.

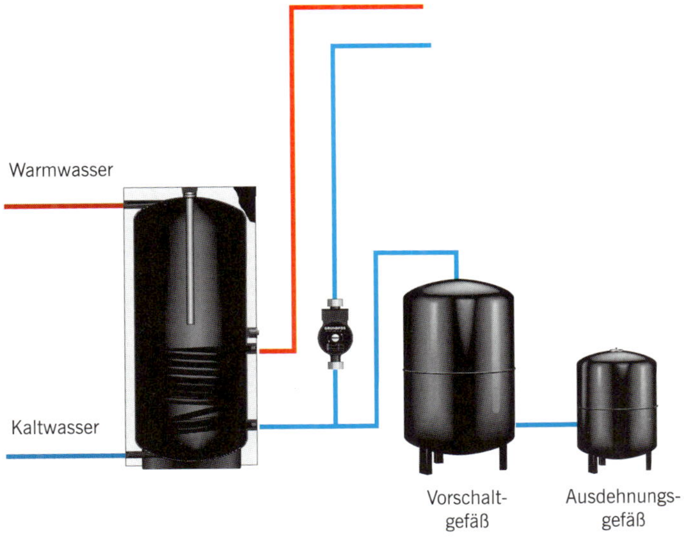

Bild 4.4.4: Einbau von AD-Gefäßen (vor der Pumpe mit Rohren), im Vorlauf mit Vorschaltgerät (G3)

4.4.4 Weitere Komponenten

Armaturen

Wie in der Heizungsinstallation werden in Kollektorkreisen Thermometer, Manometer, Absperreinrichtungen, Rückflußverhinderer und Strangregulierventile verwendet. Alle Bauteile im Kollektorkreis müssen eine angepaßte Temperaturbeständigkeit >130°C aufweisen. Dies hat sich in der Praxis als hinreichend langzeitstabil erwiesen.
Strangregulierventile mit einer Anzeige des Durchfluß müssen wärmeträger- und temperaturbeständig sein. Ihre Anzeigen müssen an das Wärmeträgermedium angepaßt sein oder über entsprechende Umrechnungsmöglichkeiten verfügen.

Strangregulierventile mit einer Durchflußanzeige aus Kunststoff sind aufgrund der hohen Temperaturen in Kollektornähe nicht geeignet. Sie sollten durch Ventile mit einer Durchflußanzeige aus Glas (z.B. „Flow Meter") bzw. durch Ventile ohne Durchflußanzeige mit entsprechender Temperaturbeständigkeit ersetzt werden.

Als Absperreinrichtungen sollten ausschließlich Kugelhähne zum Einsatz kommen, um Probleme mit den Dichtungen zu vermeiden.

Pumpen

Die im Kollektorkreis eingesetzten Pumpen müssen temperaturbeständig sein. Der Einbauort ist so zu wählen, daß eine Überhitzung der Pumpe ausgeschlossen ist. Der Anteil des Frostschutzmittels im Wärmeträgermedium sollte bei gängigen Pumpen 50% nicht überschreiten, ansonsten läuft die Pumpe bei niedrigen Kollektorkreistemperaturen aufgrund der hohen Druckverluste der Solarflüssigkeit evtl. nicht an.
Die Einbaulage der Pumpe sollte unbedingt den Vorgaben der Hersteller entsprechen. Auf den Einbau von Muffenschiebern in der Nähe von Pumpen sollte verzichtet werden, da die Schieber häufig undicht werden, so daß austretendes Wärmeträgermedium in den Motor oder Klemmkasten der Pumpe eindringen und dort zu einem Kurzschluß führen kann. Zur Absperrung von Anlagenteilen sind daher Kugelhähne vorzuziehen.
Eine sorgfältige Spülung bei der Inbetriebnahme schützt die Pumpe vor Beschädigung (Kapitel 4.10). Im Idealfall sollte die Anlage zunächst befüllt und einmal aufgeheizt werden, um Fette etc. zu lösen, und danach gespült werden.

4.4.5 Wärmeträgermedien

Der Schutz der Anlagen durch Wärmeträgergemische hat sich durchgesetzt. Als Wärmeträgermedien werden vorwiegend Ethylen- und Propylenglykol/ Wassergemische verwendet. Thermoöle sind hierfür aufgrund der hohen Anforderungen an Pumpe, Ausdehnungsgefäß, Sicherheitsventil und Dichtungen vom Markt verschwunden.

Auch das gesundheitsgefährende Ethylenglykol wurde weitestgehend durch das lebensmittelechte Propylenglykol ersetzt.
Ein Frostschutz von ca. 40% Glykol im Gemisch verhindert sicher die Beschädigung der Anlage, zudem bleibt die Anlage bis ca. -21°C betriebsbereit. Bei noch niedrigeren Temperaturen bildet sich ein zähflüssiger Eisbrei, der jedoch die Rohrleitungen nicht aufsprengen kann.

Um den sicheren Betrieb der Anlagen mit dem Wärmeträgermedium zu gewährleisten, sind die folgenden Punkte zu beachten:

- Nur Frostschutzmittel, die ausdrücklich für Solaranlagen geeignet sind, einsetzen!
- Glykol ist zähflüssiger (höhere und stark veränderliche Viskosität) als Wasser.
- Die verwendeten Materialien im Solarkreis müssen glykolbeständig sein (Herstellerfreigabe).
- Im Solarkreis niemals Zink einsetzen, da es von Glykol gelöst wird!
- Glykolkonzentrationen über 50% sind zu vermeiden, sie können zu Beschädigungen an Ausdehnungsgefäßen führen und benötigen höhere Pumpenleistungen.

Bei modernen Hochleistungsflachkollektoren und direktdurchströmten Vakuumröhrenkollektoren, welche in Anlagen mit langen Stillstandszeiten im Sommer eingebaut sind, ist ein entsprechend angepaßtes Glykol zu verwenden, das für die hohen Temperaturen geeignet ist.

Kollektorkreise, die mit reinem Wasser betrieben werden sollen (Drain back System), müssen vollständig entleerbar sein, um eine Beschädigung durch Frostaufbrüche zu vermeiden. Ein Einschalten der Kollektorkreispumpe und die dauerhafte Umwälzung des Kollektorkreis bei Frostgefahr ist aufgrund des hohen Energieverbrauchs als Frostschutz nicht zu empfehlen.

4.4.6 Entlüftung des Kollektorkreises

Durch Erzeugung eines Überdrucks beim Befüllen des Kollektorkreises werden im Anlagenbetrieb das Eindringen von Luft sowie Kavitationserscheinungen verhindert.
Nach einem Druckverlust eindringende Luft verursacht die bekannten Symptome wie Gluckern und plätschernde Geräusche. Bei größeren Luftmengen kommt die Umwälzung des Kollektorkreises zum Erliegen, welches der am häufigsten auftretende Fehler in Solaranlagen ist. Der Kollektorfühler der Solarsteuerung zeigt hohe Temperaturen an, die jedoch den Speicher nicht erreichen.

Luft kann in Pumpen zu Schäden durch das Heißlaufen von Lagern führen, da das Wärmeträgermedium die Pumpe nicht mehr ausreichend kühlen kann. In Schwerkraftbremsen kann Luft ein Klappern verursachen, das häufig der Pumpe zugeschrieben wird. In ungünstigen Fällen verhindert ein Luftpolster vor der

Schwerkraftbremse ihr Öffnen beim Anlauf der Pumpe. Dies führt dann wie bei einer im abgesperrten Zustand laufenden Pumpe zu deren Überhitzung und Lagerschäden in der Pumpe. In Wechselwirkung mit dem Wasser-/Frostschutz kann sich der Wärmeträger dann teilweise zersetzen und als Schlamm im Kollektorkreis ausfallen. Flüssigkeiten können bei unterschiedlichen Temperaturen und Drücken in der Anlage unterschiedliche Mengen Luft aufnehmen. Bei hohen Temperaturen und niedrigen Drücken scheiden Flüssigkeiten Luft ab.

Eingesetzte Automatikentlüfter müssen mindestens eine Temperaturbeständigkeit von 150°C aufweisen (Edelstahlschwimmer). Um eine korrekte Funktion zu gewährleisten und Undichtigkeiten aufgrund von verschmutzten Dichtungen zu vermeiden, ist folgendes zu beachten: Während der Wasserdruckprobe, beim Nachfüllen und bei Druckerhöhungen in der Anlage sollten die Automatikentlüfter abgesperrt werden. Hierzu werden meist 3/8" Kugelhähne eingesetzt. Bei der Befüllung der Anlage sollte der Entlüfter offen sein und der Füllvorgang langsam erfolgen. Nach erfolgter Inbetriebnahme der Anlage müssen die Automatikentlüfter in Kollektornähe wieder abgesperrt oder geschlossen werden.
Eine sinnvolle Alternative stellen ganzmetallene Handentlüfter in Verbindung mit Lufttöpfen dar. Die Lufttöpfe können im einfachsten Fall aus einem Stück Kupfer- /Stahlrohr oder vorgefertigten Einheiten bestehen und müssen zur Vermeidung von Wärmeverlusten sorgfältig wärmegedämmt werden.

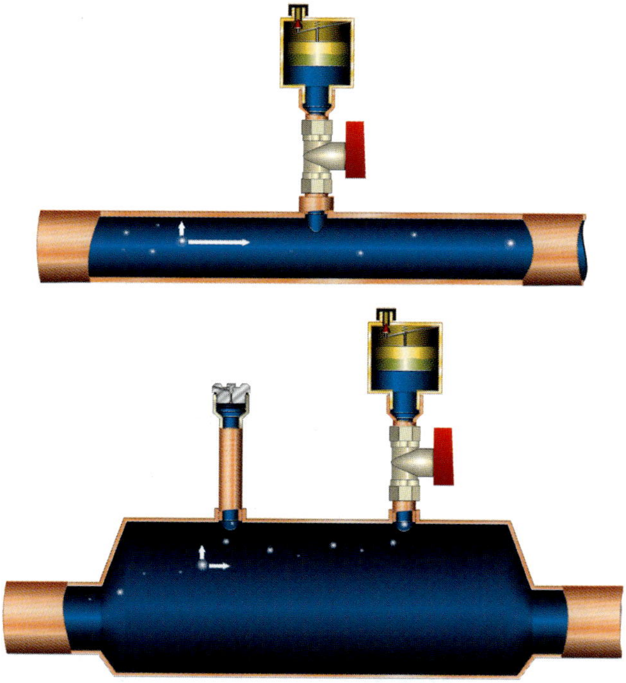

Bildfolge 4.4.5: Hand/Automatikentlüfter, Lufttopf (G3)

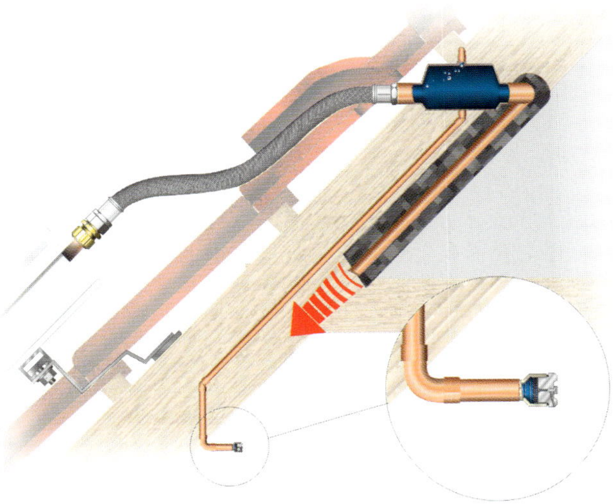

Bild 4.4.6: Zentralentlüfter (G3)

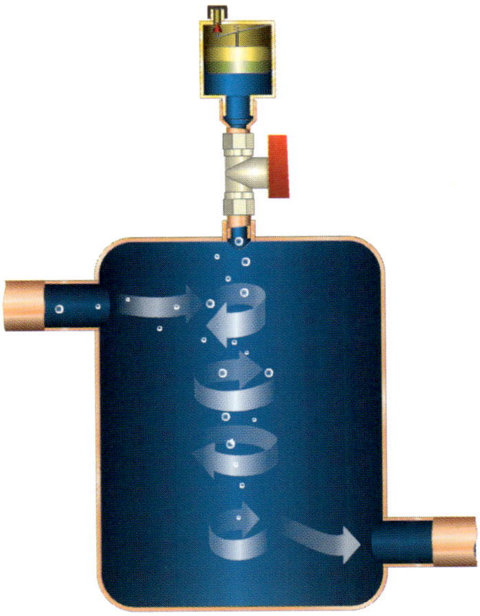

Bild 4.4.7: Zyklonluftabscheider (G3)

Einen entscheidenden Einfluß auf die Funktionstüchtigkeit der Solaranlage hat die luftarme Befüllung des Kollektorkreis, damit bei einer Luftabscheidung lediglich die bereits in der Flüssigkeit gelöste Luft berücksichtigt werden muß. Näheres hierzu finden Sie im Abschnitt „Befüllen und Inbetriebnahme“.

Zusätzlich ist zu beachten, daß entstehende Luftblasen eine Auftriebsgeschwindigkeit bis zu 0,25 m/s erreichen. Sie streben dabei die höchsten Punkte der Anlage an. Kommt es bei der Umwälzung der Anlage zu Stömungsgeschwindigkeiten >0,25 m/s, werden die Luftblasen mitgerissen. Bei Strömungsgeschwindigkeiten >0,4 m/s können die Luftblasen entgegen den Auftriebskräften nach unten getragen werden und dort z.B. per Zyklonluftabscheider entnommen werden.

4.5 Wärmetauscher (WT)

„Wärmetauscher“ ist die etwas ungenaue, in der Praxis jedoch gebräuchliche Bezeichnung für Wärmeüberträger oder Wärmeaustauscher. In Anlehnung an den praktischen Sprachgebrauch wird im weiteren die Bezeichnung „Wärmetauscher“, abgekürzt WT, benutzt.

4.5.1 Bauarten

Interne Wärmetauscher

In Solaranlagen für Ein– und Zweifamilienhäuser werden meist Speicher mit internen Wärmetauschern verwandt. Diese internen Wärmetauscher sind aus (Cu-) Rippenrohr oder glattem Stahl- bzw. Edelstahlrohr gewickelt. Für ihre Auslegung gelten bei einer mittleren logarithmischen Temperaturdifferenz von 10 K (siehe auch folgende Seiten) folgende Faustformeln:

Glattrohrwärmetauscher:
0,2 m^2 Oberfläche pro m^2 Kollektorfeld

Rippenrohrwärmetauscher:
0,3-0,4 m^2 Oberfläche pro m^2 Kollektorfeld

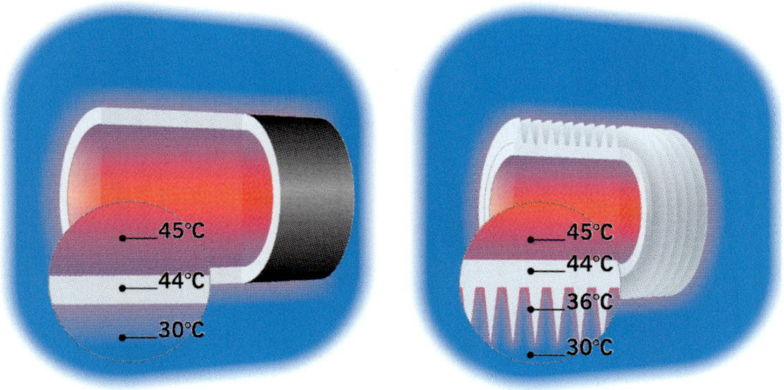

Bild 4.5.1: Temperaturverläufe im Glatt- und Rippenrohr-WT (G3)

Beim Glattrohrwärmetauscher wird die Leistung über die Oberfläche des Rohrs übertragen. Da die Temperaturen der gesamten Rohroberfläche und die des Mediums im Rohrinnern sehr dicht beieinander liegen, steht auf der ganzen Oberfläche die gleiche Temperaturdifferenz zwischen dem Medium im Rohr und dem umgebenden Medium zur Verfügung. Dagegen ist die mittlere Temperaturdifferenz zwischen der Oberfläche eines Rippenrohrwärmetauschers und dem umgebenden Medium aufgrund der niedrigeren Temperatur am Ende der Rippen geringer als beim Glattrohrwärmetauscher (siehe Bild 4.5.1). Ein Quadratmeter Oberfläche des Glattrohrwärmetauschers kann folglich eine größere Leistung als ein Quadratmeter Oberfläche eines Rippenrohrwärmetauschers übertragen.

Die Oberfläche eines Rippenrohrwärmetauschers ist jedoch durch Rippen erheblich vergrößert, so daß ein Rippenrohrwärmetauscher trotz geringerer Übertragungsleistung pro Quadratmeter kompakter ist als ein Glattrohrwärmetauscher gleicher Leistung.

Größere Kollektorfelder benötigen bei beiden Varianten große Wärmetauscher im Speicher. Werden mehrere Speicher verwandt, muß zudem jeder einzeln angesteuerte Speicher je einen wie oben beschriebenen Wärmetauscher enthalten. Um darüber hinaus die mittlere logarithmische Temperaturdifferenz auf 5 K zu begrenzen und so den Wirkungsgrad des Kollektorfeldes zu steigern, müssen die internen Wärmetauscher weit über die Größen der Faustformel dimensioniert werden. Der Vorteil der internen Wärmetauscher ist jedoch ein einfacher Anlagenaufbau. Demgegenüber fallen die sehr viel höheren Kosten aber derart stark ins Gewicht, daß in größeren Solaranlagen meist externe Wärmetauscher zum Einsatz kommen.

Externe Wärmetauscher

Bei externen Wärmetauschern unterscheidet man zwischen Rohrbündel- und Plattenwärmetauschern. Rohrbündelwärmetauscher aus Edelstahl, Kupfer oder Stahlrohr werden in Solaranlagen bei geeigneter Materialkombination zwischen Wärmetauscher und Medium nur in Verbindung mit Schwimmbädern eingesetzt.

Um Korrosionsschäden zu vermeiden, sollten für die Erwärmung von Schwimmbadwasser keine gelöteten Plattenwärmetauscher verwandt werden.

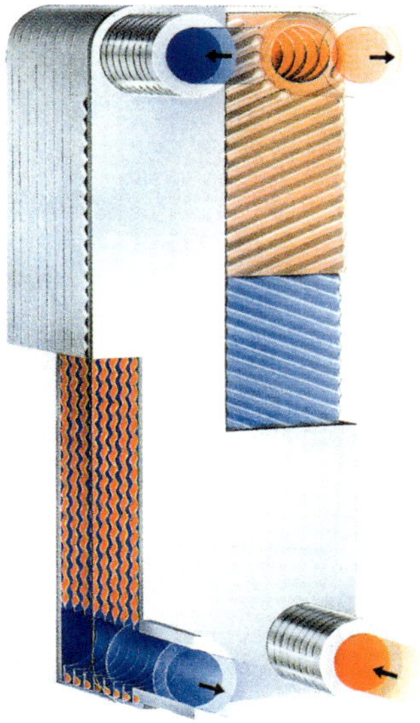

Bild 4.5.2: Schnitt durch einen Plattenwärmetauscher (B26)

Bei den Plattenwärmetauschern unterscheidet man zwischen geschraubten und gelöteten Modellen.
In der gelöteten Ausführung werden geprägte Edelstahlplatten miteinander verlötet, in der geschraubten Version werden die Edelstahlplatten mit Dichtungen versehen und dann mit Gewindestangen verschraubt. Gelötete Plattenwärmetauscher sind in der Regel nur bis zu bestimmten Leistungsgrößen erhältlich und im kleinen Leistungsbereich preislich günstiger als die geschraubte Variante. Bei den hier betrachteten Solaranlagen werden meistens gelötete Plattenwärmetauscher im Gegenstromprinzip ausgelegt.

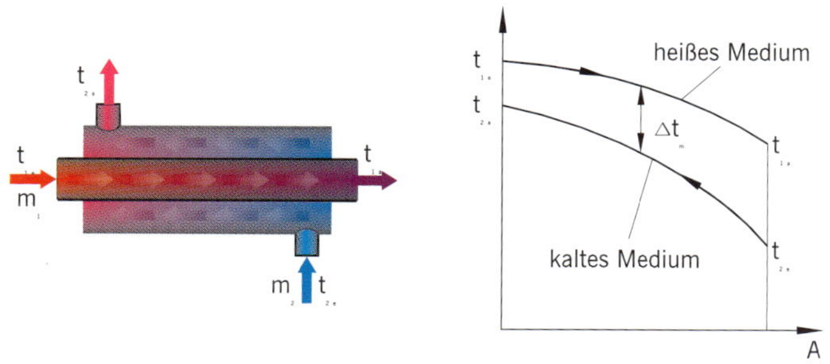

Bild 4.5.3: Temperaturverläufe im Gegenstrom-WT (G3)

Die Auslegung und Beschreibung von Wärmetauschern basiert auf den folgenden Beziehungen:

Beim Wärmedurchgang über eine Wand gilt für die übertragene Leistung:

$$\dot{Q} = \dot{m}\, c_1\, (T_{1e} - T_{1a}) = \dot{m}\, c_2\, (T_{2a} - T_{2e})$$

Um in dieser Formel die unterschiedlichen Temperaturen des Wärmeträgers beim Durchfluß durch den Wärmetauscher zu beschreiben, wird die mittlere logarithmische Temperaturdifferenz eingeführt:

$$\dot{Q} = kA\Delta T_m \ mit\ \Delta T_m = \frac{\Delta T_{gr} - \Delta T_{kl}}{ln(\Delta T_{gr} / \Delta T_{kl})}$$

$\dot{Q}$	= *übertragene Leistung [W bzw. kW]*
k	= *Wärmedurchgangskoeffizient [W/m²k]*
A	= *Fläche des Wärmetauschers [m²]*
ΔT_m	= *mittlere logarithmische Temperaturdifferenz [K]*
ΔT_{gr}	= *größte Temperaturdifferenz am Wärmetauscher [K]*
ΔT_{kl}	= *kleinste Temperaturdifferenz am Wärmetauscher [K]*
T_1, T_2	= *Temperatur der Wärmeträger auf beiden Seiten der Wand [°C]*

$\dot{m}$	= ***Massenstrom des jeweiligen Wärmeträgers [kg/s]***
c	= ***Wärmekapazität des jeweiligen Wärmeträgers [kJ/kgK]***
T_e, T_a	= ***Eintritts- bzw. Austrittstemperatur des Wärmeträgers [°C]***

Zum besseren Verständnis der Vorgänge im Wärmetauscher werden im folgenden einige Wechselwirkungen durch Variation verschiedener Parameter beschrieben.

Der Wärmedurchgangskoeffizient k hängt in Wärmetauschern unter anderem von der Art der Wärmeträgermedien und dem Strömungsverhalten (laminar/turbulent) ab. Fällt k aufgrund eines geringeren Massenstromes oder durch die geringere Wärmeübertragungsfähigkeit von Glykol/Wassergemischen auf einer der beiden Seiten, sinkt die übertragene Leistung. Wird der Wärmekapazitätsstrom $\dot{m}c$ auf einer Seite des Wärmetauschers kleiner, steigt auf dieser Seite die Temperaturspreizung T_a-T_e. Steigt umgekehrt $\dot{m}c$ an, fällt die Temperaturspreizung T_a-T_e.
Je größer die Temperaturspreizung und je kleiner die Differenz der Ein– und Austrittstemperaturen am Wärmetauscher, desto größer muß der Wärmetauscher sein. A ist bei internen Wärmetauschern die Oberfläche der Rohre bzw. die Oberfläche der Platten bei externen Plattenwärmetauschern. Eine kleinere Fläche kann durch eine Steigerung des k–Wertes oder durch eine höhere mittlere logarithmische Temperaturdifferenz ausgeglichen werden.

Diese Zusammenhänge werden bei Auslegungen oft durch den Wert NTU (Number of Transfer Units) ausgedrückt.

$$NTU = \frac{\Delta T}{ln\Delta T}\text{, im Sprachgebrauch } \frac{\text{"zu übertragende Leistung"}}{\text{"treibende Kraft"}}$$

In der Definition bezeichnet ΔT die kleinere Temperaturdifferenz T_a-T_e auf einer Seite des Wärmetauschers und $ln\Delta T$ die mittlere logarithmische Temperaturdifferenz am Wärmetauscher. NTU wird auch mit thermischer Länge übersetzt, denn je größer ΔT und je kleiner $ln\Delta T$ desto größer wird NTU.
Um auch bei großen thermischen Längen Wärmetauscher zu günstigen Konditionen zu fertigen, werden neben einwegigen Modellen bei gelöteten Wärmetauschern auch bis zu dreiwegige Modelle angeboten. Bei geschraubten Wärmetauscher reicht die Modellpalette bis hin zu siebenwegigen Modellen. Der Unterschied zwischen den Varianten besteht in der Durchströmung der Platten, was in Bild 4.5.4 und Bild 4.5.5 erläutert wird. Bei mehrwegigen Modellen erhöht sich die Strömungsgeschwindigkeit und damit die Übertragungsleistung. Der begrenzende Faktor bei den mehrwegigen Modellen ist die Höhe des Druckverlustes im Wärmetauscher.

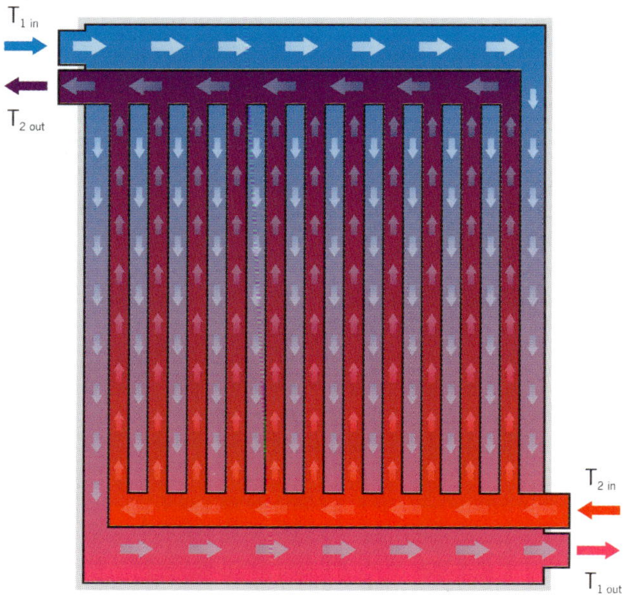

Bild 4.5.4: Temperatur- und Strömungsverlauf im einwegigen WT (G3)

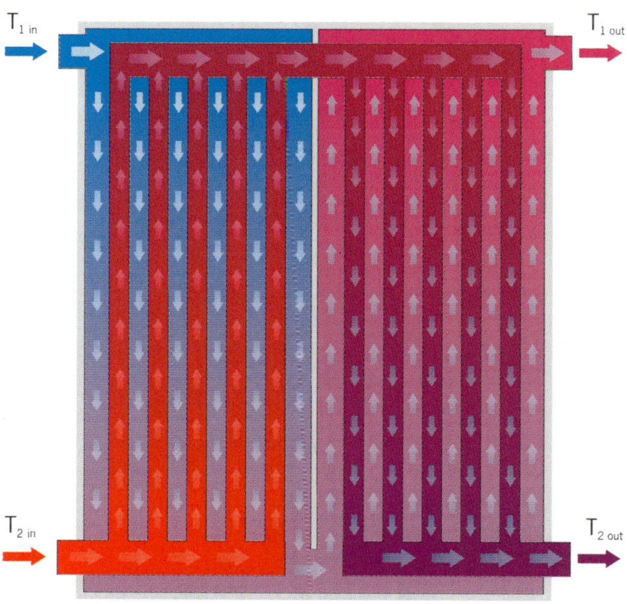

Bild 4.5.5: Temperatur- und Strömungsverlauf im zweiwegigen WT (G3)

Der Einsatz verschiedener Berechnungsprogramme der WT-Hersteller vereinfacht die Bestimmung der exakten Auslegungen und Kenndaten der Wärmetauscher.

Wärmetauscher unterscheiden sich aufgrund der Geometrie der Platten, der Durchströmung und des Aufbaus. Ein Wärmetauscher kann daher nicht ohne Neuberechnung durch ein anderes Modell des gleichen oder eines anderen Herstellers ersetzt werden.

4.5.2 Kollektorkreiswärmetauscher

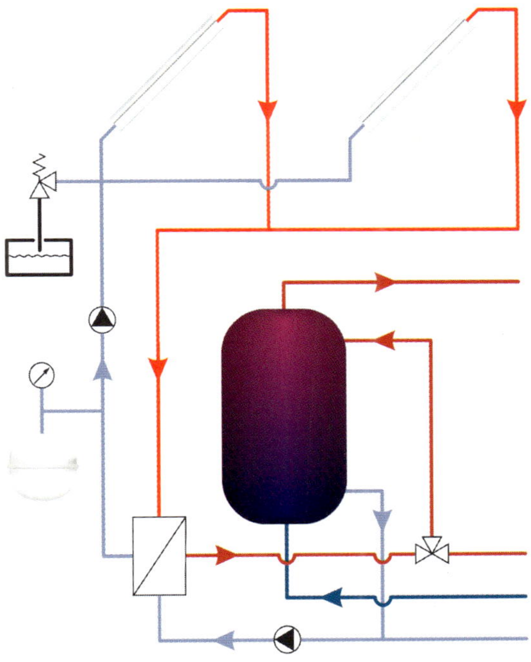

Bild 4.5.6: Externer Kollektorkreis-WT im Schaltbild (G3)

Die Kollektorkreiswärmetauscher werden auf eine Maximalleistung von 600 W/m² Kollektorfeld ausgelegt.

Die Angabe 600 W/m² ist eine Richtgröße, die sich aus gemittelten Werten für die Strahlungsleistung der Sonne und des Wirkungsgrades der Kollektoren ergibt. Ausgegangen wird dabei von einer Einstrahlungsleistung von 1.000 W/m² Kollektorfeld bei einem angenommenen Wirkungsgrad von 0,6.

Durch die Dynamik der Strahlungsleistung und den Betriebsbedingungen im Kollektorkreis wird dieser Wert jedoch meist unterschritten. Andererseits kann der Wert von 600 W/m^2 Kollektorfeld aber auch kurzzeitig überschritten werden. Für diese Fälle wird die vorübergehende Unterdimensionierung des Wärmetauschers und die daraus resultierende Erhöhung des Temperaturniveaus im Kollektorkreis hingenommen, um die Kosten für den Wärmetauscher in einem sinnvollen Rahmen zu halten.

Die Temperaturspreizung des Kollektorkreises (WT Eintritt/Austritt) ergibt sich aus der folgenden Formel:

$$\Delta T = \frac{\textit{Leistung Kollektor}\ [kW]}{\textit{Durchfluß} \left[\frac{kg}{s}\right] \textit{Wärmekapazität} \left[\frac{kJ}{kgK}\right]}$$

Kollektorsysteme haben zu verschiedenen Tageszeiten in Abhängigkeit von der Sonneneinstrahlung unterschiedliche Temperaturen. Für die Dimensionierung der Wärmetauscher wird der Temperaturzustand zu Beginn der Speicherladung herangezogen. Am Austritt des Wärmetauschers (Kollektorkreisrücklauf) wird bei Systemen mit Pufferspeichern eine Temperatur von 22°C, bei Systemen mit Trinkwasserspeichern eine Temperatur von 12°C angesetzt.

Die Temperatur von 12°C bei Trinkwasserspeichern entspricht einer angenommenen Kaltwassereintrittstemperatur. Ein Pufferkreis, der zwischen Kollektorkreis und Trinkwassersystem geschaltet ist, verursacht aufgrund der zur Wärmeübertragung nötigen Temperaturdifferenzen, Temperaturen oberhalb dieser Kaltwassertemperatur. Bei einer Kaltwassertemperatur von 12°C werden somit im Pufferkreis 17°C erreicht und im Kollektorkreis durch die erforderliche weitere Wärmeübertragung 22°C. Als Anschauungsbeispiel werden im folgenden die Temperaturpaare für Anlagen mit Pufferspeicher verwendet.

Die Eintrittstemperatur in den Wärmetauscher ergibt sich aus der Addition der Austrittstemperatur im Primärkreis und der sich einstellenden Temperaturspreizung (siehe Formel Temperaturspreizung im Kollektorkreis). Auf der Sekundärseite des Wärmetauschers sei die Temperaturspreizung T_a-T_e gleich der Temperaturspreizung T_a-T_e auf der Primärseite. Am Eintritt des Sekundärkreises sei die Temperatur 17°C. Der Volumenstrom auf der Sekundärseite (Pufferspeicherladekreis) ergibt aus dem Weg zur Berechnung des Wärmetauschers.

Beachten Sie, daß jeder Hersteller aufgrund der unterschiedlichen Bauformen der Wärmetauscher andere Werte für Plattenwärmetauscher mit gleichen Austauschflächen erzielt. Deshalb müssen die eingesetzten Wärmetauscher mit einem Programm des jeweiligen Lieferanten berechnet werden.

Mittels einer Beschreibung der erforderlichen Eingabewerte für das Berechnungsprogramm der Firma SWEP werden im folgenden die wichtigsten

Hintergründe, Eingabewerte und Ergebnisse zur Dimensionierung eines Wärmetauschers vorgestellt. Programme anderer Anbieter basieren auf ähnlichen Eingabewerten.

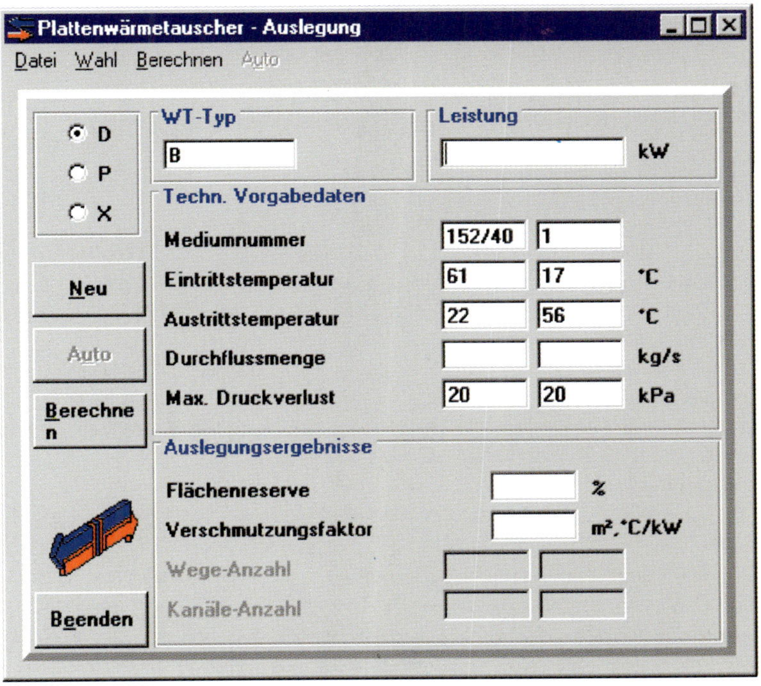

Bild 4.5.7: Eingabemaske zur Berechnung von Wärmetauschern

Das Programm liest mit den Angaben, die in diese Maske eingegeben werden, alle zur Berechnung wichtigen Werte ein. Im Feld „Leistung" wird die Leistung des Kollektorfeldes eingegeben (600 W/m^2 Kollektorfeld). Die Mediennummer beschreibt die Wärmeträger (der hier eingegebene Wert 152/40 bedeutet ein Glykol/Wassergemisch mit 40% Glykolanteil). 1 steht für Wasser. Für die Ein- und Austrittstemperatur werden die entsprechenden Werte für den betrachteten Kreis eingegeben. Die Werte 22°C und 17°C sind hier für den Wärmetauscher Kollektorkreis/Speicherladekreis festgelegt worden. Hier können auch andere sinnvolle Werte eingegeben werden.
In diesem Beispiel werden die Durchflußmengen berechnet. Alternativ können sie auch vorher kalkuliert und anstelle der zweiten erforderlichen Temperatur für jede Seite eingegeben werden. Der max. Druckverlust (hier in kPa) sollte, um die erforderliche Pumpenleistung zu begrenzen, 20 kPa = 200 mbar nicht überschreiten.

Je nach Anforderung an Übertragungsleistung und Ökonomie sind derzeit zwei Berechnungswege zur Auslegung des Kollektorkreiswärmetauschers gebräuchlich.

Berechnungsweg 1

Der Wärmetauscher wird auf eine niedrige logarithmische Temperaturdifferenz ausgelegt, d.h. es wird ein Wert von 5 K angestrebt. Mit diesem Wert kann die Temperatur der Speicherbeladung bis auf 5 K an die Eintrittstemperatur des Kollektorkreises angehoben werden. Das ist bei Anlagen mit einer hohen Deckung und einem Speicherladesystem zur schnellen Erreichung hoher Temperaturen erforderlich. Auf der Kollektorkreisseite wird zunächst die gewünschte Temperaturdifferenz, basierend auf der Durchströmung im Kollektorkreis, festgelegt.

Gemäß der Formel

$$\dot{Q} = \dot{m}\ c\ \Delta T$$

ergeben sich bei einer festgelegten Wärmekapazität c = 3,7 kJ/Kgk (Glykol / Wassergemisch 40% / 60%) und einer Leistung von max. 600 W/m² Kollektorfeld die folgenden Werte:

Low Flow:
Auslegung 15 l/m²h $\Rightarrow \Delta T$ = 39 K, die Spreizung 61°C $\Rightarrow$ 22°C

High Flow:
Auslegung 30 l/m²h $\Rightarrow \Delta T$ = 19 K, die Spreizung 41°C $\Rightarrow$ 22°C

Mit diesen Werten können die Eingabefelder des Primärkreises (in diesem Fall des Kollektorkreises) ausgefüllt werden. Um die Werte für die Temperaturen des Sekundärkreises zu ermitteln, werden von den berechneten Temperaturen 5 K subtrahiert. Für den Speicherladekreis ergeben sich die folgenden Temperaturwerte:

Low Flow:
Auslegung 15 l/m²h (Kollektorkreis), die Spreizung 17°C $\Rightarrow$ 56°C

High Flow:
Auslegung 30 l/m²h $\Rightarrow \Delta T$ = 19 K, die Spreizung 22°C $\Rightarrow$ 36°C

Für die Berechnung des Kollektorkreiswärmetauschers einer Low Flow Anlage mit einem Durchfluß im Kollektorkreis von 15 l/m²h und einer Kollektorfeldgröße von 20 m² ergibt sich folgende Eingabemaske:

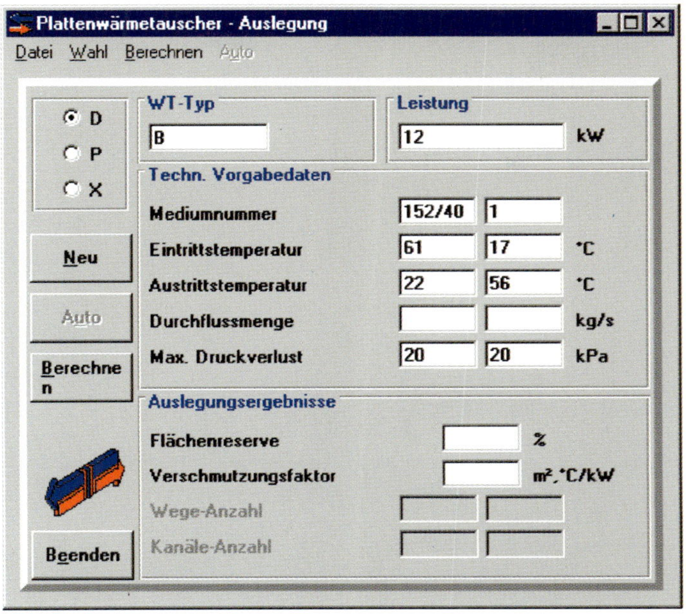

Bild 4.5.8: Eingabemaske für eine WT-Berechnung nach Berechnungsweg 1

Mit diesen Daten kann der Wärmetauscher ausgelegt werden. Die fehlenden Durchflußmengen werden durch das Programm ermittelt und können für die weiteren Berechnungen verwendet werden.

Für diese Art der Auslegung ergeben sich bei optimierter Dimensionierung der Wärmetauscher (Beispiel SWEP) folgende Kosten:

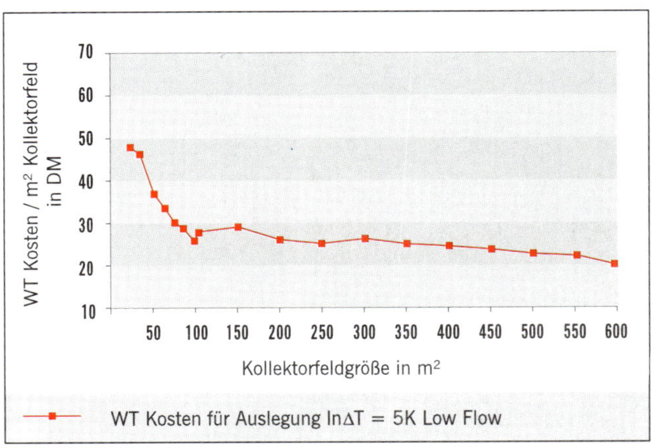

Diagramm 4.5.1: Spezifische Wärmetauscherkosten pro m^2 Kollektorfeld bei einer Auslegung auf $\ln\Delta T=5$ K, Low Flow 15 l/m^2h

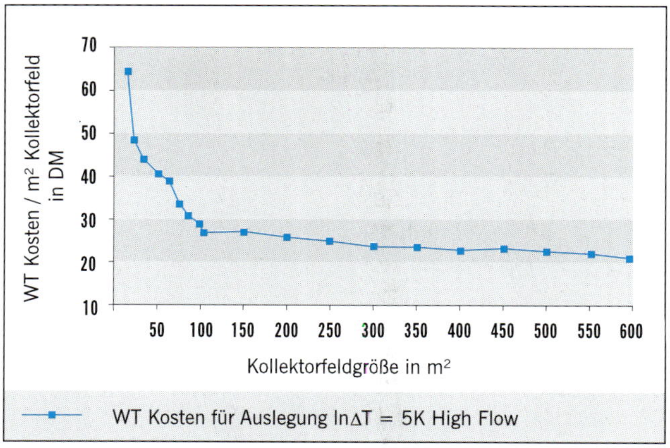

Diagramm 4.5.2: Spezifische Wärmetauscherkosten pro m^2 Kollektorfeld bei einer Auslegung auf $\ln\Delta T$ = 5 K, High Flow 30 l/m^2h

Berechnungsweg 2

Eine Steigerung des Wärmekapazitätsstroms auf der Speicherladeseite dient dazu den Wärmetauscher im Kollektorkreis zu verkleinern, ohne gleichzeitig die Kollektortemperatur zu stark zu erhöhen. Die mittlere logarithmische Temperaturdifferenz steigt dabei an. Bei der Steigerung des Wärmekapazitätsstroms und dem zugrundeliegenden Massenstrom im Speicherladekreis sind jedoch die Durchmischung der Speicher und die entstehenden Druckverluste als begrenzende Faktoren zu beachten.
Eine mögliche niedrigere Austrittstemperatur zur Speicherbeladung im Vergleich zum 1.Berechnungsweg kann bei Vorwärmanlagen und Anlagen mittlerer Deckung ohne Zielladung problemlos akzeptiert werden. Da im Speicher eine Durchmischung erfolgt, wird bei dieser Variante der Jahresertrag der Solaranlage etwas geringer sein [75].

Bei Solaranlagen mit dem Ziel der Speicherbeladung auf einem hohem Temperaturniveau (Zielladung in Verbindung mit Schichtladespeichern) sollte auf die Berechnung nach dieser Variante verzichtet werden.

Die Auslegung geschieht wie folgt:

Auf der Kollektorkreisseite wird zunächst die gewünschte Temperaturdifferenz anhand der Durchströmung im Kollektorkreis festgelegt.

Gemäß der Formel

$$\dot{Q} = \dot{m}\, c\, \Delta T$$

ergeben sich bei einer festgelegten Wärmekapazität c = 3,7 kJ/kgK (Glykol-/Wassergemisch 40% / 60%) und einer Leistung von max. 600 W/m^2 Kollektorfeld die folgenden Werte für den Kollektorkreis:

Low Flow:
Auslegung 15 l/m²h $\Rightarrow \Delta T = 39$ K, die Spreizung 61°C $\Rightarrow$ 22°C

High Flow:
Auslegung 30 l/m²h $\Rightarrow \Delta T = 19$ K, die Spreizung 41°C $\Rightarrow$ 22°C

Um durch eine Erhöhung des Massenstroms auf der Speicherladeseite eine Verkleinerung des Wärmetauscher zu erreichen, wird zur Berechnung des entsprechenden Wertes für den Speicherladekreis der Wärmekapazitätsstrom des Kollektorkreises mit dem Faktor 1,1 multipliziert.
Für die Temperaturen im Speicherladekreis erhalten wir die Werte:

Low Flow:
Auslegung 15 l/m²h (Kollektorkreis), die Spreizung 17°C $\Rightarrow$ 53°C

High Flow:
Auslegung 30 l/m²h (Kollektorkreis), die Spreizung 17°C $\Rightarrow$ 33°C

Für ein Kollektorfeld mit einer Fläche von 20 m² und einer Maximalleistung von 12 kW (600 W/m²) wird die Eingabemaske des Berechnungsprogramms und ein Ergebnis der Berechnung dargestellt:

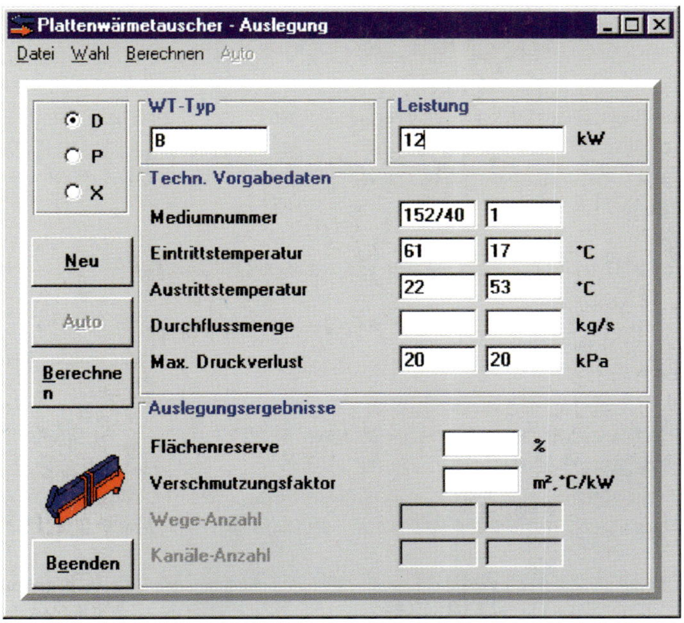

Bild 4.5.9: Eingabemaske zur WT-Berechnung nach Berechnungsweg 2, lnΔT>5 K

Der Ergebnismaske sind die mittlere logarithmische Temperaturdifferenz, sowie die Durchflüsse auf der Primär- und der Sekundärseite zu entnehmen.

Der Wert für $ln\Delta T$ beträgt 6,38 K, der Wärmekapazitätsstrom auf der Sekundärseite liegt gemäß den zugrundegelegten Werten höher als der Wärmekapazitätsstrom auf der Primärseite.

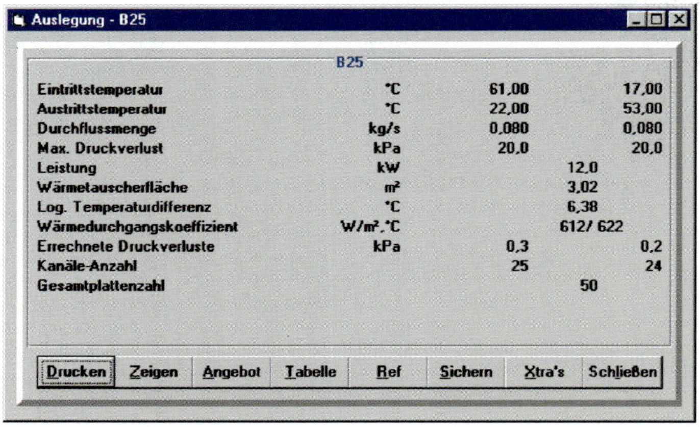
Auslegung - B25

B25

Eintrittstemperatur	°C	61.00		17.00
Austrittstemperatur	°C	22.00		53.00
Durchflussmenge	kg/s	0.080		0.080
Max. Druckverlust	kPa	20.0		20.0
Leistung	kW		12.0	
Wärmetauscherfläche	m²		3.02	
Log. Temperaturdifferenz	°C		6.38	
Wärmedurchgangskoeffizient	W/m².°C		612/ 622	
Errechnete Druckverluste	kPa	0.3		0.2
Kanäle-Anzahl		25		24
Gesamtplattenzahl			50	

Drucken Zeigen Angebot Tabelle Ref Sichern Xtra's Schließen

Bild 4.5.10: Ergebnismaske zur Beispielrechnung, $ln\Delta T > 5$ K optmiert auf einen Zweiwege-WT

Zur Berechnung des Wärmekapazitätsstroms im Kollektorkreis wird der Massenstrom im Kollektorkreis mit dem Wert für c = 3,7 kJ/kgK multipliziert. Um die Einheiten l/m²h in kg/s umzurechnen, wird vereinfacht der Volumenstrom im Kollektorkreis (l/h) mit kg/h gleichgesetzt. Der Dichteunterschied bleibt unberücksichtigt. Die Einheit kg/h entspricht kg/3.600 s. Der Massenstrom in kg/3.600 s wird durch 3.600 dividiert, um schließlich die Einheit kg/s zu erhalten.

Zur weiteren Berechnung wird der Wärmekapazitätsstrom

$$\dot{w}_{Kollektorkreis} = \dot{m}_{Kollektorkreis}\, c_{Kollektorkreis}$$

eingeführt.

Die Berechnung des erhöhten Wärmekapazitätsstrom $\dot{w}_{Speicherladekreis}$ verlangt eine Multiplikation des errechneten Wertes für $\dot{w}_{Kollektorkreis}$ mit dem Faktor 1,1 . Anschließend wird $\dot{w}_{Speicherladekreis}$ durch die Wärmekapazität des Wassers (c = 4,18 kJ/kgK) dividiert, um den Massenstrom des Speicherladekreises zu erhalten.

Der Faktor 1,1 entstammt statischen Berechnungen der Uni Marburg [53] und der Überlegung, daß sich ein höheres $ln\Delta T$ günstig auf die Kosten des Wärmetauschers auswirkt. Wird hierdurch jedoch der Speicherladestrom zu hoch, kann eine Durchmischung im Speicher die Temperaturschichtung von Schichtladeeinrichtungen beeinträchtigen.

Für ein 20 m^2 Kollektorfeld „LowFlow Auslegung 15 l/m^2h“ werden die Eingabewerte für die Wärmetauscherdimensionierung mittels einer Berechnung der Massen-/Wärmekapazitätsströme gesucht.

Volumenstrom im Kollektorkreis:

$$15\,\frac{l}{m^2h}\,20m^2{}_{Kollektorfeld} = 300\,\frac{l}{h},\ vereinfacht = 300\,\frac{kg}{3600s}$$

Massenstrom im Kollektorkreis:

$$\frac{300\ kg}{3.600 \cdot s} = \frac{0{,}083\ kg}{s}$$

Wärmekapazitätsstrom Kollektorkreis:

$$0{,}083\,\frac{kg}{s}\,3{,}7\,\frac{kJ}{kg} = 0{,}3083\,\frac{kJ}{s}$$

Erhöhung des Wärmekapazitätsstroms der Speicherladung um den Faktor 1,1:

$$0{,}3083\,\frac{kJ}{s}\,1{,}1 = 0{,}3391\,\frac{kJ}{s}$$

Massenstrom im Speicherladekreis:

$$\frac{0{,}3391\,\frac{kJ}{s}}{4{,}18\,\frac{kJ}{kgK}} = 0{,}0811\,\frac{kg}{s}$$

Aufgrund der höheren Wärmekapazität des Wassers kann bei gleichem Massenstrom erheblich mehr Energie als bei einem Glykol/Wassergemisch transportiert werden.

Für die Eingabemaske des Berechnungsprogrammes ergibt sich folgendes:

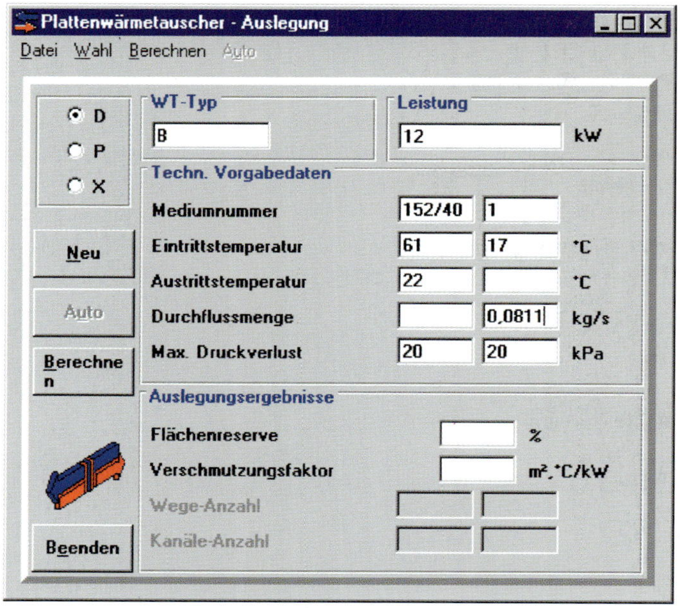

Bild 4.5.11: Eingabemaske zur WT Berechnung nach Berechnungsweg 2 (zur Erläuterung des Hintergrundes)

Bei diesem Berechnungsweg wird für den Sekundärkreis (Speicherladekreis) keine Austrittstemperatur eingegeben. Sie wird vom Programm errechnet.

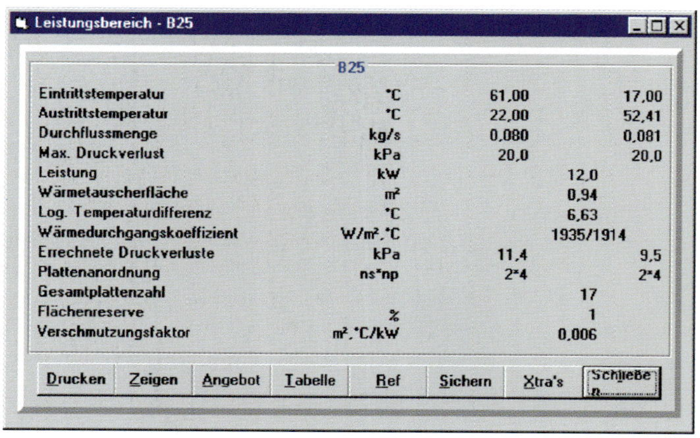

Eintrittstemperatur	°C	61,00		17,00
Austrittstemperatur	°C	22,00		52,41
Durchflussmenge	kg/s	0,080		0,081
Max. Druckverlust	kPa	20,0		20,0
Leistung	kW		12,0	
Wärmetauscherfläche	m²		0,94	
Log. Temperaturdifferenz	°C		6,63	
Wärmedurchgangskoeffizient	W/m².°C		1935/1914	
Errechnete Druckverluste	kPa	11,4		9,5
Plattenanordnung	ns*np	2*4		2*4
Gesamtplattenzahl			17	
Flächenreserve	%		1	
Verschmutzungsfaktor	m².°C/kW		0,006	

Bild 4.5.12: Ergebnismaske zur WT-Berechnung nach Berechnungsweg 2 (zur Erläuterung des Hintergrundes, optimiert)

Die Austrittstemperatur liegt hier bei nur 52,41 °C, die logarithmische Temperaturdifferenz bei 6,63 K.

Bei dieser Auslegung ist selbst bei sehr hohen Temperaturen im Speicher (>90°C) immer noch eine Speicherladung ohne zu hohe Verluste oder Verdampfung im Kollektorkreis möglich. Die Dimensionierung des WT nach Berechnungsweg 2 ist somit eine kostengünstige Alternative.

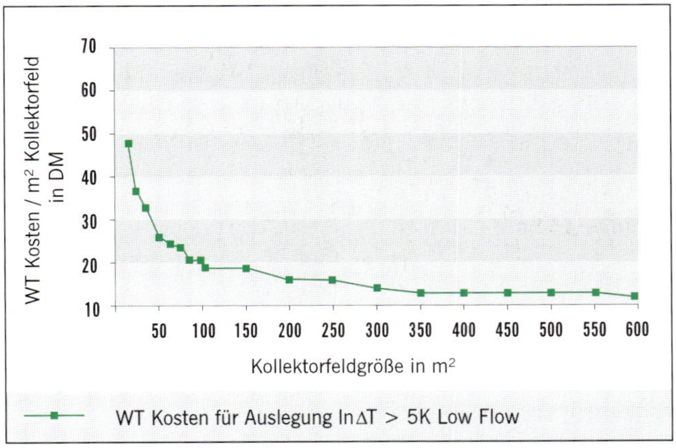

Diagramm 4.5.3: Spezifische WT-Kosten nach Berechnungsweg 2

Bei der Berechnung von Wärmetauschern mit geringen mittleren logarithmischen Temperaturdifferenzen sollten die Ergebnisse auf tatsächliche Wärmeübertragung geprüft werden. Unter Umständen rechnen die Auslegungsprogramme im turbulenten Bereich der Durchströmung, obwohl sie bereits im laminaren Bereich stattfindet. Die Folge ist eine Unterdimensionierung des Wärmetauschers. Um in den turbulenten Bereich zu gelangen, oder durch eine Erhöhung der Verweilzeit des Mediums die Wärmeübertragung zu verbessern, können die Wärmetauscher in Reihe geschaltet werden. Eine Alternative ist die Ausführung des Wärmetauschers als Zwei- oder Mehrwege-Apparat.
Diese sind bei großen thermischen Längen preiswerter als große Einwege-Apparate (vgl. die Einleitung). Neben den gelöteten Plattenwärmetauschern sind geschraubte Varianten erhältlich, die jedoch meist teurer sind als die gelöteten. Ab ca. 300 m² Kollektorfeld (ca. 180 kW) können geschraubte Wärmetauscher dagegen günstiger sein als gelötete.
Bei den geschraubten Wärmetauschern müssen die Dichtungen zwischen den Platten für Temperaturen >130°C und das Glykol im Kollektorkreis geeignet sein. Die Berechnungen in den angebotenen Programmen müssen oft manuell durchgeführt werden. Da die Lieferprogramme der Hersteller erheblich differieren und jedes Berechnungsprogramm anders aufgebaut ist, lohnt sich eine Überprüfung der Berechnung in Rücksprache mit dem Hersteller. Auf jeden Fall sind die entstehenden Druckverluste im Wärmetauscher und die tatsächliche Wärmeübertragung zu beachten. Eine Unterschreitung der Flächenreserve bis –5% kann meist hingenommen werden, da sich die gewünschten Temperaturen nur im Zehntelgradbereich ändern, die Kosten für den Wärmetauscher aber sinken.

Weitere Betrachtungen zur Dimensionierung der Wärmetauscher und Massenströme im Kollektor- und Speicherladekreis

Die beschriebenen Varianten erzielen bei einer Betrachtung der beiden Auslegungen in der Gesamtanlage gleiche Werte für den solaren Wärmepreis. Berechnungsweg 1 verursacht die höheren Kosten, ist aber zugleich ertragsstärker. Berechnungsweg 2 erreicht geringere Erträge, die Investitionskosten sind jedoch geringer. Sind für die Auslegung niedrige Investitionskosten ausschlaggebend, erhält daher Berechnungsweg 2 den Vorzug.

Um die beschriebenen Durchmischungseffekte zu vermindern, wurde an der TU Berlin eine Auslegungsempfehlung, basierend auf einer Reihe von Simulationen, mit dem Programm Smile erarbeitet. Bei den betrachteten Anlagen zeigt sich, daß durch eine Verringerung des Massenstroms im Speicherkreis auf den Faktor 0,7 bis 0,8 des Massenstroms im Kollektorkreis und die daraus resultierende Herabsetzung der Durchmischungseffekte, der Ertrag der Anlage gesteigert werden kann. Die Pumpe im Speicherladekreis kann dann etwas kleiner dimensioniert werden. Das vorgestellte Programm wird jedoch einen größeren Wärmetauscher berechnen, d.h. die Kosten steigen an dieser Stelle wieder an. Für die nahe Zukunft sind auf der Basis weiterer Berechnungen noch exaktere Vorgaben zur Dimensionierung und zum Verhalten der Wärmetauscher in der Anlage zu erwarten [74].

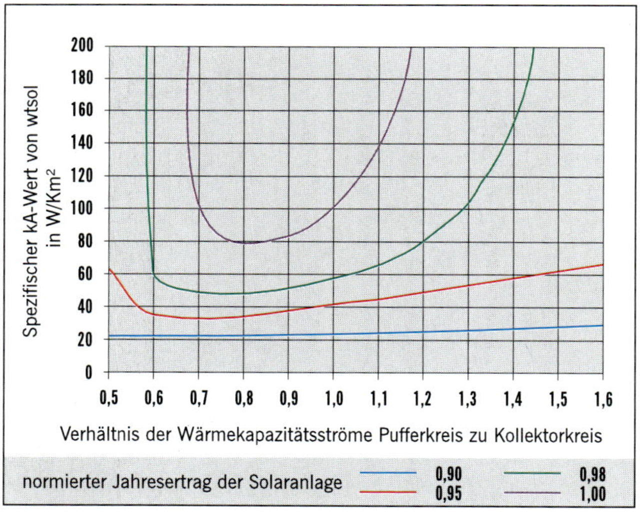

Diagramm 4.5.4: Jahresertrag einer Solaranlage bei verschiedenen Durchflußvarianten der Speicherladung

4.5.3 Pufferentladekreiswärmetauscher

Bei Anlagen, die neben dem Kollektorkreiswärmetauscher einen zusätzlichen Wärmetauscher zur Übertragung der Wärme an den Trinkwasserkreis benötigen, sind folgende Überlegungen angezeigt:

Bei der Auswahl des Wärmetauschers sollte die Möglichkeit der späteren Reinigung vor allem mit Augenmerk auf den Kalkgehalt des Wassers berücksichtigt werden. Wegen der besseren Reinigungsmöglichkeiten und des sicheren Vermeidens einer Art Spaltkorrosion im Lot des Wärmetauschers, empfehlen sich an dieser Stelle geschraubte Wärmetauscher. Diese können, wenn reinigende Spülungen wirkungslos bleiben, durch (kostenintensive) Demontage wieder in Betrieb genommen werden. Bei kleineren Leistungen spricht jedoch der weit höhere Preis gegenüber gelöteten Wärmetauschern gegen ihren Einsatz. Vor Eintritt in den Wärmetauscher wird über ein thermostatisch gesteuertes Dreiwegemischventil eine konstante Eintrittstemperatur eingestellt. Diese sollte zwischen 55°C und 60°C liegen, bei dem Konzept mit Nachheizung in den Pufferspeicher, bei 65°C – 70°C. So können konstante Betriebsverhältnisse erreicht und bei einer Eintrittstemperatur bis zu 60°C eine Verkalkung des Wärmetauschers verhindert bzw. deutlich vermindert werden.

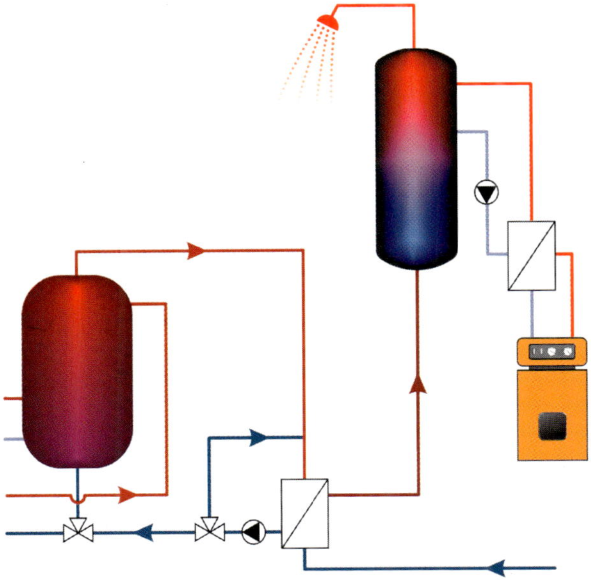

Bild 4.5.13: WT des Pufferentladekreises (G3)

Bei allen Konzepten sind die Bestimmungen und Auslegungsrichtlinien für die Trinkwassererwärmer zu beachten (vgl. Kapitel 2)

Speicherladeprinzip mit Nachheizung in den Pufferspeicher

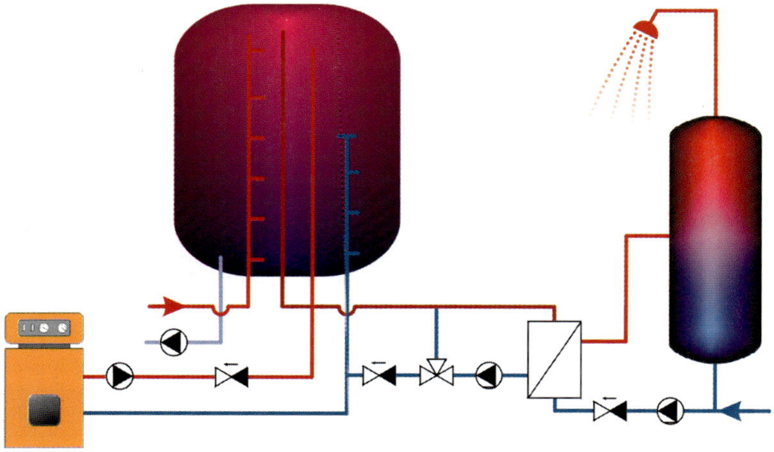

Bild 4.5.14: Pufferentladekreis mit Nachheizung in den Pufferspeicher (G3)

Bei diesem Konzept wird der Entlade-WT entsprechend der konventionellen Auslegung für Trinkwassererwärmer berechnet, da die Dimensionierung hier sehr stark von der jeweiligen Trinkwasserversorgung abhängig ist.

Der Pufferspeicher verhält sich in einem solchen System wie ein Heizkessel, der die erforderliche Leistung zur Erwärmung des Wassers im Trinkwasserspeicher bereitstellen muß. Über einen zwischengeschalteten Wärmetauscher wird die Leistung aus der Entladung des Pufferspeichers an den Trinkwasserspeicher abgegeben. Das Volumen des Pufferspeichers kann daher für die Berechnung der Speichergröße des Trinkwasserspeichers nicht benutzt werden.

Speicherladeprinzip mit Nachheizung in den Bereitschaftsspeicher

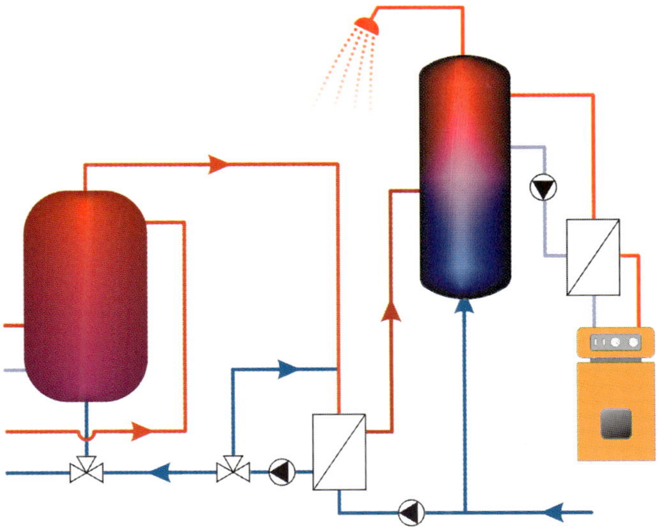

Bild 4.5.15: WT im Speicherladeprinzip mit Nachheizung in den Bereitschaftsspeicher (G3)

Für die Auslegung des Pufferentladekreiswärmetauschers können folgende Temperaturpaare verwendet werden:

Pufferkreisseitig	Eintritt:	55°C
	Austritt:	17°C
Trinkwasserseitig	Eintritt:	12°C
	Austritt:	45°C

Bei einigen Herstellern oder für besondere Standorte mit ganzjährig niedrigen Kaltwassertemperaturen werden für den Eintritt auf der Trinkwasserseite auch Temperaturen von 8°C – 10°C angegeben. In weiteren Berechnungen müssen die Werte der Temperaturen entsprechend angepaßt werden.

Die große Temperaturspreizung im Entladekreis des Pufferspeichers erreicht eine möglichst große Abkühlung des Puffers auch bei Ladezuständen auf hohem Temperaturniveau. Diese Temperaturspreizungen werden anhand praktischer Erfahrungen festgelegt, wobei die Trinkwassereintrittstemperatur durch das Trinkwassernetz vorgegeben wird. Aus der zu übertragenden Leistung (Festlegung siehe folgende Fallunterscheidung) ergeben sich die Volumenströme zur Berechnung des Wärmetauschers. Die zu übertragende Leistung dieses Speicherladesystems wird in Abhängigkeit des Wasserverbrauchsprofils bzw. über einen Bezug zur Kollektorfeldleistung ausgelegt.

Ähnlich wie Solarspeicher für Solaranlagen in Ein- und Zweifamilienhäusern, sollte der Trinkwasserspeicher bei einer Speicherladung durch den Pufferkreis möglichst im unteren Bereich über einen Solarteil verfügen. Dieser wird dann, abgesehen von einer aktivierten thermischen Desinfektion durch den Heizkessel, ausschließlich durch Solarwärme des Pufferkreises beladen. Die Nachheizung durch den Heizkessel erfolgt nur für den oberen Bereitschaftsteil, um ein Anheben des Temperaturniveaus im Pufferkreis durch Wärme vom Heizkessel zu vermeiden.

Im folgenden werden die WT für Trinkwasserspeicher mit Solarteil berechnet.

Fall 1

Das Tagesprofil des Wasserverbrauchs beinhaltet viele kleine Spitzen, d.h. in zeitlich variabler Folge werden erhebliche Mengen Wasser abgenommen. Nach solch einer Verbrauchsspitze sollte der Pufferkreis seine Wärme möglichst schnell an den Bereitschaftsspeicher abgeben, um diesen sogleich wieder zu beladen. Im Pufferkreis wird so gleichzeitig die Temperatur rasch gesenkt und die Solaranlage kann den Pufferkreis auf niedrigem Temperaturniveau beladen. In diesem Fall wird die Leistung des Wärmetauschers mit 100% der max. Kollektorfeldleistung eingesetzt.

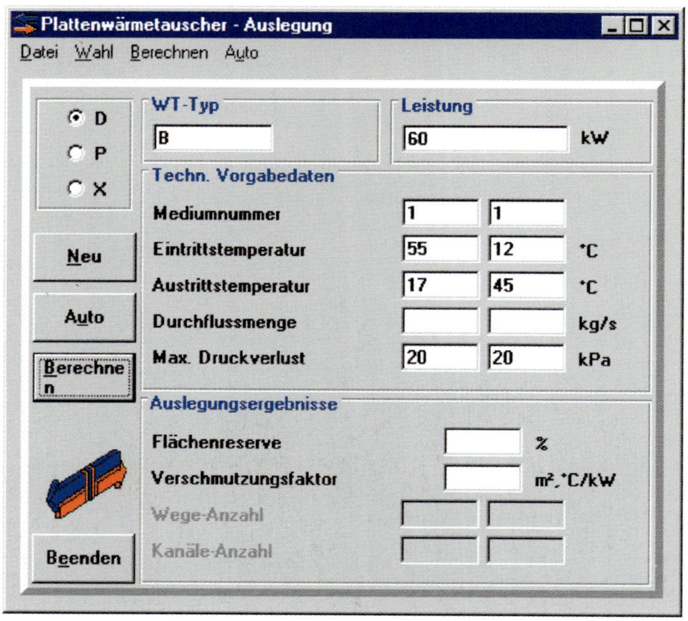

Bild 4.5.16: Eingabemaske zur WT-Berechnung nach dem Speicherladeprinzip (Kollektorfeldleistung 100 %)

Für eine Solaranlage mit einem 100 m² Kollektorfeld ergibt sich folgende Auslegung:
Die Leistung des Kollektórfelds beträgt 100 m² á 600 W/m² = 60 kW.

Die Trinkwasserzapfungen erfolgen diskontinuierlich. Für die Leistung des Wärmetauschers werden 100% der Kollektorleistung angesetzt, die zu übertragende Leistung beträgt daher 60 kW. Mit Einsetzen der Temperaturspreizungen 55°C ⇒ 17°C auf Pufferentladungseite und 12°C ⇒ 45°C auf Trinkwasserseite, ergibt sich eine Eingabemaske gemäß Bild 4.5.16 .

Für diese Art der Auslegung können folgende Wärmetauscherkosten angesetzt werden:

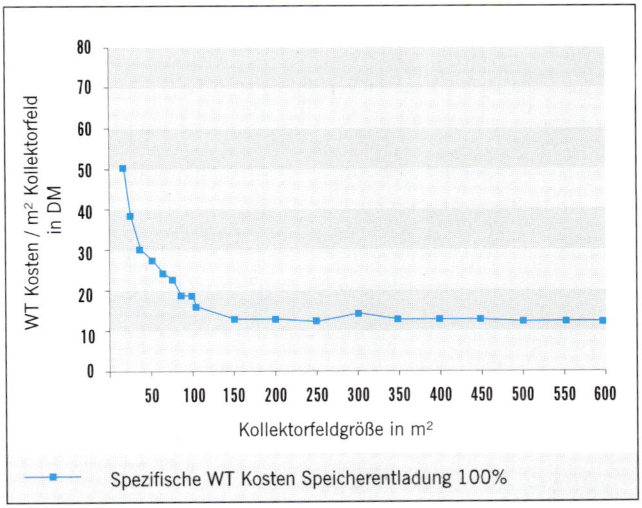

Diagramm 4.5.5: Spezifische Wärmetauscherkosten für die WT-Dimensionierung im Speicherladeprinzip (Kollektorfeldleistung 100 %)

Fall 2

Das Tagesprofil des Wasserverbrauchs beinhaltet wenige große Spitzen, so daß der Wasserverbrauch über den Tag nahezu konstant ist.
In diesem Fall kann der Pufferspeicherkreis langsam entladen werden, da bei wenigen großen Spitzen immer eine ausreichende Ladezeit für den Bereitschaftsspeicher zwischen den Verbrauchsspitzen gegeben ist. Für den genannten Anwendungsfall wird die Leistung des Wärmetauschers auf 50% der max. Kollektorfeldleistung ausgelegt.

Für eine Solaranlage mit einem 100 m² Kollektorfeld ergibt sich folgende Auslegung:
Die Leistung des Kollektorfeldes beträgt 100 m² à 600 W/m² = 60 kW. Die Trinkwasserzapfungen erfolgen diskontinuierlich. Für die Leistung des Wärmetauschers werden 50% der Kollektorleistung angesetzt, die zu übertragende Leistung beträgt daher 30 kW. Mit Einsetzen der Temperaturspreizungen 55°C ⇒ 17°C auf Pufferentladungseite und 12°C ⇒ 45°C auf Trinkwasserseite ergibt sich die folgende Eingabemaske:

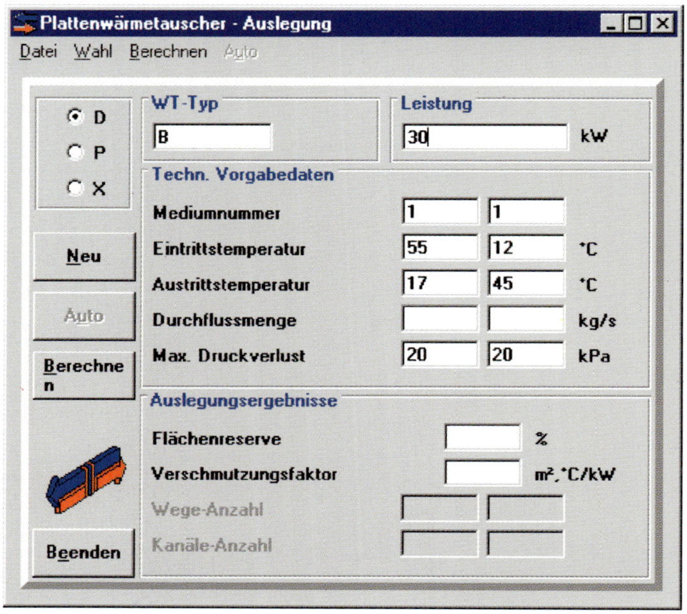

Bild 4.5.17: Eingabemaske zur Berechnung eines Entlade-WT (Kollektorfeldleistung 50%)

Das Programm berechnet den Wärmetauscher in Zweiwege-Auslegung:

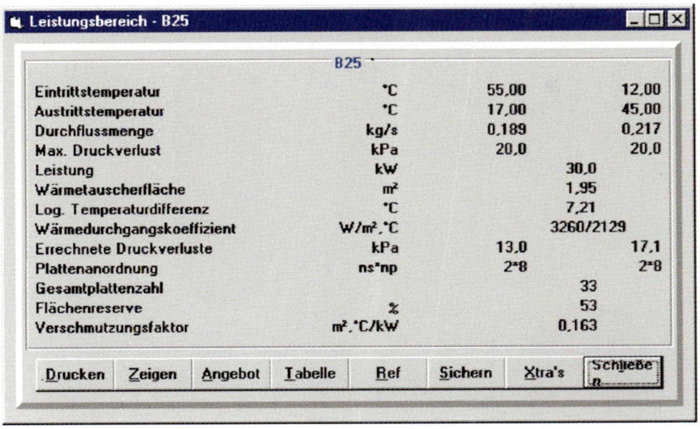

Leistungsbereich - B25

B25

Eintrittstemperatur	°C	55,00		12,00
Austrittstemperatur	°C	17,00		45,00
Durchflussmenge	kg/s	0,189		0,217
Max. Druckverlust	kPa	20,0		20,0
Leistung	kW		30,0	
Wärmetauscherfläche	m²		1,95	
Log. Temperaturdifferenz	°C		7,21	
Wärmedurchgangskoeffizient	W/m².°C		3260/2129	
Errechnete Druckverluste	kPa	13,0		17,1
Plattenanordnung	ns*np	2*8		2*8
Gesamtplattenzahl			33	
Flächenreserve	%		53	
Verschmutzungsfaktor	m².°C/kW		0,163	

Drucken | Zeigen | Angebot | Tabelle | Ref | Sichern | Xtra's | Schließen

Bild 4.5.18: Ergebnismaske einer Entlade-WT Berechnung nach dem Speicherladeprinzip (Kollektorfeldleistung 50%, optmiert)

Für die entsprechenden Wärmetauscher ergeben sich in Abhängigkeit der Kollektorfeldgröße folgende Kosten:

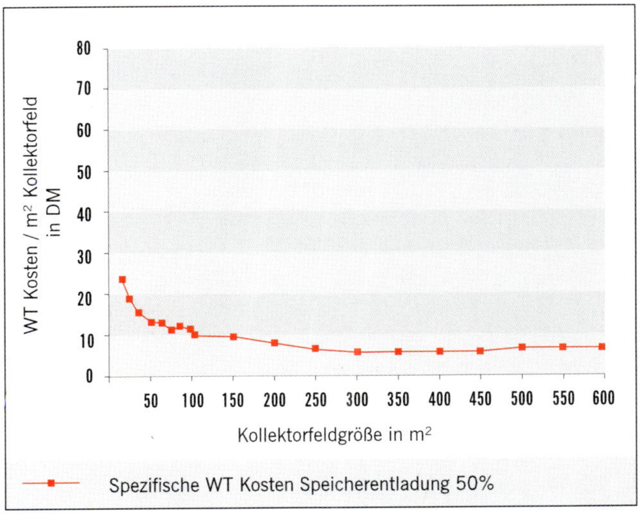

Diagramm 4.5.6: Spezifische WT-Kosten pro m² Kollektorfeld im Speicherladeprinzip bei Speicherladung 50%

Durchlaufprinzip

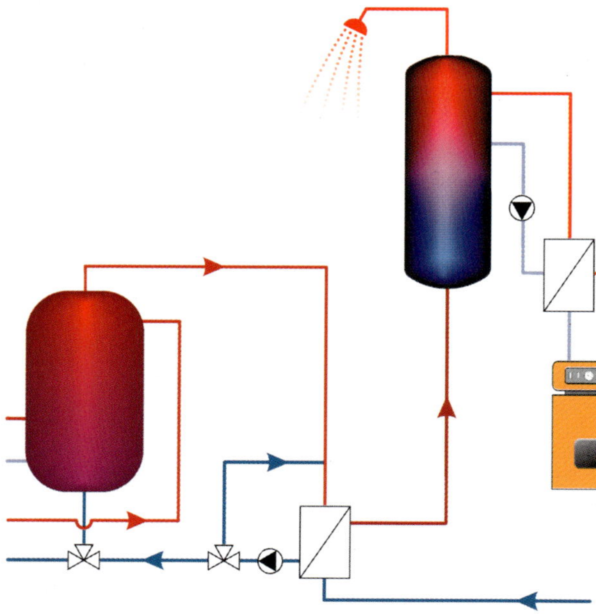

Bild 4.5.19: WT in der Pufferentladung im Durchlaufprinzip (G3)

Beim Durchlaufprinzip ist der Wärmetauscher der maximalen Trinkwasserverbrauchsspitze anzupassen, um den Pufferkreis auch im Moment des höchsten Verbrauchs entladen zu können.

Wird nur ein kleiner Teil des Gesamtverbrauchs in den Zapfspitzen abgenommen, kann der Wärmetauscher beispielsweise auf 50% der rechnerischen oder gemessenen Zapfspitze ausgelegt werden.
Dies ist unabdingbare Voraussetzung, da andernfalls die Wärme des Puffers in den Spitzen nicht genügend abgefahren und dieser nur unzureichend entladen werden kann. In der Praxis werden die Systeme auf das Erreichen einer einstellbaren Austrittstemperatur trinkwasserseitig (nur bei Anlagen mit hoher Deckung oder Nachheizung in den Pufferspeicher) oder auf eine möglichst niedrige Rücklauftemperatur in den Pufferkreis ausgelegt.

Für die Auslegung werden folgende Temperaturpaare des Speicherladekonzeptes verwendet:

Pufferkreisseitig	Eintritt:	55 °C
	Austritt:	17 °C
Trinkwasserseitig	Eintritt:	12 °C
	Austritt:	45 °C

Als Grundlage zur Berechnung der maximal erforderlichen Leistung muß die größte Zapfspitze beispielsweise mit Hilfe des Gleichzeitigkeitsmodells (vgl. Kapitel 2) ermittelt werden. Die Leistung errechnet sich aus dem Massenstrom der Zapfspitze und den gewünschten Eintritts-/Austrittstemperaturen. Berechnung der Leistungspitze (in kW):

$$\dot{q} = \dot{m}\, c\, \Delta T$$

mit $\dot{m}$ aus der Gleichzeitigkeitsberechnung der Zapfspitze,
c = 4,18 kJ/K (für Wasser) und ΔT = 45°C – 12°C = 33 K

Bei dieser Durchlaufvariante ist unbedingt der erhöhte Druckverlust (durch den Wärmetauscher) im Trinkwassersystem zu berücksichtigen! Bei Spitzenabnahmen können ansonsten Versorgungsprobleme auftreten.

Ein Wärmetauscher, auf 60 kW Übertragungsleistung mit maximalem Druckverlust 20 kPa auf beiden Seiten ausgelegt, wird einer Spitzenwasserzapfung in Litern pro Stunde (l/h) in Höhe des dreifachen Tagesverbrauchs in Litern pro Tag (l/d) ausgesetzt. Zur Berechnung wird ein bereits ausgelegter Wärmetauscher von einem höheren Massenstrom durchströmt. In diesem Fall beträgt die maximale Zapfspitze 21.000 l/h, was vereinfacht mit einem Massenstrom von 21.000 kg/h gleichgesetzt wird. Die hohe Leistung in der Ergebnismaske wird vom Programm aus den sehr hohen Massenströmen errechnet und so fehlerhaft:

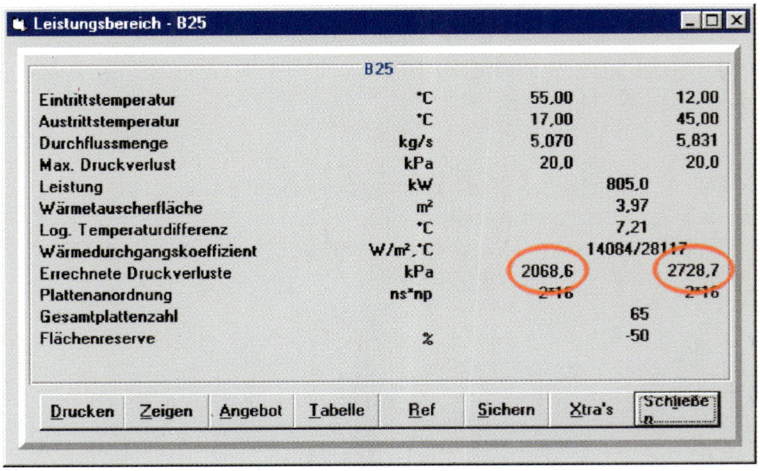

Bild 4.5.20: Fehlerhafte Ergebnismaske für einen WT im Durchlaufprinzip

Wie deutlich zu sehen, betragen die Druckverluste im Trinkwasserkreis 2068,6 kPa bzw. 2728,7 kPa, was einem Wert von über 20 bar entspricht. Die Trinkwasserversorgung der Zapfstellen wird in diesem Moment zum Erliegen kommen.

Im Vergleich zu den Speicherladekonzepten, sind vergrößerte Wärmetauscher auszulegen und ihre Auswirkungen auf das Trinkwassernetz zu berechnen. Die Kosten für Wärmetauscher im Durchlaufprinzip steigen drastisch. Im folgenden Diagramm finden sich Werte für die Kosten von Wärmetauschern bei einer Auslegung auf eine maximale Zapfspitze in Höhe des dreifachen mittleren Tagesverbrauchs.

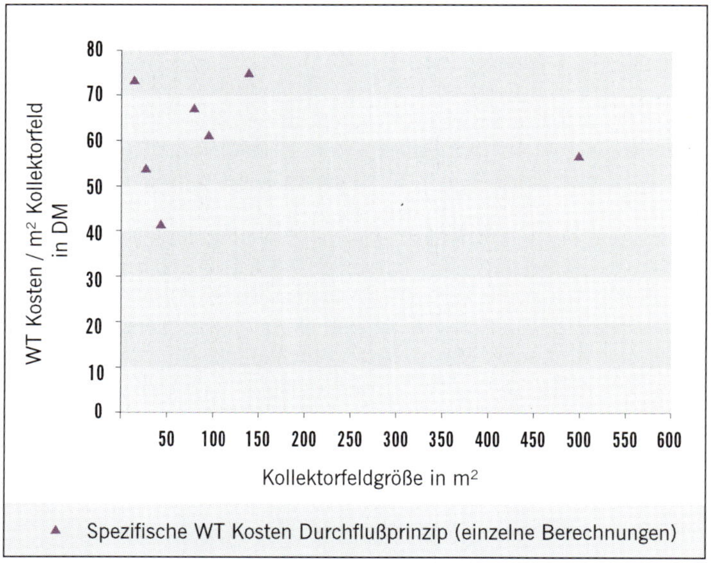

Diagramm 4.5.7: Spezifische WT-Kosten im Durchlaufprinzip (einzelne Berechnungen)

In vielen Anlagen werden Spitzenzapfungen mit Faktor 6-9 zu den Werten der mittleren Tagesverbräuche erreicht. Über eine Gleichzeitigkeitsrechnung der Zapfstellen muß daher die maximale Zapfspitze ermittelt und der Wärmetauscher darauf hin ausgelegt werden.

Der Wärmetauscher für die 100 m² Kollektorfeldanlage (= 60 kW) wird für den hohen Volumen- /Massenstrom bei maximaler Trinkwasserzapfung ausgelegt. Die maximale Zapfung entspricht dem dreifachen mittleren Tagesverbrauch von 7.000 l/d in Litern pro Stunde, also 21.000 l/h.
Um den maximalen Durchfluß von 21.000 l/h zu berechnen, ergibt sich auf der Sekundär- /Trinkwasserseite ein Massenstrom von 5,833 kg/s.
Die Entladepumpe des Pufferkreises wurde zur Begrenzung der Kosten und zum Erreichen eines akzeptablen Wirkungsgrades auf eine maximale Fördermenge von 3 m³/h (= 0,833 kg/s) ausgelegt. (Bild 4.5.21)

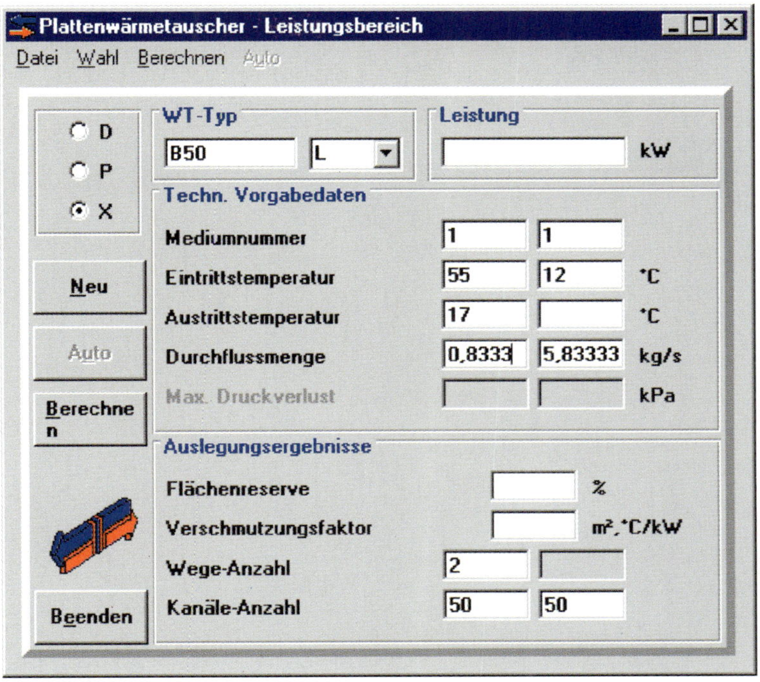

Bild 4.5.21: Eingabemaske zur Berechnung eines Wärmetauschers im Durchflußmaximum des Trinkwassernetzes

Es ergibt sich folgendes Resultat:

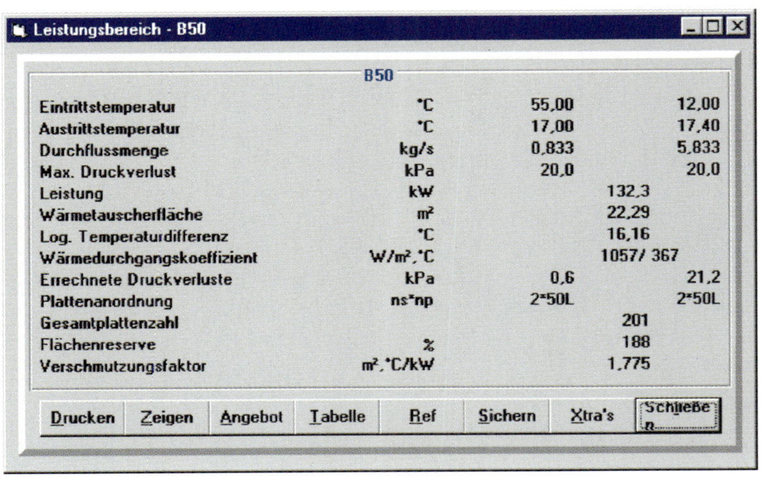

Bild 4.5.22: Ergebnis der Wärmetauscherberechnung für maximalen Durchfluß

Der Wärmetauscher überträgt bei der Spitzenzapfung im Trinkwassernetz 132 kW und ist damit zur Vermeidung eines zu hohen Druckverlustes im Trinkwasserkreis überdimensioniert, da die erforderliche Leistung lediglich 60 kW beträgt.

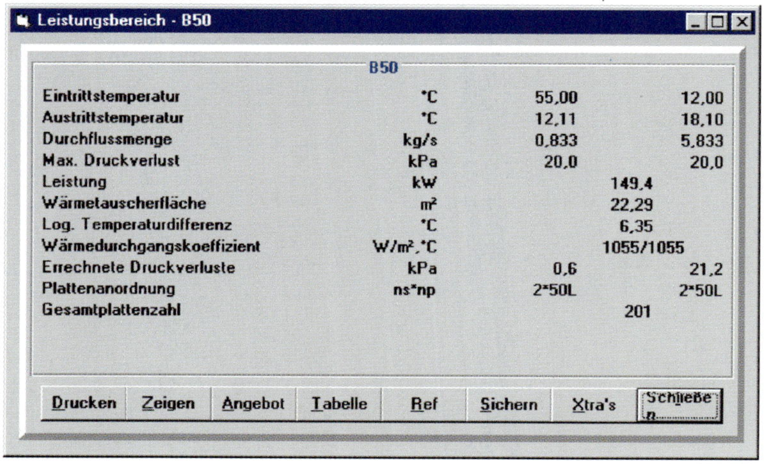

Eintrittstemperatur	°C	55,00		12,00
Austrittstemperatur	°C	12,11		18,10
Durchflussmenge	kg/s	0,833		5,833
Max. Druckverlust	kPa	20,0		20,0
Leistung	kW		149,4	
Wärmetauscherfläche	m²		22,29	
Log. Temperaturdifferenz	°C		6,35	
Wärmedurchgangskoeffizient	W/m²,°C		1055/1055	
Errechnete Druckverluste	kPa	0,6		21,2
Plattenanordnung	ns*np	2*50L		2*50L
Gesamtplattenzahl			201	

Bild 4.2.23: Ergebnis der Wärmetauscherberechnung für maximalen Durchfluß (Rückrechnung)

Eine Rückrechnung auf die Temperaturen in dieser Zapfspitze zeigt, daß aufgrund der großen Wärmeabnahme die Rücklauftemperatur im Pufferkreis auf 12°C fällt. Dies ist für den Betrieb der Solaranlage sehr von Vorteil.
Die Möglichkeit der maximalen Entladung der Pufferspeicher in der Zapfspitze wird so voll genutzt. Im normalen Betrieb wird dieser Wärmetauscher jedoch nur kleinere Leistungen abgeben bzw. von einem geringeren Volumenstrom durchflossen.
Für das Betriebsverhalten außerhalb der Zapfspitze wird folgendes beispielhaft betrachtet: Die momentane Trinkwasserzapfung entspreche bei gleicher Anlage ca. 15 kW Leistung, was im Trinkwasserkreis bei der Temperaturspreizung 12°C/45°C einem Massenstrom von 0,108 kg/s entspricht. Die Entladepumpe des Pufferkreises arbeitet mit einem variablen Massenstrom, der sich unter der Maßgabe der Spreizung 55°C/17°C durch die Regelung errechnet. Um zu prüfen, ob dieser Wärmetauscher auch im Bereich geringerer Leistungen ein genügend hohes Wärmeübertragungsvermögen besitzt, wird dieser mit den Daten für geringere Leistungen erneut berechnet:

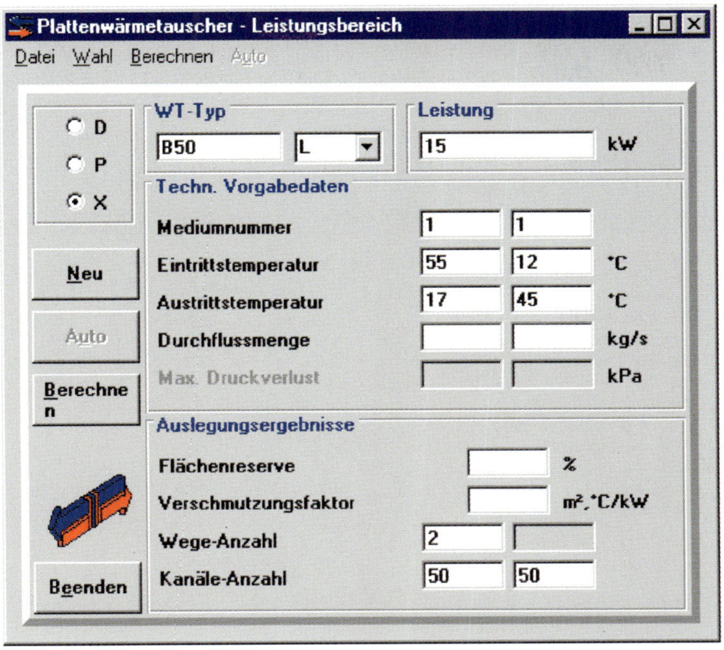

Bild 4.5.24: Eingabemaske zur Rückrechnung des ausgewählten Wärmetauschers

Aus den Daten der Eingabemaske werden die folgenden Werte für den Wärmetauscher berechnet:

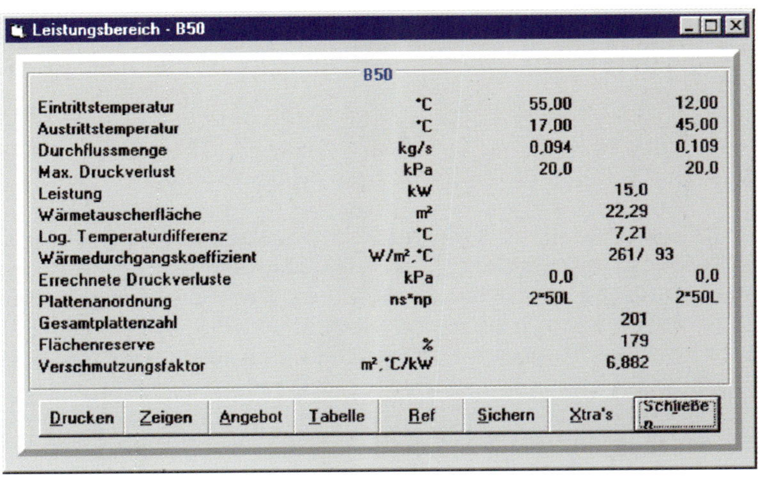

Bild 4.5.25: Berechnung des gewählten Wärmetauschers auf sehr kleine Zapfungen

Dem Ergebnis der Berechnung kann entnommen werden, daß der Wärmetauscher für die Nutzung im Teillastbereich geeignet sein müßte. Es sind jedoch der Druckverlust und die geringen Wärmedurchgangskoeffizienten zu beachten, da diese Werte auf eine mögliche Fehlfunktion des Wärmetauschers im Teillastbereich schließen lassen. Mittels einer Rückrechnung werden die Temperaturen in diesem Teillastfall ermittelt.

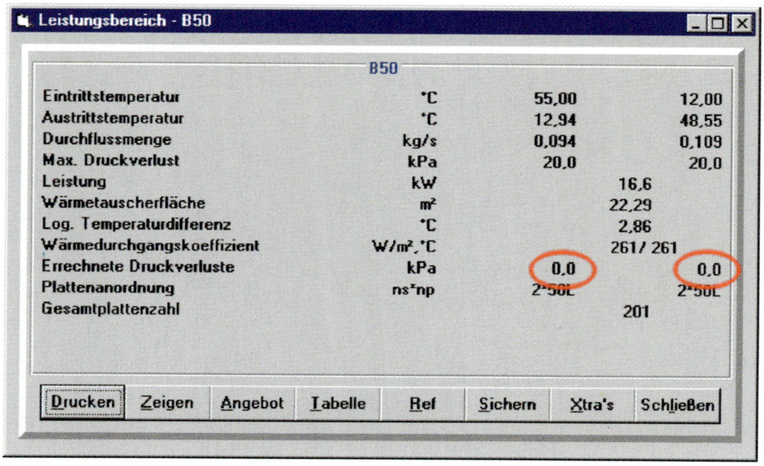

Bild 4.5.26: Rückrechnung der Temperaturen des Wärmetauschers bei Teillast

Auf den ersten Blick funktioniert der große Wärmetauscher demnach auch bei kleinen Zapfungen sehr gut und erreicht sehr niedrige Temperaturen im Rücklauf zum Pufferspeicher (12,8°C). Der Druckverlust beträgt jedoch auf beiden Seiten erneut Null, die Wärmedurchgangskoeffizienten liegen mit 260 W/m²K sehr niedrig.

Ein sehr groß dimensionierter Wärmetauscher ist im Durchlaufsystem die richtige Wahl zur Vermeidung von zu hohen Druckverlusten im Trinkwasserkreis und zur Übertragung der Wärme aus dem Pufferkreis auf das Trinkwasser.

Nicht alle überdimensionierten Wärmetauscher funktionieren allerdings im Teillastbereich noch zufriedenstellend. Die in Bild 4.5.26 errechneten, sehr geringen Druckverluste zeigen deutlich eine zu geringe Wärmeübertragung bei dem berechneten Punkt im Teillastbereich. Grund dafür ist der, durch die laminare Strömung verursachte, geringe k-Wert des Wärmetauschers in diesem Leistungsbereich. Bei der Planung und Ausführung muß der ausgewählte Wärmetauscher daher in Absprache mit dem Hersteller nachgerechnet werden. Durch die Auslegung des Wärmetauscher auf beispielsweise 50% der maximalen Zapfspitze kann dieser Probleme vermindert oder umgegangen werden.

Begrenzung der Trinkwasseraustrittstemperatur bei Fernwärmeübergabestationen:

Bei der Verbindung von Solaranlagen mit Fernwärmeübergabestationen zur Trinkwassererwärmung wird vom Fernwärmelieferant häufig eine Begrenzung der maximalen Eintrittstemperatur des solar vorgewärmten Wassers gefordert. Diese Begrenzung kann durch eine Reduzierung der Pufferwassereintrittstemperatur in den Entladewärmetauscher am thermostatischen Dreiwegeventil oder über die Drehzahlregelung der Entladung bei Durchlaufanlagen realisiert werden (vgl. Kapitel 4.8)

Vergleich der Konzepte Durchlauferwärmung Speicherladung

Die größten Vorteile des Durchlaufprinzips sind eine niedrige Rücklauftemperatur in den Pufferspeicher und seine einfache Einbindung in bestehende Anlagen. Bei Solaranlagen mit großen Pufferspeichervolumina und Rohrleitungsdimensionen sollte die Systemträgheit in Verbindung mit der Regelung des Durchflußprinzips Beachtung finden.
Das Speicherladeprinzip kann auch bei sehr hohen zu übertragenden Leistungen mit kostengünstigen Wärmetauschern und ohne Auswirkungen auf das Trinkwassernetz (keine Druckschwankung) betrieben werden. Mit einer geeigneten Regelung ist seine Funktion dem Durchlaufprinzip gleichwertig. Wird der Anschluß der Speicherladung wie in den Illustrationen gezeigt realisiert, verhält sich das System im Betrieb wie ein kombiniertes Speicherlade-/ Durchlaufprinzip. Ist die Warmwasserzapfung gering, wird der gesamte Trinkwasservolumenstrom durch den Wärmetauscher geführt. Wird kein Warmwasser gezapft oder besteht eine sehr hohe Warmwasserzapfung, arbeitet das System unter Nutzung der Speicherladepumpe nach dem Speicherladeprinzip.

Durchlaufprinzip	Speicherladeprinzip
(+) (+) Die nachträgliche Installation einer Solaranlage ist in jedes Warmwasserversorgunssystem möglich, da durch Vorschalten des Durchlaufwärmetauschers keine Größenveränderung oder Arbeiten am Bereitschaftsspeicher erforderlich sind. Auch der Einsatz vor Fernwärmeübergabestationen ohne Speicher ist möglich.	(+) Der Entlade-WT kann auf die Erfordernisse der Speicherladung abgestimmt werden und ist somit deutlich kleiner als bei einer Auslegung auf die Zapfspitze.
(+) (+) Die Größe des Bereitschaftsspeichers wird nur durch die Nachheizung bestimmt und ist so verhältnismäßig klein.	(+) Konstante Einstellung der Entladepumpen, einfache Temperaturdifferenzregelung.
(+) (+) Nahezu Kaltwassertemperatur im unteren Pufferbereich zu allen Betriebszeiten.	(+) Ausgleich von Zapfspitzen durch die zeitlich kontinuierliche Entladung des Pufferspeichers.
(-) Aufwendige Regelung der Entladekreispumpe durch Drehzahlsteuerung mit der Notwendigkeit einer sehr exakten Regelung und einer genauen Anbringung der Regelelemente.	(+) (+) Stabile Druckverhältnisse im Wassernetz.
(-) Der Entlade-WT muß auf die Spitzen des Zapfprofils ausgelegt werden, es entstehen hohe WT-Kosten.	(-) (-) Schwankende, höhere Temperaturen im unteren Pufferbereich durch die Temperaturschwankungen bei der Speicherladung.
(-) Direkte Abhängigkeit vom Zapfprofil, das System muß auch kurze Leistungsspitzen abdecken können. Daher wird ein großer Wärmeaustauscher benötigt.	(-) Die nachträgliche Installation einer Solaranlage ist nur dann möglich, wenn der Bereitschaftsspeicher im unteren Speicherbereich genügend Volumen für solare Beladung bietet, ein zusätzlicher Speicher installiert oder die kontinuierliche Beladung des Bereitschaftsspeichers durch die Heizung vermieden werden kann.
(-) Im Betrieb verändert sich der Druckabfall im WT, was Druckschwankungen im gesamten Warmwassernetz verursacht.	(-) Bei Nachheizung direkt in den Bereitschaftsspeicher ist ein großer Speicher mit einem Volumenteil für die Beladung durch die Solaranlage erforderlich. (Bei Nachheizung in den Pufferspeicher ist der Bereitschaftsspeicher nicht zu vergrößern.)

Bild 4.5.27: Entlade-WT-Einheit [B19]

4.5.4 Hinweise zum Einbau und Betrieb

Nach TRD (Technische Regeln für Dampfkessel) sind Wärmetauscher so aufzustellen, daß sie möglichst allseitig besichtigt werden können, zugänglich sind und das Typenschild gut erkennbar ist. Des weiteren ist darauf zu achten, daß eine nachträgliche Montage der Wärmedämmung möglich ist. Damit eine vollständige Entleerung erfolgen kann, müssen die Wärmetauscher entsprechend den Herstellervorschriften montiert werden. Die Medien müssen die Wärmetauscher in der Regel im Gegenstromverfahren durchfließen. Die Rohrleitungen sind so anzubringen, daß die Anschlüsse spannungsfrei gehalten werden. Längenausdehnungen und Vibrationen aus den Rohrleitungen auf den Wärmetauscher sind zu vermeiden. Größere Wärmetauscher sind beispielsweise mit Stehbolzen bestückt, die der Anbringung an eine Halterung oder ein Gestell dienen. Bei Gewindeanschlüssen ist zu beachten, daß keine zu großen Kräfte (Drehmomente) auftreten. Bei Lötanschlüssen soll Silberlot mit min. 45% Ag und einer Schmelztemperatur von ca. 620 – 635°C verwendet werden. Um Druckschläge zu vermeiden, sind die Pumpen gegen geschlossene Ventile anzufahren. Ventile im Zu- und Ablauf sollten möglichst gleichzeitig geöffnet werden. Die Durchflußmenge ist langsam zu erhöhen, bis die Betriebstemperatur erreicht ist. Da im Wärmetauscher verbleibende Luft den Wärmeübergangs-

koeffizienten negativ beeinflußt, ist der Wärmetauscher sofort nach Inbetriebnahme zu entlüften. Um die Entlüftung zu vereinfachen, sollten die Wärmetauscher stehend eingebaut werden.
Bei Medien, die zur Belagbildung (z.B. Kalk im Trinkwasser) neigen, empfiehlt es sich, den Druckabfall und die Wärmeübertragung im Wärmetauscher zu kontrollieren. Ansteigender Druckabfall ist das Indiz für Belagbildung, und der Wärmetauscher sollte umgehend gereinigt werden. Bei Bedarf sind geeignete Reinigungssysteme und -mittel (z.B. gering konzentrierte Essigsäure) verschiedener Hersteller einzusetzen. Die Herstellerangaben zur Reinigungszeit (z.B. 8 Stunden spülen) und zur Passivierung der Oberfläche (Glättung der Oberfläche, um neue Belagbildung zu unterdrücken) sind zu erfragen und einzuhalten. Geschraubte Wärmetauscher können zur Reiniung auch demontiert werden.

Bild 4.5.28: Montage eines Plattenwärmetauschers [B29]

4.6 Trinkwasser- und Pufferspeicherkreis

Im folgenden werden die Speicher und Speicherverschaltungen der vorgestellten Systemvarianten dargelegt. Die Beschreibung der Be- und Entladung der Speicher beschränkt sich auf die Pufferspeicherkonzepte.

4.6.1 Trinkwasserspeicher

In den Systemkonfigurationen mit direkter Erwärmung des Trinkwassers durch den Kollektorkreis kommen für das gesamte Volumen Trinkwasserspeicher zum Einsatz. In Pufferspeicherkonzepten dienen sie nur als Bereitschaftsspeicher für die Warmwasserversorgung.

Bauarten

Trinkwasserspeicher müssen vor Korrosion durch den mit dem Trinkwasser kontinuierlich eintretenden Sauerstoff geschützt werden.

Der tatsächliche Inhalt des Speichers darf gegenüber dem Nenninhalt höchstens um +10% bzw. –5% abweichen (DIN 4753 T1 4.1.3). Dies wird vor allem bei den Behältern für kleinere Solaranlagen oft nicht immer exakt eingehalten.

Emaille als Korrosionsschutz

Emaille ist die am weitesten verbreitete Variante zum Schutz der Speicher vor Korrosion. Die Emaille, eine Art Glas, wird dabei durch Einbrennen mit dem Stahlbehälter verbunden. Da bei der Herstellung und der Verteilung kleine Fehlstellen an der Emaille unvermeidbar sind, erhalten die Emaillespeicher Magnesium- oder Fremdstromanoden als kathodischen Korrosionsschutz. Aufgrund relativ geringer Materialkosten und hoher Stückzahlen ist die Produktion dieser Speicher preisgünstig, beim Transport sind jedoch Erschütterungen z.B. durch Umstürzen unbedingt zu vermeiden.

Die Emaillierung wird in DIN 4753 T3, der kathodische Korrosionsschutz in DIN 4753 T6 beschrieben.

Edelstahlspeicher

Speicher aus Edelstahl sind gegenüber Korrosion unempfindlich. Lediglich bei hohen Chloridkonzentrationen im Wasser können Schweißnähte im Speicher beschädigt werden und Leckagen entstehen.
Die Einsatzgrenzen sind beim Hersteller zu erfragen. Edelstahl ist ein hochwertiger und dauerhafter Werkstoff, die Kosten für Speicher aus Edelstahl sind daher höher als die für Emaille- oder Kunststoffspeicher.

Ihre Ausführung ist in DIN 4753 T 7 beschrieben.

Kunststoffbeschichtete Speicher

Bei dieser Art des Korrosionsschutzes werden Beschichtungen aus Duroplasten (DIN 4753 T4), Kautschuk (DIN 4753 T5) und Thermoplasten (DIN 4753 T9) unterschieden. Sie sind meist preisgünstiger und unempfindlicher gegen Transportschäden als die emaillierte Variante. Die Dauerhaftigkeit des Korrosionsschutzes ist allerdings umstritten.

Vor allem die häufig eingesetzten Thermoplasten sind nur bis 85°C zugelassen und dürfen an der beschichteten Wand keinem Temperaturgefälle >10 K ausgesetzt sein. Für Kombispeicher und Speicher mit internen Kollektorkreiswärmetauschern sind thermoplastische Beschichtungen daher ungeeignet.

Wärmedämmung der Speicher

Die Speicherdämmung muß eng an der Speicherwand anliegen, die Anschlüsse der Rohrleitungen sind alle seitlich oder im unteren Speicherbereich aus der Dämmung zu führen. Diese Maßnahmen minimieren die Wärmeverluste des Speichers. Dabei sind auch die Anschlüsse der Rohrleitungen zu dämmen. Bei der Ausführung der Speicherdämmung sind mögliche PVC-Verbote in den unterschiedlichen Bundesländern zu berücksichtigen.

Die Qualität des Speichers hinsichtlich der zu erwartenden Wärmeverluste ist nach DIN 4753 T8 zu prüfen.

Bild 4.6.1: Ideale Speicherdämmung für Speicher mit seitlichen Anschlüssen (G3)

Dimensionierung

Bereitschaftsspeicher ohne solare Beladung durch den Kollektor- oder Pufferspeicherkreis werden gemäß den Anforderungen der Versorgungssicherheit dimensioniert.
Das gleiche gilt für Systemkonzepte mit in den Pufferkreis integrierter Nachheizung. Auch hier muß der Trinkwasserspeicher groß genug sein, um die Versorgung mit warmem Wasser zu gewährleisten.
Bereitschaftsspeicher mit solarer Beladung müssen neben ausreichendem Volumen für die Versorgung der Trinkwasseranlage einen Bereich für die Beladung durch die Solaranlage besitzen. Dieses Volumen sollte max. dem Volumen für die Versorgungssicherheit entsprechen, da auch er nach DVGW W551 einmal am Tag auf 60°C aufgeheizt werden muß.
Um den gesamten Inhalt des Solarspeichers (=Energiespeicher) zu errechnen, wird das zusätzliche (Solar-)Volumen im Bereitschaftsspeicher mit dem Inhalt des Pufferspeichers addiert.

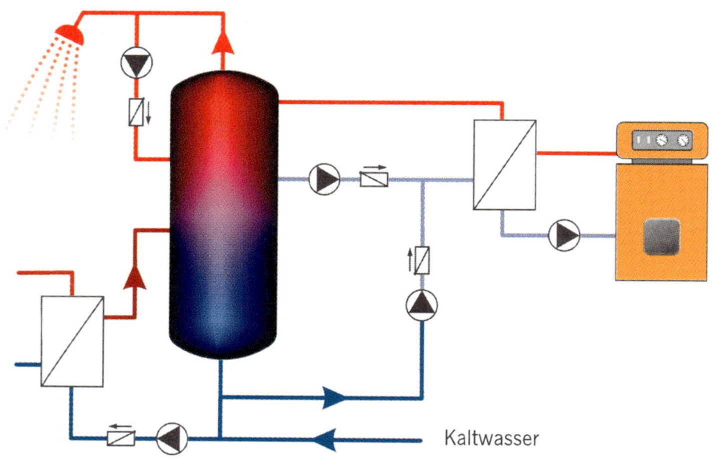

Bild 4.6.2: Bereitschaftsspeicher mit Solarteil und DVGW W551- konformer Nachheizung (G3)

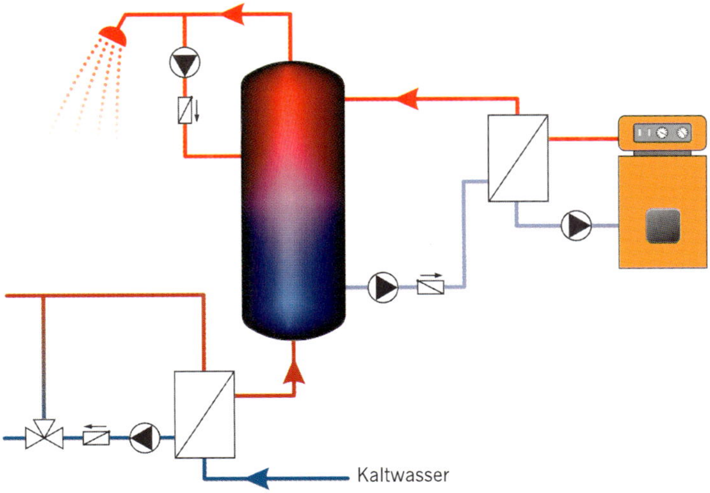

Bild 4.6.3: Bereitschaftsspeicher ohne Solarteil mit vorgeschaltetem Solarwärmetauscher im Durchlaufprinzip (G3)

4.6.2 Pufferspeicher

Die Pufferspeicher dienen der Speicherung der vom Kollektorkreis abgegebenen Wärme. Die Wärmekapazität des Wassers und die Differenz der Temperaturen von Pufferbeladung und -entladung sind dabei die bestimmenden Größen für die maximal zu speichernde Energie. Für die Wärmedämmung der Pufferspeicher gelten die gleichen Grundsätze wie bei Trinkwasserspeichern.

Ein Pufferspeicher mit 1.000 l Wasserinhalt wird durch den Kollektorkreis tagsüber von 17°C auf 90°C erwärmt. Die gespeicherte Energie entspricht:

$$Q = m\, c\, \Delta T$$

mit

m = 1000 kg (vereinfacht)

c (Wasser) = 4,18 kJ/kgK

Differenz 90°C – 17°C = 73 K

$$1000kg\ 4{,}18\frac{kJ}{kgK}73K = 305140kJ \cong 305MJ = 84{,}76kWh\ (\text{"Wärme"})$$

Pufferspeicher mit Überdruck

Stahlspeicher

Bei geschlossenen Systemen mit Überdruck im Pufferspeicherkreis finden meist Stahlspeicher aus St37 Verwendung. Diese können problemlos ohne weiteren Korrosionsschutz eingesetzt werden, da das System nur einmal mit Wasser gefüllt wird und der Überdruck ein Eindringen von frischem Sauerstoff verhindert. Bei der Erstbefüllung sollte, wann immer möglich, entkalktes und gefiltertes Wasser verwendet werden, um Probleme mit Pumpen und Ventilen zu vermeiden.

Aufgrund des Überdrucks im Pufferkreis werden diese Speicher als Druckbehälter bezeichnet und in den Bestimmungen der Druckbehälterverordnung beschrieben. Im allgemeinen werden Pufferspeicher für Solaranlagen als Behälter der Prüfgruppe V ausgeführt (siehe auch Kapitel 4.7). Die Bauarten der Pufferspeicher werden in der Beschreibung der Systeme und in der Beschreibung der Be- und Entladung dargestellt.

Kombispeicher

Bild 4.6.4: Jenni Solartank (G3)

In Kombispeichern wird der Trinkwasserspeicher (Edelstahl / Stahl emailliert) in einen Speicher aus Stahl St37 eingebaut. Der Entladewärmetauscher des Pufferkreises entfällt, da der Wärmeübergang zwischen Puffer- und Trinkwasserspeicher über die Behälterwand des Trinkwasserspeichers erfolgt. Verschiedene Zapfleistungen des Trinkwasserspeichers können durch den parallelen Einbau mehrerer Trinkwasserspeicher realisiert werden.
Wie bereits bei der Beschreibung der Systemkonfigurationen erwähnt, ist dieser Speichertyp in Deutschland aufgrund der nach DVWG W551 erforderlichen Aufheizung bis in den Vorwärmbereich im Vergleich zu getrennten Speichern energetisch benachteiligt.
In Deutschland ist zudem nach DIN 4753 T1 und AD-Merkblatt A5 eine Öffnung des innenliegenden Trinkwasserspeichers vorzusehen, was den Speicher verteuert. Der große Vorteil dieser Speicher liegt in einer guten Wärmeschichtung und dem äußerst einfachen Aufbau des Gesamtsystems.

Drucklose Pufferspeicher (offene Systeme) / Kunststoffspeicher

In offenen / drucklosen Systemen kommen wegen der Korrosionsgefahr Speicher aus verschiedenen Kunststoffen zum Einsatz. Da die Rohrleitungen des drucklosen Systems in Anwesenheit von Sauerstoff ebenfalls korrosionsbeständig sein müssen, wenn Kupferrohre verwendet werden. Anstelle eines Membranausdehnungsgefäßes wird bei diesem System lediglich ein offener Behälter benötigt.

Ein Sicherheitsventil ist nicht erforderlich, wohingegen die sichere Begrenzung der Maximaltemperatur wegen der Belastungsgrenzen des Kunststoffes unbedingt zu gewährleisten ist (vergl. Kapitel 4.7).

Die Größe des Speichers hat, wie bereits beschrieben, entscheidenden Einfluß auf den Ertrag der Solaranlage. Die Dimensionierungsangaben im Kapitel 2 sind daher zu berücksichtigen.

Da im Anlagenbetrieb der tatsächliche Warmwasserbedarf häufig geringer ist als in der Planung angenommen, sollte bereits in der Planungsphase eine größere Dimensionierung des Speichers geprüft werden.

4.6.3. Beladung der Speicher

Die Wärme des Kollektorkreises wird über den Wärmetauscher an den Beladekreis der Puffer- bzw. denTrinkwasserspeicher übertragen. Mittels der Beladepumpe wird die Wärme in die Speicher verteilt.

Pufferspeicher ohne Schichtladevorrichtung

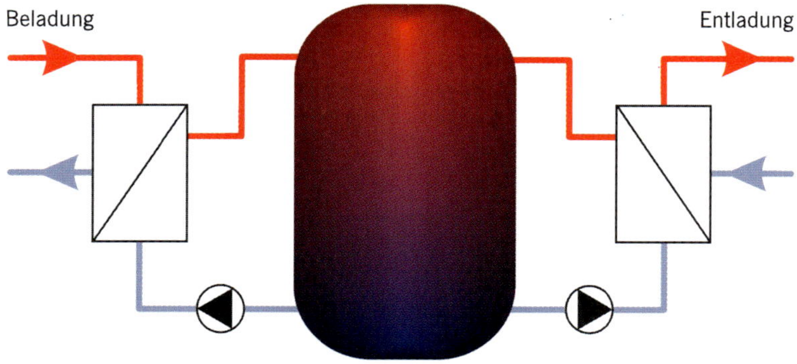

Bild 4.6.5: Grafikdetail: Be- und Entladung Puffer (G3)

Das Puffervolumen wird beladeseitig über eine Umschaltung in zwei Temperaturzonen geteilt. Hierfür kommen alternativ ein Dreiwegeventil oder eine zweite Pumpe zum Einsatz, um eine sichere Verteilung des Volumenstroms zu gewährleisten. Die Beladung erfolgt in beiden Temperaturzonen jeweils im oberen Bereich des entsprechenden Speichers.
Die Anschlüsse der Rohrleitungen an die Pufferspeicher sind, wenn möglich, so auszuführen, daß in jeder Rohrleitung nur eine Strömungsrichtung entstehen kann. Dies erleichtert die Beschreibung der Anlage und eine eventuelle Fehlersuche in der Durchströmung. Auf diese Weise wird durch die Wirkung der Pufferspeicher als hydraulische Wasserweiche eine zusätzliche, saubere Trennung der Wasserkreisläufe bei Be- und Entladung gewährleistet.

Weitere Beladeebenen unter Verwendung zusätzlicher Pumpen oder Ventile machen aufgrund der Erhöhung der Störanfälligkeit des Systems und geringer Mehrerträge wenig Sinn.

Pufferspeicher mit Schichtladevorrichtung (z.B. Stratos)

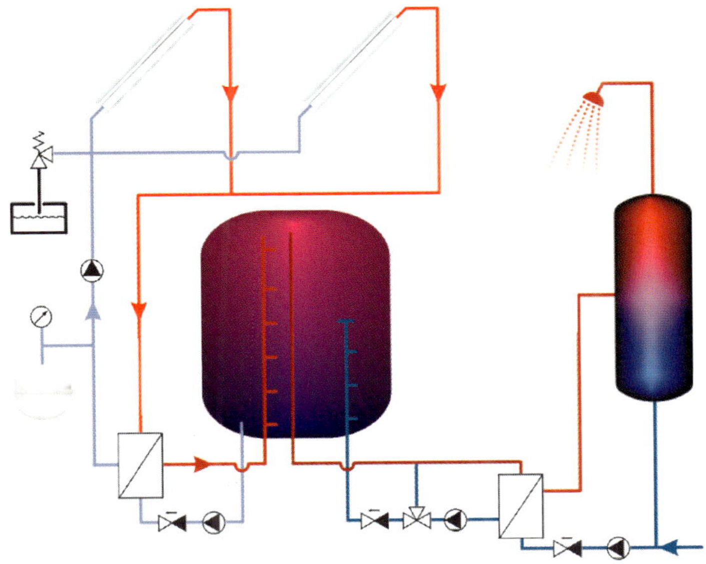

Bild 4.6.6: Schichtlader Stratos in der Anlage (G3)

Bei diesem Aufbau der Pufferspeicher strömt bei der Beladung das Wasser durch oben offene PE-Rohre mit mehreren, über die Höhe verteilten Membranklappen. Bei höherer Temperatur des zufließenden Wassers lassen die Dichteunterschiede eine Druckdifferenz zwischen dem Rohrinhalt und dem Pufferwasser entstehen: Die Klappen bleiben geschlossen. Bei Temperaturgleichheit öffnen sich die Klappen: Das Wasser strömt genau in die Schicht des Speichers, die der Temperatur des zufließenden Wassers entspricht. Auch bei der Beladung kann so eine optimale Schichtung im Speicher aufgebaut werden. Die Beladeeinrichtung ist durch den maximal möglichen Beladevolumenstrom begrenzt. Bei zu hohen Volumenströmen werden die Klappen von der Strömung aufgedrückt und der Schichtladeeffekt geht verloren.
Bei Anlagen mit mehreren Schichtladepufferspeichern werden diese beladeseitig parallel geschaltet.

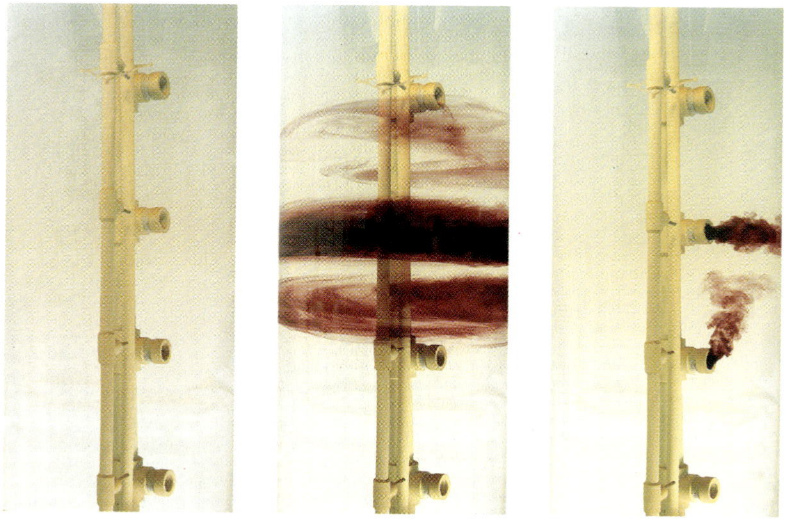

Bild 4.6.7: Funktionsprinzip Schichtenladung der Solvis-Stratos-Speicher [22]

Die Praxis zeigt, daß mit Schichtladespeichern, vor allem bei Anlagen mit mittlerem oder hohen Deckungsgrad, aufgrund des schnellen Erreichens nutzbarer Temperaturniveaus, ein Vorteil hinsichtlich des Ertrags und des Deckungsanteils der Solaranlage erzielt werden kann. Hierfür ist jedoch neben dem Schichtladespeicher eine entsprechende Kollektorkreisregelung sowie eine abgestimmte Regelung der Nachheizung des Trinkwassers unabdingbar.
Bei Solaranlagen mit niedriger Deckung fällt der Unterschied zu einfachen Pufferspeichern sehr gering aus. Die entstehenden solaren Wärmekosten sind in Systemen mit niedrigem Deckungsgrad für beide Speicherarten gleich hoch. Schichtladespeicher sind etwa 15% – 20% teurer als einfache Pufferspeicher, gleichen dies jedoch durch den höheren Systemertrag aus.

Schichtladespeicher mit einer ganzen Reihe von Pumpen, elektrischen Ventilen und mehreren Wärmetauschern rund um den Speicher sind zwar teilweise effizient, aber extrem teuer und aufgrund zwangsläufiger Ausfälle oder mangelnder Abstimmung der Bauteile weniger zu empfehlen.

Dimensionierung der Beladekreispumpe

Die im Pufferkreis benötigte Ladepumpe dient der Beförderung des bei der Wärmetauscherauslegung errechneten Volumenstroms. Zudem muß sie den Druckverlust des Wärmetauschers, der Rohrleitungen, evtl. des Dreiwegeventils, der Absperrarmaturen und den sehr geringen Druckverlust im Pufferspeicher überwinden. Werden anstelle von Pufferspeichern Trinkwasserspeicher eingesetzt, ist die Speicherladepumpe trinkwassergeeignet auszuführen.

Die Speicherladepumpe für eine Solaranlage mit einem 100 m² Kollektorfeld in Low-Flow-Ausführung (15 l/m²h) und einer Wärmetauscherdimensionierung auf eine mittlere logarithmische Temperaturdifferenz von 5 K ist zu berechnen. Im Kollektorkreis ergibt sich ein Gesamtdurchfluß von 1.500 l/h. Die Wärmekapazität des Wassers im Speicherladekreis ist höher als die des Glykol/Wassergemisches im Kollektorkreis. Der Durchfluß im Speicherladekreis ist daher bei gleichem Wärmekapazitätsstrom kleiner:

$$\dot{v}_{Kol} c_{Kol} = \dot{v}_{Speicher}\, c_{Speicher} =$$

$$1500 \frac{l}{h} 3{,}7 \frac{kJ}{kgK} = \dot{v}_{Speicher}\, 4{,}18 \frac{k}{kg}$$

$$\Rightarrow \dot{v}_{Speicher} = 1328 \frac{l}{h} \quad , vereinfachtmit \; \frac{\dot{m}}{\dot{v}} = 1$$

Der Gesamtdruckverlust aus Schichtladeeinrichtung, Pufferspeicher (Druckverlust Δp = 0), Armaturen und Wärmetauscher betrage bei diesem Durchfluß 25 kPa (= 250 mbar = 2,5 mWs), da der Wärmetauscher zwecks Kostenverringerung mit einem Druckverlust von 20 kPa ausgelegt wurde.

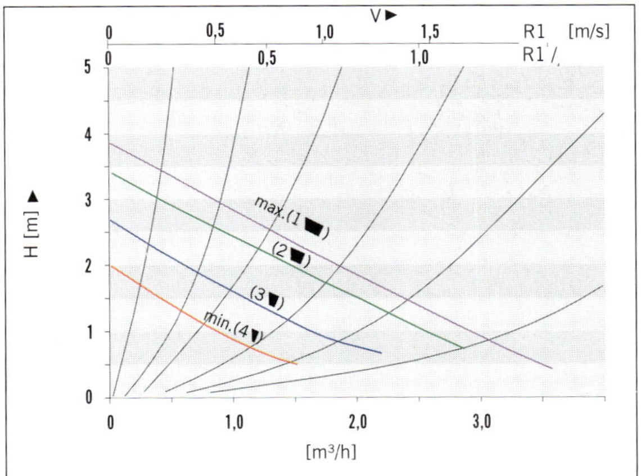

Kennlinien Wechselstrom Wilo-Spar-RS 25/60 r; RS 30/60 r

Diagramm 4.6.1: Heizungspumpenkennlinien nach WILO

Aus den Pumpendiagrammen werden alternativ eine Pumpe für den Betrieb des Pufferspeichers und des Trinkwasserspeichers als Energiespeicher eingesetzt.

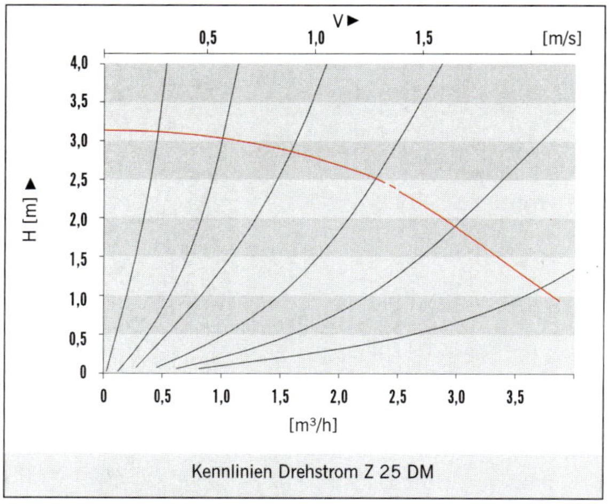

Diagramm 4.6.2: Trinkwasserpumpenkennlinie nach WILO

4.6.4 Entladung der Speicher

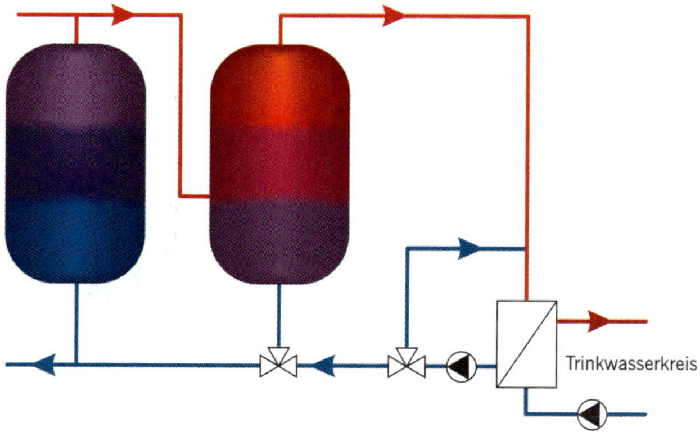

Bild 4.6.8: Detail der Pufferkreisentladung (G3)

Die Entladung der Pufferspeicher erfolgt mittels der sogenannten Entladekreispumpe (Entladepumpe). Die Pufferspeicherteile werden entladeseitig in Reihe geschaltet. Der Pufferteil, welcher zur Trinkwasserseite hin entladen wird, verfügt dabei über das höhere Temperaturniveau. Bei den Systemkonfigurationen mit konventioneller Nachheizung in die Pufferspeicher, entspricht dieser Teil dem nachgeheizten Teil. Die Austrittstemperatur am wärmsten Teil der Pufferspeicher kann bis zu 95°C betragen. Die Temperatur am Eintritt zum Wärmetauscher sollte 55°C (65°C – 70°C bei konventioneller Nachheizung in den Pufferspeicher) nicht überschreiten, um Verkalkung und eine höhere Maximaltemperatur zur Auslegung des Wärmetauschers im Entladekreis zu vermeiden. Dazu wird über ein thermostatisches Dreiwegeventil oder einen Dreiwegemischer mit Stellantrieb und Festwertregelung Wasser aus dem Rücklauf (zum Pufferspeicher) beigemischt. Über den Wärmetauscher wird dann die Wärme je nach der gewählten Systemkonfiguration durch Speicherladung oder im Durchlaufprinzip an das Trinkwasser abgegeben.

Neuere Realisierungen von Entladestrategien im Durchflußprinzip verzichten auf das Dreiwegeventil bzw. den Dreiwegemischer. Die genauen Auswirkungen auf die Temperaturverläufe und die Verkalkung im Entladewärmetauscher sind zu beobachten.

Dimensionierung der Entladekreispumpe

Die Entladepumpe muß den aus der Wahl der Systemkonfiguration und der Auslegung des Entladewärmetauschers resultierenden Volumenstrom befördern (siehe Kapitel 4.5). Zudem muß sie den Druckverlust des Wärmetauschers, der Rohrleitungen, des Dreiwegeventils, der Absperrarmaturen, eventueller Schichtladeeinrichtungen und des Pufferspeichers überwinden.

Für die Speicherentladung einer 100 m² Anlage wird ein Wärmetauscher mit 100% Übertragungsleistung des Kollektorfeldes (=60 kW) gewählt. Der Wärmetauscher wird auf eine Temperaturspreizung 55°C – 17°C im Entladekreis des Pufferspeichers und 12°C – 45°C im Ladekreis des Trinkwasserspeichers ausgelegt. Die Auslegung des Wärmetauschers (unter Nutzung des Berechnungsprogramms eines Lieferanten) ergibt einen Durchfluß von 1.360 l/h im Entladekreis des Pufferspeichers und 1.566 l/h im Ladekreis des Trinkwasserspeichers. Der Gesamtdruckverlust im Entladekreis beträgt 18 kPa, im Ladekreis des Trinkwasserspeichers 15 kPa. Die folgenden Pumpen werden ausgewählt:

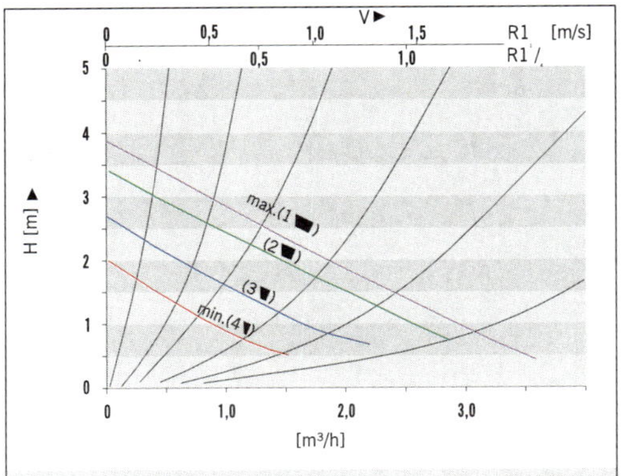

Kennlinien Wechselstrom Wilo-Spar-RS 25/60 r; RS 30/60 r

Diagramm 4.6.3: Heizungspumpenkennlinien nach WILO

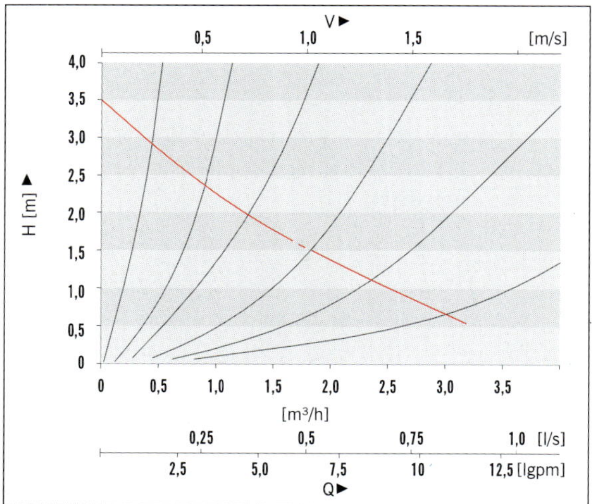

Kennlinien Wechselstrom Z 25 EM

Diagramm 4.6.4: Trinkwasserpumpenkennlinien nach WILO

Bei einer Entladung der Pufferspeicher mittels Durchlaufprinzip sollte der maximale Durchfluß des Entladekreises den Zapfspitzen im Trinkwasserkreis entsprechen. Tritt im Trinkwasserkreis eine Zapfspitze auf, kann dadurch die entsprechende Leistung für eine optimale Pufferspeicherentladung übertragen werden. Zur Reduktion der Druckverluste im Wärmetauscher und der Größe der Entladekreispumpe wird der Durchfluß meist auf kleinere Werte ausgelegt.

Gemäß der Wärmetauscherdimensionierung für 100% Speicherentladung der 100 m² Anlage (60 kW max. Leistung) wird ein Durchfluß im Entladekreis von 1.360 l/h benötigt. Zur Berechnung im Durchlaufprinzip wird dieser Wert beispielhaft auf 2.732 l/h (Faktor 2) festgelegt. Die Pumpe des Entladekreises ist dementsprechend zu vergrößern und mit einer Leistungsanpassung mittels einer Drehzahlsteuerung / Taktung zu versehen.

4.7 Sicherheitseinrichtungen

4.7.1 Kollektorfeld

Wie bereits beschrieben, sind die einzelnen Kollektorfelder bei einer Ausführung als Dampfkesselanlage der Gruppe III (bis zu 50 l Inhalt) mit Absperreinrichtungen und Sicherheitsventilen zu versehen, die vor einem ungewollten Verschließen geschützt sind. Das jeweilige Sicherheitsventil darf dabei nicht zum Kollektorstrang absperrbar sein. Die Sicherheitsventil(e) am Feldteil / Kollektorstrang müssen für Temperaturen bis 225°C zugelassen sein, die Kennzeichnung D/G tragen und sollten über einen gemeinsamen Ablauf zu einem Sammelbehälter im Gebäude verfügen. Die Abblaseleitungen sind in Cu auszuführen (korrosionssicher). Ihr Austrittsquerschnitt und der Querschnitt der Sicherheitsventile sind gemäß DIN 4757 T1 auszuführen (4.7.2), die Ableitung der Sicherheitsventile muß dabei auch Dampf sicher und ohne Gefährdung von Personen ableiten. Die Dimensionen der Sicherheitsventile können der Tabelle 4.7.1 entnommen werden.

Wird die Solaranlage entsprechend der neuen Formulierung des DDA nicht als Dampfkesselanlage ausgeführt, sollte dennoch die Absperrbarkeit und entsprechende Absicherung einzelner Kollektorfeldteile geprüft werden, um eventuell erforderliche Reparaturen an den Kollektoren ohne zu hohen Aufwand durchführen zu können.

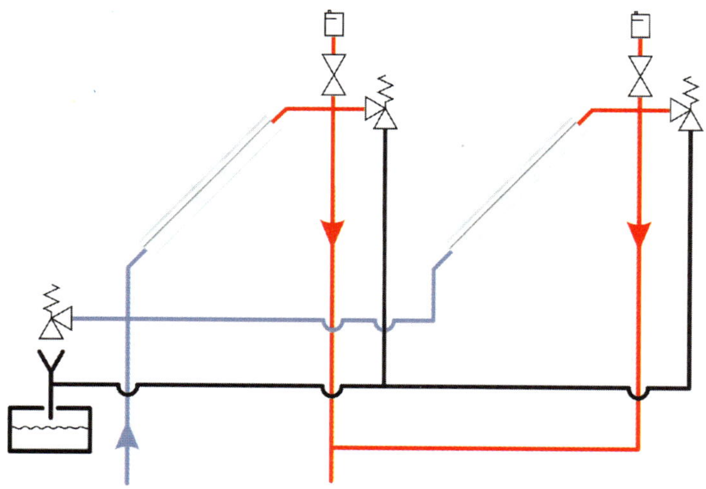

Bild 4.7.1: Detail der Ableitung der Sicherheitsventile (G3)

Bei langen Wegen vom Dach zum Hauptsicherheitsventil sollte aus Kostengründen die Ableitung der Sicherheitsventile im Kollektorfeld in einzelne Behälter in Feldnähe erfolgen. Die Behälter sind temperaturbeständig und witterungsfest auszuführen, wobei Zinkstahl, um Wechselwirkungen mit dem Wärmeträgermedium zu vermeiden, als Werkstoff nicht in Frage kommt.

4.7.2 Kollektorkreis

Die (Haupt-) Sicherheitsventile sind gemäß DIN 4757 T1 zu dimensionieren, wobei die Nennweiten mindestens den folgenden Werten entsprechen müssen:

Ventilgröße (Eintrittsquerschnitt) DN	Kollektorfläche [m^2]
15	50
20	100
25	200
32	350
40	600

Tabelle 4.7.1: Ventilgröße Eintrittsquerschnitt Si-Ventile für Kollektorfelder (nach DIN 4757 T1)

Die Sicherheitsventile müssen auf die Wärmeleistung des Kollektorstranges und/ oder des Kollektorfeldes abgestimmt sein und die maximale Leistung des Kollektorfeldes auch in Dampfform ableiten können.
Bei eigensicheren Anlagen (auch bei Anlagenstillstand ist das Ausdehnungsgefäß in der Lage die Volumenvergrößerung des Anlageninhaltes und das entstehende Dampfvolumen aufzunehmen) ist am Hauptsicherheitsventil auch die Ableitung in Flüssigphase zulässig.
Das Hauptsicherheitsventil muß bis 120°C zugelassen sein und die Buchstaben D/G/H tragen. Bei eigensicheren Anlagen können auch Hauptsicherheitsventile mit dem Buchstaben F verwendet werden. Der Ansprechdruck der Sicherheitsventile darf maximal dem für den Kollektor zugelassenen Betriebsüberdruck entsprechen. Der Schließdruck des Ventils darf minimal 90% des Ansprechdrucks betragen.

Es sind die Bestimmungen des AD-Merkblatts A2 bezüglich der Ausführung und Kennzeichnung der Sicherheitsventile zu beachten.

Der Ansprechdruck des Hauptsicherheitventils des Kollektorkreises ist so auszulegen, daß er deutlich unter dem Ansprechdruck der Feldsicherheits-ventile liegt. So ist eine bessere Überwachung der Anlagenfunktion gewährleistet (überschüssiges Medium tritt zuerst im Anschlußraum aus).
Bei Anlagen mit einer statischen Höhe über 10 m Wassersäule am Einbauort des Hauptsicherheitsventils, kann dieses den gleichen Ansprechdruck wie die Ventile im Kollektorfeld aufweisen. Durch den höheren Anlagendruck am Einbauort (Felddruck + Druck aus statischer Höhe) wird sich das Hauptsicherungsventil bei einem Druckanstieg zuerst öffnen.

Die Abblaseleitung muß so ausgeführt werden, daß im Fall von Dampfaustritt eine Gefährdung von Personen ausgeschlossen ist.
Die Abblaseleitung wird zum Auffangen des Glykol / Wassergemisches in einen

Auffangbehälter geführt. Die Abblaseleitungen der Sicherheitsventile im Kollektorfeld sollten ebenfalls in diesem Auffangbehälter enden. Dieser ist temperaturbeständig auszuführen und muß mindestens das vom Dampf verdrängte Flüssigkeitsvolumen (= Kollektorinhalt + Anschlußleitungen) des Kollektorfeldes aufnehmen können. Wenn möglich, ist eine Aufnahmekapazität in Höhe des gesamten Anlageninhalts zur Befüllung und bei Reparaturarbeiten sinnvoll.
Eine Wiederbefüllung der Anlage sollte zudem manuell über eine Pumpe handhabbar sein. Einzelne Behälter im Kollektorfeld zur Aufnahme der Abblaseleitungen im Kollektorfeld müssen, wie bereits im Abschnitt „Kollektorfeld" beschrieben, witterungsbeständig sein.

Eine Solaranlage mit 100 m^2 Kollektorfeld habe einen Kollektorinhalt von 60 l (inkl. Anschlußleitungen). Gemäß einer Auslegung nach Gruppe III wird das Kollektorfeld in Teilfeldern à 30 l Inhalt aufgeteilt. Es kommen zwei Sicherheitsventile D/G (225°C) DN 15, 2 x 2 Kugelhähne zur Absperrung und ein (Haupt-) Sicherheitsventil D/G/H (120°C) DN 20 zum Einsatz. Die statische Höhe der Anlage beträgt 10 m, weshalb alle Si-Ventile auf einen Ansprechdruck von 6 bar ausgelegt werden (die Sicherheitsventile im Kollektorfeld werden aufgrund des höheren Drucks am (Haupt-) Sicherheitsventils später öffnen).

In kleineren Solaranlagen werden in den sogenannten Solarstationen oft Sicherheitsventile mit einem Ansprechdruck von 6 bar mit dem Kennbuchstaben "W" eingesetzt, da nur wenige Sicherheitsventile mit einem Ansprechdruck von 6 bar und Zulassung "H" verfügbar sind.
Negative Erfahrungen oder Probleme aufgrund dieser Normverletzung sind nicht bekannt. Da es sich bei den Solarstationen um vorgefertigte Einheiten handelt, ist zudem eine weitreichende Gewährleistung des Herstellers im Sinne der Produkthaftung gegeben.

4.7.3 Pufferkreis

Die Pufferspeicher werden nach § 8 Druckbehälterverordnung als Druckbehälter eingestuft:
Bei max. Temperaturen im Pufferspeicher bis 100°C bei Atmosphärendruck: Gruppe V „Druckbehälter mit einem zulässigen Betriebsüberdruck P_{max} von nicht mehr als 500 bar ($P_{max} < 500\ bar$) ..."
Pufferspeicher der Gruppe V, welche entsprechend den Vorgaben der AD-Merkblätter gefertigt werden, können ohne Abnahme durch einen Sachverständigen oder Sachkundigen in Betrieb genommen werden. Die Prüfbestätigung und ordnungsgemäße Kennzeichnung des Behälters reichen aus.

Bei max. Temperaturen im Pufferspeicher >100°C bei Atmosphärendruck: Gruppe II „Druckbehälter mit einem zulässigen Betriebsüberdruck P von nicht mehr als 1 bar und einem zulässigen Druckinhaltsprodukt $P_{max} x$ Inhalt in l von mehr als 200..." Gruppe II Behälter sind nach § 10, Absatz 2 einer wieder kehrenden Prüfung zu unterziehen. Die Prüfung muß von einem Sachkundigen durchgeführt werden, der Umfang der Prüfungen ist in § 10 festgelegt.

Im allgemeinen empfiehlt sich, die Behälter auf Betriebstemperaturen unter 100°C zu begrenzen und gemäß den Anforderungen der Gruppe V auszulegen, um die Kosten für Überprüfungen zu umgehen.

An den Pufferspeichern ist eine Maximaltemperaturbegrenzung auf die zulässige Maximaltemperatur der gewählten Druckbehältergruppe vorzunehmen. Dies kann durch eine Einstellung der maximalen Speichertemperatur am Solarregler oder in Anlehnung an DIN 4751 T1 durch einen zusätzlichen Sicherheitstemperaturbegrenzer (STB) geschehen. In der DIN 4753 T1 wird diese Ausrüstung bei mittelbarer Beheizung mit Temperaturen im Heizmedium >110°C ebenfalls vorgeschrieben. Der STB muß DIN 3440 und DIN VDE 0631 und DIN VDE 0631 T1 entsprechen. An dieser Stelle muß jedoch klar sein, daß Temperaturen im Heizmedium durch den Kollektorkreis nur sehr kurzzeitig auftreten und die Norm klar für Heizmedien mit Dauertemperaturen des Heizmediums >110°C gilt. Bei einzelnen Herstellern wird der Einsatz von STBs in Verbindung mit Solarspeichern erst ab einer gewissen spezifischen Kollektorfläche pro Liter Speicherinhalt gefordert.

Da es sich um eine Anlehnung an Normen für konventionelle Heizanlagen handelt, deren 100%-ige Übertragung auf Solaranlagen nicht sinnvoll ist, sollten bei Unsicherheiten die Lieferanten der Komponenten schriftlich um Stellungnahme gebeten werden.

Die Speicher sind mit einer entsprechenden Absicherung über ein Sicherheitsventil, welches für die Größe des Speichers und die Wärmeleistung des Kollektorfeldes geeignet ist, abzusichern. Die Sicherheitsventile müssen dabei den Anforderungen des AD-Merkblatts A2 entsprechen und in Anlehnung an DIN 4753 T1 folgende Mindestgrößen aufweisen:

Nenninhalt des Wasserraums [L]	**max. Beheizungsleistung [kW]**	**der max. Leistung entsprechende Kollektorfeldgröße [m^2] ***	**Anschlußdurchmesser des Si- Ventils mindestens**
bis 200	75	125	DN 15
200 - 1000	150	250	DN 20
1000 - 5000	250	417	DN 25
über 5000			1 1/4"

Tabelle 4.7.2: Si-Ventile für Speicher
*max. Leistung 600 W/m^2 Kollektor

Ausdehnungsgefäße

Werden die Pufferspeicher in einem geschlossenen Kreislauf errichtet, ist der Einbau eines Ausdehnungsgefäßes notwendig. Zur Dimensionierung sind die üblichen Berechnungsprogramme zu verwenden.

Für einen Pufferspeicher mit 8.000 l Inhalt, einer Befülltemperatur von 10°C und einer maximalen Temperatur von 90°C soll das Ausdehnungsgefäß berechnet werden. Der Ansprechdruck des Sicherheitsventils beträgt 2,5 bar, der Fülldruck im Pufferspeicher 0,2 bar. Die Druckangaben verstehen sich als Überdruck gegenüber der Atmosphäre. Weitere Erläuterungen zum Beispiel finden sich in den Beschreibungen zur Berechnung der Ausdehnungsgefäße im Kollektorkreis.

Der Ausdehnungskoeffizent wird für eine Temperaturänderung von 80 K aus einer Tabelle der Fa. Reflex mit

$n = 3{,}586$ festgelegt.

Das Ausdehnungsvolumen = Wärmedehnung (V_e) errechnet sich nach

$$V_e = \frac{V_a\ n}{100} \quad \text{im Beispiel } V_e = 286l = \frac{8000l\ \ 3{,}586}{100}$$

Um einen Unterdruck in der Anlage zu vermeiden und zum Ausgleich möglicher Flüssigkeitsverluste, wird im Ausdehnungsgefäß eine Wasservorlage (V_v) geschaffen:

$$V_v = \frac{V_a\ 0{,}5}{100} \quad \text{im Beispiel } V_v = 40l = \frac{8000l\ \ 0{,}5}{100}$$

Der Anlagenenddruck (p_e) entspricht dem Ansprechdruck des Sicherheitsventils in bar abzüglich der Arbeitsdruckdifferenz (p_{da}) in Höhe von 10% des Ansprechdrucks des Sicherheitsventils. Bei einem Ansprechdruck von bis zu 5 bar beträgt p_{da} 0,5 bar.

$$p_e = 2{,}5bar - 0{,}5bar = 2bar$$

$$\text{der Fülldruck } p_0 = 0{,}2bar$$

Das Mindestvolumen folgt aus den errechneten Volumina und dem Druckfaktor:

$$V_{n\ min} = (V_e + V_v)\frac{p_e + 1}{p_e - p_v}$$

eingesetzt:

$$V_{n\,min} = 543\ l = (286l + 40l)\ \frac{2\,bar + 1}{2\,bar - 0{,}2\,bar}\ .$$

Entsprechend der Herstellerunterlagen werden aufgrund der geringeren Kosten zwei Ausdehnungsgefäße mit einem Nennvolumen von je 280 l ausgewählt.

Bei der maximalen Temperatur von 90°C im Pufferspeicher ist durch eine Abkühlstrecke oder durch ein Vorschaltgefäß sicherzustellen, daß an der Membran des Ausdehnungsgefäßes eine maximale Temperatur von 70°C dauerhaft nicht überschritten wird.

4.7.4 Trinkwasserspeicher

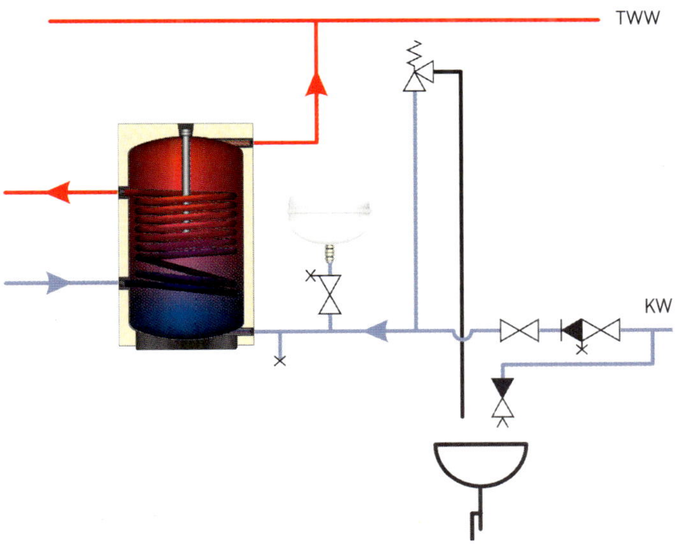

Bild 4.7.2: Si-Einrichtungen für Trinkwassererwärmer (G3)

Die Sicherheitsventile der Trinkwasserspeicher sind, wie in Tabelle 4.7.2 für Pufferspeicher beschrieben, zu dimensionieren. Das Sicherheitsventil ist in den Kaltwasserzulauf einzubauen und darf zum Trinkwasserspeicher nicht absperrbar sein. Um ein Ansprechen des Sicherheitsventils durch die Ausdehnung des Wassers bei Erwärmung zu vermeiden, wird auch am Trinkwasserspeicher ein Ausdehnungsgefäß installiert. Dies muß DIN 4807 T5 und DVWG W 270 konform sein.

Die Trinkwasseranlage ist gemäß den Regeln der DIN 1988 und den Arbeitsblättern des DVGW auszuführen.

4.8 Regelung

Grundsätzlich sind in Solaranlagen zwei Systeme zu steuern und zu regeln:

- der Kollektorkreis-/Speicherladekreis
- der Speicherentladekreis

Zur Vereinfachung wird anstelle einer Unterscheidung zwischen Regelung und Steuerung im folgenden ausschließlich der Begriff Regelung verwendet.

4.8.1 Kollektorkreis/Speicherladekreis

Grundfunktion

Liegt eine für die Speicherladung nutzbare Temperaturdifferenz zwischen Kollektorfeld und Solarspeicher vor, wird die Kollektorkreispumpe und evtl. die Speicherladepumpe eingeschaltet. Ist eine Speicherladung temperaturbedingt nicht mehr möglich, schalten sich die Pumpen ab und eine Entladung des Solarspeichers über das Kollektorfeld wird verhindert. Nahezu alle Regelkonzepte basieren auf dem Prinzip der Temperaturdifferenzmessung und auf entsprechenden Programmen zur Regelung der unterschiedlichen Systeme.

Die im Kollektorkreis eingesetzten Wärmetauscher beeinflussen ebenfalls das Ein- und Ausschalten der Pumpen. Ein kleiner WT im Speicher kann mit sinkender Temperaturdifferenz zwischen Wärmeträger und Speicher nur eine immer kleiner werdende Wärmemenge/Leistung auf das Speicherwasser übertragen. Die Regelung muß daher trotz höherer Temperaturen im Kollektor die Kollektorkreispumpe abschalten, um das in diesem Fall ineffiziente Umwälzen des Kollektorkreises zu vermeiden.

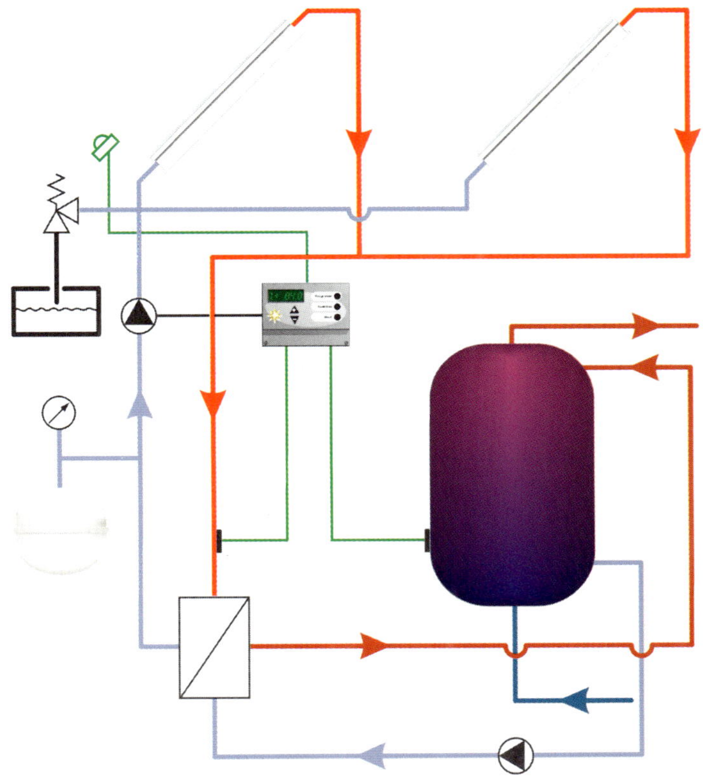

Bild 4.8.1: Kollektorkreis/Speicherladekreis (G3)

Grundsätzliche Regelstrategien

Speicherladung auf niedrigst möglichem Temperaturniveau

Der größte Teil der am Markt befindlichen Anlagen und Regelkonzepte verfolgt die Strategie, den Solarspeicher mit Erreichen einer vorgegebenen Temperaturdifferenz zwischen Kollektorfeld und Speicher zu beladen. So startet die Beladung durch den Kollektorkreis in Anlagen mit Trinkwasserspeichern beispielsweise schon bei einer Temperatur von 13°C im Kollektor (8°C Kaltwassereintritt plus 5 K Temperaturdifferenz). Während der Beladung wird dieses Temperaturniveau steigen, bis die maximale Speichertemperatur (90–95°C) erreicht ist. Die Regelung verfolgt das Ziel, das Temperaturniveau des Kollektorkreises so nah wie möglich am niedrigst möglichen Temperaturniveau im Speicher oder in den Speichern zu halten.

Speicherladung zum Erreichen hoher Temperaturen oder einer Zieltemperatur

Diese Regelstrategie will möglichst schnell im Solarspeicher ein nutzbares Temperaturniveau erreichen. Dieses kann beispielsweise bei 45°C liegen. Der Durchfluß im Kollektorkreis wird variabel gehalten, so daß die Regelung der Kollektorkreispumpe zu Beginn der Speicherbeladung zunächst einen sehr geringen Durchfluß einstellt. So können rasch hohe Temperaturen erzielt werden. Wird das gewünschte Temperaturniveau erreicht oder steigen die Temperaturen im Solarspeicher und im Kollektorkreis an, wird der Durchfluß im Kollektorkreis langsam erhöht. Das Konzept muß mit einem für die Schichtladung geeigneten Speicher und einer abgestimmten Regelung der Nachheizung ausgerüstet sein, um den entsprechenden Nutzen zu erbringen. Bei Solaranlagen mit sehr niedrigen Deckungsgraden sollte von dieser Strategie abgesehen werden.

Bei Drehzahlsteuerungen, die durch einen höheren Durchsatz im Kollektorkreis bei hohen Temperaturen eine Dampfbildung im Kollektorfeld vermeiden wollen, ist folgendes zu bedenken:

Das Rohrnetz und die Kollektorkreispumpe werden z.B. auf einen Nenndurchsatz von 30 l/m^2h eingestellt, die Druckverluste im Kollektorkreis ergeben sich entsprechend. Wird die Kollektorkreispumpe dann hochgefahren, ist aufgrund der entstehenden Druckverluste eine höhere Durchströmung nicht möglich. Auch der Einsatz einer weiteren Pumpe führt nur zu geringfügig höheren Durchströmungen im Kollektorkreis, da der Druckverlust mit dem Durchfluß stark ansteigt. Umgekehrt ist das Herunterfahren der Pumpe durch die Drehzahlsteuerung nur so lange möglich, bis die Strömung im Kollektorkreis abreißt. Die Leistung der Pumpe ist dann zu gering und die Pumpe kann durch fehlende Durchströmung beschädigt werden.

Im weiteren wird die Speicherladung auf niedrigst möglichem Temperaturniveau aufgrund der großen Verbreitung und Anwendbarkeit näher beschrieben.
Die Kollektoren, Rohrleitungen und das Wärmeträgermedium des Kollektorkreises verfügen über eine bestimmte Wärmekapazität. Je länger die Rohrleitungen im Kollektorkreis sind und je größer der Rohrdurchmesser ist, desto größer wird die Wärmekapazität im Kollektorkreis. Die Trägheit des Systems nimmt damit zu. Um dem Speicher Energie auf einem nutzbaren Temperaturniveau zuzuführen, muß zunächst der Kollektorkreis erwärmt werden. Dies vermeidet eine Auskühlung des Speichers. In Anlagen der betrachteten Größe ist es üblich, zunächst den Kollektorkreis über eine Bypaßschaltung „warmlaufen" zu lassen. Bei kleinen Solaranlagen wird aufgrund der niedrigen Wärmekapazitäten im Kollektorkreis auf die Bypaßschaltung meist verzichtet.

Bypaßschaltung bei internem Wärmetauscher mit Dreiwegeventil

Die Kollektorkreisregelung steuert neben der Kollektorkreispumpe ein Dreiwegeventil an. Bis an der Rohrleitung kurz vor Eintritt in den Speicher eine nutzbare Temperatur erreicht wird, ist der Kollektorkreis im Bypaß geschaltet und wird am Wärmetauscher des Speichers vorbeigeführt. Diese Verschaltung wird nur in Verbindung mit internen Wärmetauschern eingesetzt.

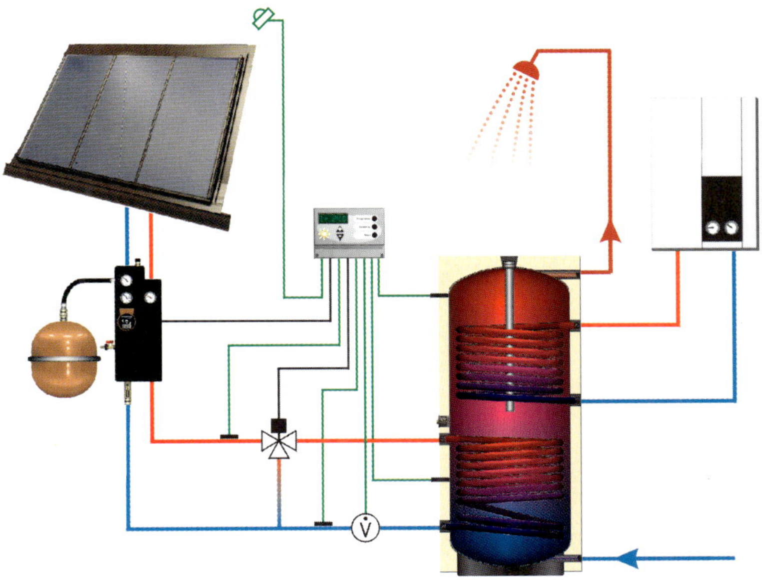

Bild 4.8.2: Bypaßschaltung mit Dreiwegeventil für eine Solaranlage zur Trinkwassererwärmung (G3)

Bypaßschaltung bei externem Wärmetauscher mit zwei Pumpen

Die Kollektorkreisregelung steuert neben der Kollektorkreispumpe die Ladepumpe des Speicherkreises an. Bis an der Rohrleitung kurz vor Eintritt in den externen Wärmetauscher eine nutzbare Temperatur erreicht wird, ist nur die Kollektorkreispumpe in Betrieb. Erst dann wird die Speicherladekreispumpe eingeschaltet.

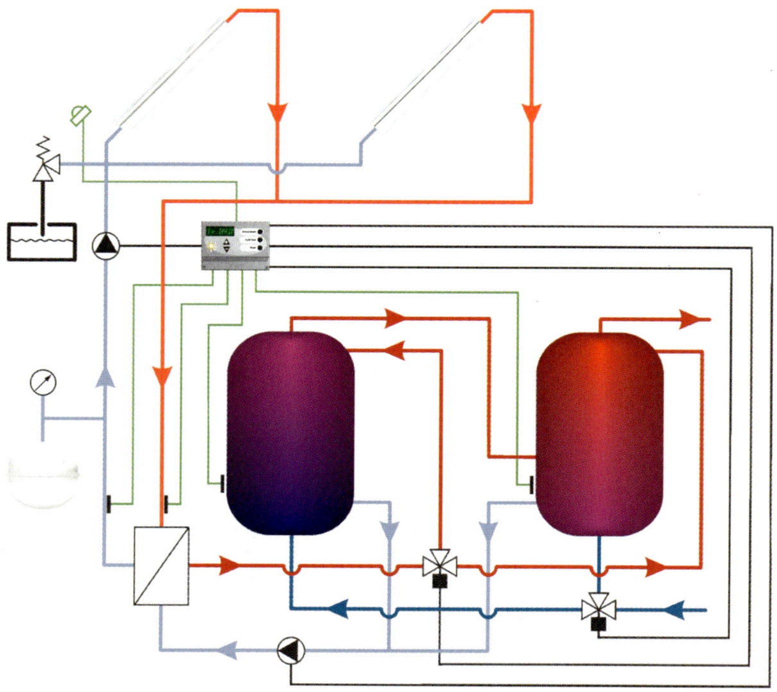

Bild 4.8.3: Kollektor/Pufferkreis mit getrennter Ansteuerung der Kollektorkreispumpe und der Pufferkreisladepumpe, Ausführung mit Strahlungssensor (G3)

In den weiteren Betrachtungen wird wegen der großen Verbreitung externer Wärmetauscher diese Variante eingehender behandelt.

Regelung des Kollektorkreises mittels Strahlungs- und Temperaturfühlern

Am Kollektorfeld wird ein photovoltaischer Strahlungssensor befestigt und mit der Kollektorkreisregelung verbunden. Bei ausreichender Einstrahlung wird zunächst die Kollektorkreispumpe in Gang gesetzt. Für den Start wird sinnvollerweise der gemessene Strahlungswert mit dem Temperaturniveau des Speichers verglichen. Während des Anlagenbetriebes sammelt die Regelung fortlaufend Informationen über die Abschaltung der Kollektorkreispumpe bei entsprechenden Strahlungswerten sowie über die Speichertemperatur. Die Kollektorkreispumpe startet bei einer Speichertemperatur von 50°C erst bei Überschreiten von 500 W/m² Solarstrahlung. Bei einer Speichertemperatur von 10°C wird die Pumpe bereits bei 150 W/m² eingeschaltet usw. So wird ein Anlaufen der Kollektorkreispumpe bei einer für die weitere Beladung des Speichers zu niedrigen Sonnenstrahlung vermieden. Durch die fortlaufende Neuspeicherung der Temperatur- und Strahlungswerte wird zudem die Regelung an die veränderten Gewinn- und Verlustgrößen im Kollektorkreis adaptiert.

Erreicht der Wärmeträger im Kollektorkreis am Temperaturfühler vor dem Eintritt in dem Wärmetauscher ein nutzbares Temperaturniveau von ΔT=2–5 K über der Speichertemperatur, wird die Speicherladepumpe in Betrieb gesetzt. Bei Unterschreiten eines ΔT von 1–3 K wird die Pufferkreisladepumpe außer Betrieb gesetzt. Sinkt zudem die am Strahlungssensor gemessene Intensität der Sonnenstrahlung, wird auch die Kollektorkreispumpe abgeschaltet. Ein neuer Start des Systems wird erst bei steigender Intensität der Sonnenstrahlung erfolgen.

Lange Zeit wurde die Kollektorkreispumpe bei einem festen Wert von z.B. 130 W/m² gestartet. Diese Art der Regelung ist zu einfach und kann zu extrem langen Pumpenlaufzeiten ohne Erträge führen. Beispielsweise kann den ganzen Tag die Sonneneinstrahlung knapp oberhalb dieses Wertes liegen, und doch erreicht der Kollektor kein nutzbares Temperaturniveau. Auch wenn der Speicher bereits sehr warm ist, kann ein erneutes Anlaufen der Kollektorkreispumpe im Bypaß sinnlos sein (z.B. kommt am Nachmittag nach einem Gewitter die Sonne hervor, die Kollektortemperatur überschreitet jedoch die Speichertemperatur bis zum Abend nicht mehr). Auch darf eine solche Regelung die Kollektorkreispumpe immer nur bei vorhandener Solarstrahlung und einer nutzbaren Temperaturdifferenz an der Meßstelle vor dem Eintritt in den Wärmetauscher starten. Wird bei Übertemperatur oder Solarstrahlung gestartet, läuft die Kollektorkreispumpe in einem warmen Keller nächtelang und fördert Energie auf das Dach.

Die Verschattung der Solarzelle muß vermieden werden. Zudem kann die Solarzelle durch Vogelkot außer Betrieb gesetzt werden, diese Art der Störung sollte bei Defekten in Erwägung gezogen werden.

Regelung des Kollektorkreises über Temperaturfühler

Die Kollektorkreispumpe wird eingeschaltet, wenn die Temperatur an einem Temperaturfühler im Kollektor 5–7 K über der niedrigsten Temperatur im Speicher liegt. Wird am Fühler vor dem Eintritt in den Wärmetauscher eine Temperatur von 2–5 K über der Speichertemperatur gemessen, wird auch die Speicherladepumpe in Betrieb gesetzt. Bei Unterschreiten einer Temperaturdifferenz von 1–2 K vor dem Wärmetauscher und am Kollektor wird zunächst die Speicherladepumpe und nach einer gewissen Nachlaufzeit die Kollektorkreispumpe abgeschaltet.

Hinweise für die Regelung von verschieden orientierten oder verschatteten Kollektorfeldern

Werden Kollektorfeldteile auf verschieden orientierten oder geneigten Dachflächen montiert oder sind Teile des Kollektorfeldes zu jeweils unterschiedlichen Tageszeiten verschattet, sollte die Anlage mit einer Regelung zur Ansteuerung der einzelnen Feldteile versehen werden. Weist am Morgen zunächst ein Feldteil ein nutzbares Temperaturniveau auf, wird nur dieser Feld

teil durchströmt. Hat auch der zweite Feldteil ein nutzbares Temperaturniveau erreicht, werden beide Feldteile durchströmt. Sinkt die Temperatur in einem Feldteil aufgrund des Sonnenstandes oder einer Verschattung wieder ab, wird wieder nur ein Feldteil durchströmt.
Auch bei dieser Regelung ist zur Vermeidung einer unerwünschten Auskühlung eines Speichers bei größeren Kollektorfeldern eine Bypaßschaltung erforderlich. Diese kann bei vielen Anbietern von Regelungen nur durch den Einsatz eines zweiten Reglers realisiert werden. Beide Regler arbeiten in diesem Fall parallel, ein Regler realisiert die Bypaßfunktion, der zweite die Ansteuerung der Kollektorfelder und der Speicher.

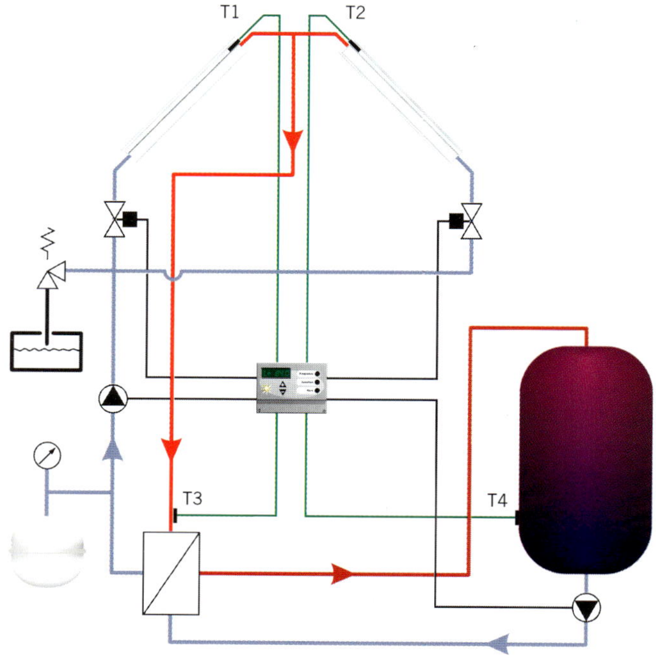

Bild 4.8.4: Solaranlage mit zwei Kollektorfeldern (G3)

Bei der beschriebenen Verschaltung der Kollektorfelder oder bei Verwendung unterschiedlicher Kollektoren in den einzelnen Feldteilen kann es zu einer ungewollten Temperaturerhöhung im kälteren Feldteil und dort zu einer Senkung des Kollektorwirkungsgrades kommen. Dieser Effekt entsteht durch die gemeinsame Nutzung des Kollektorkeisrücklaufs. Sollen beide Feldteile unabhängig betrieben werden, ist für jeden Feldteil ein separater Wärmetauscher und eine entsprechende Ansteuerung erforderlich. Aufgrund der hohen Kosten und des Aufwands scheidet diese Variante meist aus.

Speicherladung in mehreren Ebenen

Um schnell nutzbare Temperaturen in den Speichern zu erreichen, sollten diese in verschiedene Ladeebenen unterteilt werden. Dies kann durch eine entladeseitige Reihenschaltung geschehen, wobei die Speicherladung parallel in alternativer Beladung der Ladeebenen stattfinden sollte. Beim Einsatz von Ventilen und Pumpen zur Ansteuerung der Ladeebenen sollten die Ladeebenen unabhängig von der Systemgröße auf zwei begrenzt werden, da mit steigendem Einsatz von Pumpen und Ventilen auch die Störanfälligkeit stark wächst, ohne daß dabei der Nutzen signifikant erhöht würde.
Die Beladung der beiden Ebenen kann alternativ durch ein Dreiwegeventil oder durch eine zweite Ladepumpe erfolgen. Nachdem am Temperaturfühler im Kollektorkreis vor dem Eintritt in den Wärmetauscher eine nutzbare Temperatur zur Beladung einer Ebene der Speicher gemessen wurde, wird das Dreiwegeventil in die entsprechende Ladeebene geöffnet und die Speicherladepumpe eingeschaltet. Bei Verwendung von zwei Speicherladepumpen anstelle des Dreiwegeventils wird die entsprechende Speicherladepumpe zur Beladung der nutzbaren Ebene gestartet.
In den Reglern wird zur Beladung üblicherweise ein Vorrangspeicher (Ladeebene) definiert. Diese Ladeebene wird dann vorrangig beladen, erst wenn hier keine weitere Temperaturerhöhung mehr möglich ist, wird die zweite Ladeebene genutzt.

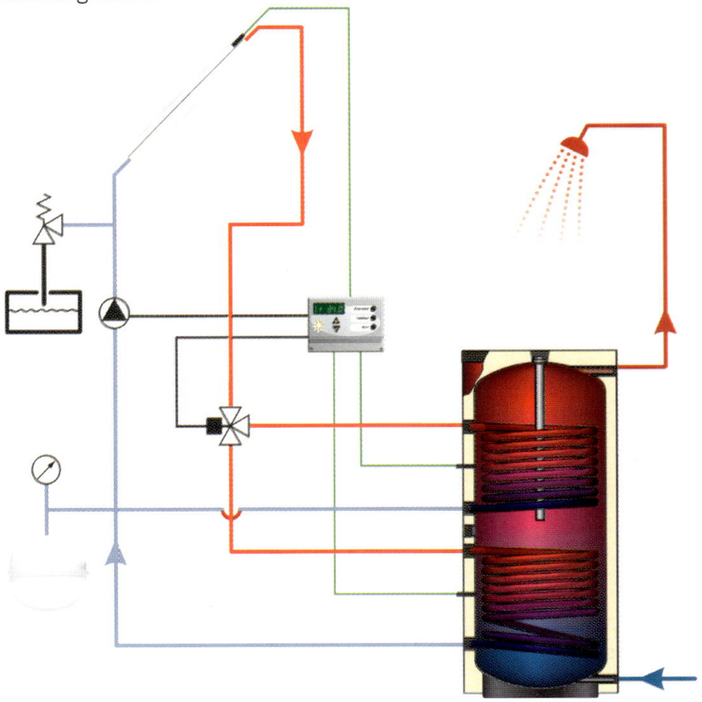

Bild 4.8.5: Beladung eines Speichers mit mehreren Ladeebenen und internen Wärmetauschern (G3)

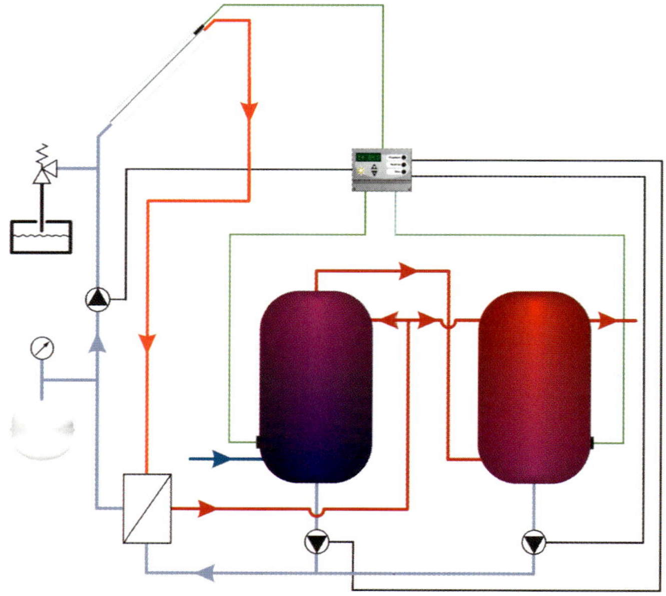

Bild 4.8.6: Beladung von Speichern mit mehreren Ladeebenen und externem Wärmetauscher (G3)

Bei Verwendung von Vorrangschaltungen in Solaranlagen mit Speichern und z.B. einem Schwimmbecken muß darauf geachtet werden, daß die Regelung die Möglichkeit der Rückkehr zur Speicherladung auf höherem Temperaturniveau aufweist. Ansonsten wird nach Umschaltung auf das Schwimmbecken aufgrund der niedrigen Temperaturen nur noch das Schwimmbecken beladen, während der Solarspeicher langsam auskühlt.
Mehrere oder sehr große Speicher sollten beladeseitig nicht in Reihe geschaltet werden, da neben dem Problem der Fühlerplazierung zur Messung der Speichertemperatur (welche Temperatur in welcher Speicherebene?) keine saubere Temperaturschichtung in den Speichern gewährleistet werden kann.

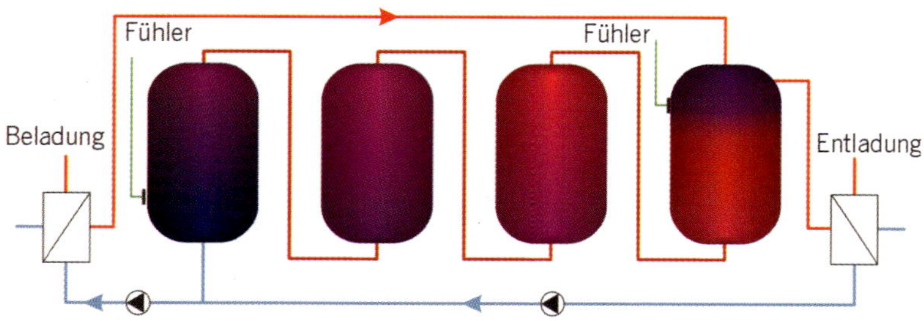

Bild 4.8.7: Speicherladung in Reihenschaltung: Aufbau verschiedener Temperaturniveaus (G3)

Speicherladung bei Speichern mit Schichtladevorrichtung

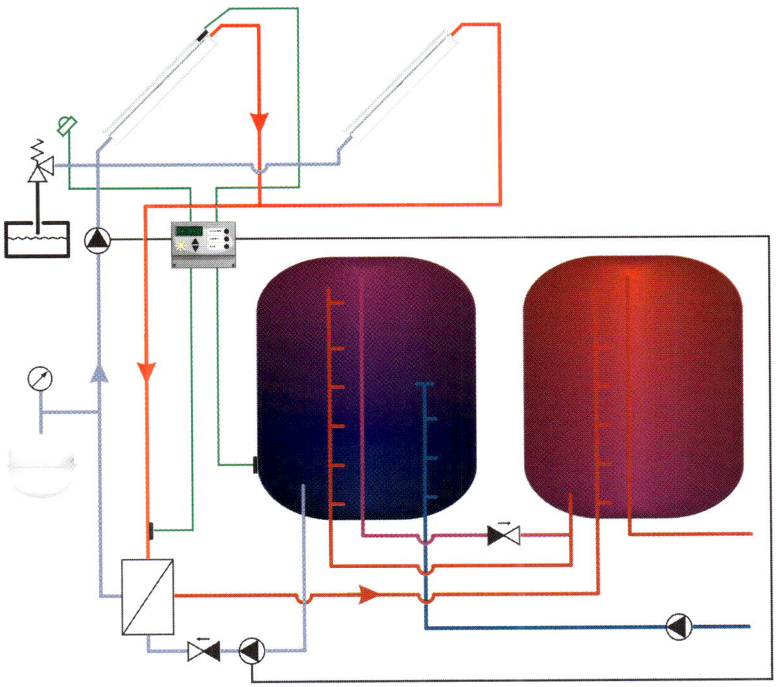

Bild 4.8.8: Speicherladung bei Verwendung von Schichtladevorrichtungen (G3)

Bei der Verwendung von Schichtladevorrichtungen kann die Beladung der Speicher auch in einer Reihenschaltung erfolgen. Durch die Ladevorrichtungen tritt das erwärmte Wasser immer in der seiner Temperatur entsprechenden Ladeebene aus. So wird bei hohen Temperaturniveaus der wärmste Speicher im oberen Bereich beladen. Sinkt das Temperaturniveau der Beladung, tritt das erwärmte Wasser an immer tieferen Stellen der Ladevorrichtung aus. Kann die Ladetemperatur im wärmsten Speicher nicht mehr genutzt werden, tritt das erwärmte Wasser in einer entsprechenden Ladeebene eines kälteren Speichers aus.

Die Speicherbeladung bedarf einer eigens dafür gedachten Regelung. Diese mißt nur die Temperatur im kältesten Speicher, die Beladung der verschiedenen Ebenen erfolgt durch die Schichtladevorrichtung automatisch ohne den Einsatz weiterer Ventile oder Pumpen.

4.8.2 Pufferkreisentladung

Je nach Entladestrategie, entweder nach dem Speicherlade- oder dem Durchlaufprinzip, kommen entsprechend angepaßte Regelkonzepte zum Einsatz.

Um eine mögliche Verkalkung im Entladewärmtauscher der Puffersysteme zu vermeiden und zudem für die Auslegung der Wärmetauscher eine maximale Temperatur im Wärmetauscher festzulegen, wird die Temperatur im Zulauf zum Entladewärmetauscher begrenzt.
Bei Anlagen ohne Nachheizung in den Pufferspeicher wird die Temperatur auf 55°C, bei Anlagen mit einer Nachheizung in den Pufferspeicher auf 65–70°C begrenzt.
Um diese Begrenzung zu realisieren, wird dem Vorlauf aus dem Pufferspeicher Wasser aus dem Rücklauf zugemischt. Dies erfolgt mitttels eines thermostatischen Mischventils im Vorlauf oder eines Dreiwegeventils oder Mischers im Rücklauf. Das thermostatische Mischventil wird auf die gewünschte maximal Zulauftemperatur zum Wärmetauscher eingestellt. Das Dreiwegeventil- oder der Dreiwegemischer im Rücklauf wird mittels eines Festwertreglers oder bei kleineren Anlagen auch über einen Thermostatkopf mit Fernfühler angesteuert. Die Genauigkeit der Regelung hängt dabei von der Laufzeit des Ventils/ Mischers und der Geschwindigkeit der Signalverarbeitung im Festwertregler ab. Bei Systemen mit sehr reaktionsschnellen Entladereglern zur Regelung des Durchlaufprinzips wird daher teilweise auf die Zulaufbegrenzung verzichtet, da deren Regelgeschwindigkeit im Vergleich zur Regelung der Entladung zu gering ist.

Durchlaufprinzip

Ziel dieses Prinzips ist eine größtmögliche Abkühlung des Pufferwassers bei der Entladung oder eine maximale Temperaturerhöhung des Trinkwassers. Für beide Ziele muß jeweils der Volumenstrom des Entladekreises dem (schwankenden) Volumenstrom der Trinkwasserseite angepaßt werden. Dies erfolgt durch die Taktung der Entladepumpe. Im folgenden wird das Ziel „größtmögliche Abkühlung des Pufferwasser" bei der Entladung näher beschrieben.

Der Entladeregler mißt die Temperaturdifferenz zwischen dem „warmen" Pufferspeicherteil und dem Kaltwasser. Ist der Pufferspeicher um eine Differenz von 2–5 K wärmer als der Kaltwassereintritt, wird die Pumpe des Pufferentladekreises mit beispielsweise 10% ihres Nenndurchflusses in Betrieb gesetzt. Dadurch wird zunächst die Trägheit des Entladekreises überwunden und im Entladewärmetauscher eine nutzbare Temperatur zur sofortigen Wärmeübertragung bei einer Warmwasserzapfung ohne Zeitverzug realisiert.
Der Regler überwacht den Durchfluß auf der Trinkwasserseite z.B. über den Vergleich der trinkwasserseitigen Temperaturen im und am Kaltwasserzulauf. Sinkt die Innentemperatur des Rohrs im Vergleich zur Temperatur am äußeren Fühler stark ab, startet die Pufferentladepumpe, bzw. der von ihr geförderte Volumenstrom wird gemäß dem Kriterium „möglichst kalter Rücklauf" reguliert.

Zur Regelung des Entladevolumenstroms wird bei laufender Entladepumpe die Temperaturdifferenz zwischen der Eintrittstemperatur des Kaltwassers und der Austrittstemperatur des Rücklaufs gemessen.

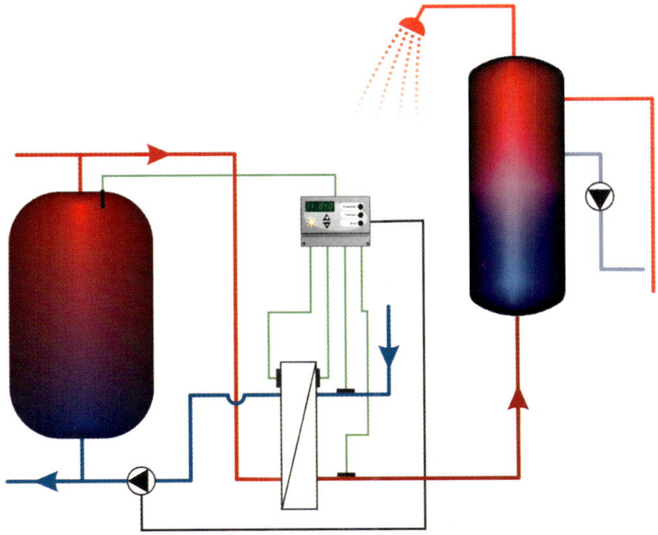

Bild 4.8.9: Pufferspeicherentladung im Durchlaufprinzip mit Thermodriveregler nach Wagner & Co (G3)

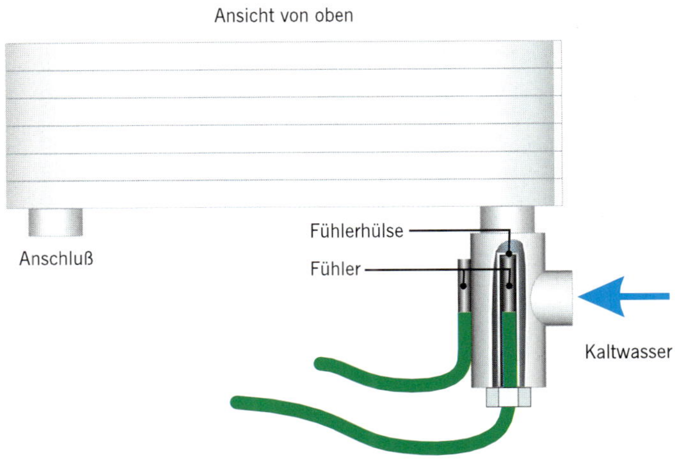

Bild 4.8.10: Detail der Fühlerpositionierung in und am Rohr der Thermodriveregelung nach Wagner & Co (G3)

Indem die Pufferkreisentladepumpe vom Regler getaktet wird, stellt sich zwischen dem Kaltwassereintritt und dem Rücklauf des Pufferspeicherentladekreises eine wählbare Temperaturdifferenz von beispielsweise 5 K ein. Der Pufferkreis kann somit bis auf die Temperatur vom Kaltwassereintritt zuzüglich 5 K entladen werden.

Bei dieser Regelungsvariante ist der Einsatz präziser und reaktionsschneller Fühler erforderlich. Zudem müssen die Regler über hohe Abtastraten bei der Erfassung der Meßwerte verfügen. Die Fühler sind unbedingt entsprechend den Herstellervorschriften mittels Tauchhülsen einzubauen. Um Druckverluste und mögliche Störquellen zu vermeiden, sollte die Messung des Durchflusses möglichst im Trinkwasserkreis über Temperaturvergleiche anstelle von Strömungswächtern oder ähnlichem erfolgen.
Weitergehende Herstellervorschriften zur Positionierung und gegebenenfalls zur Ausrichtung des Wärmetauschers sind im Hinblick auf Erträge gut zu beachten. Die Hinweise zur Dimensionierung der Wärmetauscher in Kapitel 4.5.3 sind zu berücksichtigen und mit den Herstellerangaben und Anweisungen abzugleichen.

Diese Variante kann leicht ohne große Änderungen an bestehende Trinkwassererwärmungsanlagen (sowohl Speicherladesysteme als auch Durchlaufsysteme) angebunden werden. Es ist in diesem Fall kein weiterer Speicher für die Übergabe der Solarwärme erforderlich.

Speicherladeprinizp

Der Entladeregler vergleicht die Temperaturen im „warmen" Pufferspeicher und im unteren Bereich des Trinkwasserspeichers. Ist die Temperatur im Pufferspeicher um 2-5 K höher, werden die Pumpen zur Entladung des Pufferspeichers gestartet. Bei Unterschreiten einer Temperaturdifferenz von 1-2 K schalten beide Pumpen ab. Im Laufe der Beladung steigt die Temperatur im Trinkwasserspeicher und damit auch im Rücklauf der Pufferentladung an.
Um eine zu starke Anhebung der Rücklauftemperaturen in der Pufferentladung zu vermeiden, wird die Temperatur im unteren Teil des Trinkwasserspeichers oft begrenzt. Zur Entladung der Pufferspeicher sollten daher Temperaturdifferenzregler mit einer Begrenzung der Maximaltemperatur über den Meßfühler (=unterer Speicherfühler) eingesetzt werden. Die Maximaltemperatur kann z.B. auf 30°C eingestellt werden. Alternativ kann eine Temperaturdifferenzregelung in Verbindung mit einer Speicherladereglung zum Einsatz kommen. Eine solche Speicherladeregelung verfügt über einen Temperaturfühler zum Start der Beladung des Trinkwasserspeichers (oben) und einen zweiten Temperaturfühler (unten) zu deren beenden. Auch hier sollte eine niedrige Temperatur zum Beenden der Beladung eingestellt werden.
Kühlt sich der Trinkwasserspeicher durch weitere Warmwasserzapfungen ab, wird die Beladung bei Vorliegen eines nutzbaren Temperatumiveaus im Pufferspeicher fortgesetzt.

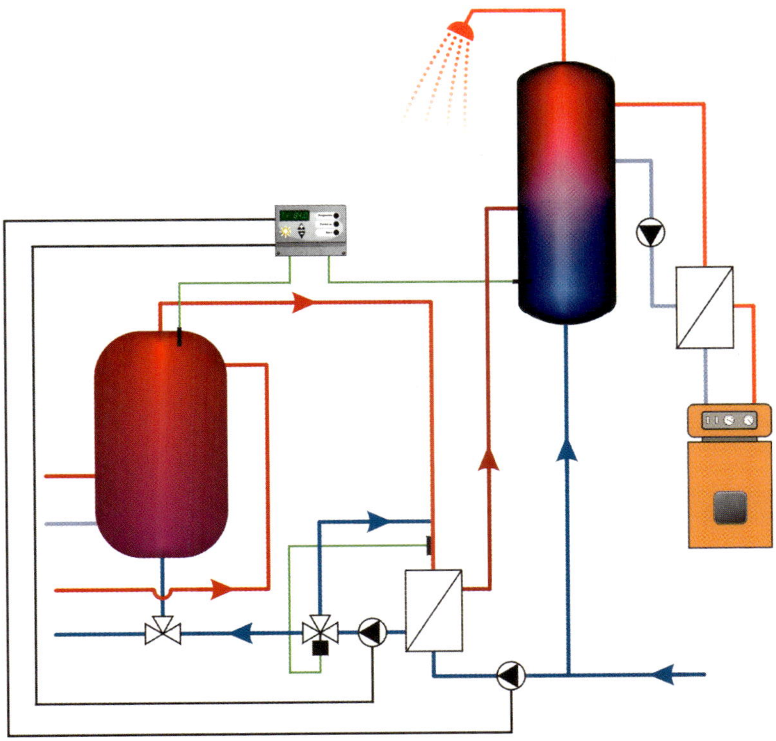

Bild 4.8.11: Pufferspeicherentladung im Speicherladeprinzip (G3)

Um während des Pumpenlaufs im Bereitschaftsbetrieb eine unerwünschte Erwärmung des kälteren Pufferspeicherteils zu vermeiden, wird in den Rücklauf des Entladekreises ein zusätzliches Dreiwegeventil eingebaut. Wird am Temperaturfühler eine höhere Temperatur als am kälteren Pufferspeicherteil gemessen, schaltet das Dreiwegeventil die Strömung durch den wärmeren Pufferspeicherteil.

Bei Pufferspeichern mit Schichtladevorrichtungen kann das Dreiwegeventil entfallen, da der Rücklauf der Pufferentladung durch die Schichtladevorrichtung in die jeweils angepaßte Temperaturebene geführt wird.

4.8.3 Zirkulation und Legionellenschutz

Regelung der Zirkulation

Bei Solaranlagen mit mittlerem oder hohem Deckungsgrad kann über die Nutzung der Sonnenenergie ein Teil der Zirkulationsverluste gedeckt werden (siehe Kapitel 3). Der Rücklauf der Zirkulationsleitung sollte nur bei Erreichen eines zur Deckung der Zirkulationsverluste nutzbaren Temperaturniveaus in den Solarteil des Warmwasserspeichers geführt werden. Dies sollte mittels einer Umschaltung zwischen zwei Zirkulationspumpen durch einen Temperaturdifferenzregler erfolgen. Im Betrieb ohne solares Energieangebot ist die Zirkulationspume eingeschaltet, um den Rücklauf in den Bereitschaftsteil des Speichers zu leiten. Ist die Ladetemperatur des Solarspeichers durch die Solaranlage höher als die Temperatur des Zirkulationsrücklaufs, wird die Zirkulationsführung in den Bereitschaftsteil abgeschaltet. Der Rücklauf wird dann über die zweite Zirkulationspumpe in den unteren Teil des Speichers geführt.

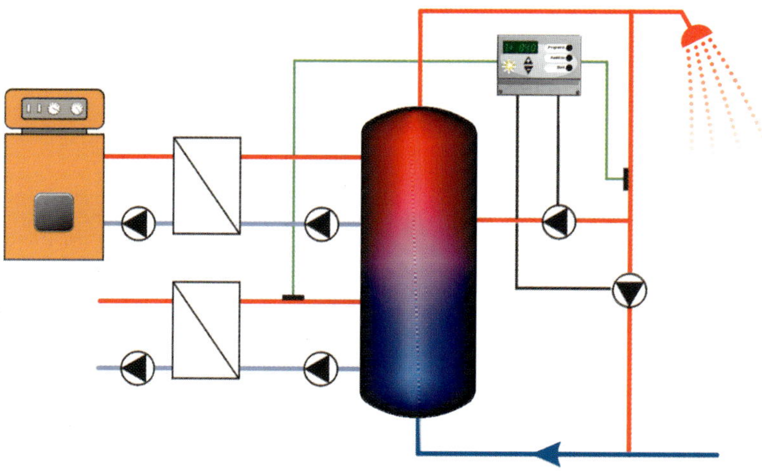

Bild 4.8.12: Warmwasserspeicher im Speicherladeprinzip mit zwei Zirkulationsführungen (G3)

Zur Nutzung dieser Variante muß zur Beachtung der Vorschriften des DVGW Arbeitsblatts W551 die maximale Eintrittstemperatur in den Entladewärmetauscher auf über 60°C angehoben werden. Das gewährleistet ein nutzbares Temperaturniveau zur Deckung der Zirkulationsverluste. Eine stärkere Verkalkung des Wärmetauschers ist dabei zu beachten. In der Zirkulationsleitung sollten an dieser Stelle immer zwei Zirkulationspumpen anstelle einer Zirkulationspumpe und eines Dreiwegeventils zum Einsatz kommen. Störungen durch Verschmutzungen im Dreiwegeventil werden so vermieden.

Regelung der Legionellenschaltung

Um die im DVGW Arbeitsblatt W551 geforderte Aufheizung des gesamten Trinkwasserspeichervolumens einmal täglich auf 60°C zu realisieren, sollte die Speicherladung durch den Heizkessel ähnlich wie die Einbindung der Zirkulationsleitungen mit zwei Trinkwasserpumpen in unterschiedlichen Speicherebenen erfolgen. Die untere Ladebene wird dabei nur zur Aufheizung des gesamten Speichers auf 60°C in Betrieb gesetzt. Die Regelung sollte dabei über die Warmwasserbereitung des Heizkessels erfolgen.

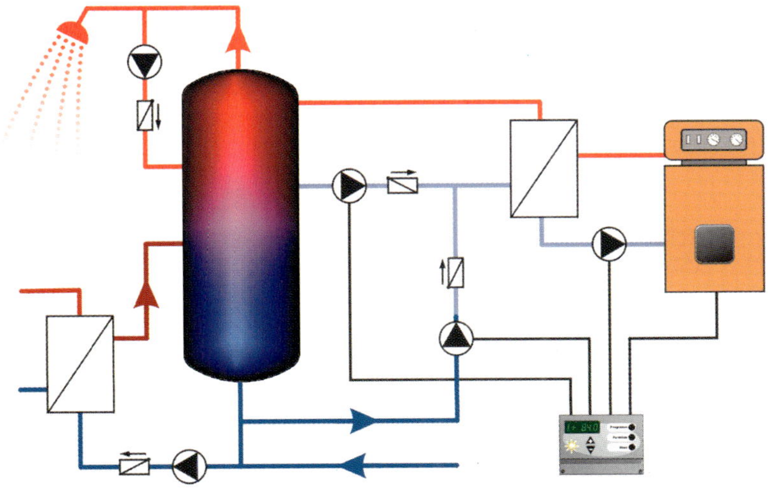

Bild 4.8.13: Nachheizung des Warmwasserspeichers mit Option „Legionellenschaltung" (G3)

4.8.4 Temperaturmessung und Hintergründe

Solarregler und Gebäudeleittechnik

Auf dem Markt ist eine Vielzahl sehr leistungsfähiger und den Anforderungen an Solaranlagen entsprechender Regler erhältlich. Die Kosten für die Regelung bewegen sich je nach Anlagengröße zwischen mehreren hundert und einigen tausend DM. In diesen Kosten ist oft eine einfache Überwachung der Solaranlage bereits inbegriffen.
Der Einsatz von Gebäudeleittechnik führt meist zu erheblich höheren Kosten und Anpassungsproblemen, weshalb ihr ausschließlicher Einsatz zur Regelung der Solaranlagen selten zu empfehlen ist.
Sollen die Funktionen von einzelnen Anlagebauteilen durch eine Zentrale überwacht und solarspezifische Überwachungsmöglichkeiten implementiert werden, dann haben diese Systeme trotz höherer Kosten Vorteile.

Fühler

Die in Solaranlagen eingesetzten Fühler zur Messung von Temperatur und Strahlung werden meist in den folgenden Versionen ausgeführt:

Die Fühlerelemente

Bezeichnung Kty

Diese weitverbreitete Fühlertypbezeichnung beschreibt Elemente, die mit steigender Temperatur einen größeren elektrischen Leitungswiderstand aufweisen und üblicherweise bis max. 150°C Dauertemperatur eingesetzt werden können. In den relevanten Meßbereichen von Solaranlagen liegt Ihre Genauigkeit bei ± 1,5 K. Bei Verwendung in Solarreglern werden sie über zwei Drähte mit dem Regler verbunden.
Zur Messung von Kollektortemperaturen eingesetzt, können sie bei Dauerstillstand im Kollektor beschädigt oder gar zerstört werden. Für die Temperaturmessung in Vakuumröhren ohne Temperaturbegrenzung sind sie ungeeignet.

Bezeichnung Pt 100, Pt 1000

Beide Elemente werden aus Platindrähten hergestellt und sind für Temperaturen von -200°C bis 850°C geeignet. Pt 100 Fühler findet man häufig in sogenannten Vier-Leiter Schaltungen (also mit vier Drähten). Die am Markt erhältlichen Pt 1000 Fühler sind mit 2 Drähten ausgeführt. Man unterscheidet je nach Einsatztemperatur und Meßgenauigkeit die Qualitäten A und B. Qualität A wird meist für sehr exakte Messungen in Kombination mit sogenannten paarigen Fühlern eingesetzt. Paarige Fühler (je zwei Fühler) werden einem Eichverfahren unterzogen und sind z.B. für die Berechnung von Wärmemengen sehr genau, da sie sich bei ihrer Temperaturmessung über den gesamten Meßbereich ähnlich verhalten. Bei der Regelung von Solaranlagen werden meist Elemente der Klasse B eingesetzt, deren Genauigkeit im Anlagenbetrieb bei ± (0,3+0.005 t) K (t = zu messende Temperatur) liegt.
Durch die hohe Temperaturbeständigkeit können die Platinelemente auch für Kollektoren mit sehr hohen Stillstandstemperaturen eingesetzt werden.

LDR- oder PV–Zelle (zur Strahlungsmessung)

Für Regelungen, deren Programme auf die Messung der Solarstrahlung angewiesen sind, werden in der Regel gekapselte PV–Zellen eingesetzt. Sie sind für eine einfache (für andere Meßzwecke meist zu ungenaue) Strahlungsmeßung ausreichend. Ihr mit der Strahlungsintensität veränderlicher Widerstand dient den Reglern als Ausgangsgröße für die Steuerung der Solaranlage. Es ist darauf zu achten, daß das verwendete Material der Zelle und des Gehäuses im Laufe der Zeit nicht degradiert und so über die Jahre zu dauerhaften Fehlmessungen führt (z.B. keine lichtempfindlichen Kunststoffe einsetzen).

Fühlergehäuse und Anschlußkabel

Das Fühlergehäuse schützt das Fühlerelement vor Beschädigung und Witterungseinflüssen und muß temperatur- und korrosionsbeständig sein. Die Werkstoffe sind somit meist verzinntes Messing oder Edelstahl. Um die Gehäuse gegen Feuchtigkeit abzudichten, werden die Hülsen zum Fühlerkabel häufig mit einem Kunststoff versehen und rolliert oder verpreßt. Die Qualität dieser Eindichtung ist für den dauerhaften Einsatz des Fühlers von entscheidender Bedeutung. Ist die Eindichtung nicht dauerhaft dicht oder wird sie durch die

hohen Temperaturen im Kollektor beschädigt, können fehlerhafte Temperaturanzeigen oder gar ein Kurzschluß im Fühler die Folge sein.
Die Anschlußkabel der Fühler bestehen meist aus PVC- (auch Ölflexkabel genannt) oder Silikonkabel. Im Hochtemperaturbereich werden zudem PTFE-Kabel eingesetzt. Um Marderbiß oder andere Beschädigungen an den Kabeln der Kollektorfühler zu verhindern, werden im Außenbereich zudem Schutzrohre aus Edelstahl o.ä. verwendet.
PVC-Kabel können bei Verwendung in Kollektorfühlern durch die hohen Temperaturen angegriffen oder zerstört werden. Dies gilt sowohl für die Innenummantelung als auch für den Außenmantel. Beides kann zum Ausfall der Fühler führen. PVC-Kabel sind wegen der Umweltproblematik des Werkstoffes nur in Bereichen einsetzbar, wo sie nicht gesetzlich verboten sind. Die einzige im Kollektorfühler auf Dauer sichere Alternative sind Silikonkabel mit Teflonummantelung der Adern. Diese Kabel halten dauerhaft Temperaturen bis 230°C stand.

Ungeeignete Fühler können zu Störungen oder gar zum Ausfall der Solaranlage führen. Da sich die Preise für qualitativ hochwertige Platinfühler mit geeigneten Gehäusen und Anschlußkabeln zu Fühlern minderer Qualität nur wenig unterscheiden, besteht kein Grund zum Einsatz letzterer.

Positionierung der Fühler

Im Kollektorfeld

Wie in Bild 4.8.14 ersichtlich, ist der Temperaturfühler des Kollektorfelds immer am Vorlauf des wärmsten Kollektors oder am wärmsten Punkt im Kollektorfeld anzubringen. Während sich das Kollektorfeld aufheizt, weisen alle Kollektoren die gleiche Temperatur auf. Startet dann die Kollektorkreispumpe, wird der Vorlauf vom Kollektorfeld zum Speicher eine bis zu 35°C höhere Temperatur als der Rücklauf am Kollektoreintritt annehmen. Die Montage des Temperaturfühlers, etwa am Rücklauf, hat ein Takten der Kollektorkreispumpe zur Folge. Im ungünstigsten Fall kommt es schon in der Anlaufphase zu Verdampfungen in einzelnen Kollektoren und die Anlage steht.

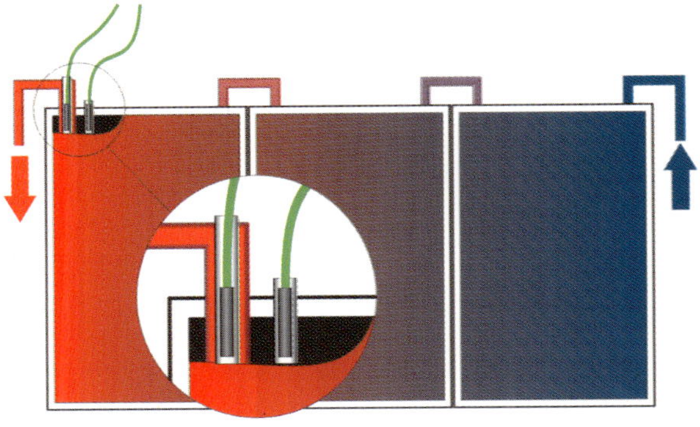

Bild 4.8.14: Position des Fühlers im Kollektorfeld (G3)

Fühler in Tauchhülsen / Anlegefühler

Zur Fühlermontage in Speichern und z.T. auch in Rohrleitungen werden u.a. Tauchhülsen verwendet in die der Fühler gesteckt wird. Ummantelt von der Tauchhülse mißt der Fühler die Temperatur dann direkt im Speicher bzw. in der Rohrleitung. Diese Art des Fühlereinbaus realisiert die exaktesten Messungen mit einer sehr kurzen Reaktionszeit.
Die Tauchhülsen sind auf korrosionsbeständiges Material und einen festen Sitz des Fühlers in der Hülse zu prüfen. In der Solartechnik werden allerdings für Messungen in Rohr und Speicher bevorzugt sog. Anlegefühler eingesetzt. Die Genauigkeit dieser Messungen hängt bei fester Anbringung (z.B. durch Spannband) entscheidend von der Rohroberfläche und der Fühlerisolation ab. Ausgehend von einer Temperatur des Mediums im Rohr von 70°C wurden vom Technikum in Rapperswil die folgenden, teilweise dramatisch voneinander abweichenden Temperaturen ermittelt:

Anbringung Fühler	Temperatur unter Ausführung		
Farbanstrich Rohr	ja	nein	nein
Wärmeleitpaste	nein	nein	ja
a) nicht isoliert	61,2°C	63,9°C	68,1°C
b) mit Alu abgedeckt	64,1°C	64,1°C	68,5°C
c) Teilisolation 3 mm	66,1°C	66,1°C	68,2°C
d) Vollisolation 15 mm	69,0°C	69,0°C	69,9°C

Tabelle 4.8.1: Innentemperatur im Meßrohr: 70°C, Außentemperatur: 20°C [81]

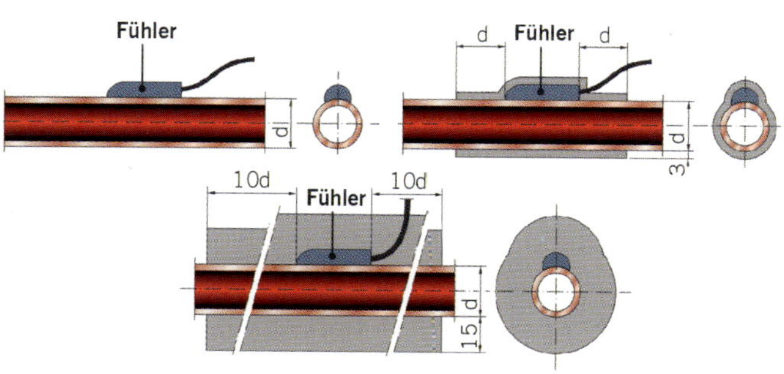

Bild 4.8.15: Anbringung der Fühler zur Temperaturmessung (G3)

Diesen Werten ist u.a. klar zu entnehmen, daß auch bei Anlegefühlern unterhalb der Speicherisolation ein sehr guter Kontakt mit dem Material der Behälterwand (Stahl/Edelstahl) vorhanden sein und die Speicherisolation ihrerseits fest am Speicher anliegen muß.

4.9 Überwachung der Anlage

In Diskussionen und Literatur wird immer wieder die Forderung nach einer zuverlässigen und einfachen Funktionskontrolle der Solaranlagen gestellt. Um dem Betreiber der Solaranlage die Qualität der Systeme zu demonstrieren und zu sichern, wird zudem ein vom Anlagenersteller garantierter Solarertrag des Systems gefordert.
Bei Solaranlagen mit hohen Deckungsgraden, die im Sommer die konventionelle Heizung vollständig ersetzen, geht die Funktionskontrolle in der Praxis bisher recht einfach vor sich. Ist das Wasser warm, ist die Anlage in Ordnung, andernfalls wird der Installateur angerufen. Ist der Heizkessel ganzjährig für Heizung und Warmwasserbereitung in Betrieb, wird ein Ausfall oder eine Minderleistung der Solaranlage oft nicht bemerkt.
Dabei gilt es zu beachten, daß sowohl jeder Einsatz von Meßtechnik zwecks großer Genauigkeiten als auch die Interpretation der Meßwerte einen hohen Aufwand, nicht zuletzt finanzieller Art, erfordern. Im Sinne einer kostengünstigen und praktikablen Überwachung der Anlagen sollten daher stattdessen einfache Strategien zur Überwachung der grundsätzlichen Funktion und Leistungsfähigkeit zum Einsatz kommen.

4.9.1 Wärmemengenzähler in Verbindung mit der Solaranlage

Zur Zeit wird zur Anlagenkontrolle entsprechend den Förderbedingungen oft ein Wärmemengenzähler im Kollektorkreis eingesetzt. Diese in Solaranlagen einzusetzenden Wärmemengenzähler können so eine Aussage über die in den Solarspeicher eingebrachte Wärmemenge (= vom Kollektorkreis erzeugte Energie) machen:

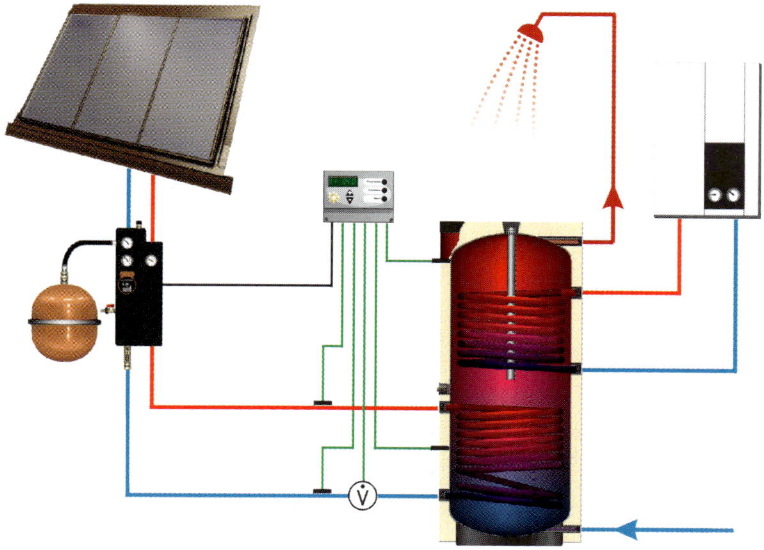

Bild 4.9.1: „Kleine" Solaranlage mit einem Wärmemengenzähler im Kollektorkreis (G3)

Eine Wärmemenge entspricht der Formel:

$$Q = \dot{m}\ c\ \Delta T\ t$$
$$= \dot{v}\ \rho\ c\ \Delta T\ t$$

Die Variablen entsprechen:

$\dot{v}$	=	***Volumenstrom im Kollektorkreis***
ρ	=	***Dichte des Wasser/Glykolgemisches im Kollektorkreis***
c	=	***spezifische Wärmekapazität des Wasser/ Glykolgemisches***
ΔT	=	***Temperaturdifferenz zwischen Kollektorkreisvor- und rücklauf***
t	=	***Zeitraum der Betrachtung***

ρ und c sind temperaturabhängige Stoffwerte. Sie werden für die verschiedenen Wasser/Glykolgemische von den Glykolherstellern angegeben. Um eine genaue Messung zu ermöglichen, müssen diese Stoffwerte in die Wärmemengenzähler temperaturabhängig einprogrammiert werden.

ΔT ist im Kollektorkreisvorlauf unmittelbar vor dem Eintritt in den Wärmetauscher des Solarspeichers und im Kollektorkreisrücklauf nach dem Austritt aus dem Wärmetauscher zu messen. Sind die Fühler sehr weit voneinander oder vom Speicher entfernt, werden möglicherweise Verluste als Gewinne gemessen.

$\dot{v}$ ist der Volumenstrom im Kollektorkreis. Da dieser trotz fester Pumpeneinstellung im Anlagenbetrieb durch Viskositätsänderungen und nicht stationäre Verhältnisse in der Hydraulik um bis zu 30% schwanken kann, muß er gemessen werden. Eine feste Einstellung unter Nutzung der Ablesewerte am Strangregulierungsventil ist ungeeignet.

Die in den Förderprogrammen geforderten Wärmemengenzähler sind aus der Heizungstechnik bekannt.

Folgende Verfahren stehen zur Verfügung:
- Volumenzähler mit Turbinenzählern für große Wassermengen und Flügelradzähler für kleine Wassermengen; bei diesem Verfahren werden die Turbine oder das Flügelrad durch die Wasserströmung in Rotation versetzt, entstehende Impulse werden an ein Zählwerk oder elektronisch weitergegeben
- magnetisch-induktive Verfahren, bei denen durch Erzeugung eines Magnetfeldes dessen Veränderungen durch den Durchfluß aufgenommen und in Meßsignale umgesetzt wird

- Ultraschallverfahren, bei dem von zwei Meßköpfen Ultraschallsignale ausgesendet werden, wobei die Dauer der Übertragung von der Strömungsgeschwindigkeit des Wassers abhängt

Am häufigsten wird auf das Wärmemengenzählverfahren mit Hilfe eines Volumenstromzählers zurückgegriffen.
Im Kollektorkreis muß ein solcher Volumenstromgeber eine Temperaturbeständigkeit größer 120°C aufweisen. Ein vollständiger Wärmemengenzähler muß immer aus den Komponenten Volumenstromgeber, Temperaturvor- und rücklauffühler sowie Elektronik zur Berechnung der Wärmemenge bestehen.

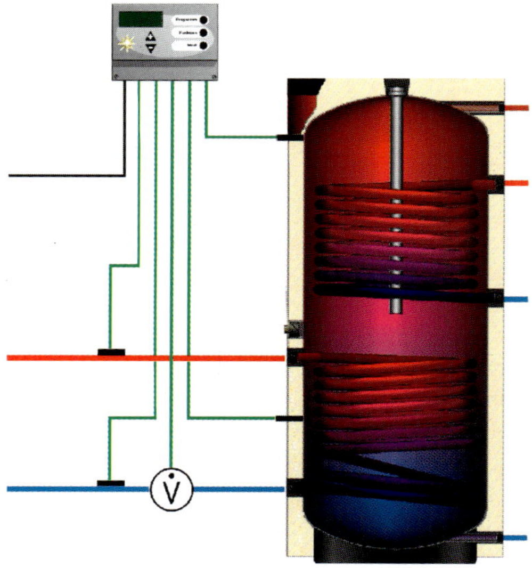

Bild 4.9.2: Die Komponenten des WMZ im Kollektorkreis (G3)

Geräte ohne Volumenstromgeber und mit sehr weit auseinanderliegenden Messungen der Vor- und Rücklauftemperaturen können nicht als Wärmemengenzähler bezeichnet werden. Sie ermöglichen lediglich eine grobe Abschätzung der Erträge.

Hintergrund zur Bewertung der Ertragsmessung

Solarkollektoren werden einem Leistungstest nach DIN 4757 T4 unterzogen, der klare Aussagen zum Betriebsverhalten unter schwankenden Temperaturen und Strahlungsstärken der Sonne macht.
Ähnlich wie Angaben zum Benzinverbrauch eines Autos nur für eine genormte Fahrweise gelten, während er in der Realität von einer ganzen Reihe unterschiedlicher Faktoren abhängt (Benutzerverhalten), wird auch der Betrieb einer Solaranlage von verschiedenen Faktoren beeinflußt.

Die Funktionskontrolle einer Solaranlage sollte daher die verschiedenen Faktoren, welche die Leistungsfähigkeit der Solaranlage beeinflussen, berücksichtigen und dem Betreiber mitteilen, ob die Solaranlage unter den gegebenen Bedingungen korrekt arbeitet.

Die Leistungsfähigkeit einer Solaranlage hängt dabei von folgenden Faktoren ab:

- die Größe der Anlage im Verhältnis zum Warmwasserbedarf (solarer Deckungsgrad und Systemnutzungsgrad)
- die Bauart der Kollektoren, der Dachneigung und der Ausrichtung des Daches
- die Wetter- und Solarstrahlungsbedingungen am Standort und im betrachteten Zeitraum
- die korrekte Auswahl, das Harmonieren und die Funktionsfähigkeit der einzelnen Komponenten der Solaranlage

Jeder einzelne Faktor kann sich dabei entscheidend auf die Gesamtleistung der Anlage auswirken und evtl. auch eine sehr gut arbeitende Anlage in einem schlechten Licht erscheinen lassen.
So wird der spezifische Ertrag der Solaranlage bei fallendem Wasserverbrauch durch die Erhöhung des Deckungsgrades sinken (vgl. auch Kapitel 2), ohne daß ein Fehler in der Solaranlage aufgetreten ist.
Die Witterungsbedingungen und damit auch die Sonneneinstrahlung unterliegen von Jahr zu Jahr deutlichen Schwankungen, wodurch in einem Jahr sehr hohe Solarerträge erzielt werden können, denen im nächsten Jahr möglicherweise enttäuschende Ergebnisse folgen.

Alle gemessenen Werte müssen in Bezug zu den Einstrahlungs- und Verbrauchsdaten gesetzt werden, um Fehlinterpretationen der Erträge zu vermeiden. Eine solche genaue Betrachtung ist bislang noch sehr aufwendig.

Es gilt Strategien zur einfachen Ertragsmessung und zur Überwachung der Anlagen zu entwickeln, da diese entweder fehlen oder nicht eingesetzt wurden.

Informationen zu den bisher verwendeten Verfahren können den begleitenden Informationen des Förderprgramms Solarthermie 2000, dem DGS- Bericht zu den Solaranlagen in Berlin sowie den GRS- Verfahren, entnommen werden. [5], [41], [42], [74]. Neue Verfahren werden derzeit von mehreren Kollektorherstellern mit Unterstützung der Deutschen Bundesstiftung Umwelt entwickelt.

4.9.2 Ertrag der Solaranlage

Die in der Definition des solaren Deckungsgrades enthaltene Formulierung „dem Bereitschaftsspeicher vom Solarsystem zugeführte Energie" kann als Ertrag der Solaranlage verstanden werden.

$$\text{Solarer Deckungsgrad} = \frac{\text{dem Bereitschaftsspeicher vom Solarsystem zugeführte Energie}}{\text{Summe der dem Bereitschaftsspeicher zugeführten Energien}}$$

Bei Solaranlagen im Zweikreisprinzip mit direkter Beladung des Warmwasserspeichers kann dieser Ertrag durch die Messung der vom Kollektorkreis gelieferten Wärmemenge ermittelt werden, wobei beim Einsatz eines Glykol/Wassergemischs bislang aufgrund dessen Wärmeträgereigenschaften keine eichfähige Messung möglich ist.
In Systemen mit Pufferspeichern ohne Nachheizung in den Pufferspeicher kann der Ertrag der Solaranlage nach dieser Definition mit der Speicherladung gleichgesetzt werden, da in den Kollektor- oder Pufferkreis keine Energie durch die konventionelle Heizung eingespeist wird.

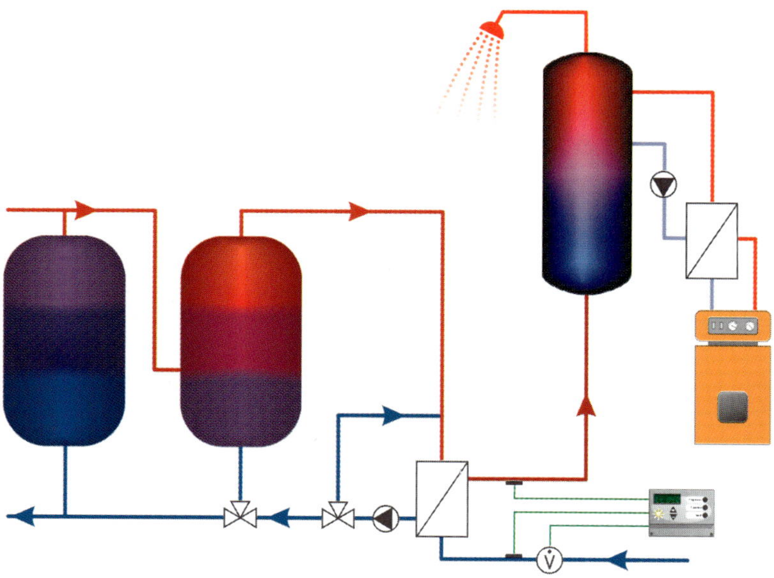

Bild 4.9.3: Übergabe des Solarsystems an das Kaltwasser im Durchlaufprinzip, Erfassung der Wärmemenge (G3)

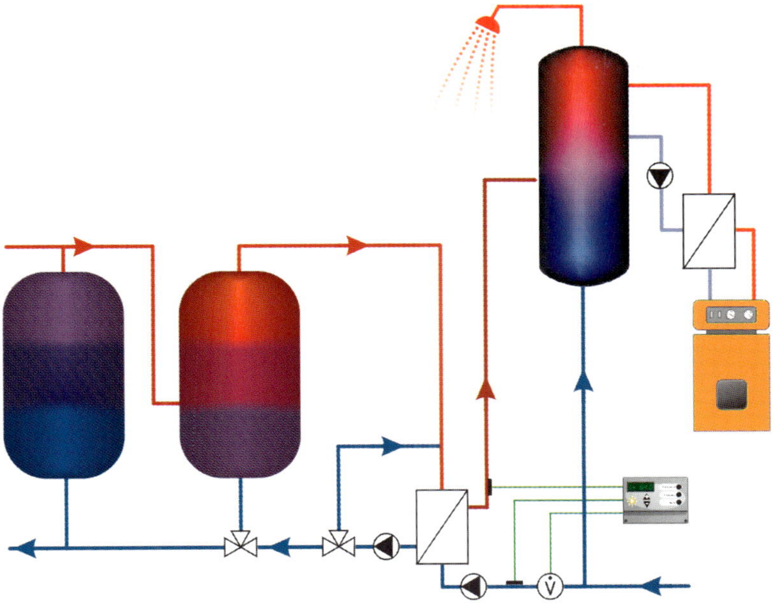

Bild 4.9.4: Übergabe des Solarsystems an das kalte Wasser des Bereitschafts-speichers im Speicherladeprinzip, Erfassung der Wärmemenge (G3)

Der Ertrag der Solaranlage kann so mittels einer eichfähigen Wärmemengen-messung an dieser Übergabestelle festgehalten werden. Dies kann integriert an einer Systemregelung oder mittels eines separaten Wärmemengenmessers mit Impulsgeber erfolgen.

Auch um den Ertrag des Kollektorkreises zu bestimmen (Übergabe der Energie an den Primärkreiswärmetauscher), wird ein Wärmemengenmesser eingesetzt. Dieser wird ebenfalls mit einem Impulsgeber versehen und muß für Wasser/Glykolgemische geeignet sein (Wasser/Glykolgemische verändern ihre Stoff-eigenschaften im Temperaturbereich des Kollektorkreises signifikant).

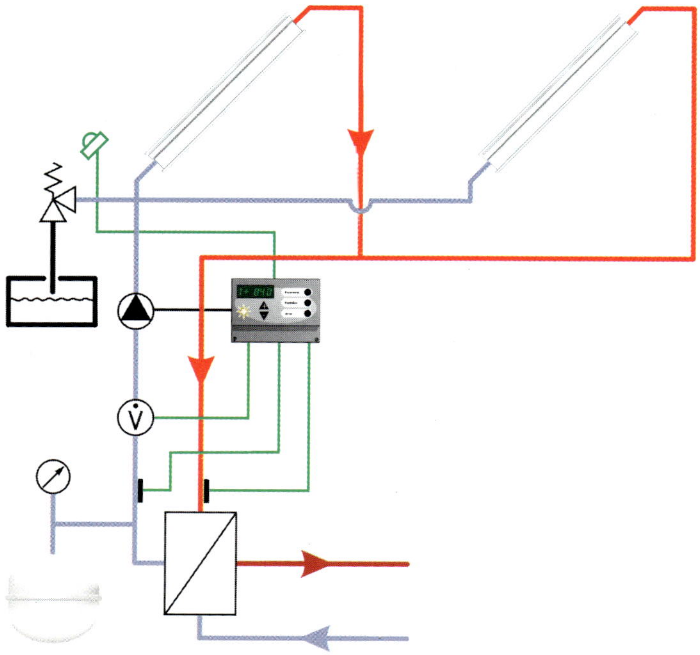

Bild 4.9.5: Messung der Wärmemenge im Kollektorkreis (G3)

Zusätzlich wird über die Aufzeichnung der Strahlungswerte (Strahlungsfühler in der Ebene des Kollektorkreises) mit den beiden gemessenen Wärmemengen eine Bilanzierung des Solarsystems möglich. Der Systemnutzungsgrad kann so bestimmt werden.

Solarzellen, die in Verbindung mit Regelungen geliefert werden, können für Messungen zur Bilanzierung der Solaranlage aufgrund ihrer fehlerhaften Abbildung der Solarstrahlung nicht verwendet werden. An dieser Stelle sind Pyranometer einzusetzen.

Über dieses einfache System hinaus können die übertragenen Wärmemengen auf seiten des Pufferbeladekreises und des Entladekreises gemessen werden, wodurch die einzelnen Gewinn- und Verlustgrößen des Gesamtsystems transparent werden. Zudem kann die Funktion der Einzelkomponenten überwacht werden.

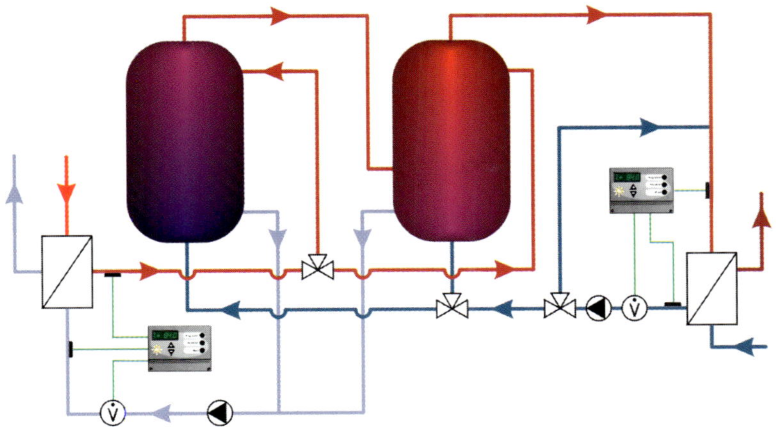

Bild 4.9.6: Einbaumöglichkeiten Wärmemengenmessung im Pufferspeicher-belade- und -entladekreis (G3)

Diese umfangreiche Meßwerterfassung wird u.a. bei den Projekten im Förder–programm Solarthermie 2000 durchgeführt.

4.9.3 Funktionskontrolle der Solaranlage

Da die Interpretation der verschiedenen Betriebsdaten bislang von Hand erfolgen muß, bietet sich neben der Messung der übertragenden Wärmemengen eine einfache Kontrolle der wichtigsten Anlagenfunktionen an.
Durch die Erfassung von Daten wie Temperatur und Durchfluß wird eine erweiterte Kontrolle der Anlagenfunktion möglich, die mittels marktüblicher Regler und Komponenten realisiert werden kann.

- Störmeldungen der elektr. Bauteile
- Durchflußmessung in allen Kreisen (Kollektor-, Puffer-, Trinkwasserkreis)
- Meldungen bei fehlenden Durchflüssen im Kollektor/Pufferkreis
- Meldung bei zu hohen Temperaturen im Kollektorkreis

Anhand der Fehlerdiagnosen im Anhang können mit diesen Meldungen Fehler einfach entdeckt und beseitigt werden.

Die Störmeldungen sollten außer über die Regleranzeige zusätzlich über optische oder akustische Signale mitgeteilt werden. Da diese Signale im Betrieb oft nicht registriert oder sogar ignoriert werden, empfiehlt sich die Übermittlung der Störmeldungen zur Gebäudeleittechnik oder via Modem zu einem externen Betreuer der Solaranlage (Planer oder Fachbetrieb). Bei der Produktauswahl ist an dieser Stelle die Zuverlässigkeit im Betrieb zu prüfen. Bei mangelhafter Funktion und regelmäßig auftretenden Störungen sollte das System abgelehnt werden.

Solarsteuerung

Solarregelung sunny 100 lowflow

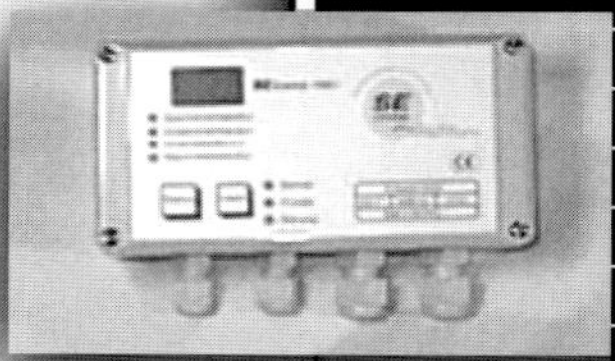

- Temperaturdifferenzregler
- 3-stellige LED Anzeige
- Low-flow Pumpenregelung
- Failsave bei Stromausfall
- Blitzschutz
- Integriertes Fehlerdiagnosesystem

Solarregelung sunny 200 (inklusive Sensoren)

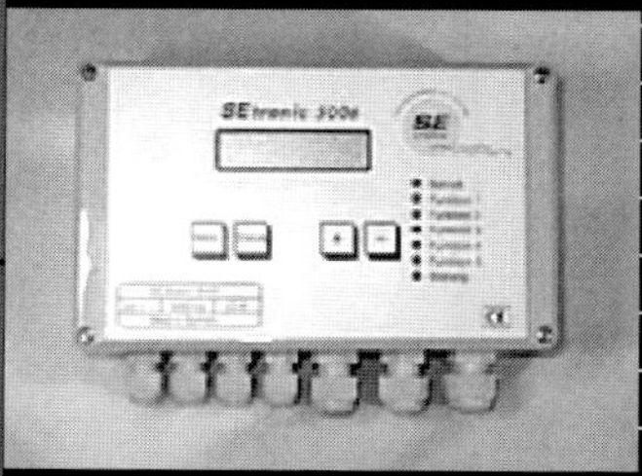

- Temperaturdifferenzregler
- 8 Steuerungstypen
- 32-digit-LCD Display in Klarschrift.
- Low-flow Pumpenregelung
- Failsave bei Stromausfall
- Blitzschutz
- Urlaubsschaltung
- Integriertes Fehlerdiagnosesystem

Solar- und Heizungssteuerungen

Solarregelung sunny multi-1 (inklusive Sensoren)
Sunny Multi-10 bis Sunny Multi-15

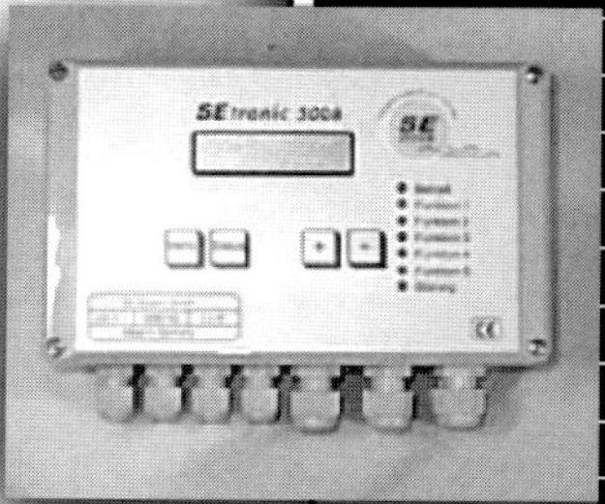

- bis 6 Schaltfunktionen
- Platinsensor (bis 280°C)
- 32-digit-LCD Display
- Low-flow Pumpenregelung
- Failsave bei Stromausfall
- Blitzschutz
- Urlaubsschaltung
- Integriertes Fehlerdiagnosesystem
- Anschlußmöglichkeit für PC (Energiemengenberechnung)

I Jahr **Herstell garantie**

Solarregelung sunny multi-2 (inklusive Sensoren)
Sunny Multi-29 bis Sunny Multi-35

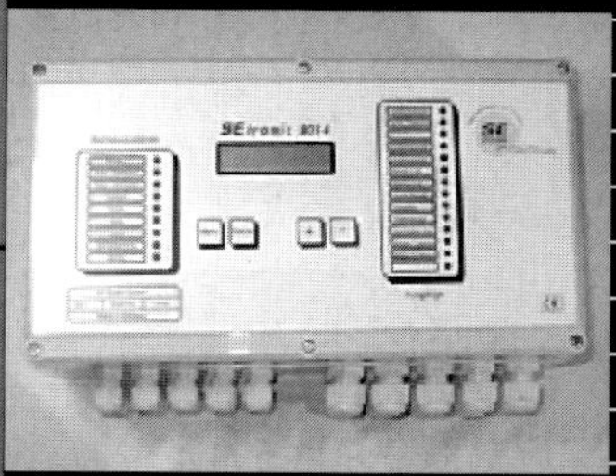

- bis 14 Schaltfunktionen
- Platinsensor (bis 280°C)
- 32-digit-LCD Display
- Low-flow Pumpenregelung
- Failsave bei Stromausfall
- Blitzschutz
- Urlaubsschaltung
- Integriertes Fehlerdiagnosesystem
- Anschlußmöglichkeit für PC (Energiemengenberechnung)

TK-Solar

Thomas Kunze, Am Herrengarten 16, 61169 Friedberg, Tel/Fax: 06031 / 91477, Funk: 0172 / 9138940

4.10 Inbetriebnahme und Wartung

Druckprobe und Spülen der Anlage

Der Kollektorkreis muß nach Fertigstellung einer Druckprobe unterzogen werden, wobei die Bauartzulassungen der meisten Kollektoren eine Wasserdruckprobe erfordern. Diese Druckprobe muß mit einem Mindestdruck nach Angabe des Kollektorherstellers durchgeführt werden. Der Druck sollte bei konstanter Temperatur über die Prüfzeit nicht abfallen, eine exakte Bestimmung der erforderlichen Zeit der Druckprobe gibt es nicht. Nach der Druckprobe den Druck senken und mit dem Spülen der Anlage beginnen. Der Kollektorkreis kann mit Wasser oder mit einem Wasser / Luftgemisch gespült werden. Dies ist zur Entfernung von Schmutzresten aus der Anlage unbedingt erforderlich und sollte mindestens 10 Minuten durchgeführt werden. Gemäß dem Schaltplan der Beispielanlage sollte zum Spülen ein Wasserschlauch an den Füllhahn „c" angeschlossen werden. Den nebenliegenden Absperrkugelhahn „b" schließen und das Spülwasser über den Entleerungshahn „a" wieder aus der Anlage leiten.
Ein Füllen der Anlage bei starkem Sonnenschein sollte unterbleiben. Alternativ können die Kollektoren zum Füllen abgedeckt werden.

Achtung Frostgefahr: Viele Kollektoren und Rohrleitungen laufen nach der Druckprobe und dem Spülen nicht mehr leer. Es besteht eine sehr starke Gefahr von Frostschäden. Daher ist eine einmal mit Wasser gefüllte Solaranlage bei Frostgefahr nach erfolgtem Spülen immer sofort mit dem Wärmeträgermedium zu füllen !

Befüllung des Kollektorkreises

Der Gesamtinhalt des Kollektorkreises ist anhand des Kollektor- und Wärmetauscherinhalts (Herstellerangaben) sowie der Tabelle 4.4.1 für den Rohrinhalt in Kapitel 4.4.3 abzuschätzen.
Unverdünnten Frostschutz mit Wasser (max. 100 ppm Chlorid) in einem sauberen Gefäß oder dem Auffangbehälter für den Wärmeträger mischen. Hierbei sollte ein vom Anlagenhersteller vorgegebenes Mischungsverhältnis erzielt werden, wobei ein Glykolanteil von 50% im Wasser nicht überschritten werden sollte. Vorgemischte Solarflüssigkeiten können direkt in die Anlage gegeben werden. Füllschlauch an den Füllhahn „c" (siehe Skizze) anschließen. Nebenliegenden Absperrkugelhahn „b" schließen und einen weiteren Schlauch vom Entleerungshahn „a" in das Mischgefäß legen. Die Anlage dann mit Hilfe einer Kreiselpumpe oder einer Wasserabdrückpumpe über den Füllhahn „c" befüllen. Die Verwendung einer Kreiselpumpe ist aufgrund der schnellen Ausführung und erheblicher Vorteile bei der Entlüftung zu bevorzugen.
Zur Vereinfachung der Befüllung bieten einige Hersteller Befüllarmaturen an, durch deren Einsatz der Einbau der beiden Füllhähne und des Absperrkugelhahns entfällt.
Vorgang fortsetzen, bis aus dem Schlauch am Entleerungshahn „a" nur Flüssigkeit in das Gefäß fließt. Zunächst austretendes, reines Wasser (Wasserreste der Druckprobe und des Spülens) aus der Anlage abfließen lassen. Tritt aus dem Schlauch Wasser /Glykolgemisch, welches an der Färbung oder der

Konsistenz zu erkennen ist, den Entleerungshahn schließen und die Anlage auf den gewünschten Betriebsdruck bringen. Durch diese Art der Befüllung wird ein großer Teil der Luft aus dem System gebracht.

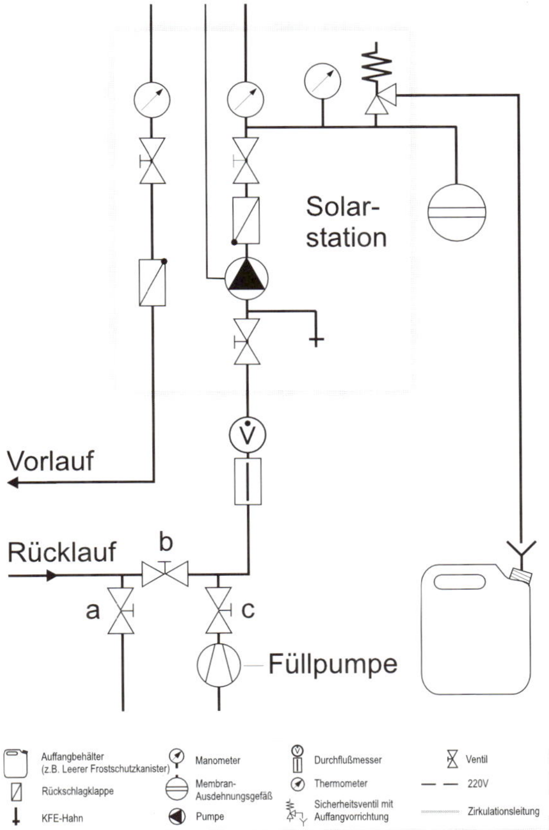

Bild 4.10.1: Detail zur Befüllung des Kollektorkreises (G3)

Die Kollektorkreispumpe in Betrieb nehmen, nach 5–10 Minuten etwas Wärmeträger aus einem Füll- / Entleerungshahn nehmen und per Frostschutzprüfer auf Frostsicherheit prüfen.
Frostschutz nach ca. 4 Wochen erneut prüfen, weil in der Praxis Schwankungen der Frostsicherheit durch Mischprozesse in der neuen Anlage möglich sind. Gegebenenfalls Frostschutz ergänzen.
Den Anlagenbetriebsdruck am Einbauort des Manometers auf die statische Höhe der Anlage plus ca. 0,5 bar – 0,8 bar Überdruck oder anhand entsprechender Vorgaben einstellen. Bei einer Höhendifferenz des Manometers (z.B. im Keller angebracht) zum höchsten Punkt der Kollektoren auf dem Dach von 10 m ergibt sich so ein Anlagenfülldruck von 1,5 bar – 1,8 bar. Nach einigen Wochen den Anlagenbetriebsdruck kontrollieren, dabei mögliche Schwankungen durch die hohen Temperaturen im Kollektorkreis beachten.

Kontrolle der Dachmontage

Um einen sicheren Sitz und eine korrekte Befestigung der Kollektoren zu gewährleisten, ist im Rahmen der Inbetriebnahme eine nochmalige Überprüfung der korrekten Montage der Kollektoren und der zugehörigen Montagematerialien durchzuführen.

Einstellung des Anlagendurchfluß

High Flow Anlagen werden mit einem Durchfluß von 30 – 40 l/m²h, Low Flow Anlagen mit 10 – 20 l/m²h betrieben. Der Durchfluß im Kollektorkreis ist an den meist in den Solarstationen gelieferten oder eingebauten Strangregulierventilen/ Durchflußmessern abzulesen und über eine Variation der Pumpenstellung einzustellen. Dabei sind die Umrechnung von l/h auf l/min und mögliche Abweichungen der Anzeige wegen des Wärmeträgermediums zu berücksichtigen. Zur Einregulierung des Durchfluß ist die Pumpenleistung anzupassen. Eine weitere Drosselung des Durchfluß durch das Strangregulierventil sollte aufgrund des entstehenden Druckverlustes nicht vorgenommen werden.

Überprüfung der Regelung

Die gesamte Regelung ist auf Ihre Funktion zu prüfen, wobei die Herstellerangaben sowie die Vorgaben der Planung beachtet werden müssen. Bei der Positionierung des Kollektorfühlers muß auf einen gut wärmeleitenden Sitz in der Nähe des Kollektorfeldvorlaufs geachtet werden (= heißer Abgang der Kollektoren). Der Temperaturfühler am Solarspeicher sollte in mittlerer Höhe des Kollektorkreiswärmetauschers oder in Höhe des Kollektorkreisrücklaufs montiert werden. Bei der Inbetriebnahme sind die Fühler auf eine sinnvolle Temperaturanzeige zu prüfen. Bei Unsicherheiten sind die Widerstände der Fühler zu messen und mit den Angaben des Herstellers zu vergleichen.

Inbetriebnahme- / Wartungsprotokoll

Alle namhaften Hersteller liefern mit ihren Solaranlagen Abnahme- bzw. Inbetriebnahmeprotokolle der solarspezifischen Teile.
Im Rahmen der Inbetriebnahme ist der Betreiber in die Anlage einzuweisen und alle Unterlagen zur Anlage sind zu übergeben. Gemäß den Vorschriften der DIN 4757 und den Herstellerunterlagen, ist an der Anlage eine Beschreibung der Anlage mit einer Erklärung der Funktion, dem Jahr der Erstellung, dem Ersteller sowie weiteren Angaben zur Inbetriebnahme aufzuhängen.
Die Wartung der Solaranlage sollte in regelmäßigen Abständen stattfinden (z.B. alle 2 Jahre) und mindestens die vom Hersteller geforderten Arbeiten umfassen.
Im Anhang finden sich zudem eine Checkliste sowie ein sehr einfaches Abnahme- und Wartungsprotokoll, die die wichtigsten Punkte der Abnahme und Wartung thermischer Solaranlagen beschreiben.

5. Betrachtung der Wirtschaftlichkeit

5.1. Modell der Wirtschaftlichkeits-betrachtung

5.1.1 Hintergrund

In Literatur und öffentlicher Diskussion wird zum Thema Wirtschaftlichkeit in Bezug auf Solaranlagen häufig die bestehende Art von Wirtschaftlichkeitsbetrachtungen kritisiert.

Folgende Schwachpunkte werden angeführt:
- Die Energiepreisentwicklung ist nicht vorhersehbar, Länder wie z.B. China steigern ihren Energieverbrauch in gewaltigem Umfang, die Vorräte an fossilen Energieträgern schrumpfen.
- In herkömmlichen Berechnungen von Kosten der Energiebereitstellung werden verursachte Umwelt- und Gesundheitsschäden nicht einmal ansatzweise berücksichtigt.
- Risiken der Energieerzeugung wie z.B. beim Atomstrom werden ebenfalls nicht mit einberechnet.
- Jahr für Jahr zahlt der Steuerzahler Milliarden für die Subventionierung fossiler und atomarer Energieerzeugung.
- Konflikte zur Sicherung eines billigen Zugangs zu Energiereserven gehen ebenfalls zu Lasten der Steuerzahler. So mußte 1991 jeder Bundesbürger vom Baby bis zum Rentner 200 DM zur Finanzierung des Golfkrieges entrichten.

Diese Punkte sollten bei allen Wirtschaftlichkeitsbetrachtungen regenerativer Anlagen berücksichtigt werden. Allgemein dienen Wirtschaftlichkeitsbetrachtungen dazu, über einen Vergleich verschiedener Investitionsvarianten das ertragsstärkste Konzept zu ermitteln. Bei den heutigen Konditionen und Preisen für fossile und atomare Energieträger wird eine Solaranlage nur unter günstigen Bedingungen die ertragsstärkste Investition sein.

Im folgenden wird gezeigt, daß bei Solaranlagen der größte Kostenblock durch Kapitalkosten entsteht. Diese sind nach der Anschaffung für viele Jahre im voraus exakt kalkulierbar. Brennstoffkosten für konventionelle Wärmeerzeuger unterliegen starken Schwankungen und sind über einen Zeitraum von 20 Jahren nach dem heutigen Stand nicht vorhersehbar.

5.1.2 Der solare Wärmepreis

Die folgenden Betrachtungen gelten der Kostenseite. Durch Ermittlung von Annuitäten für die Kosten des Solarsystems und unter Berücksichtigung der Energieerträge des Solarsystems werden die spezifischen Kosten pro kWh solar erzeugter Wärme errechnet. Diese spezifischen Kosten werden als solarer Wärmepreis bezeichnet. Die Vorgehensweise hat sich beispielsweise bei den Wirtschaftlichkeitsbetrachtungen für größere Solaranlagen im Förderprogramm Solarthermie 2000 etabliert [5]. Die Berechnung erfolgt gemäß VDI 2067 bzw. VDI 6025 nach der Annuitätenmethode [19, 20], wodurch ein Vergleich der Kosten möglich wird. Wird eine Anlage beispielsweise für ein Mehrfamilienhaus geplant, kann aus den anteiligen Kosten für die fossile und die solare Wärme ein Mischpreis zur Abrechnung ermittelt werden. Auch können bei einer Abrechnung für die Wassererwärmung durch eine Umlage auf die Quadratmeter der jeweiligen Wohneinheit die Kosten für den einzelnen Bewohner transparent gemacht werden.

5.1.3 Annuitätenmethode

Bei der Annuitätenmethode werden nichtperiodische Zahlungen und periodische Zahlungen mit veränderlichen Beträgen während eines Betrachtungszeitraumes in periodisch konstante Zahlungen transformiert. Annuität ist dieser ermittelte, periodisch konstante Betrag und setzt sich zusammen aus Zins- und Tilgungsanteil für die Rückzahlung des eingesetzten Kapitals. Diese Berechnungsmethode gestattet es, die in verschiedenen Perioden anfallenden Zahlungsarten unmittelbar zu summieren. Beispielsweise werden der Investitionsbetrag (Anschaffungsauszahlungen) und laufende Zahlungen, die Änderungen unterliegen, mit Hilfe des Annuitätsfaktors a in durchschnittliche Zahlungen während eines Betrachtungszeitraums T transformiert.
Die Auszahlungen teilen sich entsprechend ihrer zeitlichen Anforderung in zwei Kategorien: einmalige oder nichtperiodische und sogenannte laufende Zahlungen. Die einzelnen Kosten werden unter die Oberbegriffe kapitalgebunden, verbrauchsgebunden und betriebsgebunden gefaßt.
Als Betrachtungszeitraum dient die Nutzungsdauer der kürzerlebigen und/oder kapitalintensiveren Anlagenkomponenten, so daß für die übrigen Anlagenkomponenten der Restwert zu ermitteln ist.
Bei Solaranlagen hat sich eine Betrachtung der Anlage im Ganzen eingebürgert. Nach dem Ablauf des Betrachtungszeitraumes gilt die gesamte Anlage als abgeschrieben, ein Restwert wird nicht angesetzt.

Folgende Kostenarten sind zu berücksichtigen:

-kapitalgebundene Kosten wie Zins und Tilgung sowie Instandhaltungskosten
-verbrauchsgebundene Kosten, wie die Kosten für die Hilfsenergie
-betriebsgebundene Kosten, im Falle einer Solaranlage z.B. Versicherungskosten

Allgemeine Vorgehensweise

Für alle Kostenarten werden die Annuitäten getrennt ermittelt und addiert.

AN_{ges} = $AN_k + AN_v + AN_b$

AN_{ges} = *Gesamtannuität*
AN_k = *Annuität der kapitalgebundenen Kosten*
AN_v = *Annuität der verbrauchsgebundenen Kosten*
AN_b = *Annuität der betriebsgebundenen Kosten*

Annuität der kapitalgebundenen Auszahlungen:

$$AN_k = A_0\,(\,1 - R\,)a + f_k\,A_0\,ba_{IN}$$

AN = *Annuität der kapitalgebundenen Zahlungen in DM/a*
AN_I = *Annuität der investitionsgebundenen Zahlungen in DM/a* = $A_0(1\text{-}R)a$
AN_{IN} = *Annuität für Instandsetzungszahlungen* = $f_k A_0 ba_{IN}$
A_0 = *Anschaffungkosten der Anlage*

$$a = \text{Annuitätsfaktor} \qquad a = \frac{q^T(q\text{-}1)}{q^T\text{-}1} = a\,(q,T)$$

T = *Betrachtungszeitraum in a (a = Jahre)*
q = *Zinsfaktor*
f_k = *Faktor für die Erfassung der Instandhaltung in % / Jahr des*
ba_{IN} = *preisdynamischer Annuitätsfaktor für Instandsetzungszahlungen*
$ba_{IN} = b(T,q,r_k)a(q,T)$ *(60d)*
(in VDI 20676025 tabelliert)
$b(T,q,r_k)$ = *Barwertfaktor*
r_k = *jährlicher Preisänderungsfaktor der Instandsetzungszahlungen*
R = *komponentenspezifischer Restwertfaktor*

Der Restwert wird bei Solaranlagen meist gleich Null gesetzt.

Annuität der verbrauchsgebundenen Zahlungen:

AN_v = $A_{v1}\,ba_v$

Annuität der betriebsgebundenen Zahlungen:

AN_B = $A_{B1} ba_B$

Die Berechnungen der Annuitäten erfolgt per Hand oder EDV in Berechnungsblättern nach VDI 2067 und VDI 6025 [19,20].

Beispiel: Berechnungen nach der Annuitätsmethode

Betrachtet wird eine Solaranlage mit einem Preis von 150.000 DM inkl. Mwst. und Planung. Die Anlage liefert einen solaren Wärmeertrag von 55.000 kWh/a und hat eine Fläche von ca. 100m². Berechnung nach VDI 2067 unter Verwendung von Tabellenwerten derselben Norm.

Anlage	q=6% T=20 Jahre		Q=6% T=25 Jahre		
	ungefördert	gefördert 30%	ungefördert	gefördert 30%	
Investitionsbetrag AO	150.000	105.000	150.000	105.000	
Annuitätsfaktor a	0,087	0,087	0,078	0,078	
Investitionsgebundene Zahlungen	13.050	9.135	11.700	8.190	
Preisänderungsfaktor für Instandsetzung r	1,05	1,05	1,05	1,05	(zur Berechnung preisdynamisch)
Faktor für Instandsetzung fk	0,005	0,005	0,005	0,005	
Zahlungen für Instandsetzung d. 1. Jahres	750	525	750	525	
Preisdynamischer Annuitätsfaktor	1,506	1,506	1,651	1,651	
Annuität für Zahlungen der Instandsetzung AN IN	1.129,5	790,65	1.238,25	866,77	
Preisänderungsfaktor für Hilfsenergie r	1,05	1,05	1,05	1,05	(zur Berechnung preisdynamisch)
Zahlungen für Hilfsenergie d. 1. Jahres	275	275	275	275	
Preisdynamischer Annuitätsfaktor	1,506	1,506	1,651	1,651	
Annuität für Zahlungen Hilfsenergie AN V	414,15	414,15	454,03	454,03	
Preisänderungsfaktor f. Versicherung r	1,05	1,05	1,05	1,05	Geb. 5000m² a 0,80 DM, Zuschlag gesamt: 40 DM / a
Zahlungen f. Versicherung d. 1. Jahres	40	40	40	40	
Preisdynamischer Annuitätsfaktor	1,506	1,506	1,651	1,651	
Annuität für Zahlungen Versicherung AN B	60,24	60,24	66,04	66,04	
Gesamtannuität DM / a	14.653,89	10.400,04	13.458,3	9.576,84	
Solarertrag kWh / a	55.000	55.000	55.000	55.000	
Wärmepreis DM / kWh	0,27	0,19	0,24	0,17	

Einzelne Simulationsprogramme wie T*SOL bieten die Möglichkeit der Wirtschaftlichkeitsberechnung parallel zur Durchführung von projektbezogenen Simulationsberechnungen. So können die Wirtschaftlichkeitsbetrachtungen einfach durchgeführt werden.

5.1.4 Kostenarten bei Solaranlagen

In Solaranlagen ergeben sich für die einzelnen Kostenarten folgende Rahmenbedingungen:

Der betrachtete Zeitraum der Annuitätenberechnung beträgt bei Solaranlagen üblicherweise 20 Jahre [5]. Dieser Ansatz wird oft als zu konservativ bezeichnet, da die Hauptkostenkomponente (Kollektorfeld) durchaus eine Lebensdauer von 30 Jahren erreichen kann. Einzelne Betrachtungen werden daher mit Zeiträumen von 25 und 30 Jahren durchgeführt. Da die Zinsen bekannterweise ständig schwanken, wird bei der Berechnung ein aktueller Zinssatz verwendet (derzeit q = 6%).

Kapitalgebundene Kosten

Die kapitalgebundenen Kosten haben bei Solaranlagen den größten Umfang. Sie setzen sich aus dem Investitionsbetrag A_o und zu einem geringen Teil aus Zahlungen für die Instandsetzung und Wartung zusammen. Der Investitionsbetrag A_o kann durch öffentliche Fördermittel gemindert werden.
Der Faktor f_k zur Berechnung der Instandhaltungs- und Wartungskosten wird mit 0,3 - 0,5% des Investitionsbetrages (ohne Förderung) angegeben. Im Vergleich mit konventionellen Wärmeerzeugern fällt der Faktor geringer aus, da der Verschleiß in der Solaranlage niedriger ist. Je größer die Anlage, desto kleiner wird der Faktor f_k.
Dies erklärt sich aus Art und Umfang der Wartungsarbeiten. Sie bestehen vor allem aus Sichtkontrollen bei denen die An- und Abfahrt des Wartungspersonals einen nicht unerheblichen Teil ausmachen. Zudem fällt der Prozentsatz der Investitionskosten für bewegte Teile wie Pumpen, Ventile und Ausdehnungsgefäße mit steigender Anlagengröße beträchtlich.

Verbrauchsgebundene Kosten

Bei Solaranlagen beschränkt sich diese Kostenkomponente auf die „Zahlungen für Hilfsenergie“, also im wesentlichen auf die Stromkosten für die Regelung und die Pumpen. Übliche Ansätze für die Höhe dieser Verbrauchsgröße liegen im Bereich von 2%–5% des Solarertrages.

Betriebsgebundene Kosten

Bei konventionellen Anlagen zur Energieerzeugung werden in diesem Kostenblock die Kosten für Bedienpersonal, Kesselwärter, etc. eingesetzt. Dieses Personal wird bei den betrachteten Solaranlagen nicht benötigt. Stattdessen können hier die Kosten für die Versicherung der Solaranlage veranschlagt werden. Je nach Art der Versicherung (Gebäudeversicherung/Solarversicherung) treten unterschiedliche Kosten auf, die sich bei einer Erweiterung der Gebäudeversicherung an der Größe des Gebäudes, bei der Solarversicherung am Investitionsbetrag für die Solaranlage orientieren. In der Praxis sind Solaranlagen bislang meist nicht versichert.

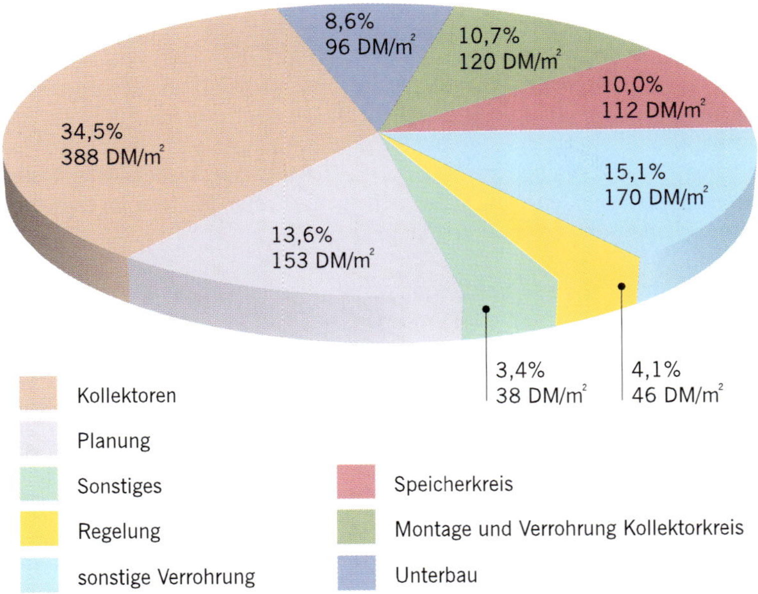

Diagramm 5.1.1: Gemittelte Kosten der Anlagen im Programm Thermie 2000 [46]

Beim Vergleich von Preisen in Deutschland, Österreich, der Schweiz und anderen europäischen Ländern sollten die unterschiedlichen Material- und Lohnkosten sowie differierende Anforderungen durch Normen und Bauvorschriften beachtet werden. Auch wurden bei vielen Anlagen, die den gezeigten Diagrammen zugrunde liegen, aufgrund des erhofften Prestigegewinns extrem knapp kalkulierte Angebote abgegeben.

5.2 Ermittlung von Richtpreise für die Komponenten

Um neben den gemittelten Werten aus diesen Grafiken eine nach den Baugruppen der Kollektoranlage differenzierte Aussage über die zu erwartenden Kosten zu erhalten, wurde 1998 eine Umfrage zu Preisen für einzelne Komponenten und deren Montagekosten durchgeführt [57]. Den Positionen des Fragebogens lagen die Erfahrungen aus der Ausschreibung und der Realisierung von Anlagen zugrunde. In den einzelnen Baugruppen wurden die Einzelteile und deren Preise zusammengestellt. Die Auswirkungen von Preisdifferenzen einzelner Anbieter, Konfigurationen und regionaler Unterschiede auf die Kosten der preisdominierenden Baugruppen und auf die Kosten für die solar erzeugten Wärme werden untersucht und erläutert.

Zur Ermittlung der Preise wurde zudem eine Anbieterbefragung durchgeführt. Die Hersteller wurden aufgrund ihrer Relevanz für den Solar- und Heizungsmarkt allgemein und aufgrund der geographischen Nähe ausgewählt. Die Befragung fand telefonisch bzw. in direkten Gesprächen statt, im Detail wurden die möglichen Preisnachlässe im Objektgeschäft bei der Errichtung größerer Solaranlagen abgefragt. Neben den Kollektoren ist zur Errichtung der kompletten Solaranlage eine ganze Reihe von Komponenten wie Rohre, Isolationen etc. erforderlich. Diese Komponenten werden von einer sehr großen Zahl an Herstellern angeboten und über den Handel vertrieben. Die Anlagenerrichter beziehen die Materialien über den Handel zu sehr unterschiedlichen Preisen. Die Preise werden u.a. stark durch Abnahmemengen des Heizungsbauers und die jeweilige Baukonjunktur bestimmt [51].

Alle Preise sind netto zzgl. Mwst. angegeben. Sie werden dann um Preise für Bauteile erweitert, mit realen Ausschreibungen verglichen und zu Diagrammen verarbeitet, aus denen für die Vorplanung Kosteninformationen gewonnen werden können. Um für die benötigten Aufschläge der Anlagenerrichter eine Vergleichsbasis zu finden, wurde ein möglicher Aufschlag von 15% auf den Materialeinkaufspreis definiert und für alle Anbieter festgeschrieben.

5.3 Richtpreise für die Komponenten

In einem frühen Stadium der Planung wird häufig eine Kostenschätzung der Anlage benötigt. Für größere Solaranlagen werden die Kostenschätzungen bisher in Zusammenarbeit mit Kollektoranbietern oder mittels einer Auswertung bereits erstellter Anlagen angefertigt.
Bei den Auswertungen von Projekten größerer Anlagen sind dabei gewisse Kostendegressionen in Abhängigkeit der Anlagengröße zu erkennen.

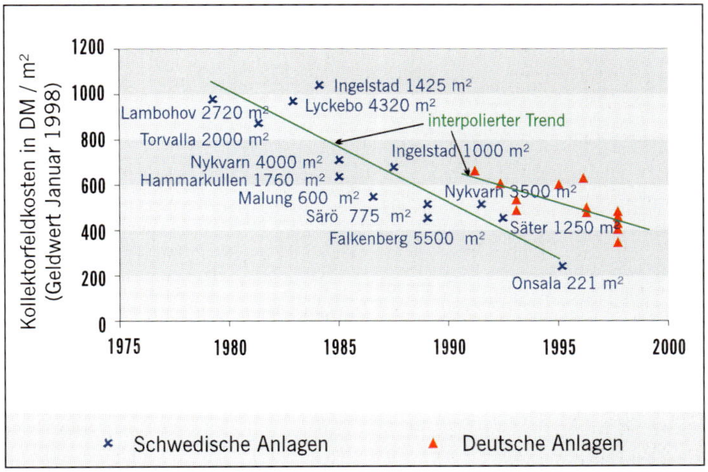

Diagramm 5.3.1: Preise für Solaranlagen verschiedener Größen [49]

Meist wird daher eine Aussage wie „je größer die Anlage, desto niedriger sind die Kosten pro m² Kollektorfeld“ formuliert. In den einzelne Planungen sind jedoch oft projektabhängige Unterschiede zu berücksichtigen, wie es z.B. die Kostenauswertung verschiedener Solaranlagen im Bundes - Förderprogramm Solarthermie 2000 [5] bestätigt.

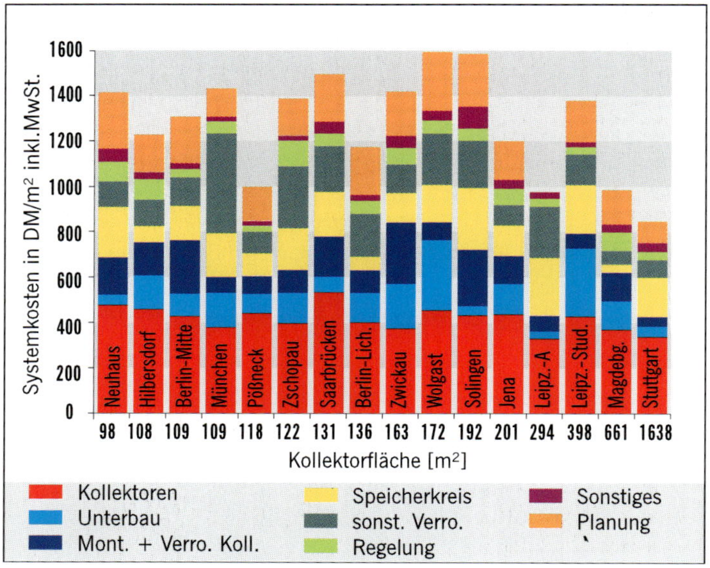

Diagramm 5.3.2: Kosten großer Anlagen im Förderprogramm Solarthermie 2000 (nach ZfS) [46]

Außer einer Aufstellung der Kosten für die verschiedenen Projekte hat die ZfS eine gemittelte Kostenverteilung über die bisherigen Projekte veröffentlicht.

Kostenindizes

Alle Preise und Kosten wurden im Verlauf des Jahres 98 auf Basis der gültigen Preislisten, aktueller Rabattsätze und der Umfrage bei den Handwerksbetrieben ermittelt. Wie alle Preise unterliegen auch die der Richtpreisdiagramme den Schwankungen durch Inflation und Preisänderungen. Alle Kostenwerte, die in der Wirtschaftlichkeitsanalyse verwendet werden, müssen auf das gleiche Bezugsjahr umgerechnet werden. Die Berechnung von Annuitäten werden mit Hilfe von Steigerungsraten berechnet, während die Umrechnung von Kostenwerten aus der Vergangenheit unter Verwendung von Kostenindizes (Preisindex, Inflationsindex) erfolgt. Bei technisch gleichen und gleich großen, jedoch zu verschiedenen Zeiten ausgeführten oder auszuführenden Anlagen, muß der bekannte Preis der ausgeführten Anlage auf den Preis der auszuführenden Anlage umgerechnet werden.

$$\frac{\textit{Kosten im Bezugsjahr}}{\textit{Kosten im Jahr } n} = \frac{\textit{Kostenindex im Bezugsjahr}}{\textit{Kostenindex im Jahr } n}$$

Der Kostenindex ist ein Inflationsindikator, der die Kosten des Bauteils oder der Baugruppe hinsichtlich des Zeitpunkts der Kostenabschätzung korrigiert. Für Solaranlagen ist die Datenbasis für Kostenindizes derzeit noch sehr klein, hier kann bislang nur auf Daten der Stiftung Warentest, des Ökoinstituts Freiburg, des ITW Stuttgart sowie den Auswertungen aus dem Programm Solarthermie zurückgegriffen werden. Aufgrund der Markterweiterung und dem oft harten Wettbewerb ist ein Preisverfall zu beobachten, der in den letzten drei Jahren auch die Montageleistungen erfaßt hat, da sich die Baubranche in einer Rezession befindet (was jedoch konjunkturellen Änderung unterliegt).

Aufstellung der Preise nach Baugruppen und Komponenten

Alle angegebenen Preise entstammen der beschriebenen Markterhebung. In den Diagrammen sind jeweils der Preis für die Komponente zzgl. Zubehör und die Kosten für die Montage angegeben. Auf die Einkaufspreise des Materials wurde dabei ein durchschnittlicher Aufschlag von 15% für die interne Kalkulation der Betriebe eingerechnet.

Am Markt können diese Daten bedingt durch regionale Gegebenheiten, die Größe der Komponentenlieferanten, der wirtschaftlichen Situation des ausführenden Betriebs und den Vorgaben des Projekts z.T. erheblich differieren. So kann ein regionaler Kollektorlieferant z.B. durchaus hochwertige Kollektoren zu einem sehr niedrigen Preis liefern. Ein großer Marktteilnehmer hingegen kann gewichtige Vorteile wie die Stabilität des Anbieters in Gewährleistungsfragen und oft eine bessere Unterstützung bei der Planung bieten. Unter Umständen macht es daher Sinn, das Kollektorfeld und die Installation der weiteren Komponenten separat auszuschreiben. Bei einem solchen Vorgehen kann dann z.B. der Kollektorlieferant ein günstiges Kollektorfeld anbieten und sicher errichten, während die weiteren Komponenten durch einen zuverlässigen regionalen Fachbetrieb montiert werden können [58].

Kollektoren

Für die Kollektoren und deren Montage wurden die folgenden Preise/Preisspannen ermittelt. Die Preise für die unterschiedlichen Feldgrößen sinken mit zunehmender Größe des Kollektorfelds z.T. beträchtlich, da einzelne Hersteller im sogenannten Objektgeschäft höhere Rabatte gewähren. Auch ergeben sich Preisunterschiede durch die verschiedenen Montagearten Aufdachmontage, Dachintegration und Freiaufstellung.

5.3.1 Flachkollektoren

Aufdach/Indachmontage der Flachkollektoren

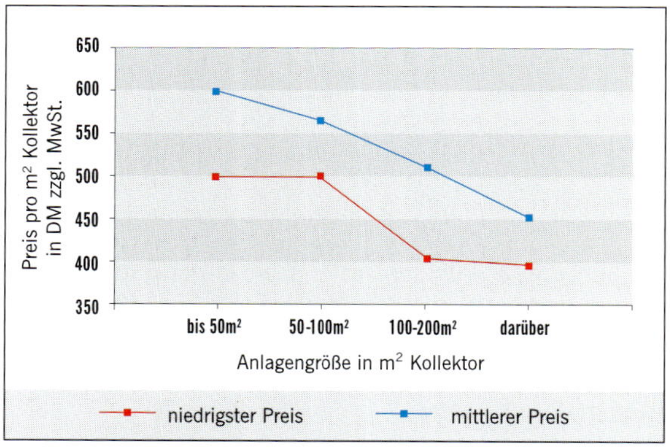

Diagramm 5.3.3: Mittlere und niedrigste Preise für aufdachmontierte Kollektoren

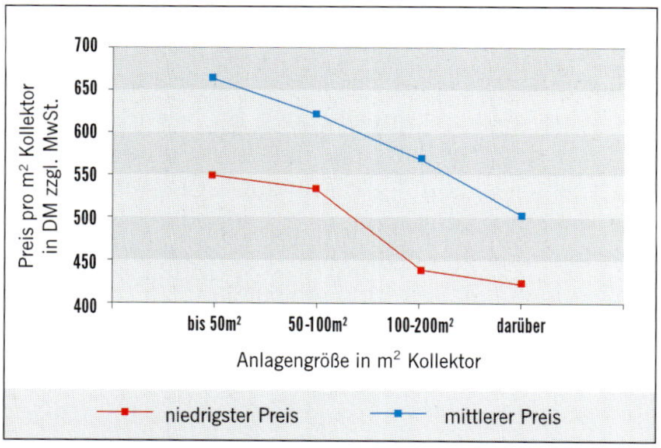

Diagramm 5.3.4: Preis von indachmontierten Flachkollektoren im Mittel und bei Niedrigstpreis

Auch bei den dachintegrierten Kollektoren ergibt sich die Preisdegression überwiegend durch größere Rabatte der Hersteller/Händler im Objektgeschäft. Desweiteren sinken auch die Kosten für den Einbau am Dach, da mit wachsender Größe des Kollektorfelds für die Anpassung der Kollektoren an die Eindeckung spezifisch weniger Material verwendet werden muß. Je nach Größe der Kollektoren und den verwendeten Materialien können diese Preisunterschiede beträchtlich variieren.

Freiaufstellung von Flachkollektoren

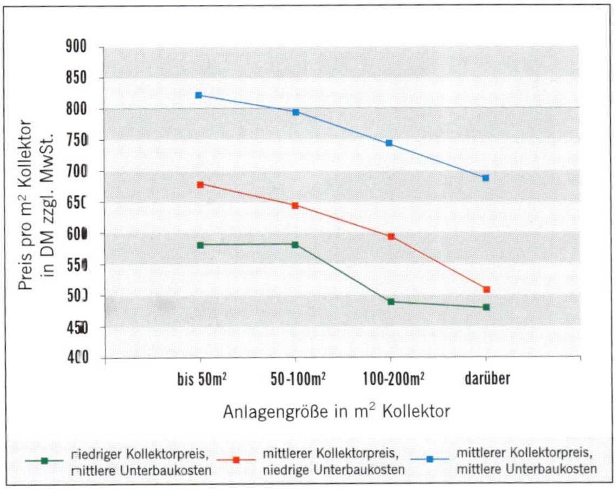

Diagramm 5.3.5: Preis von frei aufgestellten Flachkollektoren bei verschiedenen Einkaufspreisen und unterschiedlichen Kosten für die Unterkonstruktion

Eine weitere Kostenvariable für frei aufgestellte Flachkollektoren ist neben den typischen Preisnachlässen im Objektgeschäft oder durch Sonderangebote, der Aufwand für die gegebenenfalls erforderliche Unterkonstruktion zur Lastenverteilung auf Dächern. In der Preiskurve des mittleren Preises schlägt die Unterkonstruktion mit 250 DM/m² Kollektor zu Buche, im niedrigsten Fall ist sie bereits für ca. 100 DM/m² Kollektor zu haben. Bei sehr ungünstigen Verhältnissen bezüglich der Dachstatik sind teilweise Kosten von bis zu 800 DM/m² Kollektor für die Unterkonstruktion entstanden. In solchen Fällen sollten die Anforderungen an die Statik und die Auswahl des Kollektortyps kritisch geprüft werden.

Da es außerhalb des Gebietes der ehemaligen DDR nur sehr wenige Typbauten mit gleicher oder ähnlicher Statik gibt, sind die Kosten für die einzelnen Objekte sehr stark objektabhängig.

5.3.2 Vakuumröhren

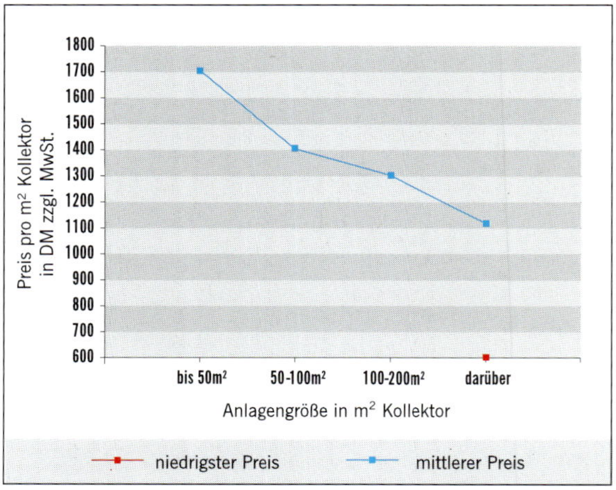

Diagramm 5.3.6: Preis von flach montierten Vakuumröhren (direkt durchströmt)

Wie bei den Flachkollektoren, hängen auch bei den Vakuumröhren die Preise zu einem erheblichen Teil vom erzielten Projektpreis ab. Heatpipe- und CPC-Systeme erreichen pro m² geringere Systemerträge, sind aber teilweise erheblich günstiger. Da bei den Vergleichen der Systemerträge direktdurchströmte Röhren mit verstellbaren Flachabsorbern verwendet wurden, sind in diesem Diagramm Werte für direkt durchströmte Vakuumröhren dargestellt. Preise für andere Systeme finden sich im Anhang.
Rechnet man die im Kapitel 2 vorgestellten Flächenäquivalente für Flachkollektoren in den absoluten Preis für die Röhrenkollektoren ein, ergeben sich folgende Mehrpreise für Vakuumröhren:

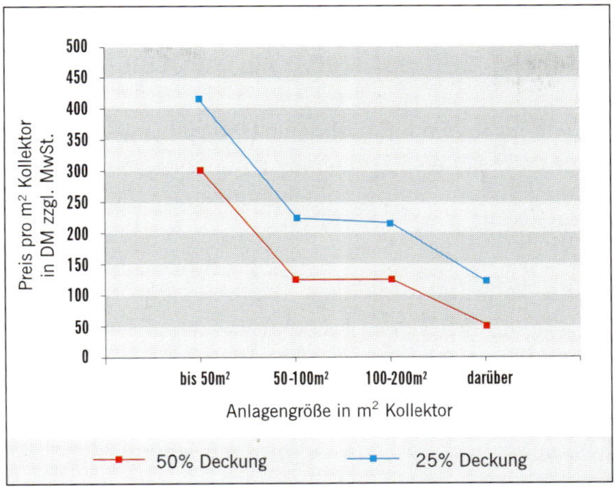

Diagramm 5.3.7: Mehrpreis für Vakuumröhren bei frei aufgestellten Flachkollektoren (mittlere Preise) und flach montierten Vakuumröhren (niedrigerer Flächenbedarf der Röhren bei gleicher Deckung mit eingerechnet)

Durch den geringeren Flächenbedarf der Vakuumröhren zur Erzielung gleicher Deckungsraten und den deutlich geringeren Montageaufwand bei flachen Dächern kann der flächenbereinigte Mehrpreis von Vakuumröhren entscheidend sinken. Voraussetzung für ein Ergebnis, wie im Diagramm aufgeführt, sind ähnliche Rabattverhältnisse bei Vakuumröhren wie bei Flachkollektoren sowie eine aufwendige Unterkonstruktion für letztere. Auch basiert dieses Diagramm auf ermittelten Werten und Anlagensimulationen. Bei Flachkollektoren in Aufdachmontage bzw. Indachmontage bleibt der Preisunterschied auch flächenbereinigt hoch:

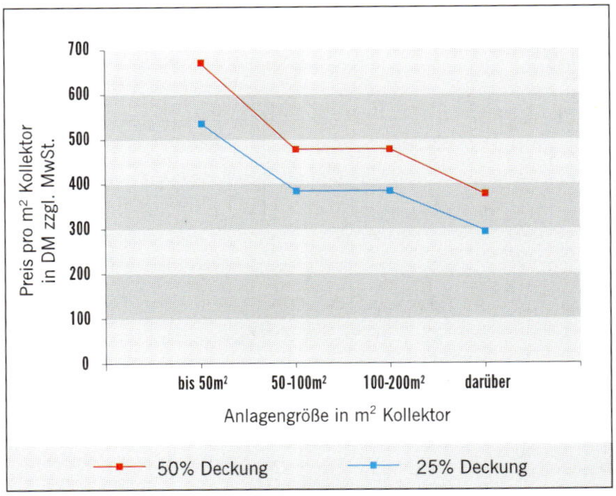

Diagramm 5.3.8: Flächenbereinigter Mehrpreis für Vakuumröhren in Aufdachmontage

Auswirkung des Kollektortyps, der Montageart und der Marktpreise auf den solaren Wärmepreis

Um Preisschwankungen durch Rabatte und Unterschiede in der Bauausführung im Hinblick auf den solaren Wärmepreis zu quantifizieren, wird dieser unter Nutzung der Annuitätenmethode für die Komponente Kollektor in verschiedenen Konfigurationen ermittelt.

Dazu wird eine Annutität für einen Zinsfaktor von $q=6\%$ sowie einem Betrachtungszeitraum von $T=20$ Jahren errechnet. Der aus den Tabellen der VDI 2067 entnommene Wert für $a=0{,}087$ wird zur Berechnung der Annuität aus den investitionsgebundenen Kosten genutzt. Kosten für Hilfsenergie, Wartung und Versicherung werden nicht berücksichtigt.
Die errechnete spezifische Annuität wird durch einen erwarteten Ertrag von 500 kWh/m²a dividiert, wodurch der solare Wärmepreis in DM/kWh und m²/a errechnet werden kann. Der erwartete Ertrag an dieser Stelle ist nur hypothetisch, spezifische Werte können Kapitel 2 entnommen, bzw. durch eine projektbezogene Simulation der Solaranlage errechnet werden.
Dieses Vorgehen entspricht den im Förderprogramm Solarthermie 2000 [46,50] durchgeführten Berechnungen. Der erwartete Ertrag wird als Wert für eine Anlage kleiner Deckung festgelegt.
Für die Variante Aufdachmontage entsteht folgendes Bild:

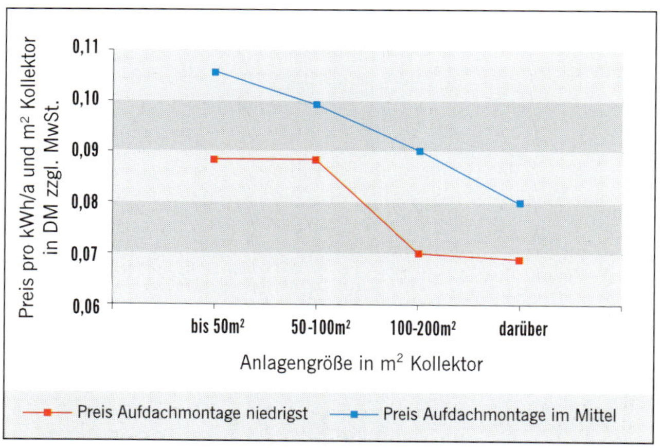

Diagramm 5.3.9: Solarer Wärmepreis für die Komponente Flachkollektor bei Aufdachmontage

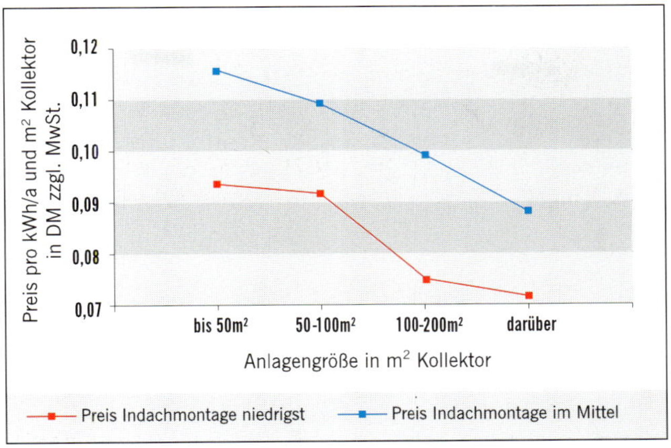

Diagramm 5.3.10: Solarer Wärmepreis für die Komponente Flachkollektor bei Indachmontage

Die Diagramme verdeutlichen, daß der solare Wärmepreis für Kollektoren in Aufdach- und Indachmontage nur um max. 1 Pfennig / kWh differiert. Meist sind die solaren Wärmepreise gleich. Stärker wirken sich die Preisreduktionen durch Erhöhung der Feldgröße und Preisnachlässe im Objektgeschäft aus (bis ca. 30% Reduktion über die Feldgröße oder günstige Einkaufskonditionen). Für die solaren Wärmepreise der Komponente Kollektor in Freiaufstellung ergibt sich folgendes Bild:

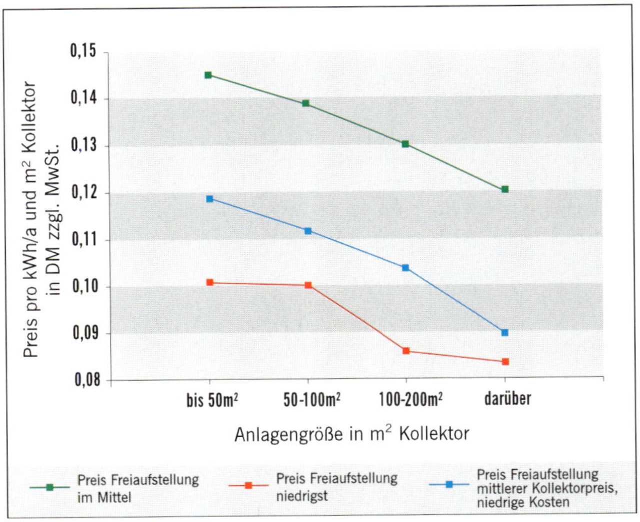

Diagramm 5.3.11: Solarer Wärmepreis für die Komponente Flachkollektor in Freiaufstellung

Wie dem Diagramm zu entnehmen ist, kann der solare Wärmepreis unter günstigen Aufbaubedingungen und durch geänderte Einkaufskonditionen bei unveränderter Größe des Kollektorfeldes um ein Drittel sinken. Die Kostendegression durch günstigere Preise aufgrund des größeren Kollektorfeldes beträgt jedoch max. ca. 20%. Preisnachlässe für größere Kollektorfelder bewirken eine Kostendegression um max. 20%. Bei Preisen für den Unterbau deutlich oberhalb 250 DM/m^2 Kollektor können die solaren Wärmepreise sehr stark ansteigen.

5.3.3 Kollektorfeld

Soll die Solaranlage trotz der Vereinfachungen durch den DDA (siehe Kapitel 3) als Dampfkesselanlage der Gruppe III angemeldet werden, verursachen die entsprechenden Sicherheitseinrichtungen folgende Kosten.

Die Sicherheitseinrichtungen bestehen aus Absperreinrichtungen, Sicherheits–ventil(en) und einem Strangregulierventil. Die Preise für die Rohrleitungen werden im Abschnitt „Kollektorkreis" angeführt, die Preise für die Sicherheitseinrichtungen sind wie folgt tabelliert:

Kollektor in m^2	100	150	200	250	300	350	400	450	500	550	600	700	800	900	1000
Preis Si-Satz	874	874	874	1260	1260	1714	1714	2134	2134	2554	2554	2974	3394	3814	4234
Preis/ m^2	8,74	5,82	4,37	5,04	4,2	4,89	4,29	4,74	4,27	4,64	4,25	4,25	4,24	4,23	4,23

Tabelle 5.3.1: Preise für die Sicherheitseinrichtungen im Kollektorfeld und in Abhängigkeit der Kollektorfeldgröße

Wie deutlich zu erkennen, entfallen auf die Si-Sätze plus Strangregulierventil etwa 1 - 2% der Kollektorkosten.
Die Erstellungskosten für die Verrohrung im Kollektorfeld müssen noch addiert werden, um den Preis des Kollektorfeldes ermitteln zu können; die Kosten für die Rohrleitungen können den Tabellen für den Kollektorkreis entnommen werden.

5.3.4 Kollektorkreis und Speicherladewärmetauscher

Rohrleitungen des Kollektorkreises inklusive Dämmung Preisermittlung

Aus der Anbieterbefragung wurden die Preise für Cu- und St-Rohre der Dimensionen DN15 bis DN125 sowie verschiedener Isolationen für die Rohre ermittelt.
Für Anlagen der Typen High- und Low-Flow wurde eine Berechnung der erforderlichen Rohrdimensionen für die Hauptstränge unter der Annahme einer maximalen Strömungsgeschwindigkeit in den Rohren von 0,5 m/s vorgenommen.

Kollektorfeldgröße (m^2)	Rohrdimension DN High Flow 30l/m^2h	Rohrdimension DN Low Flow 15l/m^2h	Rohrdimension DN Low Flow 12l/m^2h
20	25	15	15
30	32	20	20
50	40	25	25
80	50	32	32
130	65	40	32
160	65	50	40
200	80	50	50
250	80	65	50
300	100	65	65
400	100	80	65
500	125	80	80
750	150	100	100
1000	150	125	100

Tabelle 5.3.2: Rohrdimensionen in Abhängigkeit der Kollektorfeldgröße

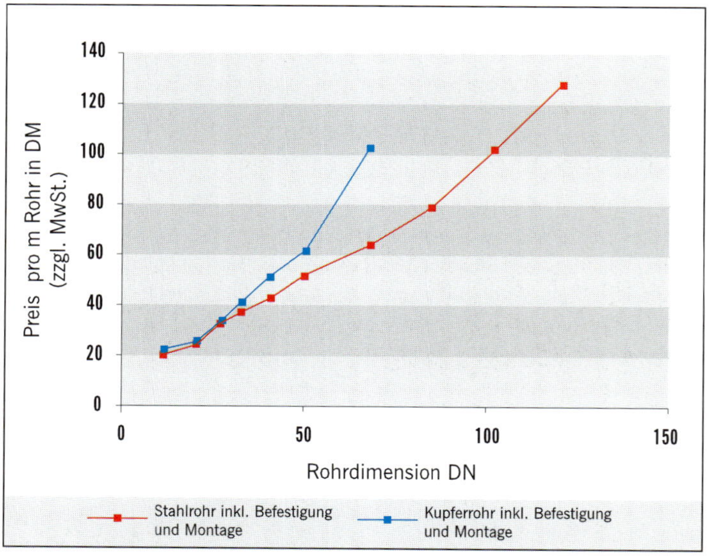

Diagramm 5.3.12: Preis verschiedener Rohrmaterialien in Abhängigkeit der Rohrdimension

Bei kleinen Rohrdimensionierungen ist der Preis für Verrohrungen in Kupfer niedriger als die vergleichbare Stahlverrohrung. Mit zunehmender Dimension der Rohrleitungen steigt der Preis für Kupferverrohrungen jedoch erheblich stärker als für Stahlverrohrungen an.

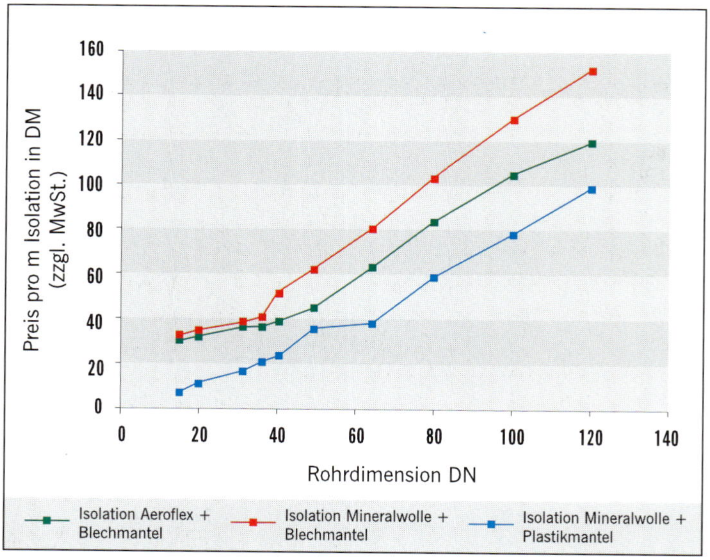

Diagramm 5.3.13: Preis für verschiedene Wärmedämmungen in Abhängigkeit der Rohrdimension

Die Rohrdämmung durch eine Kombination aus Mineralwolle mit einem Plastikmantel ist am preisgünstigsten, im Außenbereich jedoch nicht einsetzbar. Die spezifischen Preise für die Varianten, die auch für den Außenbereich geeignet sind, werden im folgenden aufgelistet.

Die Preise werden den entsprechenden Kollektorfeldgrößen zugeordnet:

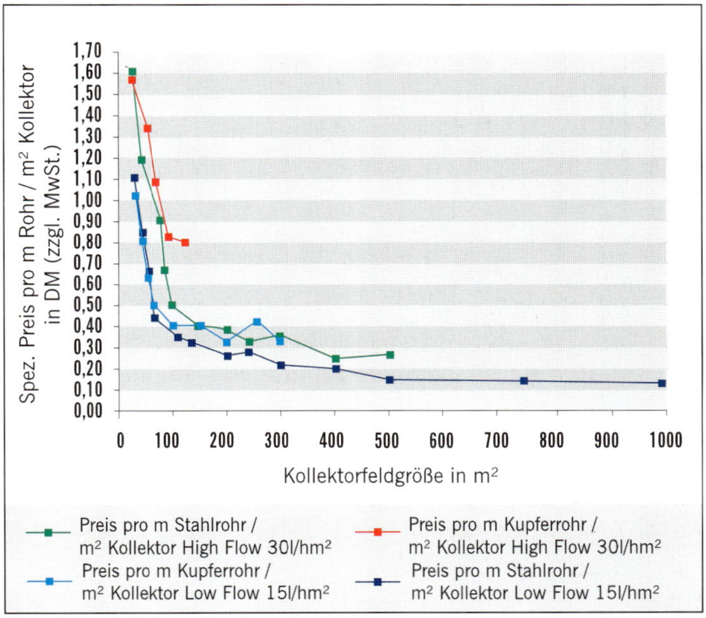

Diagramm 5.3.14: Spezifische Kosten pro m Rohrleitung / m² Kollektor für High- und Low-Flow- Anlagen

Wie im Diagramm zu sehen, wurden in der Befragung Kupferrohre bis zur Dimension DN65 angeboten. Ist das Stahlrohr bei den kleinen Dimensionen und damit bei den kleineren Kollektorfeldern spezifisch geringfügig teurer, sinkt sein Preis ab Kollektorfeldern >50 m² (für die Hauptstränge) unter den spezifischen Preis für Kupferrohre. Ebenfalls deutlich zu sehen ist, daß die Preisreduktion aufgrund der Low-Flow-Auslegung ca. 40 % beträgt. Der Gesamtpreis für die Verrohrung errechnet sich aus diesen spezifischen Preisen multipliziert mit der Länge der Verrohrung, so daß die absoluten Kosten objektabhängig stark variieren.

Neben den Rohrdimensionen wird die Auswahl der Rohrdämmung vor dem Hintergrund der Beständigkeit der Materialien und deren Umweltverträglichkeit diskutiert [11]. Zum Vergleich der verschiedenen Möglichkeiten ist zudem die Betrachtung der Kosten sinnvoll:

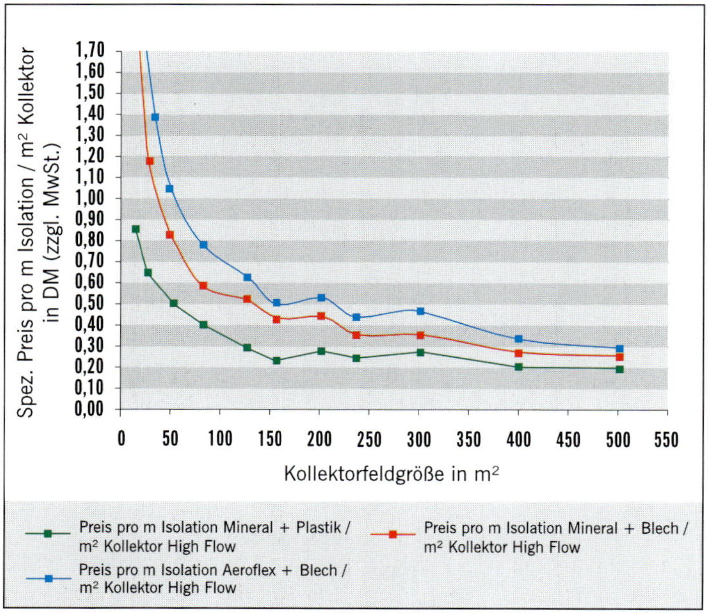

Diagramm 5.3.15: Spezifische Kosten pro m Rohrisolation pro m² Kollektorfeld für High-Flow- Anlagen

Dem Diagramm ist zu entnehmen, daß die erfaßten Rohrdimensionen bis DN125 bei einer Auslegung bis max. 0,5 m/s Strömungsgeschwindigkeit im Kollektorkreis für Anlagen in High-Flow-Ausführung nur bis 500 m² Kollektorfeld zur Anwendung kommen. Durch die größeren Rohrdimensionen für Anlagen in High-Flow-Ausführung sind die Preise sowohl für Rohrleitungen als auch für die Wärmedämmung spezifisch höher.

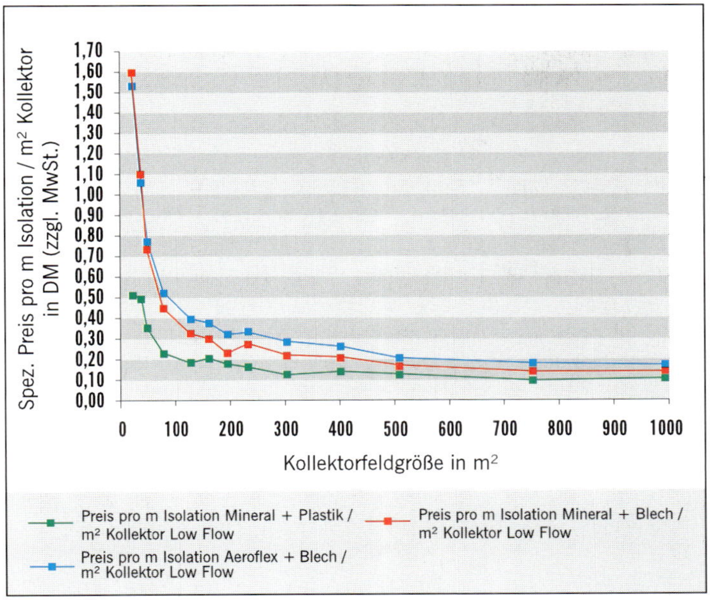

Diagramm 5.3.16: Spezifische Kosten pro m Rohrisolation pro m² Kollektorfeld in Low Flow Anlagen

Das Diagramm zeigt, daß bei kleineren Anlagen Rohrdämmungen mit Blechmantel (pro m Rohrdämmung und m² Kollektor) bis zu dreimal teurer sind als solche mit Plastikmantel. Bei größeren Anlagen sinkt der Mehrpreis auf ca. 20-30 %. Rohrdämmungen mit geschlossenen Schaumisolationen (Armstrong HT o.ä.) sind für kleine Kollektorfelder und damit kleine Rohrdimensionen preisgünstiger als die Varianten mit Mineralwolle als Dämmwerkstoff. Da bei größeren Rohrdimensionen die Schaumwerkstoffe in Mattentechnik verarbeitet werden, liegen hier die Preise über denen für Mineralwolle.

Bedeutung der Verrohrungspreise für die Gesamtkosten der Anlage

Bsp. In einem Mehrfamilienhaus wird eine Rohrleitungslänge von 150 m für den Kollektorkreis benötigt. Die Verrohrung der Speicher beläuft sich zudem auf weitere 50 m. Bei 200 m Verrohrung plus Rohrdämmung entstehen so nach Diagramm Kosten von ca. 9800 DM (zzgl. Mwst.). Dies entspricht bei einem 100 m² Kollektorfeld ca. 15% der Kollektorfeldkosten.

Da die Verrohrungslänge objektabhängig ist, kann für sie keine allgemeingültige Bezugsgröße definiert werden. Daten über typische Rohrleitungslängen liegen nicht vor. Die Kosten für die Verrohrung und deren Anteil am solaren Wärmepreis sind für jedes Objekt neu zu ermitteln.

Si-Ventil, „Kollektorkreis Paket“ und Ausdehnungsgefäß für den Kollektorkreis

Die Dimension des Sicherheitsventils und dessen Ausführung ist der DIN 4757 T1 zu entnehmen (siehe Kapitel „Systemkomponenten“). Neben dem Sicherheitsventil sind im Kollektorkreis einige Absperrventile oder Kugelhähne für die Wärmetauscher etc. zu montieren. Auch werden meist Thermometer eingebaut. Um die Kosten für diese stark planungsabhängigen Bauteile in Ansatz zu bringen, wird ein Kollektorkreispaket, bestehend aus 2 Thermometern, 2 Absperrkugelhähnen und einem Entlüfter inkl. Einbau in der erforderlichen Rohrdimension zusammengestellt. Diese Kollektorkreispakete stellen nur eine Minimalstkonfiguration dar, in der Praxis werden meist erheblich mehr Absperrungen etc. installiert. Ihre Preise können den Tabellen im Anhang entnommen werden. Die Preise für die Si- Ventile und die „Kollektorkreispakete“ in Abhängigkeit der Kollektorfeldgröße sind der folgenden Tabelle zu entnehmen:

Kollektorfeld-größe (m²)	Preis für das „Kollektorkreis Paket" in DM zzgl. MwSt.	Preis Si-Ventil inkl. Einbau in DM zzgl. MwSt.
20	250	183
30	270	183
40	270	183
50	306	183
60	306	299
70	306	299
80	350	299
90	350	299
100	350	299
150	406	386
200	454	386
250	454	496
300	906	496
350	906	496
400	1098	678
450	1098	678
500	1098	678
550	1098	678
600	1098	678
700	1414	678
800	1414	678
900	1414	678
1000	2350	678

Tabelle 5.3.3: Preise für Si- Ventile und Kollektorkreispakete in Abhängigkeit der Kollektorfeldgröße

Die Ausdehnungsgefäße für den Kollektorkreis sollten gemäß der DIN 4757 T1 auf Eigensicherheit der Solaranlage ausgelegt werden. Die Auslegung ist dem entsprechenden Abschnitt im Kapitel „Systemkomponenten“ zu entnehmen. Da die Größe des Ausdehnungsgefäßes von der Kollektorfeldgröße, der Dimension und Länge der Rohrleitung, der statischen Höhe der Anlage, dem Anlagenfüll- und dem Anlagenenddruck abhängt, kann keine allgemeingültige

Aussage über die Auslegung der Ausdehnungsgefäße formuliert werden, zumal diese stark anbieterabhängig sind. Für eine mögliche Auslegung des Ausdehnungsgefäßes sind der folgenden Tabelle die Preise für die erforderlichen Ausdehnungsgefäße für einige Kollektorfeldgrößen angegeben. Der Anlagenfülldruck beträgt bei dieser Auslegung 1,8 bar, der Endruck 6 bar. Die statische Höhe liegt bei 10 m, die Rohrleitungslänge einheitlich bei 100 m.

Kollektorfeldgröße in m²	Preis für das / die Ausdehnungsgefäße inkl. Montage in DM zzgl. MwSt.
20	164
30	194
50	284
100	447
200	2077
300	2077
500	2400
1000	3490

Tabelle 5.3.4: Preis für Ausdehnungsgefäße ausgewählter Kollektorfelder

Kollektorkreispumpe

Die Dimensionierung der Kollektorkreispumpe ist von dem im Kollektorkreis gewählten Volumenstrom und dem Gesamtdruckverlust im Kollektorkreis abhängig.
Der Gesamtdruckverlust ergibt aus der Verschaltung des Kollektorfeldes, der Länge und Dimensionierung der Rohrleitungen, sowie der eingebauten Armaturen. Für die Berechnungen zur Wahl der richtigen Pumpen und deren Kosten wurden daher folgende Werte für die Druckverluste eingesetzt:

Kollektorfeldfeld in m²	Gesamtdruckverlust
bis 50 m²	30 kPa
bis 200 m²	60 kPa
bis 500 m²	80 kPa
bis 1000 m²	100 kPa

Tabelle 5.3.5: Druckverluste im Kollektorkreis in Abhängigkeit der Kollektorfeldgröße

Einschließlich der Kosten für Verschraubungen, Rückschlagventile und Montage, ergeben sich für High- und Low-Flow-Systeme die folgenden Beträge:

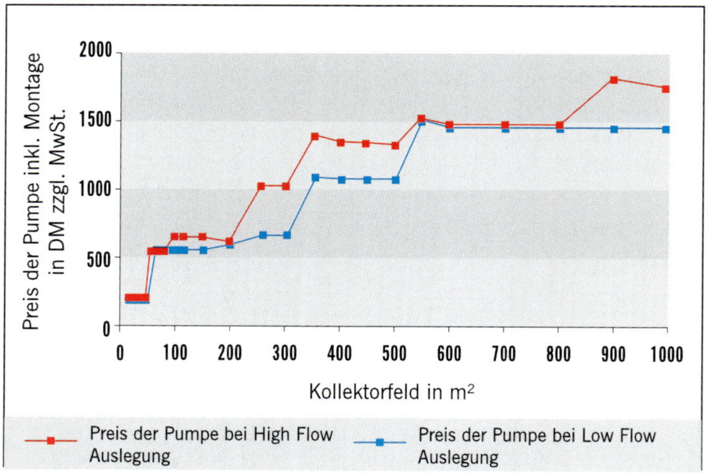

Diagramm 5.3.17: Preis für Kollektorkreispumpen in Abhängigkeit der Kollektorfeldgröße

Wie zu erwarten, steigen die absoluten Kosten für die Pumpen mit wachsender Feldgröße. Die Pumpen für High-Flow-Anlagen sind in der Regel teurer als die Pumpen für Low-Flow-Anlagen. Preisgleichheiten ergeben sich an den Stellen, wo aufgrund der Kennlinienfelder der Pumpen diese für einen breiten Anwendungsbereich eingesetzt werden können.

Die spezifischen Preise für die Pumpen pro m² Kollektorfeld fallen dabei von 9,90 DM bei Anlagen von 20 m² auf 1,41 DM (Low-Flow) bzw. 1,71 DM (High-Flow) bei Anlagen von 1000 m². Dies sind 0,3 - 1,5 % der gesamten Kollektorfeldkosten.

Speicherladewärmetauscher

Für einen Wärmetauscher muß entsprechend der Wahl einer Low- oder High-Flow-Auslegung, der Festlegung der mittleren logarithmischen Temperaturdifferenz und eines Druckverlustes von 20 kPa (des Wärmetauscher) mit folgenden Kosten gerechnet werden:

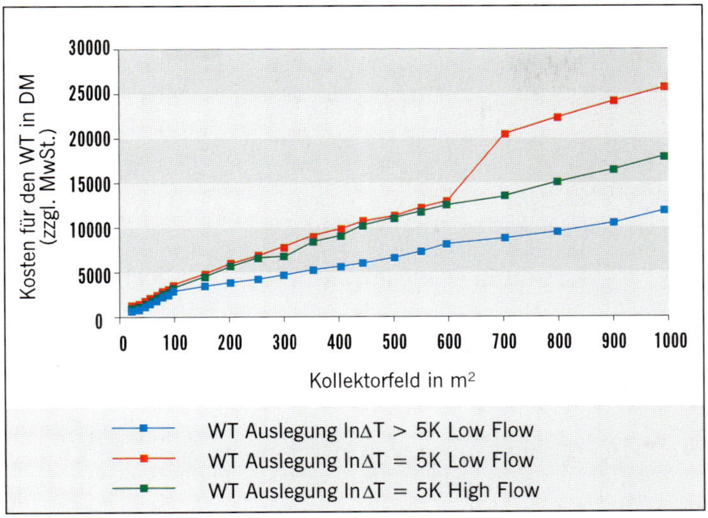

Diagramm 5.3.18: Wärmetauscherkosten in High- und Low-Flow-Auslegung

Wärmetauscher für Anlagen in Low- bzw. High-Flow-Ausführung, die eine mittlere logarithmische Temperaturdifferenz erzielen / einstellen sollen, kosten für Anlagen bis 600m² Kollektorfeld etwa gleich viel; bei Anlagen in Low-Flow-Ausführung steigen über diese Feldgröße hinaus die Kosten erheblich.

Low-Flow-Wärmetauscher, die für ein mittleres lnΔT>5 K ausgelegt werden, verursachen geringere Kosten, der Energieverlust steigt jedoch. Gegenüber einer Auslegung auf ein mittleres lnΔT von 5 k sinkt der Wärmeertrag so stark, daß bei der Berechnung des solaren Wärmepreises Wärmetauscher in beiden Ausführungen gleiche Wärmepreise erzeugen (vgl. auch Abschnitte „Wärmetauscher").

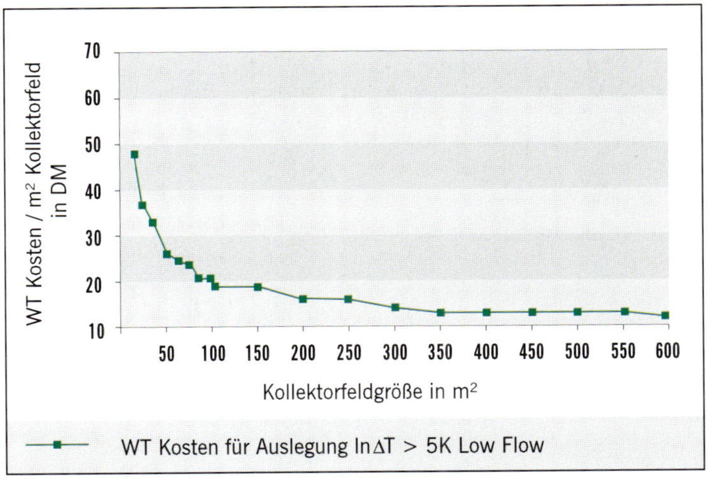

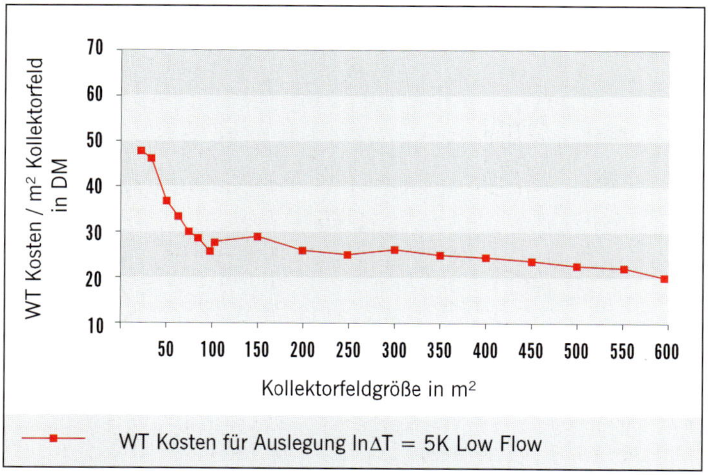

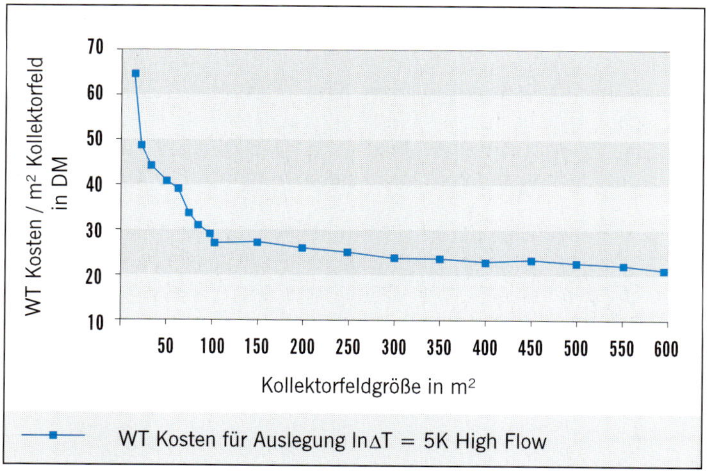

Diagramm 5.3.19–21: Spezifische Wärmetauscherkosten pro m² Kollektor in High- und Low Flow Auslegung

Wärmeträgermedium

Der Preise für das Frostschutzmittel (meist Propylenglykol) werden mit 3,50 DM – 5,50 DM pro Liter reinem Wärmeträgermedium angegeben. Die Preise sind stark rabatt- und herstellerabhängig. Zur Erstellung eines bis -21°C sicheren Wärmeträgers im Kollektorkreis werden ca. 40 Volumenprozent reinen Frostschutzmittels in der Gesamtmischung mit Wasser benötigt.

5.3.5 Speicherkreis und Speicherentlade-wärmetauscher

Pufferspeicher

Die Pufferspeicher wurden als Behälter der Gruppe V (vgl. Abschnitt „Pufferspeicher") mit passender Weichschaumisolation angefragt. Die Montagepreise entsprechen Mittelwerten aus der Preisumfrage.

Da die Größenauslegung zwar in Anlehnung an die Auslegung des Kollektorfeldes erfolgt, jedoch stark variiert, werden die Preise pro Liter Pufferspeichervolumen angegeben. Nach Auswahl des Kollektorfeldes und des Puffervolumens können die Kosten für den Speicher leicht abgelesen werden. Bei Planungen können mögliche Mehrerträge durch eine Vergrößerung des Speichervolumens (siehe Diagramme) mit den Mehrkosten verglichen werden:

Speichergröße in Liter	Preis / Liter inkl. Montage in DM zzgl. MwSt.
300	3,40
500	2,53
750	2,13
1000	1,70
2000	1,57

Tabelle 5.3.6: Preis für ein Liter Pufferspeichervolumen

Bei Ausführung als Speicher mit Schichtladevorrichtungen erhöht sich der Preis für die Speicher um ca. 20%. Generell gelten jedoch, wie bei den anderen Komponenten für Projekte, davon abweichende Preise.

Pumpen

Zur Be- und Entladung der Pufferspeicher, sowie zur Ladung des Trinkwasserspeichers werden bis zu drei Pumpen benötigt.

Speicherladekreispumpen

Die Ladekreispumpe ist von der Auslegung des Kollektorkreisdurchflusses abhängig.

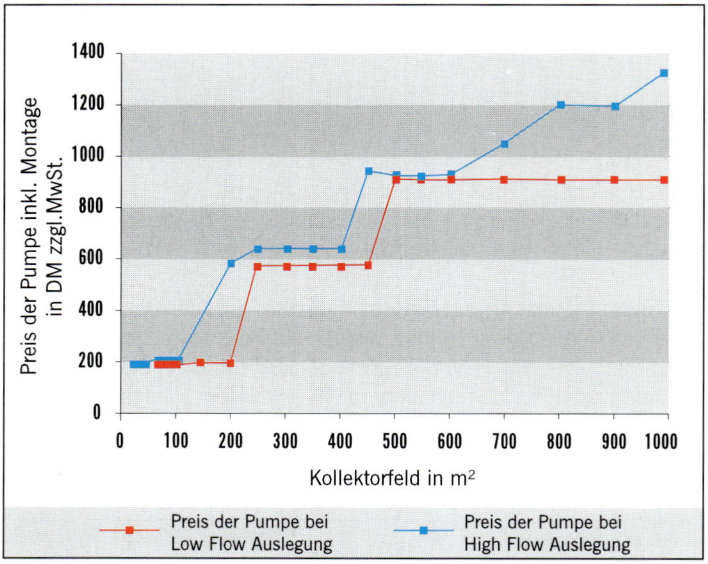

Diagramm 5.3.22: Preis für Pufferspeicherladepumpen

Ähnlich wie bei den Kollektorkreispumpen liegen die spezifischen Preise der Pufferspeicherladepumpen zwischen 9,90 DM und 0,88 DM (Low-Flow) bzw. 1,71 DM (High-Flow) pro m^2 Kollektorfeld.

Entladekreispumpen

Die Auslegung der Entladekreispumpen ist von der Wahl des Entladesystems (Speicherlade- oder Durchflußprinzip) und den Druckverlusten des Wärmetauschers bzw. der Rohrleitungen abhängig.
Für Speicherladesysteme wird die Auslegung nach der maximalen Ladeleistung im Hinblick auf die Leistung des Kollektorfeldes vorgenommen. Bei Entladesystemen im Durchflußprinzip kann der maximale Durchsatz durch den Wärmetauscher bis zur maximal möglichen Trinkwasserzapfung des Gebäudes ansteigen. Hier kann die Entladekreispumpe ebenfalls auf beliebig große Volumenströme dimensioniert werden. Ihre Auswahl ist daher vom Objekt und den Verbrauchsspitzen abhängig.
Für Speicherladesysteme mit einer 100 % Speicherladung entstehen folgende Pumpenkosten:

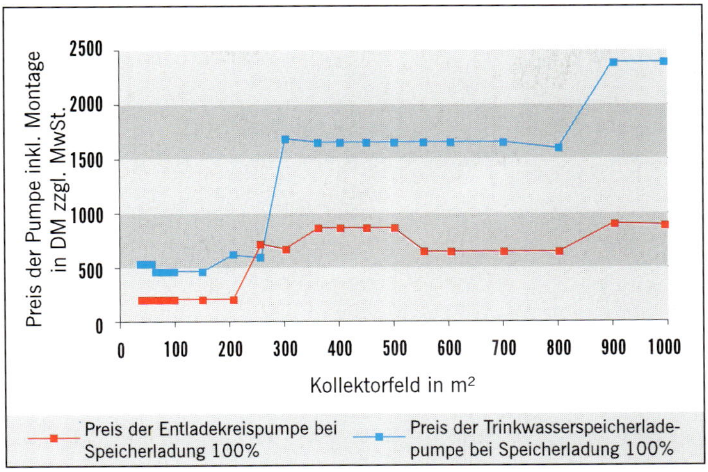

Diagramm 5.3.23: Preis für Pufferentladekreis- und Trinkwasserladepumpen

Die Preise für die Pumpen steigen mit der Größe des Kollektorfeldes, können jedoch in einzelnen Größenbereichen aufgrund der Pumpenwahl auch wieder sinken. Bei der Pumpenwahl wurde auf einen möglichst guten Wirkungsgrad geachtet.

Tip. Mit neueren Auslegungsprogrammen der Pumpenhersteller (siehe auch CD) können bereits bei der Auswahl der Pumpen mittels der Berechnung der Nutzungsgrade im Betrieb Erkenntnisse über den Stromverbrauch gewonnen und somit die Auslegungen optimiert werden.

Ausdehnungsgefäße, Sicherheitsventile, Lade- und Entladekreispakete

Durch die Wärmedehnung des Pufferspeichervolumens wird im Speicherkreis ein vergleichsweise großes Ausdehnungsgefäß notwendig. Für Ausdehnungsgefäße mit einem Fülldruck der Pufferspeicher von 0,5 bar und einem Enddruck von 2,5 bar werden die folgenden Volumina erforderlich. Nach DIN 4753 ergeben sich zudem die folgenden Maße und Kosten für die Sicherheitsventile:

Speichervolumen in l	Nennvolumen der Ausdehnungsgefäße in l	Preis in DM zzgl. MwSt.	Nenngröße d. Si-Ventils	Preis f. die Ausdehnungsgefäße + die Si-Ventile in DM zzgl. MwSt.
500	N50	74	DN20	163
1000	80	110	DN20	199
1500	140	240	DN25	345
2000	1x140, 1x12	275	DN25	380
2500	200	289	DN25	394
3000	250	413	DN25	518
3500	280	428	DN25	533
4000	320	484	DN25	589
4500	400	595	DN25	700
5000	400	595	DN25	700
6000	2x250	826	1 1/4"	1026
8000	2x320	968	1 1/4"	1168
10000	2x400	1190	1 1/4"	1390
12000	2x400, 1x140	1420	1 1/4"	1620
15000	3x400	1785	1 1/4"	1985
20000	4x400	2380	1 1/4"	2580
25000	1x400, 1x200	2669	1 1/4"	2869
30000	6x400	3570	1 1/4"	3770

Tabelle 5.3.7: Größe und Kosten für die Ausdehnungsgefäße im Pufferkreis

Pro Liter Puffervolumen sind bei kleinen Volumina ca. 0,33 DM/Liter, bei großen Volumina ca. 0,11 DM/Liter für die Sicherheitstechnik im Pufferkreis zu investieren.

Lade- und Entladekreispakete

Im Ladekreispaket sind 4 Kugelhähne in mit der Kollektorfläche wachsenden Rohrdimensionen sowie 2 Thermometer inkl. Einbau enthalten. Das Entladekreispaket umfaßt zusätzlich ein 3-Wegeventil zur Begrenzung der Eintrittstemperatur in den Entladekreiswärmetauscher inkl. Einbau enthalten. Beide Pakete stellen eine Minimalkonfiguration an Absperr- und hydraulischen Regelgliedern dar.

Wird zur Steuerung der Beladung ein zusätzliches 3-Wegeventile im Pufferbeladekreis eingesetzt, entstehen die in der folgenden Tabelle aufgeführten zusätzlichen Kosten (alternativ wird bei größeren Speichern ein Schichtladesystem im Pufferspeicher integriert, Kosten siehe Aufstellung Pufferspeicher).

Kollektorfeldgröße in m²	Preis f. das „Ladepaket" in DM zzgl. MwSt.	Größe DN / Preis für 3-Wegeventile inkl. Montage in DM zzgl.MwSt.	Preis für das „Entladepaket" in DM zzgl. MwSt.
20	270	DN 20 / 435	750
30	270	DN 20 / 435	750
40	270	DN 20 / 435	750
50	270	DN 20 / 435	750
60	270	DN 20 / 435	750
70	270	DN 20 / 435	750
80	270	DN 20 / 435	750
90	270	DN 20 / 435	750
100	270	DN 20 / 435	750
150	454	DN 32 / 582	1002
200	454	DN 32 / 582	1002
250	454	DN 32 / 582	1002
300	454	DN 32 / 582	1002
350	454	DN 32 / 582	1002
400	454	DN 32 / 582	1002
450	454	DN 32 / 582	1002
500	454	DN 32 / 582	1002
550	906	DN 40 / 697	1569
600	906	DN 40 / 697	1569
700	906	DN 40 / 697	1569
800	906	DN 40 / 697	1569
900	906	DN 40 / 697	1569
1000	906	DN 40 / 697	1569

Tabelle 5.3.8: Größen und Preise für Lade- und Entladepakete sowie 3-Wegeventile im Pufferkreis

Speicherentladewärmetauscher

Wie bei der Pumpenauslegung hängt die Größe des Speicherentladewärme–tauschers von der Auswahl und Auslegung des Entladekonzeptes ab. Im folgenden werden die Preise für die Speicherladekonzepte 50% und 100%, sowie an einzelnen Punkten die Preise für Wärmetauscher im Durchflußprinzip dargestellt.

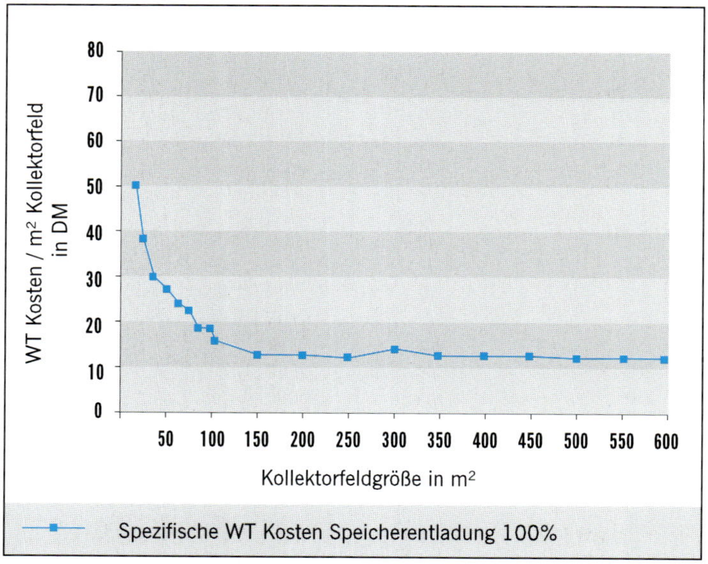

Diagramm 5.3.24: Spezifische Wärmetauscherkosten / m² Kollektorfeld für die Pufferentladung im Speicherladeprinzip bei einer Auslegung auf 100% der Kollektorfeldleistung

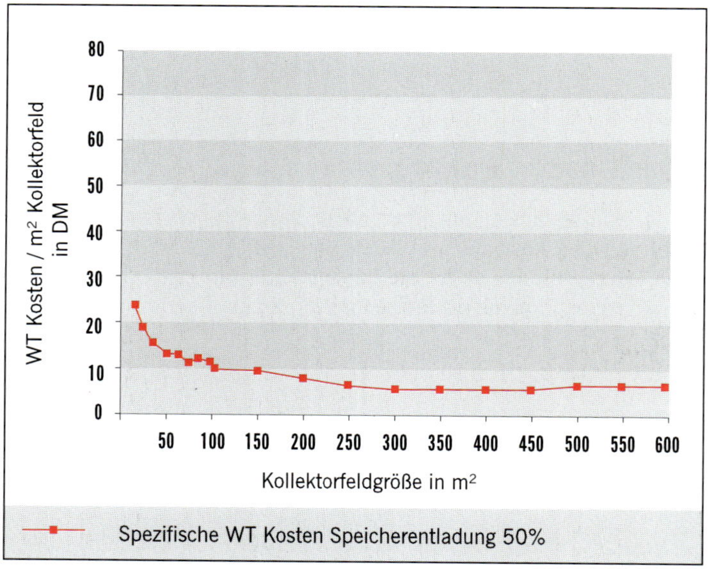

Diagramm 5.3.25: Spezifische Wärmetauscherkosten / m² Kollektorfeld für die Pufferentladung im Speicherladeprinzip bei einer Auslegung auf 50% der Kollektorfeldleistung

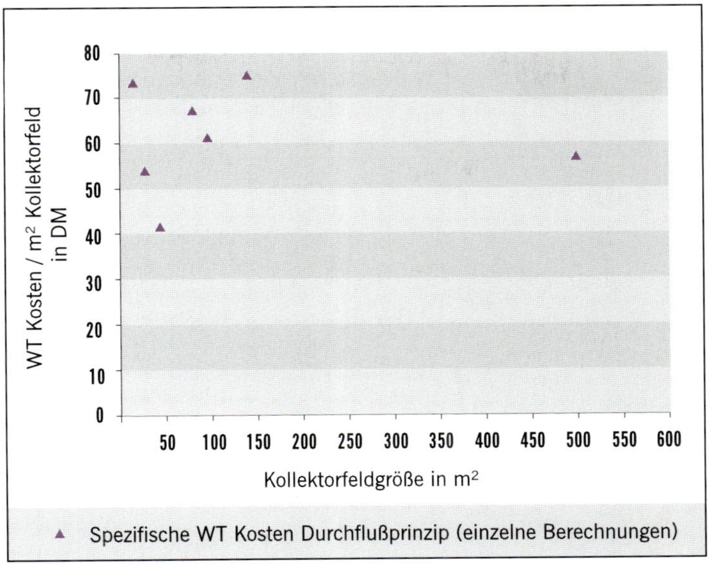

Diagramm 5.3.26: Spezifische Wärmetauscherkosten / m² Kollektorfeld für die Pufferentladung im Speicherlade- und Durchflußprinzip

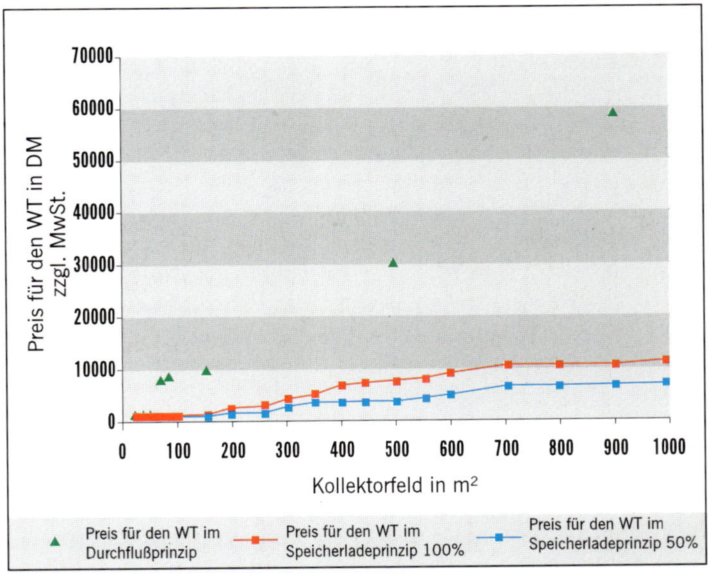

Diagramm 5.3.27: Wärmetauscherkosten / m² Kollektorfeld für die Pufferentladung im Speicherlade- und Durchflußprinzip bei Darstellung aller berechneten WT im Durchflußprinzip

Da bei dieser Art der Darstellung die Abbildung der im Vergleich wesentlich günstigeren Wärmetauscher im Speicherladeprinzip ungenau ist, wird im folgenden Diagramm auf die Darstellung der Preispunkte für die Wärmetauscher im Durchflußprinzip für Kollektorfelder mit 500 m² und 1000 m² verzichtet.

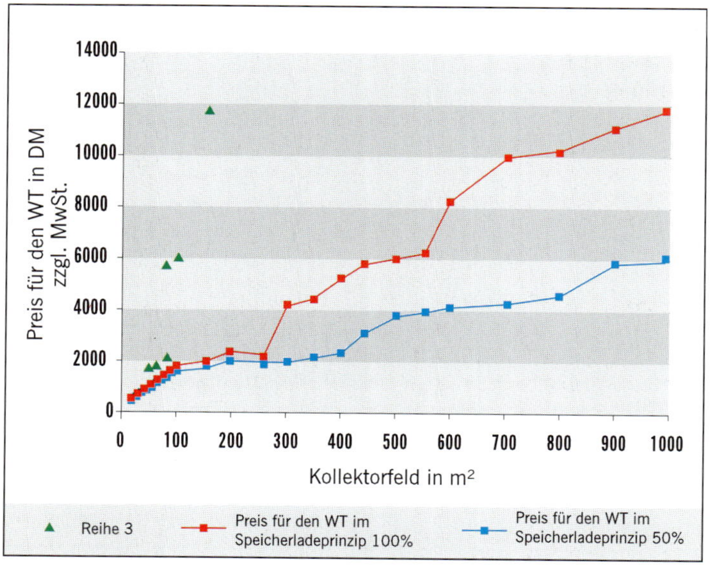

Diagramm 5.3.28: Wärmetauscherkosten / m² Kollektorfeld für die Pufferentladung im Speicherlade- und Durchflußprinzip

In allen Diagrammen ist deutlich zu erkennen, daß vor allem bei größeren Feldern die Preise für die Wärmetauscher bei einer Speicherladung 100 % deutlich über den Preisen für Wärmetauscher bei einer Speicherladung 50 % liegen. Bei Anlagen ab ca. 80 m² steigen die Kosten für die Wärmetauscher im Durchflußprinzip sehr stark an, so daß ihre spezifischen Kosten das Fünffache der Kosten für Wärmetauscher im Speicherladeprinzip betragen. Welches Prinzip unter welchen Bedingungen sowohl unter Kosten als auch Ertragsbedingungen das effektivste darstellt, bedarf weiterer Untersuchungen.

Verrohrung

Die Preise für die erforderlichen Verrohrungen können den Aufstellungen des Kollektorkreises entnommen werden.

5.3.6 Regelung / Überwachung der Solaranlage

Regelungen, die den im Kapitel „Systemkomponenten" formulierten Anforderungen entsprechen, sind bereits ab ca. 3000 DM inkl. Montage und einer einfachen Überwachung durch eine Wärmemengenmessung für die gesamte Solaranlage zu realisieren. Im Anlagenbau werden für die Regelungen jedoch bis zu 27000 DM investiert. Einen Überblick über die spezifischen Kosten für die Regelung vermittelt die Auswertung der Anlagen im Förderprogramm Solarthermie 2000 im folgenden Diagramm.

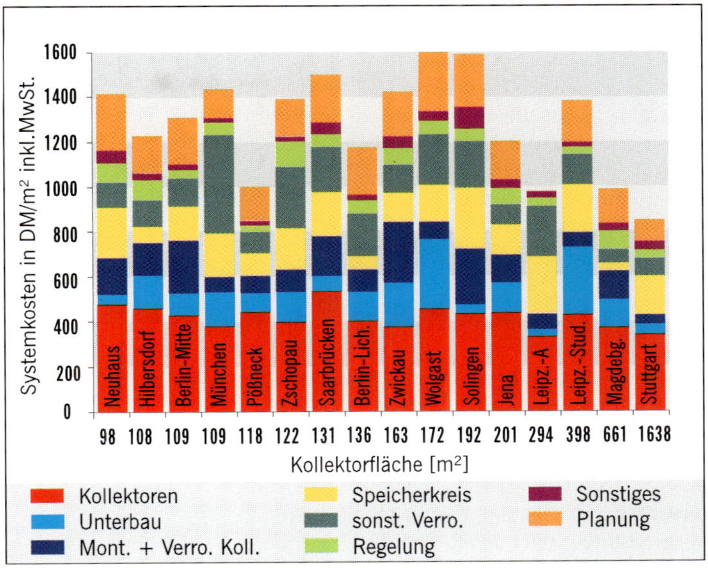

Diagramm 5.3.29: Kostenverteilung von 16 Solaranlagen aus Solarthermie 2000, Teilprogramm 2 (nach ZfS) [46]

Für die Überwachung der Anlagen werden bislang, wenn überhaupt, meist einfache Wärmemengenzähler in den Kollektorkreis eingebaut. Diese sind mittlerweile in vielen Solarreglern integriert und kosten zwischen 500 DM und 2000 DM.

Wird die gesamte Anlage überwacht, z.B. mit Datenloggern zur Aufzeichnung der Anlage und / oder mit einer Fernwartung versehen, können je nach Ausstattung und Genauigkeit Kosten zwischen 10000 DM und 100000 DM entstehen [46].

Um die Funktion der Anlage zu gewährleisten, sollte zumindest die Minimalüberwachung in Form eines Wärmemengenzählers im Kollektorkreis eingesetzt werden.

5.3.7 Weitere Komponenten der Solaranlage

Die folgenden Komponenten werden entsprechend den Anforderungen der Planung, anhand des Konzeptes oder durch Bauherren festgelegt. Die Kosten für die Bauteile ergeben sich aus einzelnen Informationen und sollten bei der genauen Planung objektabhängig bestimmt werden.

Blitzschutz bei Anschluß an bestehende Systeme ab ca. 1500 DM

Auffangbehälter für das Wärmeträgermedium des Kollektorkreises (Beispiele):

200 l = 550 DM
2000 l = 3600 DM

Zentrifugal- Luftabscheider:

150 – 1200 DM (entsprechend der Rohrdimension)

Drehstromanschluß der Pumpe:

400 DM

Netzanschluß 220 V:

200 DM

Inbetriebnahme, Einweisung, Erstellung einer Betriebsanleitung:

Bei einer Anlagengröße bis 50 m^2 können für diese Arbeiten ein bis zwei Manntage angesetzt werden, für größere Anlagen werden leicht 3 - 5 Manntage benötigt. Neben der reinen Inbetriebnahme sollten dabei Nacharbeiten wie Entlüften und Einregulieren einkalkuliert werden.
Bei einem Stundensatz von 60 DM für einen A-Monteur können so Kosten von ca. 1400 – 2400 DM entstehen.
Hinzu kommen Anfahrtkosten und Kosten für die Befüllung der Anlage von 300 – 2500 DM.

Minimaldruckwächter, Schmutzfänger, Kappen Ventile

Nach Ausführung und Dimension stark variable Kosten, die für das konkrete Objekt zu erfragen sind.

Armaturendämmung

Nach Anzahl und Ausführung der Armaturen sowie Ausführung der Dämmung stark variable Kosten, die für die konkreten Bauteile zu erfragen sind.

6. Berechnung beispielhafter Anlagen

6.1 Auslegungsziele und Randbedingungen

Auslegungsziel: Hohe Primärenergiesubstitution

Um eine hohe Primärsubstitution in dem betrachteten System zu erreichen, muß der solare Deckungsgrad in der Gesamtanlage möglichst hoch werden. In diesem Fall soll ein solarer Deckungsgrad von ca. 50% erreicht werden.

Auslegungsziel: Gute Wirtschaftlichkeit

Entscheidend für die Wirtschaftlichkeit des Solarsystems ist ein möglichst hoher Systemnutzungsgrad, welcher zu einem hohen kWh Ertrag pro m^2 und Jahr führt. Wie gezeigt, werden hohe Systemnutzungsgrade bei niedrigen solaren Deckungsgraden erreicht. Der solare Deckungsgrad für diese Anlage wird daher mit ca. 35% gewählt.

Die Randbedingungen der Beispielanlagen

Krankenhaus

In einem Berliner Krankenhaus werden täglich 10.000 l Warmwasser mit einer Temperatur von 60°C benötigt. Auch am Wochenende sinkt der Verbrauch nur unwesentlich. Das Krankenhaus besitzt ein Flachdach, das die Größe der Solaranlage nicht einschränkt. Auf das Dach kann mit geringem Aufwand eine Aufstellkonstruktion für Flachkollektoren in Südausrichtung mit einem Aufstellwinkel von 40° realisiert werden.

Vergleichsanlage Sechsfamilienhaus

Zur Ergänzung der Gasheizung will ein Berliner Bauherr auf seinem Hausdach eine 20 m^2 große Solaranlage errichten. Die Größe des Kollektorfeldes wird dabei von optischen Faktoren bestimmt und ist nicht variabel, der Speicher wird auf 1.000 l festgelegt.

6.2 Dimensionierung der Anlagen anhand von Diagrammen

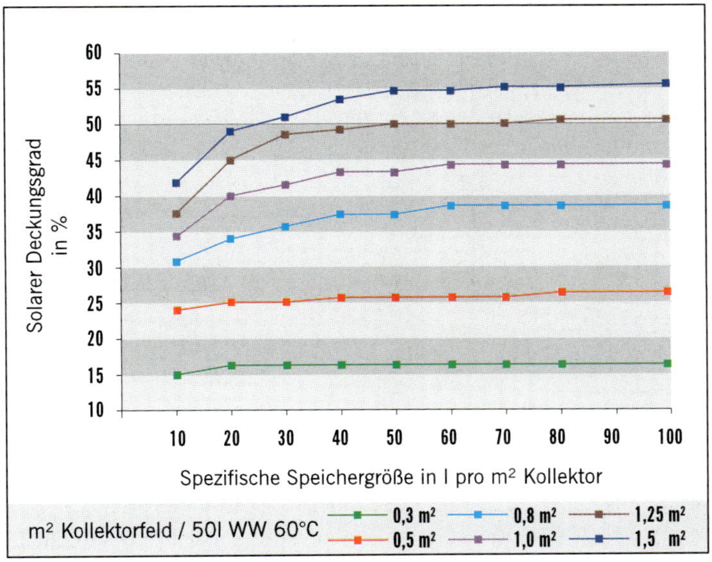

Diagramm 6.2.1: Solarer Deckungsgrad in Abhängigkeit der Kollektor- und Speichergröße

Aus dem Diagramm wird für einen Verbrauch von 50 l/d für die verschiedenen Deckungsgrade die spezifische Kollektor- und Speichergröße bestimmt.

35% Deckungsgrad	=	0,80 m² Kollektor / 50 l WW
		20 l Speicher pro m² Kollektor
50% Deckungsgrad	=	1,25 m² Kollektor / 50 l WW
		40 l Speicher pro m² Kollektor

Da im Objekt 10.000 l pro Tag verbraucht werden, wird der Wert von 50 l/d mit dem Faktor 200 multipliziert.

35% Deckungsgrad	=	160 m² Kollektor,	3.200 l Speicher
50% Deckungsgrad	=	250 m² Kollektor,	10.000 l Speicher

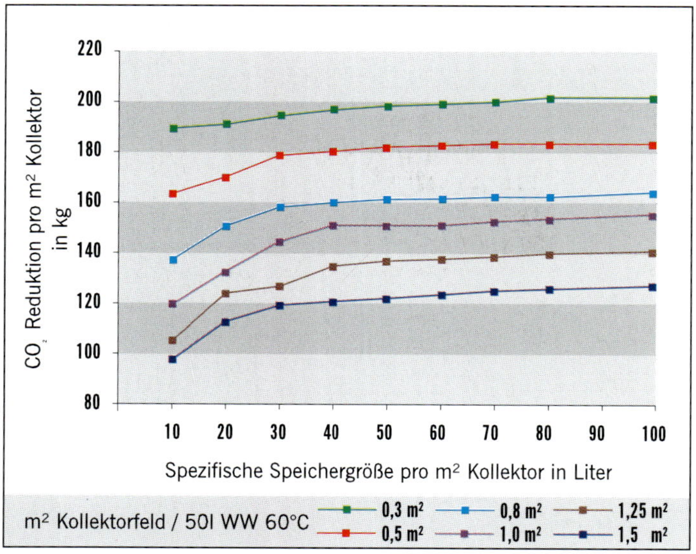

Diagramm 6.2.2: Spez. CO_2 Reduktion in Abhängigkeit der spez. Kollektor- und Speichergröße

Für beide Anlagen errechnen sich nach dem Diagramm folgende CO_2 Reduktionen pro Jahr:

35% Deckungsgrad = 150 kg/m²a x 160 m² = 24.000 kg/a
50% Deckungsgrad = 135 kg/m²a x 250 m² = 33.750 kg/a

Aus dem Diagramm 2.8.5 lassen sich am Standort Berlin für das Krankenhaus die folgenden jährlichen kWh-Erträge entnehmen:

35% Deckungsgrad = 450 kWh/m²a x 160 m² = 72.000 kWh/a
50% Deckungsgrad = 410 kWh/m²a x 250 m² = 102.500 kWh/a

Für die Mehrfamilienhausanlage wird ebenfalls ein solarer Deckungsgrad von 50% vorausgesetzt, aufgrund unsicherer Verbrauchswerte ist eine genaue Planung jedoch nicht möglich. Gemäß dem Diagramm 2.8.5 wird folgender Ertrag erwartet:

50% Deckungsgrad = 410 kWh/m²a x 20 m² = 8.200 kWh/a

6.3 Kostenschätzung, Berechnung der solaren Wärmepreise

Preise für die Anlagen nach ZfS sowie DGS

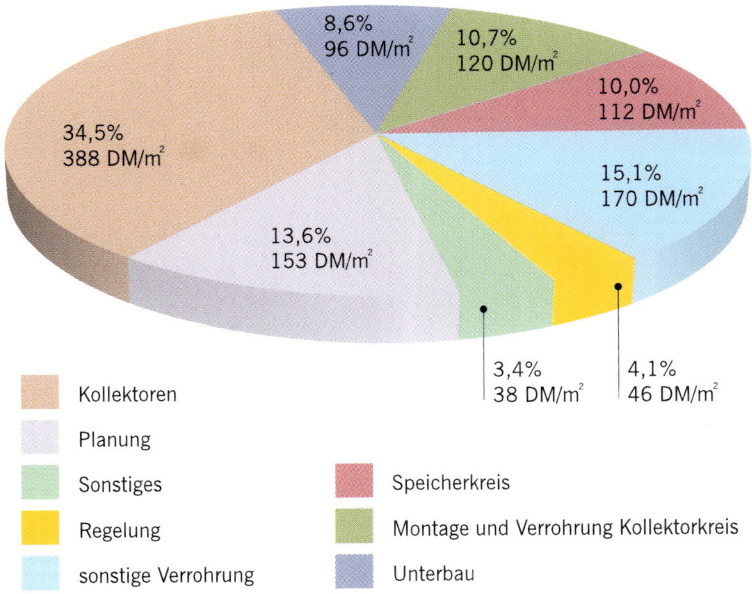

Diagramm 6.3.1: Gemittelte Kosten der Anlagen im Förderprogramm Solarthermie 2000 nach ZfS

Dem Diagramm wird in Auswertung realisierter Anlagen ein spezifischer Preis von 978 DM/m² für die gesamte Solaranlage (inkl. 13% Planungskosten) zzgl. MwSt entnommen.

Für die beiden Anlagen errechnen sich die folgenden Preise:

35% Deckungsgrad = 156.480 DM zzgl. MwSt
50% Deckungsgrad = 244.500 DM zzgl. MwSt

Da das Krankenhaus eine GmbH ist, bleibt die MwSt unberücksichtigt. Der Preis der Solaranlage für das Mehrfamilienhaus wird nach den Auswertungen der DGS LV Berlin/Brandenburg mit 1.500 DM/m² = 30.000 DM (inkl. MwSt) abgeschätzt [42].

Annuitäten und solarer Wärmepreis anhand realisierter Anlagen

Anlage	q=6%	T=20 Jahre	
Deckungsgrad	ca. 35%	50%	
Investitionsbetrag AO	156.480	244.500	
Annuitätsfaktor a	0,087	0,087	
Investitionsgebundene Zahlungen	13.613,76	21.271,5	
Preisänderungsfaktor für Instandsetzung r	1,05	1,05	(zur Berechnung preisdynamisch)
Faktor für Instandsetzung fk	0,005	0,005	
Zahlungen für Instandsetzung d. 1. Jahres	782,4	1.222,5	
Preisdynamischer Annuitätsfaktor	1,506	1,506	
Annuität für Zahlungen der Instandsetzung AN IN	1.178,2944	1.841,085	
Preisänderungsfaktor für Hilfsenergie r	1,05	1,05	(zur Berechnung preisdynamisch)
Zahlungen für Hilfsenergie d. 1. Jahres	275	275	
Preisdynamischer Annuitätsfaktor	1,506	1,506	
Annuität für Zahlungen Hilfsenergie AN V	414,15	414,15	
Preisänderungsfaktor für Versicherung r	1,05	1,05	Geb. 5000m² a 0,80 DM, Zuschlag gesamt: 40 DM / a Keine Versicherung gegen Glasbruch d. Abdeckung
Zahlungen für Versicherungen d. 1. Jahres	40	40	
Preisdynamischer Annuitätsfaktor	1,506	1,506	
Annuität für Zahlungen Versicherung AN B	60,24	60,24	
Gesamtannuität DM / a	15.266	23.587	
Solarertrag kWh / a	72.000	102.500	
Wärmepreis DM/kWh	0,21	0,23	

Tabelle 6.3.1: Berechnung der Annuitäten für Krankenhausanlagen verschiedener Deckung

Für die Annuitäten und die solaren Wärmepreise errechnen sich unter Nutzung der Preise und der errechneten Erträge folgende Werte:
Berechnungen nach der Annuitätenmethode
Beispiel anhand der ZfS-Zahlen:
Berechnung wie VDI 2067 unter Verwendung von Tabellenwerten derselben.

Berechnung der Annuitäten und des solaren Wärmepreises für die 20 m² Anlage (Mehrfamilienhaus):

Kapitalgebundene Annuität	2.610	DM
Instandsetzung	226	DM
Hilfsenergie	45	DM
Versicherung	60	DM
gesamte Annuität	2.941	DM
erwarteter Solarertrag	8.200	kWh/a
Preis pro kWh	0,36	DM

Berechnung der Preise anhand der Richtpreisdiagramme

Anlage	Anlage 160 m²	Anlage 250 m²	Anlage 20 m²
Flachkollektoren (montiert)	595 DM/m² 95200 DM	510 DM/m² 127500 DM	600 DM/m² 12000 DM
Si- Ventile / Feldabsperrung	5,82 DM/m² 931,20 DM	5,04 DM/m² 1260 DM	0 DM
Verrohrung Kollektorkreis (St/Cu) Low Flow, 150/200/ 100 m (20 m²)	53 DM/m 7950 DM	65 DM/m 13000 DM	21 DM/m 2100 DM
Isolierung Kollektorkreis	32 DM/m²*m 4800 DM	37 DM/m²*m 7400 DM	10 DM/m²*m 1000 DM
Kollektorkreispaket	406 DM	454 DM	164 DM
Haupt-Si-Ventil	386 DM	496 DM	183 DM
Ausdehnungsgefäß	447 DM	2077 DM	164 DM
Kollektorkreispumpe	3,69 DM/m² 590 DM	2,68 DM/m² 670 DM	9,9 DM/m² 198 DM
Wärmeträger 0,5l /m² Kollektor 309l bei 150 m DN 50 776l bei 200 m DN 65 20l bei 100 m DN 20 Glykol 40%	4 DM/l (Mittelpreis) 622 DM	4 DM/l (Mittelpreis) 1441 DM	4 DM/l (Mittelpreis) 80 DM
Kollektorkreis - WT Low Flow In∆T=5k	29 DM/m² 4640 DM	26 DM/m² 6500 DM	66 DM/m² 1320 DM
Pufferspeicher 3200l / 10000l / 1000l	1,57 DM/l 5024 DM	1,57 DM/l 15700 DM	1,70 DM/l 1700 DM
Ausdehnungsgefäß Si- Ventil	518 DM	1390 DM	199 DM
Ladekreispumpe	1,32 DM/m² 211 DM	2,22 DM/m² 555 DM	9,90 DM/m² 198 DM
Entladekreispumpe (Speicherladung 100%)	1,52 DM/m² 243 DM	2,94 DM/m² 735 DM	9,90 DM/m² 198 DM
Trinkwasserspeicherladepumpe	3,04 DM/m² 486 DM	2,40 DM/m² 600 DM	27,40 DM/m² 548 DM
Verrohrung im Speicherraum DN 50 (60m), DN 65 (70m), DN 15 (30m)	53 DM/m 3180 DM	65 DM/m 4550 DM	21 DM/m 630 DM
Wärmedämmung	32 DM/m 1920 DM	37 DM/m 2590 DM	10 DM/m 300 DM

Anlage	Anlage 160 m²	Anlage 250 m²	Anlage 20 m²
Entladekreis - WT 100%	13 DM/m² 2080 DM	10 DM/m² 2500 DM	50 DM/m 1000 DM
Ladepaket	454 DM	454 DM	270 DM
3- Wegeventil	582 DM	582 DM	582 DM
Entladepaket	1002 DM	1002 DM	750 DM
Regelung	3000 DM	3000 DM	1500 DM
Spez. Teile	2500 DM	3000 DM	2000 DM
Intriebnahme	1600 DM	2400 DM	1000 DM
Gesamt (ohne Planung)	138772 DM	199856 DM	28084 DM
Planung ca. 10%	13877 DM	19985 DM	2808 DM
Gesamt inkl. Planung (zzgl. MwSt.)	152649 DM	219841 DM	30892 DM

Tabelle 6.3.2: Berechnung der Kosten der Beispielanlagen nach den Richtpreisdiagrammen

Grundlage der Preisermittlung ist die bereits vorgestellte Dimensionierung zweier Anlagen niedriger und mittlerer Deckung für das Krankenhaus, sowie der 20 m² Anlage des Mehrfamilienhauses.
Die Komponenten der Anlagen werden anhand der Richtpreisdiagramme ausgewählt und berechnet.

Berechnung der Annuitäten und der solaren Wärmepreise unter Nutzung der Richtpreisdiagramme

Anlage	q=6% ungefördert	T=20 Jahre ungefördert
Deckungsgrad	ca. 35%	50%
Investitionsbetrag AO	152.649	219.841
Annuitätsfaktor a	0,087	0,087
Investitionsgebundene Zahlungen	13.280,46	19126,16
Preisänderungsfaktor für Instandsetzung r	1,05	1,05
Faktor für Instandsetzung fk	0,005	0,005
Zahlungen für Instandsetzung d. 1. Jahres	763,245	1.099,205
Preisdynamischer Annuitätsfaktor	1,506	1,506
Annuität für Zahlungen der Instandsetzung AN IN	1.149,44697	1.655,40273
Preisänderungsfaktor für Hilfsenergie r	1,05	1,05
Zahlungen für Hilfsenergie d. 1. Jahres	275	275
Preisdynamischer Annuitätsfaktor	1,506	1,506
Annuität für Zahlungen Hilfsenergie AN V	414,15	414,15
Preisänderungsfaktor für Versicherung r	1,05	1,05
Zahlungen für Versicherungen d. 1. Jahres	40	40
Preisdynamischer Annuitätsfaktor	1,506	1,506
Annuität für Zahlungen Versicherung AN B	60,24	60,24
Gesamtannuität DM / a	14.904	21.256
Solarertrag kWh / a	72.000	102.500
Wärmepreis DM/ kWh	0,21	0,21

Tabelle 6.3.3: Berechnung der Annuitäten und des solaren Wärmepreises nach den Richtpreisdiagrammen

Der nach dem gleichen Verfahren berechnete solare Wärmepreis für die Anlage des Mehrfamilienhauses beträgt 0,36 DM pro kWh (20 m^2 Solaranlage).

Beispiel für eine Kostenschätzung mittels der Richtpreisdiagramme

Im Neubaugebiet Biesdorf-Süd der Stadt Berlin soll im Bereich Habichtshorst West eine solare Nahwärmeversorgung installiert werden. Das gesamte Kollektorfeld sollte dabei ca. 11.000 m^2, verteilt auf verschiedene Einzelanlagen, umfassen. Bereits 1996 wurde eine Ausschreibung zur Vergabe der Wärmeversorgung durchgeführt. Durch Änderungen im Bebauungsplan ergab sich in der Folge eine völlig andere Art der Bebauung und der Größe der einzelnen Solaranlagen der Nahwärmeversorgung.
Ende September 98 erfolgte eine neue Ausschreibung, für die von verschiedenen Kollektorherstellern eine Kostenschätzung angefordert wurde. Die Größe der Anlagen und Verrohrungslängen wurden vorgegeben, die Kostenschätzung umfaßte die Kollektoren, den Kollektorkreis und den Übergabewärmetauscher zum Nahwärmenetz.

Wie in den bisherigen Beispielen wurde anhand der Richtpreisdiagramme eine Kostenschätzung durchgeführt, wobei der Kollektorpreis inklusive Indachmontage von einem lokalen Kollektorhersteller mit 330 DM/m^2 angegeben wurde. Der Preis von 330 DM/m^2 liegt um 90 DM/m^2 unter den niedrigsten Preisen der Richtpreisdiagramme. Es wird deutlich, daß bei sehr großen Projekten objektspezifische Preise für die Kollektoren die Regel sind. Auch spielt bei dieser Preisfindung der regionale Hersteller die Vorteile eines kleinen Betriebes aus. Bei der direkten Lieferung durch den Hersteller entfällt zudem die Spanne des Handels sowie des ausführenden Betriebes. Im Hinblick auf Gewährleistungsfragen und Service sollte jedoch gerade bei einem Projekt dieser Größe die Stabilität und die Sicherheit des Lieferanten sehr genau geprüft werden.

Die weiteren Ergebnisse der Kostenschätzung für die Komponenten des Kollektorkreises und der Wärmetauscher sind der folgenden Tabelle zu entnehmen:

Größe Nr.	Anzahl	mittlere Größe m²	Rohrlänge ca. m	Rohrdurchmesser DN	Preis Rohr + Isol.	Preis Pumpe	Preis Glykol	Preis AD	Preis Haupt-Si-Ventil	Zwischensumme 1
1	19	75	100	32	5.500	550	300	500	300	7.150
2	9	225	180	50	18.200	700	1.100	2.100	500	22.600
3	20	400	260	80	35.000	1.100	2.800	2.400	700	42.000
4	0	625	320	80	42.000	1.500	4.200	3.000	700	51.400
5	0	875	380	125	85.000	1.500	8.000	3.600	700	98.800

Größe Nr.	Übertrag	Preis Kollektor Si-Technik	minimal Koll.-Paket	Wärmetauscher	Inbetriebnahme	Kollektoren	Zwischensumme 2	Kleinteile + ca. 3%	einfache Regelung	Gesamtpreis einf. Regelung	DDC ca.	Gesamtpreis m. DDC ca.
1	7.150	0	350	2.300	1.500	21.000	32.300	33.269	1.800	35.069	9.000	42.269
2	22.600	1.300	450	6.500	2.500	63.000	96.350	99.241	1.800	101.041	9.000	108.241
3	42.000	1.700	1.100	9.800	3.000	104.000	161.600	166.448	1.800	168.248	9.000	175.448
4	51.400	2.500	1.100	21.000	3.500	175.000	254.500	262.135	1.800	263.935	9.000	271.135
5	98.800	4.300	2.400	26.000	4.500	245.000	381.000	392.430	1.800	394.230	9.000	401.430

Die Genauigkeit der Schätzung sollte bei einer exakten Planung durch Vergleiche mit den Angaben verschiedener Hersteller, vor allem für das preisdominante Kollektorfeld, gesichert werden. Insbesondere die unterschiedliche Materialqualität und die Gewährleistung bei den Anbietern verschiedener Preiskategorien sollte genau geprüft werden.

Tabelle 6.3.4: Aufstellung der Kostenschätzung im BV Habichtshorst

AD = Ausdehnungsgefäß
DDC = Einbindung in eine Gebäudeleittechnik anstelle einer einfachen Regelung

6.4 Vergleich der Preise und des solaren Wärmepreises

	Anlage 25% Deckung	Anlage 50% Deckung
Berechnung nach Auswertung	156.480 DM	244.500 DM
Berechnung nach Richtpreis	152.649 DM	219.841 DM
Abweichung vom jeweils höheren Wert	2,5%	10,1%

Tabelle 6.4.1: Vergleich der Anlagenkosten aus den Auswertungen der ZfS und nach den Berechnungen anhand von Richtpreisdiagrammen

Bei der kleineren Anlage liegt der mit Hilfe von Richtpreisdiagrammen ermittelte Wert sehr dicht am mittleren Preis der ausgeführten Anlagen. Die Abweichung von 10% bei der großen Anlage kann auf nicht eingeräumte Rabatte bei den Preisen für die Kollektoren oder eine andere Auswahl der Ausstattung mit Kleinteilen bzw. Regeltechnik hindeuten. Meist wird bei beiden Anlagen eine ganze Reihe von Bauteilen eingesetzt, die den Gesamtpreis über den Preis der Minimalkonfigurationen aus den Richtpreisdiagrammen hinaus erhöhen. Die Preise für die 20 m^2 liegen bei beiden Methoden zur Kostenschätzung etwa deckungsgleich. Anhand von Ausstattungslisten, die der Planer erstellen muß, sollten die Berechnungen über die Richtpreise daher auch in diesem Bereich stärker spezifiziert werden. Zur Vermeidung von Kostenüberschreitungen bei der Realisierung der Anlage sollten auch die Preise für den Bezug der Kollektoren etwas höher angesetzt werden.

7. Referenzen

04279 Leipzig
07703 Jena
09405 Zschopau
09569 Oederan
09627 Hilbersdorf
10119 Berlin
14059 Berlin
14612 Falkensee
15741 Gräbendorf
15746 Gross-Köris
16278 Angermünde
17438 Wolgast
20097 Hamburg Bramfeld
20539 Hamburg
24114 Kiel
24217 Wisch bei Kiel
26757 Borkum
28325 Bremen
35037 Marburg
37520 Osterode
39106 Magdeburg
39249 Gnadau
42119 Wuppertal
44534 Lünen
55218 Ingelheim
55252 Mainz-Kastel
60528 Frankfurt
66424 Homburg (Saar)
70794 Filderstadt
73430 Aalen
76227 Karlsruhe
76437 Rastatt
77960 Seelbach
79115 Freiburg
84095 Furth
87719 Mindelheim
90443 Nürnberg
92245 Kümmersbruck
94034 Passau
94262 Kollnberg
98724 Neuhaus

A-2013 Göllersdorf
A-5611 Großarl
A-6850 Dornbirn
A-6900 Bregenz
A-8983 Bad Mitterndorf
A-9400 Wolfsberg
CH-3236 Gampelen
CH-3414 Oberburg

04279 Leipzig

1.	Standort	Studentenwohnheim J.R.Becherstr., 04279 Leipzig
2.	Betreiber	Studentenwerk J.R.Becherstr., 04279 Leipzig Fon: 034206/52770
3.	Planung	Ing.-Büro Naumann & Stahr Baalsdorfer Str. 55, 04299 Leipzig Fon; Fax: 0341/8654647; 8654648
4.	Ausführung	Argesolar, W. Ziegler Am Anger 3, 04579 Espenhain
5.	Kontaktperson	Herr Barthel J.R.Becherstr., 04279 Leipzig Fon: 0172/7950700
6.	Anwendung	Warmwasserbereitung als Vorwärmanlage
7.	Kollektortyp	SET D1-9 K-900 Solar Energie Technik GmbH
8.	Kollektorfläche	407 m^2 effektive Absorberfläche
9.	Anlagentyp	Anlage mit Puffer und Durchlaufprinzip
10.	Speichergröße	2 x 10.000 L
11.	Inbetriebnahme	1998
12.	Deckungsgrad	ca. 30%
13.	Ertrag	205.000 kWh/a
14.	Nachheizung	Fernwärme
15.	Investitionskosten	548.000,- DM

07703 Jena

Kollektorhersteller

1.	Standort	Senioren- und Pflegeheim 07703 Jena
2.	Betreiber	Stadt Jena Wirtschaftsförderungsamt PF 100338, 07703 Jena Fon: 03641/494426
3.	Planung	Ing.-Büro Dr. J. Wintzer Anna-Siemsen-Str. 61, 07745 Jena Fon: 03641/619459
4.	Ausführung	Pleitz GmbH Golzener Str. 4, 06636 Laucha / Unstrut Fon; Fax: 034462/329-0; 32910
5.	Kontaktperson	Pleitz GmbH, Frau Scholz s.o.
6.	Anwendung	Warmwasserbereitung als Vorwärmanlage
7.	Kollektortyp	Solvis F 75
8.	Kollektorfläche	201 m^2 effektive Absorberfläche
9.	Anlagentyp	Anlage mit Puffer und Durchlaufprinzip
10.	Speichergröße	12.000 L
11.	Inbetriebnahme	1996
12.	Deckungsgrad	ca. 35%
13.	Ertrag	102.000 kWh/a
14.	Nachheizung	Fernwärme
15.	Investitionskosten	182.000,- DM

09405 Zschopau

Wagner & Co

Kollektorhersteller

1.	Standort	Berufsschulzentrum Gottlob-Pfaff-Str. 1, 09405 Zschopau
2.	Betreiber	Landratsamt Mittlerer Erzgebirgskreis Am Markt 7, 09496 Marienburg Fon; Fax: 03735/601236; 601290
3.	Planung	Planungsbüro Dr. Ewe Kesselgasse 15, 09599 Freiberg Fon; Fax: 03731/2110; 211013
4.	Ausführung	Ökotec GmbH Lichtenberger Str. 5, 09627 Oberbobritzsch Fon; Fax: 037325/7309; 7302
5.	Kontaktperson	TU Chemnitz, Herr Dr. Göring Fon: 0371/5312546
6.	Anwendung	Warmwasserbereitung als Vorwärmanlage
7.	Kollektortyp	Wagner & Co LB 76
8.	Kollektorfläche	120 m^2 effektive Absorberfläche
9.	Anlagentyp	Anlage mit Puffer und Durchlaufprinzip
10.	Speichergröße	6.000 L
11.	Inbetriebnahme	1997
12.	Deckungsgrad	im Probebetrieb
13.	Ertrag	im Probebetrieb
14.	Nachheizung	Fernwärme
15.	Investitionskosten	180.000,- DM

09569 Oederan

Kollektorhersteller

1.	Standort	Mehrfamilienhäuser Freiberger Str., 09569 Oederan
2.	Betreiber	Kommunale Wohnungsbaugesellschaft 09569 Oederan
3.	Planung	Steinbeis Transferzentrum Heßbrühlstr. 15, 70565 Stuttgart Fon; Fax: 0711/990075; 9900799
4.	Ausführung	Fa. Falkenberger Freiberger Str. 3, 09569 Oederan Fon; Fax: 037292/4925
5.	Kontaktperson	Wohnungsbaugesellschaft, Herr Bernhard s.o.
6.	Anwendung	Warmwasserbereitung mit mittlerer Deckung
7.	Kollektortyp	Solvis Flachkollektoren F60
8.	Kollektorfläche	100 m² effektive Absorberfläche
9.	Anlagentyp	Anlage mit Puffer und Speicherladung
10.	Speichergröße	4.500 L
11.	Inbetriebnahme	1994
12.	Deckungsgrad	70%
13.	Ertrag	20.000 kWh/a
14.	Nachheizung	Fernwärme
15.	Investitionskosten	105.000,- DM

09627 Hilbersdorf

Wagner & Co

Kollektorhersteller

1.	Standort	Kreispflegeheim Bahnhofstr. 4, 09627 Hilbersdorf
2.	Betreiber	Kreispflegeheim Hilbersdorf s.o. Fon: 03731/7960
3.	Planung	Heliotec Frauensteiner Str. 118, 09599 Freiberg Fon; Fax: 03731/26080; 260826
4.	Ausführung	Ökotec GmbH Lichtenberger Str. 5, 09627 Oberbobritzsch Fon; Fax: 037325/7309; 7302
5.	Kontaktperson	Kreispflegeheim, Herr Bellmann, Herr Krondorf s.o.
6.	Anwendung	Warmwasserbereitung als Vorwärmanlage
7.	Kollektortyp	Wagner & Co LB 76
8.	Kollektorfläche	108 m^2 effektive Absorberfläche
9.	Anlagentyp	Anlage mit Puffer und Durchlaufprinzip
10.	Speichergröße	4.000 L
11.	Inbetriebnahme	1996
12.	Deckungsgrad	31%
13.	Ertrag	49.000 kWh/a
14.	Nachheizung	Gas
15.	Investitionskosten	160.000,- DM

10119 Berlin

1.	Standort	Seniorenheim Weinbergsweg 14, 10119 Berlin
2.	Betreiber	St. Elisabeth Stiftung Storkower Str. 111, 10407 Berlin Fon: 030/42191968
3.	Planung	Ing.-Büro Freiholz & Eggen Kirchstr. 9-15, 13158 Berlin Fon: 030/4773450
4.	Ausführung	Spartec Ulrichstr. 10c, 18273 Güstrow Fon; Fax: 03843/723122; 683132
5.	Kontaktperson	Seniorenheim Frau Ziewig s.o. Fon: 030/440211
6.	Anwendung	Warmwasserbereitung als Vorwärmanlage
7.	Kollektortyp	Euro C18 Flachkollektor
8.	Kollektorfläche	108 m^2 effektive Absorberfläche
9.	Anlagentyp	Anlage mit Puffer und Speicherladung
10.	Speichergröße	6.000 L
11.	Inbetriebnahme	1998
12.	Deckungsgrad	25%
13.	Ertrag	48.700 kWh/a
14.	Nachheizung	Gas
15.	Investitionskosten	102.175,- DM

14059 Berlin

ThermoLUX Solar

Kollektorhersteller

1.	Standort	Wohnhaus Nehringstr. 34, 14059 Berlin
2.	Betreiber	Leben & Arbeiten e.V. Nehringstr. 34, 14059 Berlin Fon: 030/6845047
3.	Planung	EnergieBiss 12435 Berlin Fon; Fax: 030/53638845; 53638823
4.	Ausführung	EnergieBiss s.o.
5.	Kontaktperson	Leben & Arbeiten e.V., Herr Hirschauer s.o.
6.	Anwendung	Warmwasserbereitung mit mittlerer Deckung
7.	Kollektortyp	Vakuumröhrenkollektor "Lux 2000"
8.	Kollektorfläche	31,5 m^2 effektive Absorberfläche
9.	Anlagentyp	Anlage mit Puffer und Speicherladung
10.	Speichergröße	4 x 850 L
11.	Inbetriebnahme	1993
12.	Deckungsgrad	k.A.
13.	Ertrag	k.A.
14.	Nachheizung	Gas
15.	Investitionskosten	106.800,- DM

14612 Falkensee

VIESSMANN

Kollektorhersteller

1.	Standort	Gesundheitszentrum Fehrbelliner Str. 28, 14612 Falkensee
2.	Betreiber	Gesundheitszentrum Verwaltungs-GmbH Ketziner Str. 2, 14641 Nauen Fon: 03321/455782
3.	Planung	HTN Haustechnik Nauen Schützenstr. 43, 14641 Nauen Fon; Fax: 03321/44240; 03321/442450
4.	Ausführung	HTN Haustechnik Nauen s.o.
5.	Kontaktperson	Herr Pissarek, GF Verwaltungs-GmbH s.o.
6.	Anwendung	Warmwasserbereitung mit mittlerer Deckung
7.	Kollektortyp	22 x Viessmann CalorSol-W
8.	Kollektorfläche	45 m^2 effektive Absorberfläche
9.	Anlagentyp	Zweikreisanlage mit Trinkwasserpuffer
10.	Speichergröße	850 L
11.	Inbetriebnahme	1997
12.	Deckungsgrad	40%
13.	Ertrag	2840 kWh/a
14.	Nachheizung	Fernwärme
15.	Investitionskosten	70.000,- DM

15741 Gräbendorf

VIESSMANN

Kollektorhersteller

1.	Standort	Kinderferienzentrum Weg zum Hölzernen See 1, 15741 Gräbendorf
2.	Betreiber	Dubrow-Dahme-Tal e.V. Fon: 033763/65196
3.	Planung	Heitec GmbH Oldenburger Str. 7, 15738 Zeuthen Fon; Fax: 033762/72035
4.	Ausführung	Ulf Dührkopp Brandenburger Str. 65, 14727 Döberitz Fon; Fax: 03386/280828; 280378
5.	Kontaktperson	Kinderferienzentrum Herr / Frau Wochnek Fon;Fax: 033763/63239
6.	Anwendung	Warmwasserbereitung mit mittlerer Deckung
7.	Kollektortyp	59 x Viessmann CalorSol-W
8.	Kollektorfläche	100 m^2 effektive Absorberfläche
9.	Anlagentyp	Zweikreisanlage mit Trinkwasserpuffer
10.	Speichergröße	2.500 L
11.	Inbetriebnahme	1997
12.	Deckungsgrad	k.A.
13.	Ertrag	k.A.
14.	Nachheizung	Gas
15.	Investitionskosten	k.A.

15746 Gross-Köris

KBB Kollektorbau

Kollektorhersteller

1.	Standort	Hotel Seenot Seebadstr. 25, 15746 Groß-Köris
2.	Betreiber	Herr Seeleut s.o. Fon/Fax; 03376/642053; 652054
3.	Planung	KBB Kollektorbau GmbH
4.	Ausführung	Herr R. Elsner Chaussestr. 24, 15746 Senzig Fon; Fax: 03375/ 901745; 902525
5.	Kontaktperson	Herr Seeleut s.o.
6.	Anwendung	Warmwasserbereitung mit mittlerer Deckung
7.	Kollektortyp	KKB solector BM 116
8.	Kollektorfläche	43 m^2 effektive Absorberfläche
9.	Anlagentyp	Anlage mit Puffer und Speicherladung
10.	Speichergröße	2.000 L
11.	Inbetriebnahme	1998
12.	Deckungsgrad	54%
13.	Ertrag	19.950 kWh/a
14.	Nachheizung	Gas
15.	Investitionskosten	47.000,- DM

16278 Angermünde

SOLVIS

Kollektorhersteller

1.	Standort	Informationszentrum Blumberger Mühle 2, 16278 Angermünde
2.	Betreiber	NABU Informationszentrum s.o. Fon; Fax: 03331/26040; 260450
3.	Planung	Geothermie Neubrandenburg/ SPARTEC Lindenstr. 39, 17033 Neubrandenburg Fon; Fax: 0395/3677412; 3677411
4.	Ausführung	SPARTEC Ulrichstr. 10c, 18273 Güstrow
5.	Kontaktperson	Nabu Informationszentrum, Herr Rugenstein Fon: 03331/260444
6.	Anwendung	Warmwasserbereitung mittlerer Deckung
7.	Kollektortyp	Solvis F35, F 50, F 60, F 75
8.	Kollektorfläche	114,25 m^2 effektive Absorberfläche
9.	Anlagentyp	Anlage mit Puffer und Speicherladung
10.	Speichergröße	2.000 L
11.	Inbetriebnahme	1997
12.	Deckungsgrad	30%
13.	Ertrag	44.000 kWh/a
14.	Nachheizung	Gas
15.	Investitionskosten	135.000,- DM

17438 Wolgast

Kollektorhersteller

1.	Standort	Kreiskrankenhaus Chausseestr. 46, 17438 Wolgast
2.	Betreiber	Kreiskrankenhaus Wolgast s.o. Fon; Fax: 03836/2570; 257355
3.	Planung	Marketing- und Technologie Consult GmbH Fuchsweg 36, 85598 Baldham Fon; Fax: 08106/7653; 8025
4.	Ausführung	HLSK GmbH, SPARTEL Bahnhofstr. 38, 18299 Laage Fon; Fax: 038459/30057; 30059
5.	Kontaktperson	Kreiskrankenhaus Wolgast, Herr Wiese s.o.
6.	Anwendung	Warmwasserbereitung als Vorwärmanlage
7.	Kollektortyp	Solvis F 60
8.	Kollektorfläche	172,2 m^2 effektive Absorberfläche
9.	Anlagentyp	Anlage mit Puffer und Durchlaufprinzip
10.	Speichergröße	8.000 L
11.	Inbetriebnahme	1995
12.	Deckungsgrad	45%
13.	Ertrag	ca. 90.000 kWh/a
14.	Nachheizung	Fernwärme
15.	Investitionskosten	279.000,- DM ohne Planung

20097 Hamburg Bramfeld

Wagner & Co

Kollektorhersteller

1.	Standort	Solarsiedlung Carsten-Reimers-Ring, 20097 Bramfeld
2.	Betreiber	HGW Heidenkampsweg 99, 20097 Hamburg
3.	Planung	ITW Stuttgart Solarsystem Heidenkampsweg 101, 20097 Hamburg
4.	Ausführung	Wagner & Co. Solartechnik GmbH Ringstr. 14, 35091 Cölbe/Marburg Fon; Fax: 06421/80070; 800722
5.	Kontaktperson	Herr Ebel Fon: 040/23663818
6.	Anwendung	Solare Nahwärme
7.	Kollektortyp	Wagner & Co LB-Kollektoren/solarroof
8.	Kollektorfläche	3.000 m^2 effektive Absorberfläche
9.	Anlagentyp	Anlage mit Saisonspeicher
10.	Speichergröße	4.500.000 L
11.	Inbetriebnahme	1996
12.	Deckungsgrad	50%
13.	Ertrag	8.000.000 kWh/a
14.	Nachheizung	Gas
15.	Investitionskosten	6.000.000,- DM

20539 Hamburg

SOLVIS

Kollektorhersteller

1.	Standort	Umweltbehörde Billstr. 4, 20539 Hamburg
2.	Betreiber	Umweltbehörde Hamburg s.o. Fon: 040/7880
3.	Planung	ad fontes Solartechnik Lippmannstr. 59, 22769 Hamburg Fon; Fax: 040/4306041; 4398374
4.	Ausführung	ad fontes Solartechnik s.o.
5.	Kontaktperson	Umweltbehörde, Herr Kremer s.o.
6.	Anwendung	Warmwasserbereitung mit mittlerer Deckung
7.	Kollektortyp	Solvis F75
8.	Kollektorfläche	133 m^2 effektive Absorberfläche
9.	Anlagentyp	Anlage mit Puffer und Speicherladung
10.	Speichergröße	7.000 L
11.	Inbetriebnahme	1995
12.	Deckungsgrad	40%
13.	Ertrag	45.000 kWh/a
14.	Nachheizung	Gas
15.	Investitionskosten	172.000,- DM

24114 Kiel

VIESSMANN

Kollektorhersteller

1.	Standort	Regionalbahn Schleswig Holstein Alt-Lübecker Chaussee 15, 24114 Kiel
2.	Betreiber	Regionalbahn Schleswig Holstein GmbH s.o. Fon; Fax: 0431/53562640
3.	Planung	k.A.
4.	Ausführung	ROM GmbH&CoKG Wittlandstr. 7, 24109 Kiel Fon; Fax: 0431/58650;586558
5.	Kontaktperson	Regionalbahn, Herr Bahr s.o.
6.	Anwendung	Wasserwärmung
7.	Kollektortyp	Viessmann
8.	Kollektorfläche	ca. 70 m^2
9.	Anlagentyp	Zweikreisanlage mit Trinkwasserpuffer
10.	Speichergröße	k.A.
11.	Inbetriebnahme	1979
12.	Deckungsgrad	k.A.
13.	Ertrag	k.A.
14.	Nachheizung	k.A.
15.	Investitionskosten	k.A.

24217 Wisch bei Kiel

pro solar
ENERGIETECHNIK GMBH

Kollektorhersteller

1.	Standort	Campingplatz Heidkoppel Mittelweg 114, 24217 Wisch bei Kiel
2.	Betreiber	Familie Stoltenberg s.o.
3.	Planung	pro solar Energietechnik GmbH Deiserfangstr. 47-5188212 Ravensburg
4.	Ausführung	Sirius Solar-Energie-Technik Zum Forst 100; 24145 Kiel Fon; Fax: 0431/714121; 714130
5.	Kontaktperson	Herr Gebhard Fon; Fax: 04344/9098; 4257
6.	Anwendung	Warmwasserbereitung mit hoher Deckung
7.	Kollektortyp	pro solar ps 2170
8.	Kollektorfläche	76 m^2
9.	Anlagentyp	Anlage mit Puffer und Speicherladung
10.	Speichergröße	6.500 L
11.	Inbetriebnahme	1998
12.	Deckungsgrad	57%
13.	Ertrag	31.500 kWh/a
14.	Nachheizung	Öl
15.	Investitionskosten	100.000,- DM

26757 Borkum

Kollektorhersteller

1.	Standort	Hotel "Am Leuchtturm", Strandvilla "Janine" Strandstr. , 26757 Borkum
2.	Betreiber	Ute Müller Paderborner Str., 44309 Dortmund Fon: 0231/593441
3.	Planung	Super Solar Flughafenstr. 21, 44309 Dortmund Fon; Fax: 0231/201799; 259480
4.	Ausführung	Super Solar s.o.
5.	Kontaktperson	Super Solar, Herr Wurm s.o.
6.	Anwendung	Warmwasserbereitung mit mittlerer Deckung
7.	Kollektortyp	50 Reflex sc
8.	Kollektorfläche	78,8 m^2 effektive Absorberfläche
9.	Anlagentyp	Zweikreisanlage mit Trinkwasserpuffer
10.	Speichergröße	2.000 L
11.	Inbetriebnahme	1998
12.	Deckungsgrad	ca. 55%
13.	Ertrag	ca. 50.000 kWh/a
14.	Nachheizung	Öl
15.	Investitionskosten	150.000,- DM

28325 Bremen

VIESSMANN

Kollektorhersteller

1.	Standort	Heimstiftung Ellener Dorfstr. 3, 28325 Bremen
2.	Betreiber	Bauabteilung Bremer Heimstiftung Marcusallee 39, 28359 Bremen Fon: 0421/23850
3.	Planung	Weserheizungswerk GmbH Stolzenauer Str. 42, 28207 Bremen Fon; Fax: 0421/434300; 4343050
4.	Ausführung	Weserheizungswerk GmbH s.o. Fon; Fax:
5.	Kontaktperson	Herr Raschke Ellener Dorfstr. 3, 28325 Bremen Fon: 0421/4288306
6.	Anwendung	Warmwasserbereitung als Vorwärmanlage
7.	Kollektortyp	40 x Viessmann CalorSol-W
8.	Kollektorfläche	68 m^2 effektive Absorberfläche
9.	Anlagentyp	Zweikreisanlage mit Trinkwasserpuffer
10.	Speichergröße	4.000 L
11.	Inbetriebnahme	1997
12.	Deckungsgrad	30%
13.	Ertrag	ca. 35.000 kWh/a
14.	Nachheizung	k.A.
15.	Investitionskosten	k.A.

35037 Marburg

Wagner & Co

Kollektorhersteller

1.	Standort	Studentenwohnheim Ernst-Lemmer-Str., 35043 Marburg / Wherda
2.	Betreiber	Studentenwerk Marburg Erlenring 5, 35037 Marburg
3.	Planung	Wagner & Co. Solartechnik GmbH Ringstr. 14, 35091 Cölbe/Marburg Fon; Fax: 06421/80070; 800722
4.	Ausführung	Wagner & Co. Solartechnik Zimmermannstr. 12, 35091 Cölbe Fon: 06421/8007-0
5.	Kontaktperson	Wagner & Co, Herr Orths Fon: 06421/3007350
6.	Anwendung	Warmwasserbereitung als Vorwärmanlage
7.	Kollektortyp	Wagner & Co LB-Kollektoren
8.	Kollektorfläche	150 m^2 effektive Absorberfläche
9.	Anlagentyp	Anlage mit Puffer und Durchlaufprinzip
10.	Speichergröße	12.000 L
11.	Inbetriebnahme	1997
12.	Deckungsgrad	37%
13.	Ertrag	84.000 kWh/a
14.	Nachheizung	Fernwärme
15.	Investitionskosten	200.000,- DM

37520 Osterode

VIESMANN

Kollektorhersteller

1.	Standort	Mehrfamilienhaus Am Sonnenkopf, 37520 Osterode (Harz)
2.	Betreiber	Hausverwaltung Armbrecht Ludwig-Uhland-Weg 2, 37197 Hattorf Fon: 05584/2792
3.	Planung	Wode Unger GmbH Bilshäuser Str. 29, 37199 Wulften Fon; Fax: 05556/5066; 1711
4.	Ausführung	Wode Unger GmbH s.o.
5.	Kontaktperson	Herr Armbrecht s.o.
6.	Anwendung	Warmwasserbereitung als Vorwärmanlage
7.	Kollektortyp	30 x Viessmann Calorsol-S
8.	Kollektorfläche	51 m^2 effektive Absorberfläche
9.	Anlagentyp	Zweikreisanlage mit Trinkwasserpuffer
10.	Speichergröße	1.000 L
11.	Inbetriebnahme	1997
12.	Deckungsgrad	30%
13.	Ertrag	25.000 kWh/a
14.	Nachheizung	Gas
15.	Investitionskosten	k.A.

39106 Magdeburg

1.	Standort	Mensa der Universität Universitätsplatz 2, 39106 Magdeburg
2.	Betreiber	Studentenwerk Uni Magdeburg Universitätsplatz 2, 39106 Magdeburg Fon: 0391/6718738
3.	Planung	Ing.-Büro Valentin Köpenicker Str. 9, 10997 Berlin Fon; Fax: 030/61791780;61791711
4.	Ausführung	Burkhard Haustechnik Ginsterweg 2, 14822 Borkheide Fon; Fax: 033845/6000;60010
5.	Kontaktperson	Uni Magdeburg, Herr Oberst
6.	Anwendung	Warmwasserbereitung als Vorwärmanlage
7.	Kollektortyp	LB 64 und LB 76
8.	Kollektorfläche	655 m^2 effektive Absorberfläche
9.	Anlagentyp	Anlage mit Puffer und Speicherladung
10.	Speichergröße	25.000 L
11.	Inbetriebnahme	1997
12.	Deckungsgrad	ca. 17%
13.	Ertrag	389.900 kWh/a
14.	Nachheizung	Gas
15.	Investitionskosten	701.000,- DM

39249 Gnadau

STIEBEL ELTRON

Kollektorhersteller

1.	Standort	Gnadauer Anstalten Comeniusweg 9, 39249 Gnadau
2.	Betreiber	s.o.
3.	Planung	Ingenieur Kontor Maxim-Gorki-Str. 16, 39108 Magdeburg Fon; Fax: 0391/7371130; 7371139
4.	Ausführung	ITS - Haustechnik GmbH Karl-Marx-Str. 2a, 39221 Eickendorf Fon; Fax: 039297/20871; 21476
5.	Kontaktperson	Gnadauer Anstalten Herr Tasche / Herr Lohse s.o. Fon; Fax: 03928/451-0
6.	Anwendung	Warmwasserbereitung als Vorwärmanlage
7.	Kollektortyp	Stiebel Eltron SOL 170A
8.	Kollektorfläche	47,8 m^2 effektive Absorberfläche
9.	Anlagentyp	Anlage mit Puffer und Speicherladung
10.	Speichergröße	2.000 L
11.	Inbetriebnahme	1997
12.	Deckungsgrad	45%
13.	Ertrag	k.A.
14.	Nachheizung	k.A.
15.	Investitionskosten	100.000,- DM

42119 Wuppertal

1.	Standort	Universität/Gesamtschule BUGH Mensagebäude, 42119 Wuppertal
2.	Betreiber	Verwaltung der BUGH Wuppertal s.o. Fon: 0202/443887
3.	Planung	Staatliches Bauamt Wuppertal
4.	Ausführung	Otto Härter GmbH & Co. 42103 Wuppertal
5.	Kontaktperson	Staatliches Bauamt Wuppertal, Herr Bader Fon: 0202/493090
6.	Anwendung	Warmwasserbereitung als Vorwärmanlage
7.	Kollektortyp	Christeva CXL 12s
8.	Kollektorfläche	98,5 m^2 effektive Absorberfläche
9.	Anlagentyp	Anlage mit Puffer und Speicherladung
10.	Speichergröße	5.000 L
11.	Inbetriebnahme	1998
12.	Deckungsgrad	ca. 21%
13.	Ertrag	ca. 60.000 kWh/a
14.	Nachheizung	Fernwärme
15.	Investitionskosten	148.000,- DM

44534 Lünen

Kollektorhersteller

1.	Standort	Wohngebäude Dr.-Alma-Langenbach Str. 2, 44534 Lünen
2.	Betreiber	Stadtwerke Lünen Borker Str. 56-58, 44534 Lünen Fon: 02306/7070
3.	Planung	Haus- und Gebäudetechnik Heerde An der Holzung 3, 40668 Meerbusch Fon: 02159/7929
4.	Ausführung	Sanitär-Heizung Vagedes Buchenberg 95, 44532 Lünen
5.	Kontaktperson	Stadtwerke Lünen, Herr Wolters
6.	Anwendung	Warmwasserbereitung
7.	Kollektortyp	Energie Technik Müller SES-FD
8.	Kollektorfläche	33,6 m^2 effektive Absorberfläche
9.	Anlagentyp	Zweikreisanlage mit Trinkwasserpuffer
10.	Speichergröße	1.000 L
11.	Inbetriebnahme	1995
12.	Deckungsgrad	k.A.
13.	Ertrag	ca. 11.000 kWh/a
14.	Nachheizung	Gas
15.	Investitionskosten	33.000,- DM ohne Planung/Installation

55218 Ingelheim

ThermoLUX Solar

Kollektorhersteller

1.	Standort	Wohnanlage Merowinger Str. 9-15, 55218 Ingelheim
2.	Betreiber	Wohnungsbaugesellschaft Ingelheim a. Rh. mbH Bahnhofstr. 37, 55218 Ingelheim am Rhein Fon: 06132/76252
3.	Planung	Ingenieurbüro Melenk 55576 Sprendingen
4.	Ausführung	Gangluff oHG Victoriastr. 7, 55543 Bad Kreuznach
5.	Kontaktperson	k.A.
6.	Anwendung	Warmwasserbereitung mit mittlerer Deckung
7.	Kollektortyp	Prinz GmbH Flachkollektor FK175
8.	Kollektorfläche	78 m^2 effektive Absorberfläche
9.	Anlagentyp	Anlage mit Puffer und Durchlaufprinzip
10.	Speichergröße	6 x 1.000 L
11.	Inbetriebnahme	1994
12.	Deckungsgrad	ca. 55%
13.	Ertrag	ca. 33.000 kWh/a
14.	Nachheizung	Öl
15.	Investitionskosten	130.000,- DM

55252 Mainz-Kastel

pro solar
ENERGIETECHNIK GMBH

Kollektorhersteller

1.	Standort	Frauengerechtes Wohnen Ratsherrenweg 2-8, 55252 Mainz-Kastel
2.	Betreiber	Nassauische Heimstätte Schaumainkai 47, 60596 Frankfurt/M.
3.	Planung	Ing.-Büro Volk Eschersheimer Landstr. 115, 60332 Frankfurt/M. Fon; Fax: 069/95524121; 95524123
4.	Ausführung	Dornhöfer GmbH Hochheimer Str. 63-65, 55240 Mainz Fon; Fax: 06134/6090; 609200
5.	Kontaktperson	Nassauische Heimstätte, Herr Papendorf Fon; Fax: 0611/990400; 9001670
6.	Anwendung	Warmwasserbereitung mit mittlerer Deckung
7.	Kollektortyp	pro solar ps 2170
8.	Kollektorfläche	59,4 m^2 effektive Absorberfläche
9.	Anlagentyp	Anlage mit Puffer und Speicherladung
10.	Speichergröße	3.750 L
11.	Inbetriebnahme	1997
12.	Deckungsgrad	55%
13.	Ertrag	31.000 kWh/a
14.	Nachheizung	Gas
15.	Investitionskosten	85.000,- DM

60528 Frankfurt

Wagner & Co

Kollektorhersteller

1.	Standort	Klinik Friedrichshain 60528 Frankfurt/Main
2.	Betreiber	Orthopädische Uniklinik Stiftung
3.	Planung	Wagner & Co Ringstr. 14, 35091 Cölbe/Marburg Fon; Fax: 06421/80070; 800722
4.	Ausführung	Wagner & Co s.o.
5.	Kontaktperson	Wagner & Co s.o.
6.	Anwendung	Warmwasserbereitung als Vorwärmanlage
7.	Kollektortyp	Wagner & Co LB-Kollektoren
8.	Kollektorfläche	266 m^2 effektive Absorberfläche
9.	Anlagentyp	Zweikreisanlage mit Trinkwasserpuffer
10.	Speichergröße	6 x 1.500 L
11.	Inbetriebnahme	1996
12.	Deckungsgrad	ca. 47%
13.	Ertrag	ca. 127.000 kWh/a
14.	Nachheizung	Fernwärme
15.	Investitionskosten	215.000,- DM

66424 Homburg (Saar)

VIESSMANN

Kollektorhersteller

1.	Standort	Mehrfamilienhaus Ringstraße/An der Farrwies, 66424 Homburg
2.	Betreiber	GVS, Frau Roth Steinhügel 10, 66424 Homburg (Saar) Fon: 06841/932121
3.	Planung	Falk GmbH Große Schachtstr. 1, 66115 Saarbrücken Fon; Fax: 0681/948060; 0681/9480630
4.	Ausführung	Falk GmbH, Herr Glock Große Schachtstr. 1, 66115 Saarbrücken Fon; Fax: 0681/948060; 0681/9480630
5.	Kontaktperson	Frau Roth Steinhügel 10, 66424 Homburg (Saar) Fon: 06841/932120
6.	Anwendung	Warmwasserbereitung als Vorwärmanlage
7.	Kollektortyp	40 x Viessmann CalorSol-W
8.	Kollektorfläche	68 m^2 effektive Absorberfläche
9.	Anlagentyp	Anlage mit Puffer und Speicherladung
10.	Speichergröße	2.700 L
11.	Inbetriebnahme	1998
12.	Deckungsgrad	ca. 40%
13.	Ertrag	ca. 35.000 kWh/a
14.	Nachheizung	Fernwärme
15.	Investitionskosten	k.A.

70794 Filderstadt

PARA DIGMA

Kollektorhersteller

1.	Standort	Biosolare Eigentumswohnungen 70794 Filderstadt
2.	Betreiber	Siedlungswerk Stuttgart Heusteigstr. 29, 70180 Stuttgart Fon: 0711/2381254
3.	Planung	Paradigma Ritter Energie- u. Umwelttechnik Kallhardtstr., 75179 Pforzheim Fon: 07202/9220
4.	Ausführung	Paradigma
5.	Kontaktperson	Paradigma, Herr Jandrey Fon; Fax: 07202/922146; 922100
6.	Anwendung	Warmwasserbereitung als Vorwärmanlage
7.	Kollektortyp	8 x Paradigma Solar 750
8.	Kollektorfläche	64 m^2 effektive Absorberfläche
9.	Anlagentyp	Zweikreisanlage mit Trinkwasserpuffer
10.	Speichergröße	3 x 1.000 L
11.	Inbetriebnahme	1993
12.	Deckungsgrad	51%
13.	Ertrag	25.000 kWh/a
14.	Nachheizung	Gas
15.	Investitionskosten	k.A.

73430 Aalen

Kollektorhersteller

1.	Standort	Studentenwohnheim Aalen Rombacher Str. 91, 73430 Aalen
2.	Betreiber	Fachhochschule Aalen Beethovenstr. 1, 73430 Aalen Fon/Fax; 07361/5760; 576250
3.	Planung	Novatech Planungsgruppe 74405 Gaildorf
4.	Ausführung	Geiger Energie- & Umwelttechnik 73491 Neuler Fon: 07961/54514
5.	Kontaktperson	FH Aalen, Prof. W. Haug Fon: 07361/576107
6.	Anwendung	Warmwasserbereitung mit mittlerer Deckung
7.	Kollektortyp	Paradigma
8.	Kollektorfläche	100 m^2 effektive Absorberfläche
9.	Anlagentyp	Anlage mit Puffer und Speicherladung
10.	Speichergröße	2 x 3.000 L
11.	Inbetriebnahme	k.A.
12.	Deckungsgrad	k.A.
13.	Ertrag	50.000 kWh/a
14.	Nachheizung	Öl
15.	Investitionskosten	k.A.

76227 Karlsruhe

SOLVIS

Kollektorhersteller

1.	Standort	Amt für Abfallwirtschaft Ottostr. 21, 76227 Karlsruhe
2.	Betreiber	Stadtwerke Karlsruhe Daxlander Str. 72, 76227 Karlsruhe Fon; Fax: 0721/5991011; 5991009
3.	Planung	IST Energietechnik Ritterweg 1, 79400 Kauderm Fon; Fax: 07626/91540
4.	Ausführung	Fritz Schlindwein Benzstr. 20, 76673 Graben-Neudorf Fon; Fax: 07255/3019; 90498
5.	Kontaktperson	Stadtwerke Karlsruhe, Herr Rabendorf
6.	Anwendung	Warmwasserbereitung als Vorwärmanlage
7.	Kollektortyp	Solvis S 75 / TINOX-Absorber
8.	Kollektorfläche	67 m^2 effektive Absorberfläche
9.	Anlagentyp	Anlage mit Puffer und Durchlaufprinzip
10.	Speichergröße	7.500 L
11.	Inbetriebnahme	1997
12.	Deckungsgrad	ca. 30%
13.	Ertrag	ca. 25.000 kWh/a
14.	Nachheizung	Gas
15.	Investitionskosten	120.000,- DM

76437 Rastatt

Kollektorhersteller

1.	Standort	Mercedes Benz AG 76437 Rastatt
2.	Betreiber	Mercedes Benz AG 76437 Rastatt
3.	Planung	Mercedes Benz AG Hauptstr. Tor 2 Bau 8, 76571 Gaggenau Fon; Fax: 07225/612822; 616009
4.	Ausführung	Mercedes Benz AG 76437 Rastatt
5.	Kontaktperson	Mercedes Benz AG, Abt. PIE Herr Kopf s.o.
6.	Anwendung	Warmwasserbereitung als Vorwärmanlage
7.	Kollektortyp	Paradigma
8.	Kollektorfläche	121 m^2 effektive Absorberfläche
9.	Anlagentyp	Zweikreisanlage mit Trinkwasserpuffer
10.	Speichergröße	2 x 5.000 L
11.	Inbetriebnahme	k.A.
12.	Deckungsgrad	50%
13.	Ertrag	k.A.
14.	Nachheizung	k.A.
15.	Investitionskosten	k.A.

77960 Seelbach

Kollektorhersteller

1.	Standort	Altenpflegeheim Ludwig - Auerbach- Str., 77960 Seelbach
2.	Betreiber	Altenpflegeheim Seelbach s.o.
3.	Planung	Ing.-Büro Eichhorn Im Kuhnengarten 12, 77948 Friesenheim Fon; Fax: 07821/963812; 963833
4.	Ausführung	Eismann Haustechnik GmbH Im Moos 9, 79112 Freiburg Fon; Fax: 07665/5408; 7685
5.	Kontaktperson	Herr Eismann s.o.
6.	Anwendung	Warmwasserbereitung mit mittlerer Deckung
7.	Kollektortyp	Solvis F75 / TINOX-Absorber
8.	Kollektorfläche	66 m^2 effektive Absorberfläche
9.	Anlagentyp	Anlage mit Puffer und Speicherladung
10.	Speichergröße	3.000 L
11.	Inbetriebnahme	1998
12.	Deckungsgrad	53%
13.	Ertrag	35.000 kWh/a
14.	Nachheizung	Gas-Brennwertkesselanlage
15.	Investitionskosten	65.000,- DM

79115 Freiburg

Kollektorhersteller

PARA DIGMA

1.	Standort	Thermische Solaranlage SC Freiburg Stadion SC Freiburg Dreisamstr., 79115 Freiburg
2.	Betreiber	SC Freiburg
3.	Planung	Fa. Lassen, Baral und Kreuz Wiesenthalstr. 23, 79115 Freiburg Fon; Fax: 0761/459030; 4590350
4.	Ausführung	Fa. Lassen, Baral und Kreuz s.o.
5.	Kontaktperson	Stadionwart
6.	Anwendung	Warmwasserbereitung als Vorwärmanlage
7.	Kollektortyp	8 x Paradigma Solar 750
8.	Kollektorfläche	64 m^2 effektive Absorberfläche
9.	Anlagentyp	Anlage mit Puffer und Durchlaufprinzip
10.	Speichergröße	6 x 1.000 L
11.	Inbetriebnahme	1998
12.	Deckungsgrad	66%
13.	Ertrag	25.000 kWh/a
14.	Nachheizung	Gas
15.	Investitionskosten	k.A.

84095 Furth

SONNEN KRAFT

Kollektorhersteller

1.	Standort	Biomasse-Heizwerk Fl. Nr. 684, 84095 Furth
2.	Betreiber	Biomasse-Heizwerk Furth GmbH & Co. KG Landshuter Str. 12, 84095 Furth Fon: 08704/913114
3.	Planung	IB Gammel GmbH An den Sandwällen 114, 93326 Abensberg Fon: 09443/91110
4.	Ausführung	Meuvo Ökotechnik Angerbrunner Str. 10, 85356 Freising Fon; Fax: 08161/82861; 86080
5.	Kontaktperson	Fa. Gammel, Herrr Röhrmoser s.o.
6.	Anwendung	Fernwärmeunterstützung
7.	Kollektortyp	Sonnenkraft SK IMK Indachmodulkollektor
8.	Kollektorfläche	244 m^2 effektive Absorberfläche
9.	Anlagentyp	Anlage mit Puffer
10.	Speichergröße	25.000 L
11.	Inbetriebnahme	1998
12.	Deckungsgrad	ca. 70%
13.	Ertrag	ca. 135.000 kWh/a
14.	Nachheizung	Biomasse/Öl
15.	Investitionskosten	217.000,- DM

87719 Mindelheim

Kollektorhersteller

1.	Standort	Kreiskrankenhaus Bad Wörishofener Str. 44, 87719 Mindelheim
2.	Betreiber	Landkreis Unterallgäu Bad Wörishofener Str. 33, 87719 Mindelheim Fon: 08261/9950
3.	Planung	IB Lutzenberger
4.	Ausführung	Kapfer GmbH Zirgesheimer Str. 45, 86609 Donauwörth Fon; Fax: 0906/78010; 780122
5.	Kontaktperson	Fa. Kapfer, Herr Zinsmeister
6.	Anwendung	Warmwasserbereitung mit mittlerer Deckung
7.	Kollektortyp	54 x Sonnenkraft SK500N
8.	Kollektorfläche	124 m² effektive Absorberfläche
9.	Anlagentyp	Anlage mit Puffer und Speicherladung
10.	Speichergröße	6.000 L
11.	Inbetriebnahme	in Arbeit
12.	Deckungsgrad	ca. 47%
13.	Ertrag	ca. 74.000 kWh/a
14.	Nachheizung	bivalent Öl/Gas
15.	Investitionskosten	k.A.

90443 Nürnberg

SOLVIS

Kollektorhersteller

1.	Standort	Wohnanlage Hessestr. 2, 90443 Nürnberg
2.	Betreiber	Wohnanlage s.o.
3.	Planung	Ebert-Ingenieure 90443 Nürnberg
4.	Ausführung	Hagrotherm Wärmetechnik Krehlingstr. 40, 90408 Nürnberg Fon: 0911/3651881
5.	Kontaktperson	k.A.
6.	Anwendung	Warmwasserbereitung mit mittlerer Deckung
7.	Kollektortyp	Solvis F75
8.	Kollektorfläche	90 m^2 effektive Absorberfläche
9.	Anlagentyp	Anlage mit Puffer und Speicherladung
10.	Speichergröße	6.000 L
11.	Inbetriebnahme	1992
12.	Deckungsgrad	k.A.
13.	Ertrag	k.A.
14.	Nachheizung	k.A.
15.	Investitionskosten	140.000,- DM

92245 Kümmersbruck

1.	Standort	Kantine Köferinger Str. 9-13, 92245 Kümmersbruck
2.	Betreiber	Grammer AG Köferinger Str. 9-13, 92245 Kümmersbruck Fon; Fax: 09621/8800
3.	Planung	Grammer KG Werner von Braun- Str. 6, 92224 Amberg Fon; Fax: 09621/601152; 601260
4.	Ausführung	Grammer KG s.o.
5.	Kontaktperson	k.A.
6.	Anwendung	Luftheizanlage
7.	Kollektortyp	Solar-Luft-Kollektor GLK 3
8.	Kollektorfläche	70 m^2 effektive Absorberfläche
9.	Anlagentyp	Anlage mit Puffer und Speicherladung
10.	Speichergröße	4.000 L
11.	Inbetriebnahme	1996
12.	Deckungsgrad	33%
13.	Ertrag	k.A.
14.	Nachheizung	Öl
15.	Investitionskosten	155.000,- DM

94034 Passau

1.	Standort	Sportgelände Universität Passau Donaustr., 94034 Passau
2.	Betreiber	Technik Uni Passau Donaustr., 94034 Passau
3.	Planung	Big Riedl Alte Strasse 24, 94105 Untergriesbach Fon; Fax:08593/92111; 92112
4.	Ausführung	Eschrich GmbH Laimgrub 17, 94034 Passau Fon; Fax:0851/43344;43340
5.	Kontaktperson	Technik Uni Passau, Herrr Zistler s.o.
6.	Anwendung	Warmwasserbereitung mit mittlerer Deckung
7.	Kollektortyp	Aquasol AS6sl
8.	Kollektorfläche	90 m² effektive Absorberfläche
9.	Anlagentyp	Zweikreisanlage mit Trinkwasserpuffer
10.	Speichergröße	4.000 L
11.	Inbetriebnahme	1997
12.	Deckungsgrad	60%
13.	Ertrag	40.000 kWh/h
14.	Nachheizung	Strom
15.	Investitionskosten	200.000,- DM

94262 Kollnberg

NAU

Kollektorhersteller

1.	Standort	Pension Ludwig Bauernweg 4, 94262 Kollnberg
2.	Betreiber	Ludwig Laummer s.o. Fon: 09942/1354
3.	Planung	Kastl Heizung Sanitär Nasting 7, 93499 Zandt Fon; Fax: 09944/1788; 2968
4.	Ausführung	Kastl Heizung Sanitär s.o.
5.	Kontaktperson	Herrr Ludwig Laummer s.o.
6.	Anwendung	Warmwasserbereitung miz mittlerer Deckung
7.	Kollektortyp	NAU VarioSol Hochleistungsflachkollektoren
8.	Kollektorfläche	200 m^2 effektive Absorberfläche
9.	Anlagentyp	Zweikreisanlage mit Trinktwasserpuffer
10.	Speichergröße	2 x 5.000 L
11.	Inbetriebnahme	1998
12.	Deckungsgrad	k.A.
13.	Ertrag	k.A.
14.	Nachheizung	Öl
15.	Investitionskosten	k.A.

98724 Neuhaus

SOLVIS

Kollektorhersteller

1.	Standort	Kreiskrankenhaus 98724 Neuhaus
2.	Betreiber	Kreiskrankenhäuser Sonneberg und Neuhaus gGmbH Schöne Aussicht 39, 98724 Neuhaus Fon: 03679/773245
3.	Planung	Ing.-Büro Dr. J. Wintzer Anna-Siemsen-Str. 61, 07745 Jena Fon: 03641/619459
4.	Ausführung	Solar- und Energiespartechnik Sonneberger Str. 174, 98724 Neuhaus Fon: 03679/724906
5.	Kontaktperson	Kreiskrankenhaus Neuhaus, Herr Beutel s.o. Fon;Fax: 03679/773245; 773243
6.	Anwendung	Warmwasserbereitung als Vorwärmanlage
7.	Kollektortyp	Solvis F 60
8.	Kollektorfläche	98 m^2 effektive Absorberfläche
9.	Anlagentyp	Anlage mit Puffer und Durchlaufprinzip
10.	Speichergröße	5.500 L
11.	Inbetriebnahme	1997
12.	Deckungsgrad	35%
13.	Ertrag	50.000 kWh/a
14.	Nachheizung	Gas
15.	Investitionskosten	114.876,- DM

Anlagen in Österreich und in der Schweiz

A-2013 Göllersdorf

Kollektorhersteller

1.	Standort	Justizanstalt A-2013 Göllersdorf
2.	Betreiber	Justizanstalt Göllersdorf s.o. Fon; Fax: +43/2954/24112415; 2411205
3.	Planung	Fa. Fichtinger Nöchling 55, A-3691 Nöchling Fon; Fax: +43/7414/7264; 716422
4.	Ausführung	Fa. Fichtinger s.o.
5.	Kontaktperson	Justizanstalt Herr Denninger s.o.
6.	Anwendung	Warmwasserbereitung mit mittlerer Deckung
7.	Kollektortyp	GASOKOL GKF 5000
8.	Kollektorfläche	218 m^2 effektive Absorberfläche
9.	Anlagentyp	Mehrkreisanlage mit Trinkwasserpuffer
10.	Speichergröße	6.800 L
11.	Inbetriebnahme	1993
12.	Deckungsgrad	50%
13.	Ertrag	90.000 kWh/a
14.	Nachheizung	Gas
15.	Investitionskosten	284.000,- DM

A-5611 Großarl

GASOKOL

Kollektorhersteller

1.	Standort	Hotel Edelweiß Unterberg 83, A-5611 Großarl
2.	Betreiber	Hotel Edelweiß s.o. Fon; Fax: +43/6414/3000; 30066
3.	Planung	Peter Präauer Salzburger Str. 6, A-5600 St. Johann Fon; Fax: +43/6412/6147; 614739
4.	Ausführung	Peter Präauer s.o.
5.	Kontaktperson	Hotel Edelweiß, Herr Hetegger s.o.
6.	Anwendung	Warmwasserbereitung mit mittlerer Deckung
7.	Kollektortyp	GASOKOL GKF 5000
8.	Kollektorfläche	130,8 m^2 effektive Absorberfläche
9.	Anlagentyp	Zweikreisanlage mit Trinkwasserpuffer
10.	Speichergröße	8.000 L
11.	Inbetriebnahme	1993
12.	Deckungsgrad	70%
13.	Ertrag	k.A.
14.	Nachheizung	Fernwärme
15.	Investitionskosten	100.000,- DM

A-6850 Dornbirn

Kollektorhersteller

1.	Standort	Kolpinghaus Jahngasse 20, A-6850 Dornbirn
2.	Betreiber	Kolpinghaus Dornbirn s.o. Fon: +43/5572/228690
3.	Planung	MMM Architektenbüro Dr. Waibelstr. 6, A-6850 Dornbirn Fon; Fax: +43/05572/33325; 33324
4.	Ausführung	Doma Solartechnik GmbH Hauptstr. 65, A-6812 Bludesch Fon; Fax: +43/5550/3999; 2992
5.	Kontaktperson	Herr Adolf Schweiger Jahngasse 20, A-6850 Dornbirn Fon; Fax: s.o.
6.	Anwendung	Warmwasserbereitung als Vorwärmanlage
7.	Kollektortyp	Doma Fassadenkollektor
8.	Kollektorfläche	98 m^2 effektive Absorberfläche
9.	Anlagentyp	Zweikreisanlage mit Trinkwasserpuffer
10.	Speichergröße	2.800 L
11.	Inbetriebnahme	1996
12.	Deckungsgrad	35%
13.	Ertrag	25.970 kWh/a
14.	Nachheizung	Gas
15.	Investitionskosten	77.800,- DM

A-6900 Bregenz

Kollektorhersteller

1.	Standort	Mehrfamilienhaus Sonnenstr. 17, A-6900 Bregenz
2.	Betreiber	Eberhard Riedmann s.o. Fon; Fax: +43/5574/53725
3.	Planung	Arch.-Dipl.-Ing. W. Unterrainer Frechner Riegelweg 26a, A-6800 Feldkirch Fon; Fax: +43/5522/74684; 70090
4.	Ausführung	Doma Solartechnik GmbH Hauptstr. 65, A-6812 Bludesch Fon; Fax: +43/5550/3999; 2992
5.	Kontaktperson	Herr Eberhard Riedmann
6.	Anwendung	Warmwasserbereitung mit mittlerer Deckung
7.	Kollektortyp	Doma Fassadenkollektor
8.	Kollektorfläche	19,6 m^2 effektive Absorberfläche
9.	Anlagentyp	Anlage mit Puffer und Durchlaufprinzip
10.	Speichergröße	3.200 L
11.	Inbetriebnahme	1996
12.	Deckungsgrad	70%
13.	Ertrag	4214 kWh/a
14.	Nachheizung	Holz
15.	Investitionskosten	13.960,- DM

A-8983 Bad Mitterndorf

Kollektorhersteller

1.	Standort	Biosolar Bad Mitterndorf A-8983 Bad Mitterndorf
2.	Betreiber	Genossenschaft A-8983 Bad Mitterndorf Fon; Fax:+43/3623/3634
3.	Planung	Sonnenkraft Schlattstr. 7, CH-9464 Rüthi Fon; Fax:+41/71/7662566; 7662567
4.	Ausführung	Krautsack Hochstraße, A-7531 Kemeten Fon; Fax:+43/3352/34139; 3413915
5.	Kontaktperson	Herr Hansmann
6.	Anwendung	Warmwasserbereitung und Raumerwärmung
7.	Kollektortyp	Sonnenkraft IMK
8.	Kollektorfläche	1.120 m^2 effektive Absorberfläche
9.	Anlagentyp	Fernwärmeversorgung
10.	Speichergröße	140.000 L
11.	Inbetriebnahme	1997
12.	Deckungsgrad	Sommervolldeckung
13.	Ertrag	4000 kWh/a
14.	Nachheizung	Hackgut
15.	Investitionskosten	k.A.

A-9400 Wolfsberg

Kollektorhersteller

1.	Standort	Hotel A-9400 Wolfsberg
2.	Betreiber	Hotel Hecher A-9400 Wolfsberg Fon; Fax: +43/4352/29460
3.	Planung	Sonnenkraft Schlattstr. 7, CH-9464 Rüthi Fon; Fax: +41/71/7662566; 7662567
4.	Ausführung	Maier und Sohn Alois-Huth-Str. 2, A-9400 Wolfsberg Fon; Fax: +43/4352/52062; 5206225
5.	Kontaktperson	Herr Hecher
6.	Anwendung	Warmwasserbereitung und Schwimmbaderwärmung
7.	Kollektortyp	Sonnenkraft IDK
8.	Kollektorfläche	144 m^2 effektive Absorberfläche
9.	Anlagentyp	Anlage mit Puffer und Speicherladung
10.	Speichergröße	6 x 1500 L
11.	Inbetriebnahme	1995
12.	Deckungsgrad	55%
13.	Ertrag	ca. 43.750 kWh/a
14.	Nachheizung	Fernwärme
15.	Investitionskosten	k.A.

CH-3236 Gampelen

SONNEN KRAFT

Kollektorhersteller

1.	Standort	Stiftung Tannenhof CH-3236 Gampelen
2.	Betreiber	Stiftung Tannenhof CH-3236 Gampelen Fon; Fax:+41/32/3129660
3.	Planung	Sonnenkraft Schlattstr. 7, CH-9464 Rüthi Fon; Fax:+41/71/7662566; 7662567
4.	Ausführung	Zetter Solar AG Bielstr. 96, CH-4500 Solothurn
5.	Kontaktperson	Stiftung Tannenhof s.o.
6.	Anwendung	Warmwasserbereitung als Vorwärmanlage
7.	Kollektortyp	Sonnenkraft IMK
8.	Kollektorfläche	101 m^2 effektive Absorberfläche
9.	Anlagentyp	Zweikreisanlage mit Trinkwasserpuffer
10.	Speichergröße	17.000 L
11.	Inbetriebnahme	1997
12.	Deckungsgrad	ca. 30%
13.	Ertrag	ca. 46.000 kWh/a
14.	Nachheizung	Holz
15.	Investitionskosten	k.A.

CH-3414 Oberburg

1.	Standort	Einfamilienhaus Lochbachstr. 22a, CH-3414 Oberburg
2.	Betreiber	Jenni Liegenschaften AG Lochbachstr. 22, CH-3414 Oberburg Fon/Fax; +41/34/4229777; 4229727
3.	Planung	Jenni Liegenschaften AG s.o.
4.	Ausführung	Jenni Liegenschaften AG s.o.
5.	Kontaktperson	Josef und Erwin Jenni s.o.
6.	Anwendung	Warmwasser- und Strombereitung mit voller Deckung
7.	Kollektortyp	Rüesch Typ 3
8.	Kollektorfläche	84 m^2 effektive Absorberfläche
9.	Anlagentyp	mehrstufige Wärmeeinbringung mit integrierter Trinkwasserladung
10.	Speichergröße	1 x 92.000 L + 2 x 13.000 L
11.	Inbetriebnahme	1989
12.	Deckungsgrad	300-400%
13.	Ertrag	ca. 250 kWh/m^2 a
14.	Nachheizung	keine
15.	Investitionskosten	240.000,- CHF Wärme, 120.000,- CHF Strom

8. Anhang

8.1 Adressen der Ämter für Arbeitsschutz

Baden-Württemberg

Gewerbeaufsichtsamt Stuttgart
Jägerstr. 22, 70174 Stuttgart
Tel. 0711-1869-0, Fax -2263434
Beauftragt vom Umweltministerium der Landesregierung, Abt. Arbeitssicherheit
Ansprechpartner im Umweltministerium:
Herr Dr. Nägele, Tel. 0711-126-2625

Bayern

Staatsministerium für Arbeit und Soziales, Abt. Gerätesicherheit
Winzerer Str. 9, 80797 München
Tel. 089-1261-01, Fax -1261-1122,
Ansprechpartner: Herr Hofstätter -1283

Berlin

Landesamt für Arbeitsschutz, Gesundheitsschutz und technische Sicherheit, Fachgruppe 1.2 – Kesseltechnik
Alt-Friedrichsfelde 60, 10315 Berlin
Tel. 030-9021-0, Fax -9021-5305,
Ansprechpartner: Dipl.Ing. Jürgen Wichmann –5380

Brandenburg

Amt für Arbeitsschutz und Sicherheitstechnik Potsdam, Abt. Dampfkessel
Tornowstr. 40, 14473 Potsdam
Tel. 0331-28891-0, Fax -2804571
Ansprechpartner: Herr Rubrecht: -11, Herr Sperlich: -12

Bremen

Senator für Arbeit, Abt. Arbeitssicherheit
Faulenstr. 69, 28195 Bremen
Tel. 0421-361-0, Fax -361-0,
Ansprechpartner: Herr Jahn –4408

Hamburg

Amt für Arbeitsschutz bei der Behörde für Arbeit, Gesundheit und Soziales, Abt. AS 43: Technische Aufsicht
Adolf-Schönfelder-Str. 5, 22083 Hamburg
Tel. 040-2988-0, Fax -2988-3370
Ansprechpartner: Herr Stegmann –3176

Hessen

Regierungspräsidium Darmstadt
Luisenplatz 2, 64283 Darmstadt
Tel. 06151-12-0, Fax -126005
Beauftragt vom Ministerium für Frauen, Arbeit und Sozialordnung, Abt. Arbeitsschutz und Arbeitssicherheit
Ansprechpartner im Ministerium:
Herr Palm, Herr Lübke, Tel. 0611-817-3395

Mecklenburg-Vorpommern

Sozialministerium Schwerin, Abt. IX 6:
Arbeitsschutz und technische Aufsicht
Werderstr. 124, 19048 Schwerin
Tel. 0385-588-0, Fax -588-9063,
Ansprechpartner: Herr Schössow –9640

Niedersachsen

Ministerium für Frauen, Arbeit und Soziales Hannover
H.-W.-Kopf-Platz 2, 30159 Hannover
Tel. 0511-120-0, Fax -120-4297,
Ansprechpartner: Herr Bening –3068
Anmerkung: Direkte Zuständigkeit haben TÜV-Stellen
bzw. regionale Gewerbeaufsichtsämter

Reinland-Pfalz

Landesamt für Umweltschutz und Gewerbeaufsicht
Amtsgerichtsplatz 1, 55276 Oppenheim
Tel. 06131-967-0, Fax -674920,
Ansprechpartner: Herr Stein –421

Saarland

Landesministerium für Frauen, Arbeit, Gesundheit und Soziales,
Abt. B, Referat 6,
F.-J.-Röder-Str. 23, 66119 Saarbrücken
Tel. 0681-501-0, Fax -3302,
Ansprechpartner: Herr Schmidt –3396

Sachsen

Sächsisches Landesinstitut für Arbeitsschutz und Arbeitssicherheit
Reichsstr. 39, 09112 Chemnitz
Tel. 0371-3685-0, Fax -3685-100,
Ansprechpartner: Herr Eberle –195

Sachsen-Anhalt

Ministerium für Arbeit, Frauen, Gesundheit und Soziales,
Referat 45: Grundsatzangelegenheiten im Arbeitsschutz,
Seepark 5-7, 39116 Magdeburg
Tel. 0391-567-01, Fax -567-4522,
Ansprechpartner: Herr Mewes –4514
E-Mail: Ronald.mewes @ ms.lsa.not.de
In Einzelfällen: Landesamt für Arbeitsschutz Dessau,
Kühnauer Str. 70, 06846 Dessau
Tel. 0340-6501-0, Fax 0340-6501-294

Schleswig-Holstein

Landesamt für Gesundheit und Arbeitssicherheit,
Adolf-Westphal-Str. 4, 24143 Kiel
Sekretariat: Tel. 0431-988-5567, Fax -988-5358,
Ansprechpartnerin: Frau Küber –5545

Thüringen

Amt für Arbeitsschutz Erfurt ; Linderbacher Weg 30, 99099 Erfurt
Amtssekretariat: Tel. 0361-3798-300, Fax -3798-380,
Ansprechpartner: Herr Paasch -332

8.2 Schaltpläne

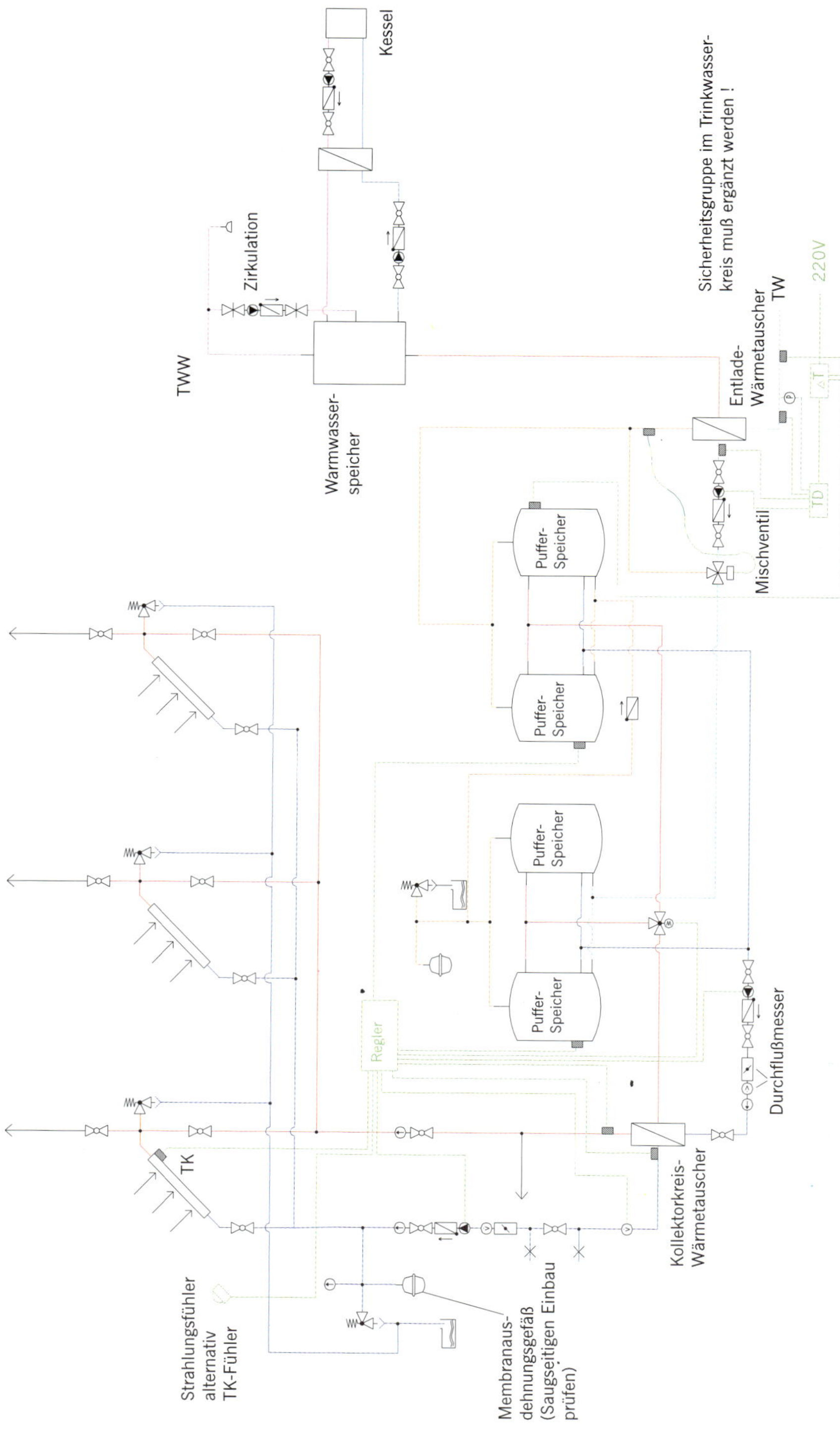

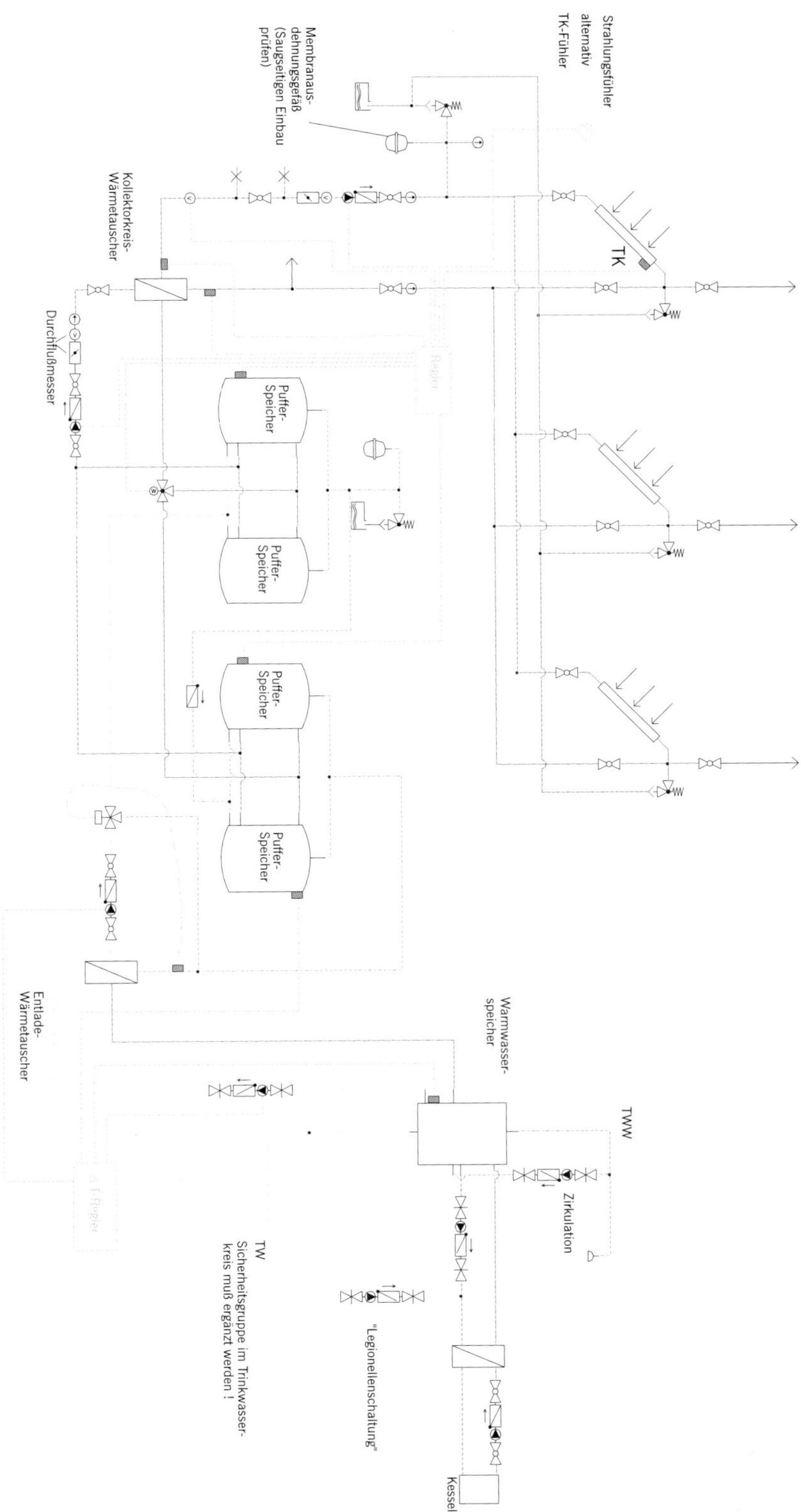
Strahlungsfühler alternativ TK-Fühler
Membranausdehnungsgefäß (Saugseitigen Einbau prüfen)
TK
Kollektorkreis-Wärmetauscher
Durchflußmesser
Puffer-Speicher
Puffer-Speicher
Puffer-Speicher
Puffer-Speicher
Entlade-Wärmetauscher
Warmwasser-speicher
TWW
Zirkulation
TW
Sicherheitsgruppe im Trinkwasserkreis muß ergänzt werden !
"Legionellenschaltung"
Kessel

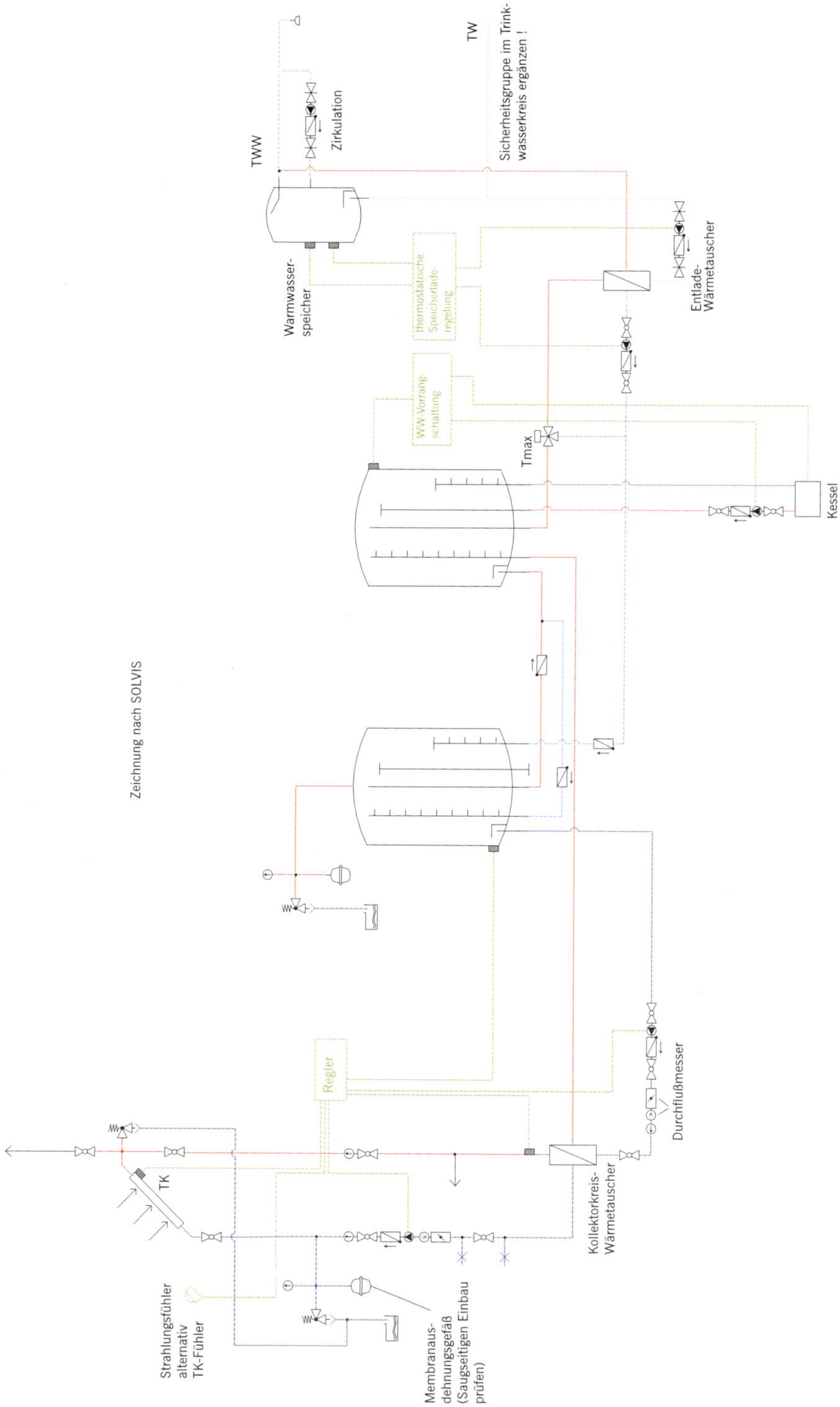
Zeichnung nach SOLVIS
TWW
Zirkulation
TW
Sicherheitsgruppe im Trinkwasserkreis ergänzen !
Warmwasserspeicher
thermostatische Speicherladeregelung
Entlade-Wärmetauscher
WW-Vorrangschaltung
Tmax
Kessel
Regler
TK
Durchflußmesser
Kollektorkreis-Wärmetauscher
Strahlungsfühler alternativ TK-Fühler
Membranausdehnungsgefäß (Saugseitigen Einbau prüfen)

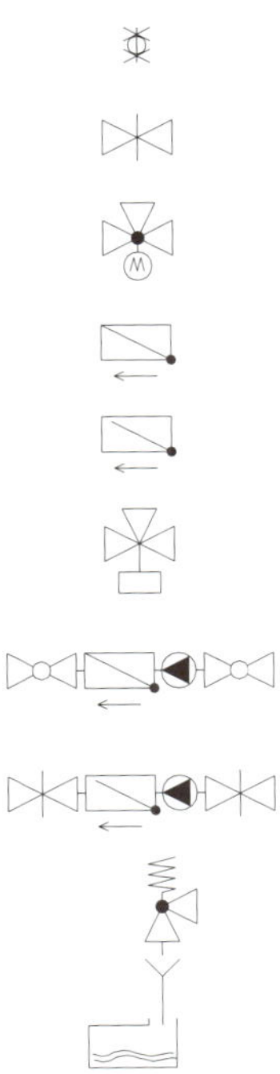

Absperrhahn

Absperrschieber

Dreiwegeventil /-mischer mit Motorantrieb

Rückschlagklappe

Rückschlagorgan

Mischventil

Pumpengruppe Heizkreis

Pumpengruppe Trinkwasserkreis

Sicherheitsventil federbelastet mit Auffangbehälter

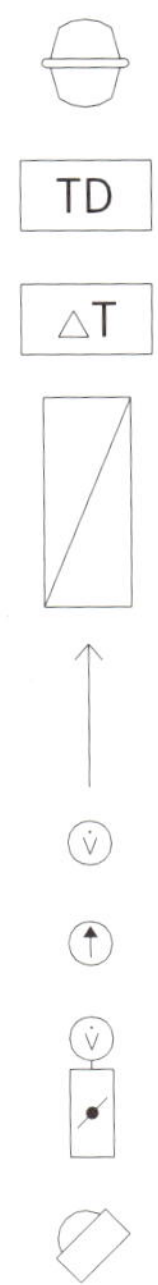

Membranausdehnungsgefäß

Thermodriveregler

Temperaturdifferenzregler

Wärmetauscher

Entlüfter

Volumenstromgeber

Manometer

Durchflußmesser/ Strangregulierventil

Strahlungsfühler

Rücklauf Kollektorkreis

Vorlauf Kollektorkreis

Rücklauf Speicherkreis

Vorlauf Speicherkreis

Rücklauf Pufferkreis

Vorlauf Pufferkreis

Rücklauf Entladekreis (TW)

Vorlauf Entladekreis (TW)

Rücklauf Nachheizung

Vorlauf Nachheizung

Zirkulation / TWW Leitung

Regelung

8.3 Begriffe der Solarthermie

Bei der Planung von thermischen Solaranlagen werden neben den in der Heizungs- / Sanitärplanung gebräuchlichen Begriffen neue Begrifflichkeiten verwendet, von denen einige wichtige nachfolgend beschrieben werden:

Azimut

Der Azimutwinkel (Azimut) gibt die Ausrichtung der Solaranlage in Relation zu einer Südausrichtung an. So bedeutet Azimut 0° eine reine Südausrichtung, Azimut -90° entspricht einer reinen Westausrichtung, Azimut +90° einer reinen Ostausrichtung.

Globalstrahlung

auf die Erdoberfläche treffende Energiemenge (meist auf die horizontale Oberfläche bezogen und in jährlichen Werten angegeben), in der Bundesrepublik ca. 980–1.170 kWh/m^{2}a, weltweit zwischen 800 und 2.400 kWh/m^{2}a

direkte Strahlung

nicht in der Atmosphäre gestreuter Anteil der Solarstrahlung

diffuse Strahlung

durch die Atmosphäre, Wolken und Bodenreflexion gestreuter Anteil der Solarstrahlung, der in Deutschland ca. 40% – 60% der gesamten jährlichen Energiemenge durch Solarstrahlung ausmacht

Kollektorkreisnutzungsgrad

die vom Kollektorkreis (auch als Solarkreis bezeichnet) abgegebene Energie geteilt durch die auf die Kollektorfläche eingestrahlte Energie

solarer Deckungsgrad

der vom Solarsystem erbrachte Anteil an der gesamten für die Trinkwassererwärmung erforderlichen Energiemenge, der solare Deckungsgrad wird meist auf ein Jahr bezogen

Solarkonstante (I_{sc})

die senkrecht auf eine Fläche der Atmosphäre treffende Leistung der Solarstrahlung, im Mittel 1,367 kW/m^2

Systemnutzungsgrad

fälschlicherweise auch Systemwirkungsgrad oder Wirkungsgrad genannt, die korrekte Definition lautet: vom Solarsystem abgegebene Energie geteilt durch die auf die Kollektorfläche eingestrahlte Energie

8.4 Normverzeichnis

Die wichtigsten Normen und Regelwerke sind zu beziehen bei:
Beuth Verlag GmbH, Burggrafenstr. 6, 10787 Berlin, Tel. 030–26012817

ISO 9806-1

Solar Collectors Performance Test Procedures

DIN 4751 T1-2

Wasserheizungsanlagen

DIN 4753 T1-11

Wassererwärmer und Wassererwärmungsanlagen für Trink- und Betriebswasser

DIN 1988 T1-5 T7-8

Technische Regeln für Trinkwasserinstallation

DVGW Arbeitsblätter

W 551; W 552; W 553

Druckbehälterverordnung

AD–Merkblatt A2 (Merkblätter der Arbeitsgemeinschaft Druckbehälter)

Heizungsanlagenverordnung

TRD

Technische Regeln für Dampfkessel 1998

DIN 4757, Teil 1

Sonnenheizungsanlagen mit Wasser und Wassergemisch als Wärmeträger; Anforderungen an die sicherheitstechnische Ausführung

DIN 4757, Teil 2

Sonnenheizungsanlagen mit organischen Wärmeträgern; Anforderungen an die sicherheitstechnische Ausführung

DIN 4757, Teil 3

Sonnenheizungsanlagen; Sonnenkollektoren; Begriffe; Sicherheitstechnische Anforderungen; Prüfung der Stillstandstemperatur

DIN 4757, Teil 4

Solarthermische Anlagen; Sonnenkollektoren; Bestimmung von Wirkungsgrad, Wärmekapazität und Druckabfall

PrEN 12975-1

Thermische Solaranlagen und ihre Bauteile; Kollektoren;
Teil1: Allgemeine Anforderungen

PrEN 12975-2

Thermische Solaranlagen und ihre Bauteile; Kollektoren;
Teil 2: Prüfverfahren

PrEN 12976-1

Thermische Solaranlagen und ihre Bauteile; vorgefertigte Anlagen;
Teil 1: Allgemeine Anforderungen

PrEN 12976-2

Thermische Solaranlagen und ihre Bauteile; vorgefertigte Anlagen;
Teil 2: Prüfverfahren

PrEN 12977-1

Thermische Solaranlagen und ihre Bauteile; Kundenspezifisch gefertigte Anlagen; Teil 1: Allgemeine Anforderungen

PrEN 12977-2

Thermische Solaranlagen und ihre Bauteile; Kundenspezifisch gefertigte Anlagen; Teil 2: Prüfverfahren

PrEN 12977-3

Thermische Solaranlagen und ihre Bauteile; Kundenspezifisch gefertigte Anlagen; Teil 3: Leistungsprüfung von Warmwasserspeichern

weitere technische Regeln und Normen, die in Zusammenhang mit DIN 4757 zu beachten sind:

DIN 1055, Teil 4

Lastenannahmen für Bauten; Verkehrslasten; Windlasten nicht schwingungsanfälliger Bauwerke

DIN 1055, Teil 5

Lastenannahmen für Bauten; Verkehrslasten; Schneelast und Eislast

DIN EN 1057

Installationsrohre aus Kupfer, nahtlos gezogen

DIN 4807

Membrane aus Elastomeren in Druckausdehnungsgefäßen

DIN 2448

Nahtlose Stahlrohre, Siederohre

8.5 Muster-LV

Das Muster-LV befindet sich auf beiliegender CD.

Hinweise zum Muster-LV:
Das im folgenden beschriebene Muster-LV soll Texte und Anhaltswerte in Ergänzung der beschriebenen Sachverhalte und Beispiele liefern.
Es bezieht sich auf Solaranlagen zur Trinkwassererwärmung, die solare Heizungsunterstützung wird nicht beschrieben.

Das Muster-LV ist unvollständig!

Das Muster-LV kann eine fachgerechte Planung nicht ersetzen!

Es soll für Planung und Vorbetrachtungen jedoch Anhaltswerte zu möglichen Texten und Bauteilen geben. In diesem Sinne ist es unverbindlich, aus seinen Inhalten kann keinerlei Rechtsanspruch gegenüber dem Autor geltend gemacht werden.

Die Übernahme einzelner Texte in fachgerechten Ausschreibungen ist erwünscht und wird die Erstellung der Planungen erleichtern.

8.6 Stoffdaten Wärmeträger

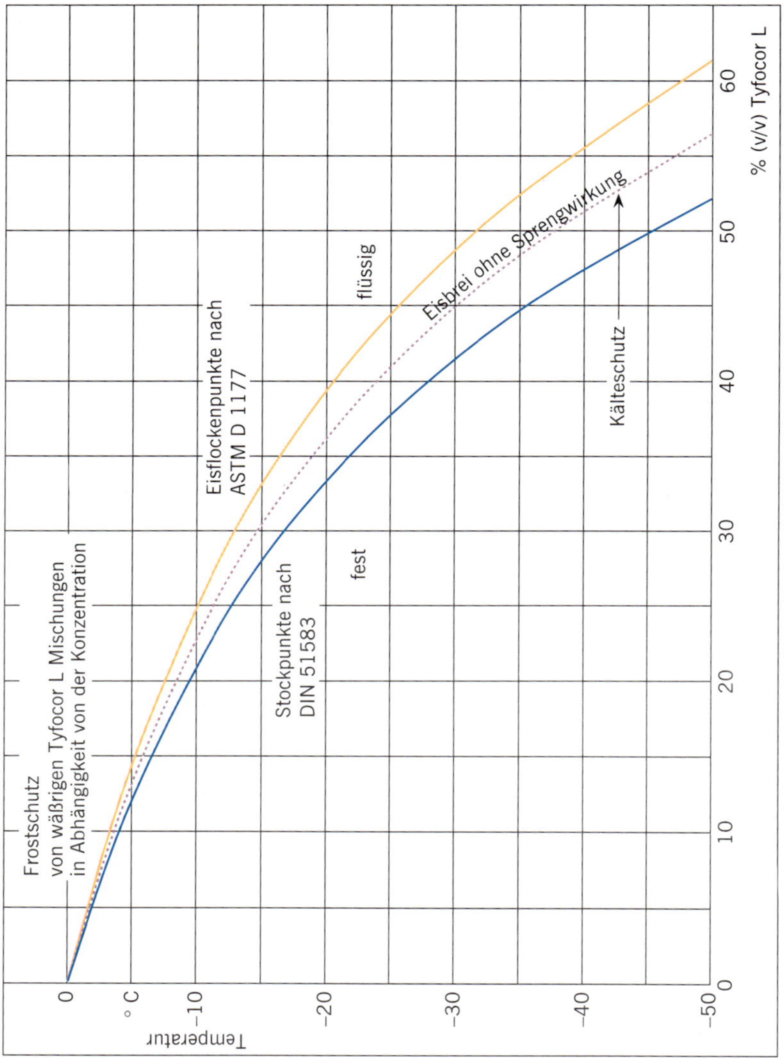

Diagramm 8.6.1: Frostschutz in Abhängigkeit der Frostschutzmittelkonzentration

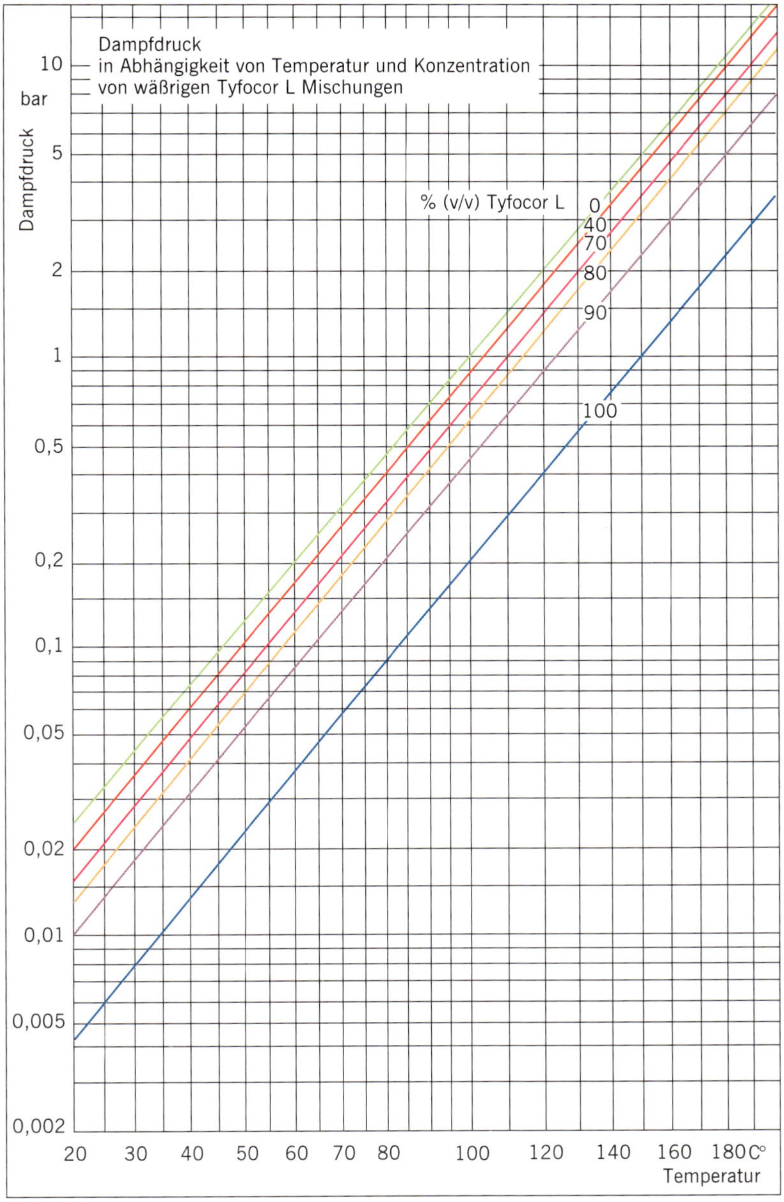

Diagramm 8.6.2: Dampfdruckkurven von Wasser / Glykolgemischen

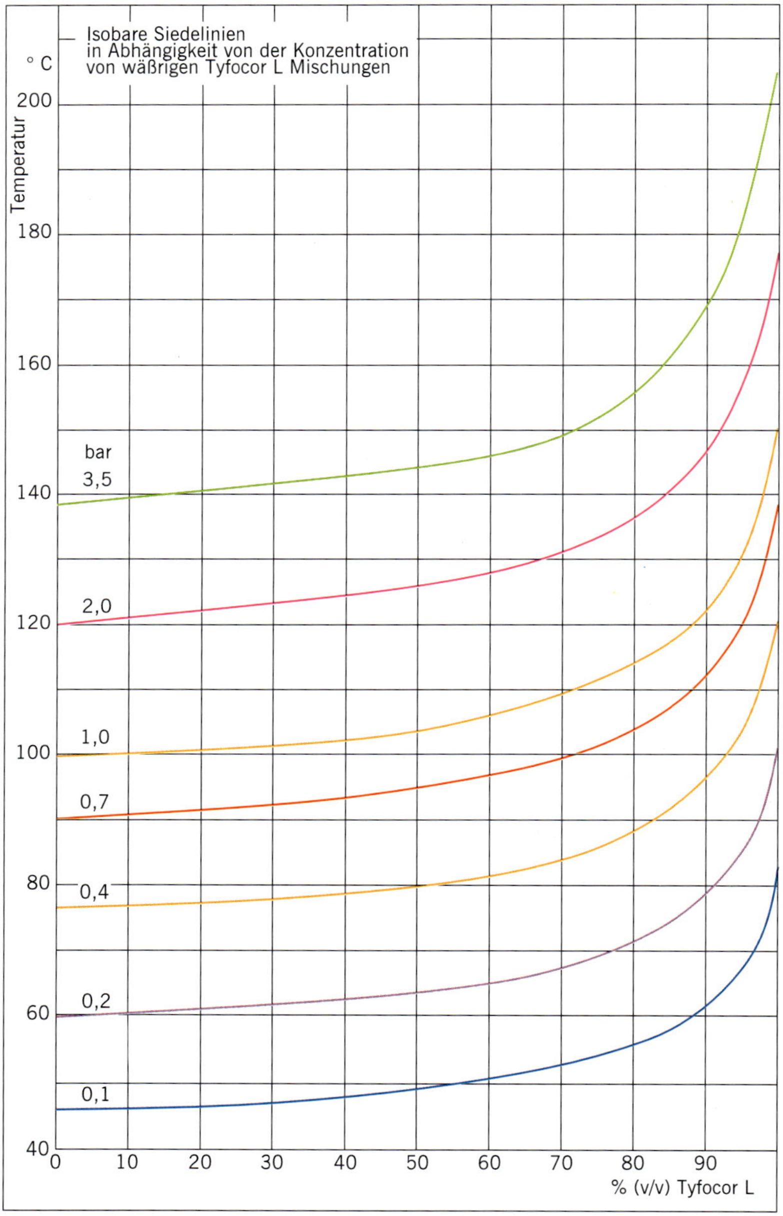

Diagramm 8.6.3: Isobare Siedelinien von Wasser / Glykolgemischen

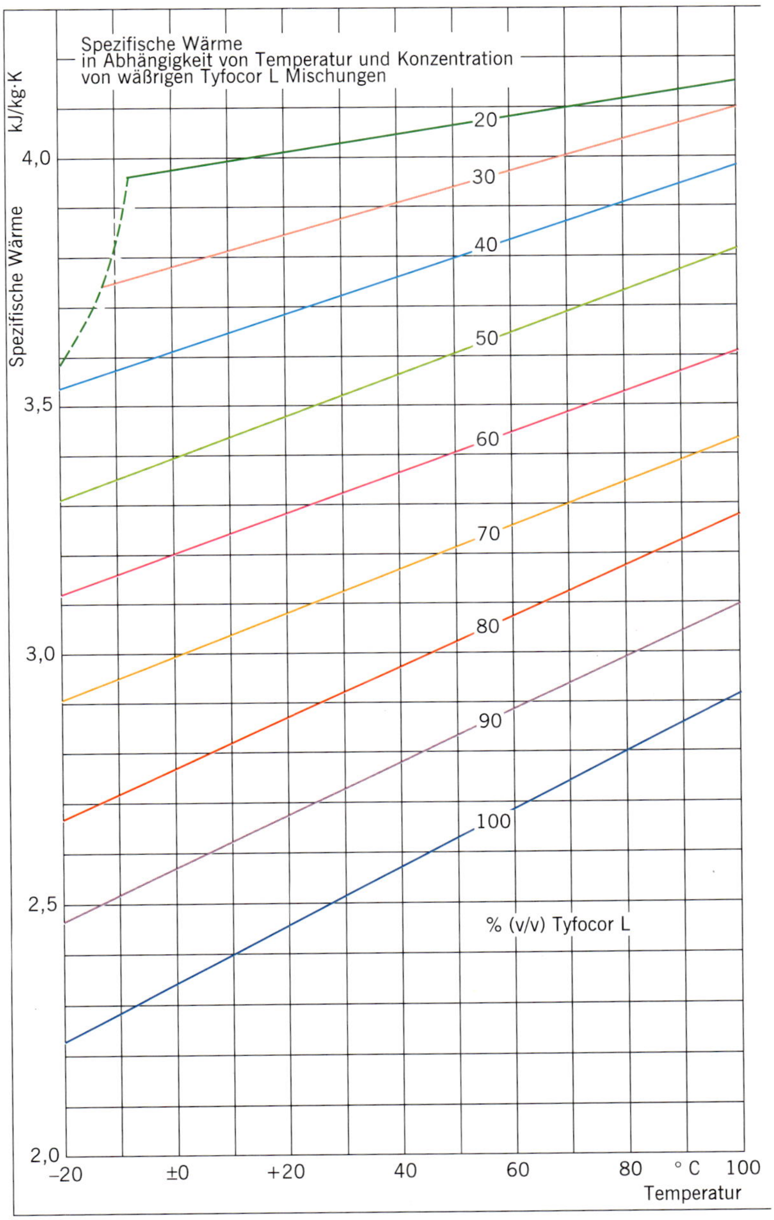

Diagramm 8.6.4: Spezifische Wärmekapazität von Wasser / Glykolgemischen

8.7 Adressen ausgewählter Fachfirmen und Fachplaner

Fachfirmen

Akkord GmbH

14542 Werder, Kesselgrundstr. 1-5
Tel. 03327-730291, Fax -730290

BGT Gas & Öl GmbH

16761 Hennigsdorf, Veltener Straße
Tel. 03302-800398, Fax -802711

Energie Biss GmbH

12435 Berlin, Bouchéstr. 12
Tel. 030-53638845, Fax -53638813

ENSA-ALT Bau GmbH

04179 Leipzig, Prießnitzstr. 43
Tel. 0341-4413288

Mercedöl Feuerungsbau

10557 Berlin, Heidestr. 19a
Tel. 030-3944591, Fax -3948971

ÖKOTEC GmbH

09627 Oberbobritzsch, Lichtenberger Str. 114
Tel. 037325-7302, Fax -7302

ROM-Berlin

12055 Berlin, Mittelbuschweg 20
Tel. 030-683750

Spartec

18273 Güstrow, Ulrichstr. 10c
Tel. 03843-723122, Fax -683132

Th. Bergmann GmbH & Co.

13403 Berlin, Eichborndamm 93
Tel. 030-4177940, Fax -41779494

Viva Solar GmbH

56626 Andernach, Otto-Wolf-Str. 12
Tel. 02632-96630, Fax -96632

Zimmerly

86154 Augsburg, Zellernstr. 88
Tel. 0821-426556, Fax -426558

Fachplaner

Martin Schnauss

10969 Berlin, Luckauer Str. 17
Tel. 030-6151181, Fax -6151181

Akut GmbH

13355 Berlin, Wattstr. 10
Tel. 030-4678120, Fax -46781299

AZIMUT

10829 Berlin, Kolonnenstr. 26
Tel. 030-7877460, Fax -78774699

Valentin Energiesoftware

10997 Berlin, Köpenicker Str. 9
Tel. 030-61791780, Fax -61791711

Freiholz & Eggen

13185 Berlin, Kirchstr. 9-15
Tel. 030-4773450, Fax -4773455

Ingenieurbüro Willmann

14772 Brandenburg, Zu den Eichen 2
Tel. 03381-72520, Fax -725215

Ingenieurbüro Winzer

07745 Jena, Otto-Schott-Str. 13
Tel. 03641-619459, Fax -619459

IST Energietechnik GmbH

79400 Kandern-Wollbach, Ritterweg 1
Tel. 07626-915415, Fax -7099

R P P

04299 Leipzig, Baalsdorfer Str. 55
Tel. 0341-8654513, Fax -8654531

Syrius GmbH

12045 Berlin, Weichselplatz 3-4
Tel. 030-61395119, Fax -61395151

TGA Deinert

10999 Berlin, Erkelenzdamm 59/61
Tel. 030-6117005, Fax -61280365

8.8 Adressen Institute und Verbände

Deutschland

BSE, Bundesverband Solarenergie e.V.

45128 Essen, Kruppstraße 5
Tel. 0201-1223006

DFS, Deutscher Fachverband Solarenergie e.V.

79114 Freiburg, Christaweg 42
Tel. 0761-4763213, Fax -4763513

DGS Deutsche Gesellschaft für Sonnenenergie e.V.

DGS, Landesverband Berlin-Brandenburg
13347 Berlin, Seestr. 64
Tel. 030-75702310, Fax -7510196
DGS, Deutsche Gesellschaft für Sonnenenergie e.V.
80333 München, Augustenstr. 7
Tel. 089-524071, Fax -521668
DGS, Fachausschuß Thermie
03044 Cottbus, Karl-Marx-Str. 17
Tel. 0355-692817, Fax -692211

ECONSULT

72108 Rottenburg,Buchenweg 12
Tel. 07457-91934, Fax -91935

Fachhochschule Merseburg, FB Maschinenbau

06217 Merseburg, Geusaerstraße
Tel. 03461-462918, Fax -462965

Fachhochschule Stralsund, FB Elektrotechnik

18435 Stralsund, Große Parower Str. 145
Tel. 03831-367581, Fax -367687

Forschungszentrum Jülich GmbH, BEO

10179 Berlin, Wallstr. 17-22
Tel. 030-20199427, Fax -20199470

Fraunhofer ISE

79100 Freiburg, Ottmannstr. 5
Tel. 0761-4588140, Fax -4588132

INFA-Solar, Hochschule für Technik und Wirtschaft des Saarlandes

66117 Saarbrücken, Goebenstr. 40
Tel. 0681-5867259, Fax 586725

ISFH

31860 Emmertal, Am Ohrberg 1
Tel. 05151-999314

ITW, Universität Stuttgart

70550 Stuttgart, Pfaffenwaldring 6
Tel. 0711-6853279, Fax -6853242

Öko-Institut e.V.

79119 Freiburg, Binzengrün 34a
Tel. 0761-452950

Solar-Institut Jülich

52428 Jülich, Ginsterweg 1
Tel. 02461-689249, Fax -689235

Techn. Universität Chemnitz, Lehrstuhl techn. Thermodynamik

09107 Chemnitz
Tel. 0371-5312546, Fax -5312349

Techn. Universität Ilmenau

98686 Ilmenau, Postfach 100565
Tel. 03677-691827, Fax -694203

TÜV, Energie u. Systemtechnik

80686 München, Westendstr. 19
Tel. 089-51903142, Fax -51903355

Universität Potsdam

14415 Potsdam, Postfach 601553
Tel. 0331-9772265, Fax -9772077

UVS, Unternehmensverband Solarwirtschaft

10405 Berlin, Greifswalder Str. 207
Tel. 030-44009123, Fax -44009124

ZFS, Rationelle Energietechnik GmbH

40723 Hilden, Verbindungsstr. 19
Tel. 02103-244410, Fax -244440

ZDVH

50968 Köln, Fritz-Reuter-Straße 1
Tel. 0221-37 20 58, Fax -38 43 36

ZVSHK

53757 St. Augustin, Rathausallee 6
Tel. 02241-29056, Fax -21131

Schweiz

SPF/IPR

CH-8640 Rapperswil, Oberseestr. 10
Tel. 0041-552224521, Fax -552106131

Österreich

ARGE Erneuerbare Energie

Gartengasse 5, A-8200 Gleisdorf
Tel. 0043-3112-5886-17, Fax -5886-18

Österreichisches Forschungs- u. Prüfzentrum, Arsenal GmbH

A-1030 Wien, Faradaygasse 3
Tel. 0043-1-79747282, Fax -179747595

8.9 Literaturverzeichnis

[1] DIN 4757 T1, Deutsches Institut für Normung e.V. 1980, Beuth Verlag, Berlin

[2] DIN 4757 T3 / T4, Deutsches Institut für Normung e.V. 1995, Beuth Verlag, Berlin

[3] Gesetz über technische Arbeitsmittel (Gerätesicherheitsgesetz) und allgemeine Verwaltungsvorschrift, Die Bundesregierung 1992, Bonn

[4] TRD Technische Regeln für Dampfkessel, Taschenbuch-Ausgabe Januar 1998, Verlag Heymann, Berlin, Verlag Beuth, Berlin

[5] Förderprogramm Solarthermie 2000, Bundesministerium für Bildung und Forschung, Projektträger BEO, 1993, Bonn / Berlin

[6] Häuser ohne Heizung – Erfahrungen mit den ersten Passivhäusern und kostengünstige Passivhäuser der zweiten Generation, W. Feist, Tagungsband 6. Symposium Thermische Solarenergie 1996, OTTI e.V., Regensburg

[7] Solarthermie in Deutschland und Europa : Marktsituation und Perspektiven, G. Stryi-Hipp, Tagungsband 6. Symposium Thermische Solarenergie 1996, OTTI e.V., Regensburg

[8] Energietechnik I, Umdruck zur Vorlesung, Prof.Dr.-Ing. G. Tsatsaronis, TU Berlin Institut für Energietechnik, 1997, Berlin

[9] So baue ich meine Solaranlage, Fa. Wagner&Co, 1996, Marburg / Cölbe

[10] Kollektoranlagen im Geschoßwohnungsbau – eine Zwischenbilanz, M. Mack, Chr. Schwenk, S. Köhler, Tagungsband 11. Internationales Sonnenforum 1998, DGS e.V. München

[11] Langzeiterfahrungen mit thermischen Solaranlagen, F.A. Peuser, R. Croy, ZfS Rationelle Energietechnik GmbH 1997, Hilden

[12] Solaranlagen auf dem Weg zur Wirtschaftlichkeit – Integrale Wärmeenergiekonzepte für Neubauten, D. Mangold, Uni Stuttgart, Tagungsband 6. Symposium Thermische Solarenergie 1998, OTTI e.V., Regensburg

[13] DIN 4753 T1-T11, Wassererwärmer und Wassererwärmungsanlagen für Trink- und Betriebswasser, Deutsches Institut für Normung e.V. 1988-1990, Beuth Verlag, Berlin

[14] Heizung, Luft & Klima Technik, Gentner Taschen-Fachbuch, D. Schlapmann, 1998, Gentner Verlag, Stuttgart, ISBN 3-87247-519-3

[15] DVGW Arbeitsblatt W551 „Trinkwassererwärmungs- und Leitungsanlagen; Technische Maßnahmen zur Verminderung des Legionellenwachstums", Deutscher Verein des Gas- und Wasserfaches e.V., 1993, Bonn

[16] Taschenbuch für Heizung + Klima Technik, Recknagel, Sprenger, Schramek, Ausgabe 97/98, R. Oldenbourg Verlag, München / Wien

[17] Projekt Solaranlage, Projektträger SOFAS, Bundesamt für Konjunkturfragen, 1995, Bern

[18] Leistungsdaten thermischer Sonnenkollektoren, Solarenergie Prüf- und Forschungsstelle, Blattsammlung, 1991–1998, CH–Rapperswil

[19] VDI 2067 Richtlinie Berechnung der Kosten von Wärmeversorgungsanlagen, Verein Deutscher Ingenieure, VDI Verlag GmbH, Düsseldorf

[20] VDI 6025 Richtlinie Wirtschaftlichkeitsberechnung, Verein Deutscher Ingenieure, VDI Verlag GmbH, Düsseldorf

[21] Marktübersicht aus mehr als 3.000 geförderten solarhtermischen Kleinanlagen (RWE), Dr.-Ing. B. Dietrich, RWE Essen, VDI Berichte 1406, Regenerative Energeianlagen erfolgreich planen und betreiben '98, VDI Verlag GmbH, 1998, Düsseldorf

[22] Modellierung und Optimierung von Kollektorregelungen in großen solar integrierten Wärmeversorgungsanlagen, A. Ratka u.a., Tagungsband 8. Symposium Thermische Solarenergie 1998, OTTI e.V., Regensburg

[23] Erfassung von Kollektorkreistemperaturen und Vergleich der Meßwerte, A. Denninger, SOLARPRAXIS 1998, Berlin

[24] Die fachgerechte Kupferrohrinstallation, DKI Infodruck i.158, Deutsches Kupfer-Institut 1998, Düsseldorf

[25] Vorsicht statt Nachsicht – Versicherungen für Solaranlagen: Eine Übersicht, T. Seltmann, Sonnenenergie&Wärmetechnik 4/98, Bielefelder Verlags Anstalt, 1998, Bielefeld

[26] Vergleich verschiedener Systeme zur Warmwasserbereitung, M. Mack, Tagungsband 7. Symposium Thermische Solarenergie 1997, OTTI e.V., Regensburg

[27] Sammlung verschiedener Musterschaltpläne und Grafiken, SOLARPRAXIS, 1998, Berlin

[28] Produktordner der Fa. UFE SOLAR GmbH, 1997, Eberswalde

[29] Das Sonnenenergieangebot und dessen Nutzung in Berlin, St. Scherz, B. Weyres, R. Wüst, DGS LV Berlin / Brandenburg 1993, Berlin

[30] SolarDachFibel, Th. Delzer, K.-H. Remmers, Edition SOLARPRAXIS, Berlin 1998

[31] Kollektorbeschichtungen für die neue Hochleistungsklasse, Arge Erneuerbare Energie, 1997, A–Gleisdorf

[32] Die fachgerechte Installation von thermischen Solaranlagen, DKI Infodruck i.160, Deutsches Kupfer-Institut 1999, Düsseldorf

[33] Produktordner der Fa. SOLVIS, 1998, Braunschweig

[34] Testzitat aus: Die fachgerechte Installation von thermischen Solaranlagen, DKI Infodruck i.160, Deutsches Kupfer-Institut 1999, Düsseldorf

[35] Produktordner der Fa. Wagner&Co Solartechnik, 1998, Cölbe

[36] Produktordner der Fa. reflex, 1998, Aahlen

[37] Umweltschonende Energietechnik, N.V. Khartchenko, Vogel Fachbuch 1997, Würzburg

[38] Simulation u. Vergleich verschiedener Pufferspeicherkonzepte und Entladestrategien von solarthermischen Großanlagen, Diplomarbeit Jens Luchterhand, 1997, Berlin

[39] AD-Merkblätter, Sammlung der Druckbehälterverordnung und der Arbeitsblätter Druck, Beuth Verlag, 1996, Berlin

[40] DIN 4751 T1-T3, Wasserheizungsanlagen, Deutsches Institut für Normung e.V. 1994, Beuth Verlag, Berlin

[41] Garantierte Resultate von thermischen Solaranlagen, ein Projekt im EU Programm Thermie, Ulrich Luboschick IST Energietechnik, 1997, Kandern

[42] Bestandsaufnahme großer thermischer Solaranlagen >20 m^2 in Berlin, DGS e.V. im Auftrag der Senatsverwaltung für Bauen, Wohnen und Verkehr, 1997, Berlin

[43] T*SOL Handbuch Version 3.0, Ing.-Büro Valentin 1997, Berlin

[45] Simulation von zwei Solaranlagen mit verschiedenen PC-Programmen, Th. Schmalschläger, Stadtwerke München, Tagungsband 6. Symposium Thermische Solarenergie 1996, OTTI e.V., Regensburg

[46] Erfahrung mit Solaranlagen zur Brauchwasserbereitung im Programm Solarthermie 2.000, Teilprogramm 2, R. Croy, ZfS, Tagungsband 8. Symposium Thermische Solarenergie 1998, OTTI e.V., Regensburg

[47] Erneuerbare Energien, M. Kaltschmitt, Springer Verlag, 1995, Berlin

[48] Aktive thermische Solartechnik in mitteleuropäischen Breiten, F.-U. Müller, Energietechnik Müller, 1991, Satteldorf

[49] Aktuelle und künftige Kosten thermischer Solaranlagen, D. Mangold, ITW, Tagungsband 8. Symposium Thermische Solarenergie 1998, OTTI e.V., Regensburg

[50] Gespräche mit Hr. Dr. Donat, Forschungszentrum Jülich, Projektträger BEO, 1998, Berlin

[51] Gespräche mit den Heizungsbaufirmen BGT, Hennigsdorf; Akkord, Werder; Spartec, Güstrow, 1998

[52] VOB 1996, Verdingungsordnung für Bauleistungen, Beuth Verlag, 1996, Berlin

[53] Dimensionierung von Plattenwärmeüberträgern in thermischen Solarsystemen, Kl. Vajen, M. Uecker, A. Ratka, Tagungsband 6. Symposium Thermische Solarenergie 1996, OTTI e.V., Regensburg

[54] Gespräche mit Kl. Vajen, Uni Marburg, 1998, Marburg

[55] Planung für ein Angebot der Fa. Steinberg Haustechnik im Bauvorhaben Pleißenburg, SOLARPRAXIS, 1998, Berlin

[56] div. telefonische Preisanfragen, SOLARPRAXIS 1998, Berlin

[57] Entwicklung einer Auslegungshilfe zur technischen und wirtschaftlichen Planung großer thermischer Solaranlagen, Diplomarbeit K.-H. Remmers, Prof. Dr.-Ing. Bartsch, TU Berlin 1998, Berlin

[58] Solare Nahwärme – Ein Leitfaden für die Praxis –, M. Brenner, D. Mangold, Prof. Dr.-Ing. E. Hahne, Hrsg. Fachinformationszentrum Karlsruhe, Gesellschaft für wissenschaftlich-technische Informationen mbH, TÜV Verlags GmbH, 1998, Köln, ISBN 3-8249-0470-5

[59] Heizen mit der Sonne, Arbeitsgemeinschaft Erneuerbare Energien 1998, A-8200 Gleisdorf, Tel. 0043-31125886, in Deutschland bei Ökobuch Versand, Staufen bei Freiburg, Tel. 07633-50613.

[60] Sonnenenergieanlagen mit hohem solarem Deckungsgrad für Warmwasser und Heizung, J. Jenni, Jenni Energietechnik AG 1997, CH–3414 Oberburg bei Burgdorf, Tel. 0041–34–4229777

[61] Solar Engineering of thermal processes, Duffie / Beckmann, 2.Auflage, John Wiley&Sons 1991, New York

[62] Thermische Solaranlagen, N.V. Khatchenko, Springer Verlag, 1994, Berlin

[63] Regenerative Energiesysteme, Volker Quaschning, Carl Hanser Verlag 1998, München

[64] Sanitärinstallation Gas Wasser Haustechnik Klempnerei, Manfred Jutte, Gentner Verlag 1998, Stuttgart, ISBN 3-87247-522-3

[65] Heizunganlagenverordnung, Sonderdruck „Die wichtigsten Anforderungen der Heizungsanlagenverordnung für den Paktiker“, Fachverband Sanitär, Heizung Klima NRW, Düsseldorf

[66] Sanitärtechnik, 7. Auflage, H. Feurich, Krammer Verlag 1995, Düsseldorf

[67] Solaranlagen – Planung, Bau und Selbstbau von Solarsystemen zur Warmwasserbereitung und Raumheizung, H. Ladener, Ökobuch Verlag 1994, Staufen bei Freiburg

[68] Graue Energie und Umweltbelastungen von Heizungssystemen, Markus May, Jenni Energietechnik AG 1996, CH–3414 Oberburg bei Burgdorf

[69] Vorteile fassadenintegrierter Kollektoren, G. Bertsch, DOMA Solartechnik 1998, A-Bludesch

[70] VDI Berichte 1406, Regenerative Energieanlagen erfolgreich planen und betreiben ‘98, VDI Verlag GmbH, 1998, Düsseldorf

[71] Kommende Veröffentlichung über thermische Solaranlagen in Hotels, Chr. Schwenk, ISFH 1999, Hameln

[72] Wärmespeicher, 3. erw. u. völlig überarb. Aufl., R.Kübler, N. Fisch, Hrsg. Fachinformationszentrum Karlsruhe. Gesellschaft für wissenschaftlich-technische Information mbH, TÜV Verlag GmbH, 1998, Köln, ISBN 3-8249-0442-X

[73] Solare Garantieverfahren, Seminar des DGS-Fachausschuß Thermie, DGS e.V. München 1996, München

[74] Systemuntersuchung zu Wärmeübertragern in solarthermischen Großanlagen zur Warmwasserbereitung, Diplomarbeit F. Rotter, Prof. Dr. G. Bartsch, TU Berlin 1999, Berlin

[75] Fachregeln des deutschen Dachdeckerhandwerks, Ausgabe 1998, R. Müller Verlag, 1998, Köln

[76] Flachdächer, H.-J. Steinhöfel, R. Müller Verlag, 1992, Köln

[77] Rheinzink – Anwendung in der Architektur, RHEINZINK GmbH, 1993, Datteln

[78] Braas Dachsysteme – Handbuch geneigte Dächer, Ausgabe 98/2000, Braas Dachsysteme, 1998, Oberursel

[79] Dach Atlas Geneigte Dächer, Schunk, Finke, Jenisch, Oster, Institut für internationale Architekturdokumentation GmbH

[80] Atlas Flache Dächer – Nutzbare Flächen, von Busse, Waubke, Grimme, Mertins, Institut für internationale Architekturdokumentation GmbH

[81] Regelungen in Solaranlagen, Forschungsprojekt Lebensdauer und Betriebssicherheit von Solaranlagen Teil 5, U. Frei, T. Häuselmann, E. Rohner, Interkantonales Technikum CH–8640 Rapperswil, 1986

Ausgesuchte Literatur

Allgemeine Buchveröffentlichungen

Thermische Solaranlagen Marktübersicht 1998/99, 1997, Ökobuch-Verlag, Postfach 1126, 79216 Staufen, DM 29,80

Erfahrungen mit Solaranlagen zur Schwimmbadwassererwärmung in öffentlichen Bädern, Croy, R., Rehrmann, U., Peuser, F.A., 2. Auflage, 1993, Zentralstelle für Solartechnik (ZfS) in der Gesellschaft zur Förderung der Heizungs- und Klimatechnik mbH (GFHK), Verbindungsstr. 19, 40723 Hilden, kostenlos

Solaranlagen-Planung, Bau und Selbstbau von Solarsystemen zur Warmwasserbereitung und Raumheizung, Ladener, H., 4. Auflage, 1994, Ökobuch-Verlag, Postfach 1126, 79216 Staufen, DM 44,–

So baue ich eine Solaranlage – Technik, Planung und Montage, 14. Auflage, 1996, Wagner & Co. Solartechnik, Ringstr. 14, 35091 Cölbe, DM 29,80

Thermische Solarenergienutzung an Gebäuden, Marko, A., Braun, P.O., Roth, W. (Hrsg.), Springer Verlag, Berlin-Heidelberg

Langzeiterfahrungen mit thermischen Solaranlagen, F.A. Peuser, R. Croy, u.a., 1997, TfS-Rationelle Energietechnik GmbH, Hilden, Kostenlos, Versandspesen DM 7,–

Fachzeitschriften

erneuerbare energien – Zeitschrift für Energiealternativen, Arbeitsgemeinschaft Erneuerbare Energie, Feldgasse 19, A–8200 Gleisdorf

Solarthemen – Der unabhängige Informationsdienst zu regenerativen Energien, Freies Redaktonsbüro für Umwelt- und Zukunftsfragen GbR, Bültestr. 85, 32545 Bad Oeynhausen, ISSN 1434-1530

Sonnenenergie – Zeitschrift für regenerative Energiequellen und Energieeinsparung, Solar Promotion GmbH-Verlag, Augustenstr. 79, 80333 München, ISSN 0172-3278

Energiedepesche, Bund der Energieverbraucher e.V., Josefstr. 24, 53619 Rheinbreitbach, ISSN 0933-8055

Sonnenenergie – Zeitschrift der Schweizerischen Vereinigung für Sonnenenergie (SSES), Aarbergasse 61, CH–3011 Bern, ISSN 0379-65256

Sonnenenergie und Wärmetechnik, Bielefelder Verlagsanstalt GmbH & Co.KG, Niederwall 53, 33602 Bielefeld, ISSN 0944-8772.

Sonnenzeitung, Uranus Verlags GmbH, Lange Gasse 48/5, A–1080 Wien, ISSN 1027-6637.

Grundlagenbücher

Solar Engineering of Thermal Processes, Duffie, J.A., Beckmann, W.A., 2. Auflage, 1991, John Wiley & Sons, New York

Thermische Solaranlagen – Grundlagen, Planung und Auslegung, Khartchenko, N.V., 1995, Springer Verlag. DM 98,–

European Solar Radiation Atlas – Solar Radiation on Horizontal and Inclined Surfaces, W. Palz, J. Greif, 3. Auflage, 1996, Springer Verlag, Berlin-Heidelberg

BINE-Informationspakete

Wärmespeicher, N. Fisch, R. Kübler, 3. Auflage, 1998, ISBN 3-8249-0442-8

Solare Nahwärme, E. Hahne, TÜV Verlag GmbH, 1998, ISBN 3-8249-0470-5

Handbücher

Leitfaden Solarthermische Anlagen – Grundlagen, Planung und Installation im Ein- und Zweifamilienhausbereich für Heizungsbauer, Gas-/Wasserinstallateure, Elektriker und Dachdecker, 2. Auflage, DGS Landesverband Berlin-Brandenburg e.V., Genestr. 5-6, 10829 Berlin, Tel. 030/7570-2310, DM 80,–

Literatur für Architekten

Schulung Solarthermie, Beratung-Planung-Installation, W. Körner, W. Kirchhoff und T. Schabbach, 1997, Bezug: Handwerkskammer Kassel, Tel. 0561/7888-0

Solaranlagen für Brauchwasser und Heizung, Test, Stiftung Warentest, März 1998, DM 6,50

Solararchitektur für Europa, Hrsg. A. Schneider, 1996, Birkhäuser Verlag, ca. DM 100,–

8.10 Checkliste, Wartungsprotokoll, Abnahmeprotokoll

Checkliste: Planung und Installation der Solaranlage

Anlagenstandort: ________________________

Betreiber: ________________________

	o.k.
Sind die Angaben des Lieferanten zur Kollektoraufstellung beachtet worden ?	
Wurden die max. Kollektorneigungswinkel und Ausrichtungen eingehalten ?	
Ist bei dachintegrierten Kollektoren auf eine Hinterlüftung geachtet worden ?	
Ist die Verankerung der Kollektoren gegen Windstöße und Schneelasten ausreichend ?	
Ist der Kollektor für Wartungsarbeiten zugänglich ?	
Ist am oberen Anlagenpunkt eine Entlüftung vorgesehen ?	
Ist ein ausreichender Blitzschutz/Erdung für Kollektoren und Kollektorkreisleitung vorhanden ?	
Ist der Kollektorfühler richtig montiert und wird nicht verschattet ?	
Ist ein Überspannungsschutz für den Kollektorfühler angeschlossen ?	
Ist der Kollektorkreis an einen Potentialausgleich angeschlossen ?	
Ist der Speicherfühler richtig plaziert und ausreichend befestigt ?	
Sind Kollektor und Speicherfühler korrekt an die Regelung angeschlossen ?	
Wird am Sicherheitsventil des Kollektorkreises austretende Solarflüssigkeit aufgefangen ?	
Sind Vor- und Rücklauf richtig angeschlossen ?	
Wurde die Pumpe im Rücklauf eingebaut ?	
Sind die Rohrleitungen unter Berücksichtigung der Wärmedehnung verlegt worden ?	
Ist die Rohrdämmung im Außenbereich vor Vogelfraß geschützt, wasserdicht, temperatur- und UV-beständig ?	
Sind die Dachdurchführungen der Rohrleitungen dicht ausgeführt ?	
Wurde das Dach auf Dichtheit geprüft ?	
Ist die Begrenzung der Trinkwasserleitung auf 60°C gewährleistet ?	
Ist der Frostschutzanteil ausreichend ?	
Sind die Bedienungsanleitung und Wartungsanweisungen ausgehändigt worden ?	

Wartungsprotokoll

Anlagenstandort: ______________________________

Betreiber: ______________________________

	o.k.
Kollektorkreis	
Anlagendruck _____ bar bei _____ °C Vorlauftemperatur	
Dichtheit des Kollektorkreises geprüft	
Sicherheitsventil geprüft	
Frostschutz bis - _____ °C geprüft	
Kollektorkreis entlüftet	
Volumenstrom geprüft: _____ l/min	
Rückschlagklappe in Funktion	
Schmutzfänger gereinigt (wenn vorhanden)	
Sonnenkollektor	
Sichtprüfung der Kollektoren durchgeführt	
Sichtprüfung der Kollektorhalterung durchgeführt	
Sichtprüfung der Dachdichtheit durchgeführt	
Sichtprüfung der Wärmedämmung durchgeführt	
emaillierte Solarspeicher	
Schutzstrom der Opferanode _____ mA	
Kontrolleuchte der Fremdstromanode leuchtet grün	
Regelung	
Pumpenfunktion in den Stellungen An / Aus / Auto geprüft	
Regelung zeigt _____ Betriebsstunden in der Zeit von _____ bis _____.	
Temperaturanzeige aller Fühler kontrolliert	
Nachheizung funktionstüchtig	
gewünschte Solltemperatur wird eingehalten	
Thermostatisches Mischventil in Funktion	
Wärmemengenzähler (WMZ) (soweit vorhanden)	
WMZ zeigt in der Zeit von _____ bis _____ _____ kWh an	

____

Datum Name Unterschrift/Stempel

8.11 Bildverzeichnis

Bildverzeichnis Große Solaranlagen

1 ad fontes, Hemelinger Str. 66, 28205 Bremen, Tel. 0421-493004

2 Aquasol Solartechnik, Spatzenweg 12, 89160 Dornstadt, Tel. 07304-43236

3 ARCON Solvarme A/S, Jyttevej 18, 9520 SkÆrping, Dänemark, Tel. 0045-98392005

4 Buschbeck Solartechnik, Dorfstr. 65, 09573 Schellenberg, Tel. 037291-67820

5 Christeva Sonnenenergietechnik GmbH, Schubertstr. 17, 82054 Sauerlach, Tel. 08104-1644

6 DGS Deutsche Gesellschaft für Sonnenenergie, LV Berlin-Brandenbg, Seestr. 64, 13347 Berlin, Tel. 030-75702310

7 DOMA Solartechnik, Hauptstr. 65, 6712 Bludesch, Tel. 0043-5550-39993

8 ECONSULT, Buchenweg 12, 72108 Rottenburg, Tel. 07457-91934

9 Energie Solaire S.A., C.P. 353, Z.I. Ile Falcon, 3960 Sierre, Schweiz, Tel. 0041-274552212

10 Energie-Technik Müller GmbH, Industriestr. 8, 74589 Satteldorf, Tel. 07951-97000

11 Gasokol GmbH, 4371 Dirnbach 53, Österreich, Tel. 0043-7418-7475

12 Grammer KG., Werner-v.Braun-Str. 6, 92224 Amberg, Tel. 09621-601153

13 IST Energietechnik GmbH, Ritterweg 1, 79400 Kandern-Wollbach, Tel. 07626-91540

14 Jenni Energietechnik AG., Lochbachstr. 22, CH-341 Oberburg b. Burgdorf, Tel. 0041-344229777

15 KBB Kollektorbau Berlin GmbH, Köpenicker Str. 325 b, 12555 Berlin, Tel. 030-65762635

16 Nau GmbH & Co., Brückenstr. 1, 72135 Dettenhausen, Tel. 07157-5620

17 ÖKOTEC Energie- u. Umwelttechnik GmbH, Lichtenberger Str. 114, 09627 Oberbobritzsch, Tel. 037325-7309

18 Paradigma/Ritter Energietechnik, Ettlinger Str. 30, 76307 Karlsbad, Tel. 07202-9220

19 Pro Solar Energietechnik GmbH, Deisenfangstr. 47-51, 88212 Ravensburg, Tel. 0751-36100

20 reflex Winkelmann + Pannhoff GmbH, Schmalbachstr. 2, 59277 Ahlen, Tel. 02382-9809626

21 SET Solar Energie Technik GmbH, Industriestr. 1-3, 68804 Altlußheim, Tel. 06205-3525

22 Solvis Energiesysteme GmbH & Co. KG, Marienberger Str. 1, 38122 Braunschweig, Tel. 0531-289040

23 Sonnenkraft GmbH, Im Reitfeld 6, 93086 Wörth a. d. Donau, Tel. 09482-90103

24 Spartec, Ulrichtstr. 10 c, 18273 Güstrow, Tel. 03843-723122
25 Stiebel Eltron GmbH & Co. KG, Dr. Stiebel-Straße, 37603 Holzminden, Tel. 05531-7020
26 Swep Wärmetauscher, Postfach 101214, 31112 Hildesheim, Tel. 05121-752022
27 Thermo Lux Solaranlagen, Im Allmey 8, 87435 Kempten, Tel. 0831-783045
28 TiNOX GmbH, Schwere Reiterstr. 35/2b, 80797 München, Tel. 089-3000720
29 TU Chemnitz Lehrstuhl techn. Thermodynamik, 09107 Chemnitz, Tel. 0371-5312546
30 TU Ilmenau Fakultät f. Wirtschaftswissensch., Postfach 100565, 98684 Ilmenau, Tel. 03677-694039
31 Universität Potsdam, Karl-Liebknecht-Str. 24-25, 14476 Golm, Tel. 033197-72265
32 Valentin Energiesoftware, Köpenicker Str. 9, 10997 Berlin, Tel. 030-61791780
33 Viessmann Werke Berlin GmbH, Kanalstr. 13, 12357 Berlin, Tel. 030-66066624
34 Wagner&Co, Zimmermannstr. 12, 35091 Marburg/Cölbe, Tel. 06421-80070

Bildverzeichnis Große Solaranlagen, Kap. 7 Referenzen

Grafikreferenzen

G 1 Braas Dachsysteme / SOLARPRAXIS
G 2 DFS / SOLARPRAXIS
G 3 SOLARPRAXIS
G 4 Solvis

8.12 Fehlersuche in Solaranlagen

Die folgenden Seiten sind als Set – in Kunststoff laminiert – bei der SOLARPRAXIS erhältlich.

Symptom
Die Temperaturanzeige des Kollektorfeldes zeigt bei Sonnenschein Temperaturen um mehr als 40°C über der Speichertemperatur an, die Kollektorkreispumpe läuft.
Kollektorfühler korrekt angebracht ?
ja
nein
Kollektorfühlerleitung (Bruch?) und Fühlertyp überprüfen.
Gesamt-Durchfluß zu niedrig ? (am TACO-Setter ablesen)
nein
ja
Durchflußerhöhung durch Änderung der TACO-Einstellung möglich ?
0,7 l/min pro m^2 bei Anlage bis $20m^2$ (High-Flow)
0,35 l/min pro m^2 bei größerer Anlage (Low-Flow)
nein
Durchfluss an allen Kollektorteilfeldern gleich hoch ?
nein
ja
Luft im System ?
nein
ja
Evtl. alle Komponenten entlüften; auf Steigung im System achten.
Luft im Teilfeld ?
nein
Wärmeabgabe zum Speicher möglich?
nein
ja
Ist eine Durchflußerhöhung durch Änderung der Pumpenstufe möglich ?
nein
Weisen alle Teilfelder die gleichen Druckverluste auf ?
ja
nein
WT reinigen / spülen; Ladekreispumpe und Regler auf Fkt. prüfen.
Pumpe funktionstüchtig ?
ja
nein
Feldteil verstopft ?
ja
Ist der Solarspeicher ebenfalls sehr warm (über 90°C) oder ist die Temperaturbegrenzung erreicht ?
ja
TACO-Setter auf Fkt. prüfen, ggf. ausbauen / reinigen
Unmöglich ?
spülen
Bei kleiner Anlage im Sommer o.k.; bei großer Anlage Auslegung und Wärmeabgabe an die Verbraucher prüfen.
Kollektorkreis verstopft ?
ja
nein
korrekt einstellen, evtl. Verrohrung umbauen
Pumpe korrekt dimensioniert ?
nein
Kollektorkreis spülen, Schmutzfänger reinigen.
Pumpe austauschen

Symptom

Aus dem Speicher kommt nur kaltes oder lauwarmes Wasser

Symptome treten wechselseitig auf

- Wurden Kalt- und Warmwasseranschluß vertauscht ?
  - ja → Kaltwasseranschluß seitlich unten, Warmwasseranschluß seitlich oben am Solarspeicher anschließen
  - nein ↓
- Brauchwassermischer auf die gewünschte Temperatur eingestellt ?
  - nein → auf korrekte Temperatur einstellen
  - ja ↓
- Mögliche Fehler in der Nachheizung ! folgende Punkte prüfen:
- Kessel taktet bei Warmwasserbereitung Luft im Wärmetauscher ?
  - ja → Entlüften
  - nein ↓
- Durchsatz der Speicherladepumpe korrekt ?
  - nein → Pumpenstufe erhöhen
  - ja ↓
- Wärmetauscher zu klein ?
  - ja → evtl. Heizkesseltemperatur anheben; im schlimmsten Fall WT tauschen
  - nein ↓
- Sicherheitstemperaturbegrenzer am Kessel löst aus ?
  - ja → (Die zu hohe !) Systemtemperatur (Warmwasser und Kessel) senken

- Die Heizkreise bleiben kalt.
- Hängt der Heizkessel in der Warmwasservorrangschaltung ?
  - ja ↓
- Fühler für die Nachheizung zu tief ? (unterhalb Nachheizwärmetauscher)
  - ja → Fühler in mittlerer Höhe des Nachheizwärmetauschers im oberen Speicherbereich platzieren
  - nein ↓
- Bei Warmwasservorrangschaltung mit Dreiwegeventil: Hängt das Dreiwegeventil ?
  - ja → Ventile gangbar machen oder ggf. austauschen; Motorventile verwenden !

Symptom

Pumpe läuft (ist heiß), jedoch kein Wärmetransport vom Kollektor zum Speicher, Vor- und Rücklauf gleich warm; evtl. auch blubbern in der Leitung

- Luft im System ?
  - **ja** → System entlüften; Systemdruck mind. auf statischen Vordruck plus 0,5 bar bringen; evtl. Druck weiter erhöhen; Pumpe kurz an- und abschalten
  - **nein** → Ist Kollektorkreis am Schmutzfänger verstopft ?
    - **ja** → Schmutzfänger reinigen

Symptom

Pumpe läuft kurz an, schaltet ab, schaltet wieder an usw.

- Temperaturdifferenz am Regler zu klein ?
  - **ja** → Sinnvolle Ein- und Abschaltwerte einstellen:
    T_{ein} ca. 5-7°C
    T_{aus} ca. 3-5°C
  - **nein** → Kollektorfühler falsch platziert ?
    - **ja** → Kollektorfühler am Solarvorlauf (wärmster Kollektorausgang) platzieren; Tauchhülse des entspr. Kollektors nutzen

Symptom

Pumpe springt spät an und hört früh auf zu laufen

- Einschalttemperaturdifferenz am Regler zu hoch eingestellt

Symptom

Die Temperaturdifferenz zwischen Speicher und Kollektor wird während des Betriebes sehr groß; der Kollektorkreis kann die Wärme nicht abführen

- Kollektorkreis-Pumpe defekt ?
  - ja → Prüfen / Tauschen
  - nein ↓
- WT verkalkt ?
  - ja → Entkalken
  - nein ↓
- WT verstopft ?
  - ja → Spülen
  - nein ↓
- WT zu klein ?
  - ja → Nachrechnen / Tauschen

Symptom

Die Solarkreispumpe läuft nicht, obwohl der Kollektor deutlich wärmer als der Speicher ist

- Leuchten der Kontroll-LED am Regler ?
  - nein → kein Strom vorhanden; Sicherungen und Stromzuführung prüfen
  - ja ↓
- Springt Pumpe im Handbetrieb an ?
  - ja → eingestellte Temperaturdifferenz zum Einschalten der Pumpe zu hoch; auf sinnvollen Wert einstellen: ca. 5-7°C
  - nein ↓
- Wird der Pumpenstrom vom Regler freigegeben ?
  - ja → Pumpe sitzt fest ?
    - ja → Pumpenwelle mit Schraubendreher in Gang setzen; danach gangbar ?
      - nein → Pumpe defekt - austauschen
  - nein ↓
- Sicherungen am Regler o.k. ?
  - nein → Sicherungen wechseln
  - ja → Regler defekt - austauschen

Symptom

Solarspeicher hat häufig Temperaturen an der Speicherbegrenzung / Maximaltemperatur

- Speicherbegrenzung korrekt eingestellt ? z.B.: 60°C im Trinkwasserspeicher 95°C im Pufferspeicher
  - nein → Einstellung am Regler entsprechend korrigieren
  - ja ↓
- Speicherfühler überprüfen: guter Wärmekontakt vorhanden ?
  - nein → Fühler fest anlegen, mit Wärmeleitpaste versehen und isolieren
  - ja ↓
- Speicherfühler in richtiger Höhe angebracht ?
  - nein → Fühler jeweils in mittlere Wärmetauscher - Höhe
  - ja ↓
- Speicherbegrenzung funktionstüchtig ? (durch Erwärmen des Speicherfühlers prüfen)
  - nein → Funktion des Solarreglers überprüfen
  - ja ↓
- Nachheizung sehr hoch eingestellt ?
  - ja → Einstellung auf 60° / 45°C reduzieren
  - nein ↓
- Wärmeabgabe an die Verbraucher möglich ?
  - nein → Bei größeren Anlagen Entlade-WT überprüfen
  - ja ↓
- Hohe Temperaturen bei kleinen Anlagen im Sommer o.k. Bei größeren Anlagen Auslegung überprüfen

Symptom

Der Solarspeicher weist in Zeiten ohne Sonneneinstrahlung über längere Zeit oben wie unten gleiche Temperaturen auf; die Nachheizung des Speichers ist eingeschaltet

- Speicher liegend ausgeführt oder Speicher sehr niedrig ?
  - ja → Verhalten normal, Speicher für Solarbetrieb wenig geeignet; evtl. austauschen
  - nein ↓
- Nachheizung im unteren Speicherbereich angeschlossen ?
  - ja → Nachheizung im oberen Drittel des Speichers anschließen
  - nein ↓
- Warmwasser - Entnahme im unteren Speicherbereich angeschlossen ?
  - ja → Warmwasser - Entnahme im oberen Speicherbereich seitlich anschließen
  - nein ↓
- Zirkulationspumpe abschalten und Zirkulationsleitung absperren; weist Speicher nach 1-2 Tagen weiterhin Temperaturen oben wie unten auf ?
  - ja → nochmals prüfen
  - nein ↓
- Anschluß des Zirkulationsrücklaufes an die Kaltwasserleitung ausgeführt ?
  - ja → Zirkulationsrücklauf in mittlerer Höhe in den Speicher zuführen o. Zeitschaltuhr mit geringen Pumpenlaufzeiten einbauen
  - nein ↓
- Zu starke Zirkulationspumpe eingebaut ?
  - ja → Angepaßte Zirkulationspumpe einbauen, um Verwirbelungen zu vermeiden
  - nein ↓
- Tritt am Kaltwassereintritt unten am Speicher (bei Anschluß der Zirkulationsleitung in mittlerer Höhe) warmes Wasser ein ? → Prüfung durch Thermometer/Fühler
  - ja → Es gelangt warmes Wasser in den Kaltwasserkreis; Mischarmaturen und Waschmaschinenvorschaltgeräte auf korrekte Dichtung überprüfen
  - nein ↓
- Verkrustungen am Eintritt des Zirkulationsrücklaufes durch eine elektrochemische Reaktion im Wasser lenken die Strömung in den unteren Speicherbereich; Anschlüsse reinigen bzw .Anschlüsse aus elektrisch isolierendem Material verwenden

Symptom
Speicher kühlen über Nacht aus
Kollektorkreispumpe läuft nachts ?
nein
ja
Reglerfunktion prüfen
Kollektortemperatur ist nachts höher als die Außentemperatur ?
nein
ja
Rückflußverhinderer in Vor- und Rücklauf auf Funktionstüchtigkeit prüfen
Speicherisolation ausreichend ? (mind. 70 mm Melaminharz)
ja
nein
Isolation verstärken
Speicherisolierung eng anliegend ?
ja
nein
Korrekte Lieferung prüfen; Isolation ersetzen oder verstärken
Speicher-Anschlüsse isoliert ?
ja
nein
Anschlüsse isolieren
Warmwasserabgang nach oben ?
nein
ja
Anschluss zur Seite ändern oder siphoniert ausführen (Bogen nach unten); jetzt Speicherverluste geringer ?
nein
ja
o.k.
Warmwasserzirkulation läuft sehr lange ?
nein
ja
Zirkulationspumpe mit Schaltuhr u. Abschaltthermostat einsetzen (energieeffiziente Zirkulation)
Zirkulationspumpe abschalten u. Absperrventile für 1 Nacht absperren; Speicherverluste werden geringer?
ja
nein
Pumpen des Nachheizkreises auf nächtlichen Lauf u. defekten Rückflußverhinderer prüfen; Problem behoben ?
nein
Weitere Pumpen, die mit dem Solarspeicher in Verbindung stehen, ebenso überprüfen
Rückflußverhinderer in der Warmwasserzirkulation kontrollieren - o.k. ?
ja
nein
Die Schwerkraftzirkulation in der Zirkulationsleitung ist zu stark; stärkeren Rückflußverhinderer einsetzen oder elektr. Zweiwegeventil hinter der Zirkulationspumpe einbauen; das Zweiwegeventil ist bei Pumpenbetrieb offen, sonst geschlossen; Pumpe und Zweiwegeventil elektrisch parallel schalten; Zirkulation wieder in Betrieb nehmen
Reinigen bzw. Austauschen

Symptom

Druckabfall in der Anlage - bei Befüllung der Anlage in den ersten Wochen durch Entweichen gelöster Luft normal, Schwankungen im Betrieb bis 0,3 bar normal

- Kollektorkreis dicht? - Bei Druckprobe darf der Druck nicht fallen ! Auch kleine Undichtigkeiten verursachen auf Dauer einen größeren Druckverlust !
  - **ja** → Flüssigkeitsverlust im Kollektorkreis, obwohl keine Undichtigkeiten erkennbar *- Anlage bläst ab ! -* Kollektortemperaturen dabei sehr hoch ?
    - **nein** → Kollektorkreis kalt, dennoch bläst die Anlage ab
      - Fühlerposition am heißen Austritt des Kollektorfeldes in die Tauchhülse montiert ?
        - **ja** → Fühler o.k. ? → mit Widerstandstab. messen
          - **nein** → Tauschen
          - **ja** → Fühlerzuleitung o.k. ?
            - **nein** → Prüfen / Reparieren
        - **nein** → Fühler am heißen Austritt des Kollektorfeldes einbauen; dabei auf gute Wärmeleitung achten
    - **ja** → Entlüfter nach Befüllung geschlossen ?
      - **nein** → Entlüfter schließen !
      - **ja** → Bei Anlagen über 50 l Inhalt gemäß Dampfkesselverordnung: Sicherheitsventile der Felder funktionstüchtig ?
        - **nein** → Austauschen gegen Ventile mit Kennzeichen D/G
        - **ja** → Ausdehnungsgefäß abgesperrt ?
          - **ja** → Absperrung öffnen
          - **nein** → Ausdehnungsgefäß korrekt dimensioniert ?
            - **nein** → AD-Gefäß nachrechnen: Dampfvolumen d. Kollektoren und Druckverhältnisse beachten; AD-Gefäß ersetzen
            - **ja** → Ausdehnungsgefäß o.k. ? Vordruck des Ausdehnungsgefäßes prüfen; Vordruck = statische Höhe des Kollektors über dem Aufstellort des Ausdehnungsgefäßes, z.B. Höhenabstand AG/Kollektor = 10m: Vordruck = 1 bar; zum Prüfen Ausdehnungsgefäß abnehmen
              - **nein** → Vordruck des AD-Gefäßes einstellen; evtl. Gefäß austauschen
              - **ja** → Ansprechdruck und Schließdruck des Sicherheitsventils o.k. ?
                - **nein** → Sicherheitsventil tauschen

8.13 Adressenliste der Inserenten

AQUASOL Solartechnik GmbH

89160 Dornstadt,Spatzenweg 12
Tel. 07304-43236, Fax -43282

Braas Dachsysteme GmbH & Co.

61440 Oberursel, Frankfurter Landstr. 2-4
Tel. 06171-61001, Fax -612300

Buderus Heiztechnik GmbH

35576 Wetzlar, Sophienstr. 30-32
Tel. 06441-4180

Christeva Sonnenenergie-Technik GmbH

82054 Sauerlach, Schubertstr. 17
Tel. 08104-1644, Fax -2353

DOMA Solartechnik

A 6712 Bludesch, Hauptstr. 65
Tel. 00435550-39993, Fax -2992

Energietechnik Müller GmbH

74589 Satteldorf, Industriestr. 8
Tel. 07951-97000, Fax -970097

FRAGOL

45479 Mühlheim a.d.R.,
Reichspräsidentenstr. 21-25
Tel. 0208-300020, Fax -3000277

Gasokol GmbH

A–4371 Dirnbach 53
Tel. 00437418-7475, Fax -74754

Getsolar Ingenieurbüro

82054 Sauerlach, Buchenstr. 38
Tel. 08104-669903, Fax -669905

KBB Kollektorbau Berlin GmbH

12555 Berlin, Köpenicker Str. 325b
Tel. 030-65762635, Fax -65762701

KM Europa Metal AG

49074 Osnabrück, Klosterstr. 29
Tel. 0541-3213220, Fax -3213449

Meibes Zeitspararmaturen GmbH

30538 Burgwedel, Kokenhorststr. 8
Tel. 05139-80690, Fax -806950

Nau GmbH

72135 Dettenhausen, Brückenstr. 1
Tel. 07157-5620, Fax -61000

Paradigma/Ritter Engergie- u. Umwelttechnik GmbH & Co. KG.
76307 Karlsbad, Ettlinger Str. 30
Tel. 07202-9220, Fax 922100

Pommerening Armaturenwerk GmbH
31789 Hameln, Böcklerstr. 11
Tel. 05151-985614, Fax 985698

Pro Solar Energietechnik GmbH
88212 Ravensburg, Deisenfangstr. 47-51
Tel. 0751-36100, Fax -361010

Prozeda
91352 Pautzfeld, Fahrgasse 1
Tel. 09545-94490, Fax 944922

reflex – Winkelmann+Pannhoff GmbH
59227 Ahlen, Gersteinstr. 19
Tel. 02382-7069535, Fax -7069558

Solar Birnbreier
57072 Siegen, Koblenzer Str. 112
Tel. 02713-31561, Fax -32775

Solvis Energiesysteme GmbH & Co.
38122 Braunschweig, Marienberger Str. 1
Tel. 0531-289040, Fax -2890444

Sonnenkraft GmbH
93086 Wörth a.d. Donau, Im Reitfeld 6
Tel. 09482-90103, Fax -90105

Sorel GmbH
45549 Spockhövel, Jahnstr. 36
Tel. 02339-6024, Fax -6025

Stiebel Eltron GmbH & Co. KG
37603 Holzminden, Dr. Stiebel Str.
Tel. 05531-7020, Fax -702806

Swep Wärmetauscher
31112 Hildesheim, Postfach 101214
Tel. 05121-752022, Fax -54011

Thermolux Solar
55442 Stromberg, Simmerner Str. 7
06724-607173, Fax -607170

TiNOX GmbH
80797 München, Schwere Reisterstr. 35/2b
Tel. 089-3003203, Fax 30007272

TK-Solar
61169 Friedberg, Am Herrengarten 16
Tel. 06031-91477, Fax -91477

TYFOROP Chemie GmbH

22305 Hamburg, Hellbrookstr. 5a
Tel. 040-612169, Fax -615299

Valentin Energiesoftware

10997 Berlin, Köpenicker Tr. 9
Tel. 030-61791780, Fax -61791711

Viega GmbH & Co. KG

57428 Attendorn, Postfach 430/440
Tel. 02722-61568, Fax -61206

Viessmann Werke GmbH

Verkaufsniederlassung
12357 Berlin, Kanalstr. 13
Tel. 030-6606660, Fax -66066644

Wagner&Co

35091 Marburg/Colbe, Zimmermannstr. 12
Tel. 06421-80070, Fax -800712

Wilo GmbH

44263 Dortmund, Nordkirchner Str. 100
Tel. 0231-4102559, Fax -4102302

Wolf GmbH

84048 Mainburg, Postfach 1380
Tel. 08751-741250, Fax -741768

Index

A

B

D

I

K

L

M

N

O

P

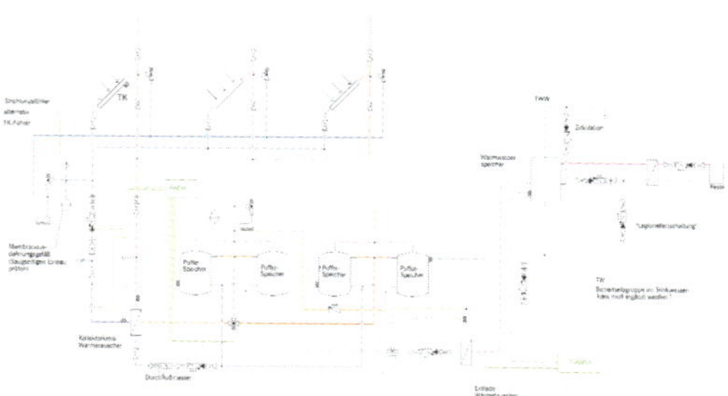

Zur Vertiefung der Inhalte des Buches »Große Solaranlagen« bieten wir 1-2tägige Seminare an. Die wichtigsten Inhalte können für Ihre Seminare und Vorträge als Foliensatz erworben werden.

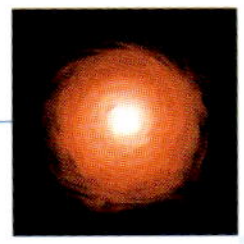

Grafik/DTP

Die SOLARPRAXIS bietet Ihnen vielfältige Dienstleistungen rund um die Erstellung und Produktion von Werbemitteln, Büchern und technischen Unterlagen.

Die Kombination von fachkompetenten Ingenieuren und bestens ausgebildeten Grafikern mit technischem Hintergrundwissen bietet Ihnen eine effektive Umsetzung Ihrer Unterlagen in optimaler Qualität.
Das heißt für Sie: weniger Zeit für das Besprechen von technischen Zusammenhängen und weniger Betreuungsaufwand in der Entwicklungsphase.
Resultate sind z.B. verständliche Montageanleitungen, Produktkataloge und Werbebroschüren, in denen gezeigt wird, was wirklich wichtig ist.

Solarpraxis

Torstrasse 177
D-10115 Berlin
Tel: 49(0)30 283 875 31
Fax: 49(0)30 283 875 40
Email: info@solarpraxis.de
http://www.solarpraxis.de